"十二五"职业教育国家规划教材
经全国职业教育教材审定委员会审定

园林苗圃

YUANLIN
MIAOPU

第二版

鞠志新　主编

化学工业出版社
·北京·

《园林苗圃》（第二版）是"十二五"职业教育国家规划教材。本书主要介绍园林苗圃必需的基础理论、常用的技术措施，突出实践能力培养，有的放矢，使理论紧密结合实践。本书包括绪论、园林苗圃建立、播种育苗技术、营养繁殖育苗技术、大苗培育技术、设施育苗技术、苗木出圃、圃地养护技术及经营管理、园林苗木新品种选育及良种繁育、主要园林树木（91种）育苗技术，共九章，并设计有精选的技能实训项目，力求将园林苗木生产的知识和技能，精练、科学地呈现出来。

本书配套教学资源可从 www.cipedu.com.cn 免费下载。

本教材可作为高职高专园林、园艺、景观及其相关专业学生的教材，同时也可供相关专业的师生及从事园林苗木生产、销售的人员参考。

图书在版编目（CIP）数据

园林苗圃/鞠志新主编 . —2 版 . —北京：化学工业出
版社，2016.10（2024.9 重印）
"十二五"职业教育国家规划教材
ISBN 978-7-122-28128-9

I.①园… II.①鞠… III.①园林-苗圃学-高等职业教育-
教材 IV.①S723

中国版本图书馆 CIP 数据核字（2016）第 227570 号

责任编辑：李植峰 迟 蕾　　　　　　　　装帧设计：史利平
责任校对：宋 玮

出版发行：化学工业出版社（北京市东城区青年湖南街 13 号　邮政编码 100011）
印　　装：涿州市殷润文化传播有限公司
787mm×1092mm　1/16　印张 18½　字数 469 千字　2024 年 9 月北京第 2 版第 4 次印刷

购书咨询：010-64518888　　　　　　　　　售后服务：010-64518899
网　　址：http://www.cip.com.cn
凡购买本书，如有缺损质量问题，本社销售中心负责调换。

定　　价：48.00 元

《园林苗圃》（第二版）编写人员

主　　编　鞠志新

副 主 编　陶令霞　朱庆竖　郝改莲

参编人员　（按姓名汉语拼音排序）

邓惠静（辽宁科技学院）

郝改莲（濮阳职业技术学院）

建德峰（吉林农业科技学院）

鞠志新（吉林农业科技学院）

李碧英（长治职业技术学院）

潘　伟（黑龙江农业职业技术学院）

乔丽婷（长治职业技术学院）

秦　涛（商丘职业技术学院）

史春凤（吉林农业科技学院）

孙　铭（吉林农业科技学院）

陶令霞（濮阳职业技术学院）

王洪兴（黑龙江生物科技职业学院）

张常顺（山西林业职业技术学院）

朱庆竖（吉林农业科技学院）

前言

　　园林苗圃是园林、园艺类专业的专业必修课程。随着我国经济的迅猛发展，环境建设日益突出，育苗、栽树是城乡建设重要的组成部分。近年来，出现了全国性的园林苗木热，园林大苗奇缺，有价无苗；园林小苗却数量大种类少，价格忽高忽低。分析我国苗木业现状，是市场经济与政策的综合结果，其中苗木培养技术及经营理念起着重要作用。在苗木热的大形势下，苗圃实用技术急需跟进。

　　为满足人才培养的需要，我们组织了各地园林苗圃从教者、研究者、从业者集思广益，编写适合行业要求的教材。本书是讲述园林苗木繁殖和培育技术的实用性教材，包括绪论、园林苗圃的建立、播种育苗技术、营养繁殖育苗技术、大苗培育技术、设施育苗技术、苗木出圃、圃地养护技术及经营管理、园林苗木新品种选育及良种繁育、主要园林树木（96 种）育苗技术，共九章。为加强学生的技能培养，本书专门设计了技能实训项目，力求将园林苗木生产的知识和技能精练、科学地呈现出来。本书突出实践能力培养，有的放矢，使理论紧密结合实践，让学生或从业者学有所用，可操作性强。在设施育苗，圃地养护技术，大苗培育等技术领域突出介绍最新措施；将各地传统大宗苗木培育新技术、新优品种的培育技术、苗圃经营策略介绍给读者，努力达到即是理论指导书又是实践指导手册的效果。

　　第二版修订主要是在原版的基础上增加了实践技能训练内容和园林绿化树种，更新了技术方法，并加强了数字资源建设。本教材配套的数字资源丰富，读者可从 www.cipedu.com.cn 免费下载。

　　本教材可供园林、园艺专业师生使用，也可作为培训教材，还可作为从事园林苗木生产、销售人员的参考书。

　　由于编者水平有限，各地育苗种类和方式多样，疏漏和欠妥之处在所难免，敬请读者提出宝贵意见。

编者

2016 年 5 月

第一版前言

园林苗圃是园林、园艺类专业的专业必修课程，是园林植物方向的重点课程。随着我国经济的迅猛发展，环境建设日益突出，育苗、栽树已成为城乡建设重要的组成部分。从2003年以来，出现全国性的园林苗木热，园林大苗奇缺，有价无苗；园林小苗却数量大种类少，价格忽高忽低。在苗木热的大形势下，苗圃实用技术亟须跟进。

本书是各地园林苗圃从教者、研究者、从业者集思广益，编写的适合当前需要的高职高专教材。主要介绍园林苗圃必需的基础理论，常用的技术措施；突出实践能力培养，有的放矢，使理论紧密结合实践。打破理论偏多、实践性不强的弊端，把理论与实践技术紧密整合，让学生或从业者学有所用，可操作性强。在设施育苗、圃地养护技术、大苗培育等技术领域突出介绍最新措施。把各地传统大宗苗木培育新技术、新优品种的培育技术、苗圃经营策略介绍给读者，努力达到既是理论指导书又是实践指导手册的效果。

本书主要讲述园林苗木繁殖和培育技术，包括园林苗圃建立、播种育苗技术、营养繁殖育苗技术、大苗培育技术、设施育苗技术、苗木出圃、圃地养护技术及经营管理、园林苗木新品种选育及良种繁育、主要园林树木育苗技术，各章附有学习目标、小结、复习思考题。为加强学生技能培养，专门设置了实验实训内容，作为单独一章。本书力求将园林苗木生产的知识和技能，精练、科学地呈现出来。

本书可供园林、园艺专业师生使用，也可作为培训教材，还可供农技人员和农民朋友参考。

书中绪论、第一章、第九章（部分）由鞠志新编写，第二章由陶令霞编写，第三章由池银花编写，第四章、第九章（部分）由邓惠静编写，第五章、第九章（部分）由张常顺编写，第六章、第九章（部分）由乔丽婷编写，第七章由郝改莲编写，第八章由李碧英编写，白永莉、秦涛、朱庆竖、建德峰参加了第九章的编写，实验实训部分由各位编委共同编写。

由于编者水平有限，加之各地育苗种类和方式多样，各种先进技术不断涌现，书中疏漏和欠妥之处在所难免，敬请读者提出宝贵意见，以供修订时改进提高。

编者
2009 年 5 月

目录

绪论 …………………………………………………………………………………… 1

   一、园林苗圃的地位和作用 ……………… 1　　 三、园林苗圃的内容与学习方法 ………… 3

   二、园林苗木生产现状及趋势 …………… 1

第一章　园林苗圃的建立 ……………………………………………………………… 4

  第一节　园林苗圃用地选择 ……………… 4　　 二、定点放线 …………………………… 9

    一、苗圃的种类与布局 ………………… 4　　 三、地形整理 …………………………… 9

    二、自然条件 …………………………… 4　　 四、水、电、通讯引入 ………………… 9

    三、经营条件 …………………………… 5　　 五、办公及生产设施建筑 ……………… 9

  第二节　园林苗圃规划设计 ……………… 5　　 六、圃路施工 …………………………… 9

    一、圃地踏查测绘及区划 ……………… 5　　 七、灌排系统施工 ……………………… 10

    二、生产用地规划 ……………………… 6　　 八、防护设施建设 ……………………… 10

    三、辅助用地规划 ……………………… 7　　 九、土壤改良 …………………………… 10

    四、园林苗圃设计图和编写说明书 …… 7　　 十、苗圃技术档案建立 ………………… 10

  第三节　园林苗圃的建设 ………………… 8　　复习思考题 ……………………………… 11

    一、施工准备 …………………………… 8

第二章　播种育苗技术 ………………………………………………………………… 12

  第一节　园林树木种子（实）采集　　　　　　三、播种计划安排 ……………………… 26

        与调制 ………………………… 12　　 四、播种资材准备 ……………………… 26

    一、园林树木结实规律 ………………… 12　　 五、落实人员及时间表 ………………… 27

    二、种子成熟特征 ……………………… 15　　第四节　播种时期 ……………………… 27

    三、采种方法 …………………………… 15　　 一、播种时期的确定 …………………… 27

    四、种实调制 …………………………… 16　　 二、春播 ………………………………… 27

  第二节　园林树木种子贮藏及品质检验 … 18　　 三、夏播 ………………………………… 27

    一、影响种子寿命的因素 ……………… 18　　 四、秋播 ………………………………… 27

    二、种子贮藏方法 ……………………… 20　　 五、冬播 ………………………………… 28

    三、种子的品质检验 …………………… 21　　第五节　播种前种子处理 ……………… 28

    四、种子运输 …………………………… 23　　 一、种子休眠及解除 …………………… 28

  第三节　播种任务与计划制订 …………… 23　　 二、种子消毒处理 ……………………… 30

    一、播种任务与育苗方式 ……………… 23　　 三、种子催芽 …………………………… 30

    二、苗木密度、播种面积、播种量　　　　　四、特殊处理 …………………………… 32

        计算 …………………………… 24　　第六节　整地作床 ……………………… 33

一、播床清理 …… 33
二、土壤耕翻 …… 34
三、施基肥 …… 34
四、应用土壤保水剂 …… 34
五、作床 …… 34
六、平整播面 …… 34
七、准备覆盖物 …… 35
第七节 播种操作工序 …… 35

一、人工播种的方法及工序 …… 35
二、机械播种 …… 36
第八节 播种后管理 …… 36
一、播种苗生长发育阶段 …… 36
二、出苗期的养护管理 …… 37
三、苗期的养护 …… 38
复习思考题 …… 41

第三章 营养繁殖育苗技术 …… 42

第一节 扦插繁殖 …… 43
一、扦插生根的原理和条件 …… 43
二、扦插的时期 …… 48
三、扦插的方法 …… 49
四、促进插穗生根的技术 …… 51
五、扦插后的管理 …… 52
第二节 嫁接繁殖 …… 52
一、嫁接成活的原理和条件 …… 53
二、砧木和接穗 …… 54
三、嫁接的时期 …… 56
四、嫁接的方法 …… 56
五、嫁接后的管理 …… 58
第三节 埋条育苗 …… 59

一、枝条的采集和贮藏 …… 59
二、整地作床 …… 59
三、埋条的方法 …… 59
四、埋条后的管理 …… 60
第四节 压条育苗 …… 60
一、压条的时期和种类 …… 60
二、压条的方法 …… 60
三、压条的管理 …… 61
第五节 分株繁殖 …… 61
一、分株方法及时间 …… 61
二、分株后的管理 …… 62
复习思考题 …… 62

第四章 大苗培育技术 …… 63

第一节 苗木移植 …… 63
一、移植、定植的概念和作用 …… 63
二、移植成活的基本原理和技术措施 …… 64
三、移植的时间与次数 …… 65
四、移植的方法 …… 65
五、移植后的管理 …… 68
第二节 苗木整形修剪 …… 69
一、园林苗木的培育类型 …… 69
二、整形的方法和干、枝的处理 …… 70
三、修剪的方法和程度 …… 72
第三节 大苗地的土肥管理 …… 76

一、大苗地的土壤管理 …… 76
二、合理施肥 …… 78
第四节 大苗地灌溉与排水 …… 80
一、灌溉 …… 80
二、排水 …… 81
第五节 各类大苗培育技术 …… 81
一、圃地大苗培育法 …… 81
二、野生大苗培育法 …… 83
三、容器大苗培育法 …… 84
四、特大苗培育法 …… 85
复习思考题 …… 86

第五章 设施育苗技术 …… 87

第一节 育苗设施 …… 87
一、温室 …… 87
二、塑料拱棚 …… 88
三、荫棚 …… 89
四、光温控制设施 …… 89
五、喷灌设施 …… 90

六、全光自动间歇喷雾扦插床 …… 92
第二节 无土栽培育苗 …… 93
一、无土栽培 …… 93
二、沙培育苗 …… 93
三、砾培育苗 …… 95
四、水培育苗 …… 96

五、鹅掌柴的无土栽培技术 ………… 99
第三节 组培育苗 …………………… 99
　　一、组培技术在育苗上应用状况 … 99
　　二、组培设施与设备 ……………… 100
　　三、组培育苗基本程序 …………… 100
　　四、香花槐组织培养育苗 ………… 102
第四节 容器育苗 …………………… 103
　　一、容器育苗的概况 ……………… 103
　　二、容器种类 ……………………… 103

三、容器育苗基质的配制及施肥 ………… 104
四、普通容器育苗的程序 ………… 105
五、油松容器育苗 ………………… 106
第五节 工厂化育苗 ……………… 107
　　一、工厂化育苗概述 …………… 107
　　二、工厂化育苗设施和工艺流程 … 107
　　三、红叶石楠工厂化扦插育苗 … 109
复习思考题 ……………………… 110

第六章 苗木出圃 …………………………………………………………………… 111

第一节 苗木调查 …………………… 111
　　一、调查的目的 …………………… 111
　　二、调查的时期 …………………… 111
　　三、调查的方法 …………………… 111
第二节 起苗 ………………………… 113
　　一、起苗的季节 …………………… 113
　　二、起苗的方法 …………………… 113
　　三、起苗注意事项 ………………… 115
第三节 分级 ………………………… 116
　　一、苗木出圃的质量要求 ………… 116
　　二、出圃苗的规格要求 …………… 117
　　三、苗木的分级和统计 …………… 118
第四节 包装、运输 ………………… 118

一、苗木包装的目的 …………… 118
二、小苗木包装方法 …………… 119
三、带土球苗包装 ……………… 119
四、苗木装车与卸车 …………… 121
五、苗木运输 …………………… 122
第五节 苗木的假植与贮藏 ……… 122
　　一、苗木的假植 ……………… 122
　　二、苗木的低温贮藏 ………… 123
第六节 苗木检疫与消毒 ………… 123
　　一、苗木检疫 ………………… 123
　　二、苗木消毒 ………………… 124
复习思考题 ……………………… 124

第七章 圃地养护技术及经营管理 …………………………………………………… 125

第一节 圃地松土、施肥 …………… 125
　　一、土壤状况测评 ………………… 125
　　二、松土除草 ……………………… 126
　　三、根部施肥 ……………………… 126
　　四、叶面施肥 ……………………… 127
第二节 圃地浇水、防涝 …………… 127
　　一、幼苗灌溉 ……………………… 127
　　二、新植苗木浇水 ………………… 127
　　三、成苗浇水 ……………………… 127
　　四、排水防涝 ……………………… 128
第三节 圃地除草 …………………… 128
　　一、园林苗圃杂草 ………………… 128
　　二、除草剂的杀草原理和种类 …… 129
　　三、除草剂的使用技术 …………… 130
第四节 病虫害防治 ………………… 131
　　一、病害防治 ……………………… 131
　　二、虫害防治 ……………………… 134

三、清园 ………………………… 138
四、涂白 ………………………… 138
五、综合防治 …………………… 138
第五节 抗灾与防护 ……………… 139
　　一、防寒 ……………………… 139
　　二、抗旱 ……………………… 140
　　三、防日灼 …………………… 141
　　四、防涝 ……………………… 142
　　五、高温 ……………………… 142
　　六、其他灾害的防护 ………… 142
第六节 园林苗圃的经营管理 …… 144
　　一、苗木市场分析 …………… 145
　　二、苗木生产与营销 ………… 146
　　三、苗木成本核算 …………… 151
　　四、苗圃效益优化管理 ……… 151
复习思考题 ……………………… 154

第八章　园林苗木新品种选育及良种繁育 ·················· 156

第一节　园林苗木新品种选育 ·············· 156
　　一、园林苗木新品种选育的意义 ········· 156
　　二、园林苗木新品种选育的目标 ········· 156
　　三、园林苗木新品选育的方法 ··········· 157
第二节　良种繁育 ······················ 162
　　一、良种繁育的任务 ················· 162
　　二、品种退化的原因 ················· 162
　　三、保持和提高优良品种种性措施 ······· 163
　　四、提高良种生活能力的技术措施 ······· 164
　　五、提高良种繁殖系数的措施 ··········· 165

第三节　采穗圃建立与管理 ·············· 165
　　一、采穗圃的建立 ··················· 166
　　二、采穗圃的生产管理 ··············· 166
　　三、采穗圃的更新复壮 ··············· 167
第四节　试验圃地建立与管理 ············ 167
　　一、试验圃地建立 ··················· 167
　　二、试验圃地管理 ··················· 168
第五节　个人建立苗圃必要的科技手段 ····· 168
复习思考题 ··························· 168

第九章　主要园林绿化树种育苗技术 ······················ 169

第一节　常绿乔木类 ···················· 169
　　一、圆柏 ························· 169
　　二、红皮云杉 ····················· 170
　　三、紫杉 ························· 171
　　四、油松 ························· 172
　　五、雪松 ························· 173
　　六、华山松 ······················· 174
　　七、白皮松 ······················· 174
　　八、桂花 ························· 175
　　九、乐昌含笑 ····················· 176
　　十、大王椰子 ····················· 177
　　十一、滇润楠 ····················· 178
　　十二、广玉兰 ····················· 179
　　十三、宫粉羊蹄甲 ················· 180
　　十四、中国无忧树 ················· 181
　　十五、白兰 ······················· 182
　　十六、高山榕 ····················· 182
　　十七、尖叶杜英 ··················· 183
　　十八、枇杷 ······················· 184
　　十九、山玉兰 ····················· 185
　　二十、香樟 ······················· 185
　　二十一、杨梅 ····················· 186
　　二十二、醉香含笑 ················· 188
　　二十三、猴欢喜 ··················· 189
　　二十四、蚊母树 ··················· 190
　　二十五、香港四照花 ··············· 191
第二节　落叶乔木类 ···················· 192
　　一、银杏 ························· 192
　　二、国槐 ························· 193
　　三、毛白杨 ······················· 194
　　四、合欢 ························· 195
　　五、香花槐 ······················· 196

　　六、垂丝海棠 ····················· 197
　　七、西府海棠 ····················· 198
　　八、榆树 ························· 199
　　九、五角枫 ····················· 200
　　十、白桦 ······················· 201
　　十一、复叶槭 ····················· 202
　　十二、梓树 ····················· 203
　　十三、垂柳 ····················· 204
　　十四、栾树 ····················· 205
　　十五、金钱松 ····················· 205
　　十六、金枝白蜡 ··················· 206
　　十七、梧桐 ····················· 207
　　十八、臭椿 ····················· 208
　　十九、木棉 ····················· 209
　　二十、凤凰木 ····················· 210
　　二十一、毛泡桐 ··················· 210
　　二十二、大花紫薇 ················· 211
　　二十三、悬铃木 ··················· 212
　　二十四、福建山樱花 ··············· 213
　　二十五、腊肠树 ··················· 214
　　二十六、红豆树 ··················· 216
　　二十七、灯台树 ··················· 217
　　二十八、复羽叶栾树 ··············· 217
　　二十九、枫香 ····················· 218
　　三十、鹅掌楸 ····················· 219
　　三十一、滇朴 ····················· 220
第三节　常绿灌木类 ···················· 221
　　一、罗汉松 ····················· 221
　　二、女贞 ······················· 222
　　三、金丝桃 ····················· 223
第四节　落叶灌木类 ···················· 224
　　一、月季 ······················· 224

二、黄刺梅 ·············· 225
三、玫瑰 ·············· 226
四、迎春花 ·············· 227
五、木槿 ·············· 228
六、红瑞木 ·············· 229
七、棣棠 ·············· 229
八、榆叶梅 ·············· 230
九、紫丁香 ·············· 231
十、连翘 ·············· 232
十一、锦带花 ·············· 233
十二、牡丹 ·············· 233
十三、紫荆 ·············· 235
十四、贴梗海棠 ·············· 235
十五、紫薇 ·············· 237
十六、蜡梅 ·············· 237
第五节 绿篱类育苗技术 ·············· 239
一、黄杨 ·············· 239
二、大叶黄杨 ·············· 239

三、茶条槭 ·············· 240
四、珍珠绣线菊 ·············· 241
第六节 藤本及地被类 ·············· 242
一、紫藤 ·············· 242
二、常春藤 ·············· 243
三、金银花 ·············· 243
四、扶芳藤 ·············· 244
五、叶子花 ·············· 245
六、火棘 ·············· 246
七、水栒子 ·············· 246
八、光叶子花 ·············· 247
第七节 其他类苗木育苗技术 ·············· 248
一、毛竹 ·············· 248
二、紫竹 ·············· 249
三、凤尾兰 ·············· 250
四、乔化月季 ·············· 251
复习思考题 ·············· 252

第十章 技能实训 ·············· 253
实训一 圃地选择及区划 ·············· 253
实训二 建圃施工方案制定 ·············· 253
实训三 常用园林树木种子的识别与
解剖观察 ·············· 254
实训四 种子的纯净度分析 ·············· 254
实训五 种子千粒重测定 ·············· 256
实训六 种子的含水量测定 ·············· 257
实训七 种子生活力测定 ·············· 259
实训八 种子的播前处理 ·············· 261
实训九 种子发芽率测定 ·············· 263
实训十 整地作床（起畦） ·············· 264
实训十一 播种操作 ·············· 264

实训十二 播种小苗识别 ·············· 265
实训十三 园林花木扦插育苗 ·············· 265
实训十四 嫁接操作 ·············· 266
实训十五 苗圃生产器具的使用 ·············· 267
实训十六 容器育苗 ·············· 268
实训十七 起苗与包装 ·············· 268
实训十八 编制苗木引种计划 ·············· 269
实训十九 苗圃除草剂施用 ·············· 270
实训二十 苗圃土壤消毒处理 ·············· 271
综合实训一 园林树木种实调制 ·············· 272
综合实训二 苗木的整形与修剪 ·············· 273
综合实训三 苗木调查统计 ·············· 275

附录 ·············· 278
附录一 种子品质检验种批和样品质量
标准表（GB 2772—1999） ·············· 278
附录二 送检样品净度分析容许差距
（GB 2772—1999） ·············· 282

参考文献 ·············· 286

绪 论

知识目标

　　了解园林苗圃业发展的现状与发展方向，明确本课程学习的内容任务及特点。

一、园林苗圃的地位和作用

　　随着国家经济建设的发展，绿化效益日益突出，国家对城乡绿化的投入逐步加大，园林苗木生产不仅是城市绿化的基础，也是一项可获得巨大经济效益的产业。园林苗木已不是计划经济条件下被动生产和调拨的产品，而是政府、个体、科研院所、农民等共同参与的苗木市场的产品，尤其异地苗的大量流动，以及国际上的苗木流动，形成了激烈的市场竞争局面。

　　园林苗圃是培育绿化苗木的基地，是园林绿化建设的重要组成部分。城市园林苗圃的布局，应与城市绿化建设的远近期发展目标统一考虑。

　　园林苗圃生产具有超前性和前瞻性的特点，城市园林绿化是城市重要的基础设施，是改善城市生态环境的主要载体，是重要的社会公益事业，是政府的重要职责。改革开放以来，特别是2001年国务院召开全国城市绿化工作会议以来，我国城市园林绿化水平有了较大提高，生态环境质量不断改善，人居环境不断优化，城市面貌明显改观，为促进城市生态环境建设和城市可持续发展作出了积极贡献。

　　园林苗圃以繁育园林树木为主，随着绿化材料的不断丰富，园林苗圃的生产范围也不断扩大，现主要包括花卉、草皮、地被植物、水生植物等绿化材料，生产方式由传统的露地手工生产为主向设施化、智能化、规模化转变，市场调节的作用加大，新品种繁育的时间缩短，产业化发展逐步形成规模。同时，园林苗圃也是城市绿化材料的试验地，对城市绿化有科研、引导作用，是科技成果的展示基地。

二、园林苗木生产现状及趋势

　　近十几年来，园林绿化作为城市环境建设的重要组成部分，有了新的发展机遇，同时也带动了绿化苗木生产的发展。随着社会的进步，人民对居住环境的逐渐重视以及新农村建设和调整农业产业结构工作的开展，绿化苗木的需求量越来越大。国内不少大型企业也开始投资"绿色银行"的苗圃生产，许多地区把苗木作为农业产业化调整的主要方向，苗木业在我国已成为具有巨大潜力的朝阳产业。

　　我国园林绿化苗木生产具有悠久的历史，多年来一直沿用传统的露天苗圃栽培方式，大多品种单一，规模小，生产技术落后，苗木质量不稳定，苗木成活率低，产品供应季节短，生产周期长，生产率低，占用大量的优质农田。目前我国园林绿化苗木的生产水平远远跟不上发展需要，迫切需要找出一条产量高、质量稳、生产周期短、可实现周年供应、产业化水平高及能出口创汇的现代化绿化苗木生产新途径，为我国农业产业化与国际市场接轨打下良好基础。苗木生产的现状基本表现在以下几方面。

1. 城市园林建设速度加快，拉动园林苗木产业发展

园林苗圃是城市绿化发展的物质基础，种苗生产是园林绿化的首要工作。但是目前我国园林规划的滞后性，制约了园林苗圃的常规发展。近些年来，我国城市生态、环境建设的超常规发展，刺激、拉动了园林苗圃产业的迅速膨胀。苗木产业发展快，首先得益于国家各级政府重视园林生态和城市环境建设。国家投入园林城市建设的资金多，园林规划企业发展快，苗木需求量则大；种苗价格看好，苗木生产、经营者收益则高，于是调动了人们巨大的育苗积极性。第二，新品种、优良品种、速生苗木的诱导作用大。苗木新品层出不穷，优良品种推广日趋加快，先进栽培管理技术不断提高，促进了苗木产量的增加、生产效率的提高，也使园林苗木更具有观赏性、公益性，苗木生产更具有时效性、诱惑性。第三，传统农业生产的粮、棉、油价格走势过低，也变相促使了苗木业的大发展。

2. 非公有制苗圃得到快速发展，逐步成为苗木产业的主力

20世纪，国有苗圃一直在我国苗木行业中起主导作用，但近十年左右的时间，非公有制苗圃发展迅速，除了农户转向苗木生产经营增多的原因之外，还有其他行业、非农业人士加入种苗行列，从事苗木生产的人已不计其数。

3. 树种不断增多，品种推陈出新

经过近年来多渠道引进树种，科研部门育种、推广，还有乡土、稀有树种广泛应用，使种苗生产者经营的树种、品种越来越多。栽培树种、品种的增多，给广大育苗者、经营者带来更多选择和调剂苗木的机会，跨地区、跨省之间的种苗采购、调剂日趋增多。

4. 区域化生产、集约化经营，呈现出良好的发展态势

不少地区苗木区域化生产、集约性经营，逐步走向正规，趋于科学、合理。在区域化生产方面，经济发达的东部大中城市周围地区，花卉产业已初具规模，并出现一些花卉品种相对集中的产区，如广东的顺德已成为全国最大的观叶植物生产及供应中心，浙江的萧山已成为浙江花木生产的重地。产业布局的另一个特点是有些省份已形成多样化、区域化的苗木基地，如菏泽的牡丹、南阳的月季、丹东的杜鹃、天津的仙客来、成都的兰花、漳州的水仙、海南的观叶植物、贵州的高山杜鹃等在全国享有盛名。

5. 种苗信息传播加快，经营理念日趋成熟

随着全国林木种苗交易会、信息交流会的逐年增多，人们的信息、市场观念增强，经营理念日趋成熟。近年来，国家有关部门举办各种名目的种苗交易、信息博览会频繁增多，各省、市也多次举办类似的展会。这些会展的举办，大大促进了种苗生产者、经营者的信息交流和技术合作。加上报刊、电视、广播等多媒体的宣传、报道，使人们获得的信息量增多，在新品种的引进、种苗购置、苗木交易等方面都逐渐理智、成熟。

6. 缺乏统一生产标准，营销误区较多

当今，全国苗木生产还没制定出统一、规范、适用的质量标准，尽管20世纪末制定了一些常规树种、荒山造林树种的苗木质量标准，但可操作性不强，大多没有被具体实践工作采用。至于园林绿化树种，尤其是观赏乔木、灌木及藤本树种，一直没有制定可使用的苗木生产标准。这给苗木生产、销售、质量验收等增加了难度，同时也给不良经营者投机、钻营留下了空隙。例如不同规格树种的根幅、带土球直径的大小，调运期间根系的保护措施，验收苗木时直径测定的位置，干形、冠形的标准等，误区、盲点太多。由于统一的苗木产销标准没有出台，在苗木生产、经营中，无法按照需要单位对苗木规格、质量的要求制订生产、管理计划。

7. 特色品种少，高质量、大规格的苗木更为迫切

各苗圃生产品种雷同，缺乏特色的现状需要改善，苗圃面积虽然大小不一，但经营品种追求多而全，多数不成规模。

由于近几年加入种苗行业的新手增多，对树种的生物学特性和生态学特性不甚了解，他们只注重信息的获得和品种的选择，而不能因地制宜地发展苗木生产。有的对苗圃用地选择不当，土壤贫瘠、盐碱或涝洼，不适宜种植苗木；有的选择树种不当，在沙土和壤土上栽植常绿树种，起苗时不能带土坨；有的栽植密度过大，苗木的生长空间太小加上肥水管理不及时，苗木生长比例失调，合格苗出圃率低；有的不进行整形修剪，不及时进行病虫害防治，使苗木抗逆能力差，干形、冠形长势不良，商品苗档次低，优质苗出圃率低，直接影响了经济收入。

8. 低能耗育苗措施、容器苗的推广成为趋势

受能源紧张、水资源匮乏的影响，苗圃业引进低能耗的设备逐渐增多，在水资源匮乏地区，推广节水型绿化技术是必然选择。要加快研究和推广使用节水耐旱的植物；推广使用微喷、滴灌、渗灌等先进节水技术，科学合理地调整灌溉方式；积极推广使用中水；注重雨水拦蓄利用，探索建立集雨型绿地及苗木生产。

容器苗具有栽植不受季节性限制、整体性好、成活率高等特点，越来越受到绿化工程单位的欢迎。目前，容器苗成本较高，有的苗木适于容器栽培，有的却不适宜。需要充分调研，掌握市场与技术信息，不能盲目跟风。

三、园林苗圃的内容与学习方法

园林苗圃是一门应用技术，主要包括园林苗圃的建立、播种育苗、营养繁殖育苗、大苗培育、苗木养护管理、苗木出圃验收、新品种扩繁、现代育苗技术措施等基础理论知识与技能。本书根据各地树种适应情况，选择了主要树种的育苗技术措施加以介绍。

园林苗圃的学习，应在树木学基础上了解各地苗圃的经营方式，通过实践训练，掌握苗圃生产管理中的各项技能，并进行逐步积累、归纳提高，进而具有独立经营管理苗圃日常业务的能力。

第一章　园林苗圃的建立

知识目标

掌握园林苗圃建立的原则、苗圃用地的选择及区划。

技能目标

学会园林苗圃规划设计与建设的方法，根据苗圃建立原则，能制定苗圃设计说明书。

第一节　园林苗圃用地选择

一、苗圃的种类与布局

园林苗圃根据面积大小一般分为大型苗圃（面积 20hm² 以上）、中型苗圃（面积 3～20hm²）、小型苗圃（面积 3hm² 以下）；根据苗圃的经营项目分为林业苗圃、果树苗圃、花圃、道路绿化苗圃、特大苗苗圃、珍稀种苗圃等类型。

1986 年国家城乡建设环境保护部颁布《城市园林育苗技术规程》规定："一个城市的园林苗圃面积应占建成区面积的 2%～3%。"依照这个标准，可以计算出每个城市的园林苗圃面积总量。园林苗圃应根据城市规模规划苗圃大小及数量，通常大中型城市需要 1～2 个大型苗圃，建成功能齐全、起主导作用的绿化基地。城市规划的园林苗圃应分布在城市周围，可就近供苗，缩短运输距离，提高苗木适应性，减少运输及培育费用。城市规划的园林苗圃的数量、面积和布局也要根据市场的情况来确定，兼顾周边城市及苗木基地的规模，考虑国家重点建设项目及城市改造的苗木需求，因而，苗圃布局除要根据城市自身规模的要求之外，还要结合苗木市场的需要来规划和设计。无论什么性质的苗圃，在规划设计时都要有充分的论证、可靠的技术保证，符合当地社会、经济发展需要。

二、自然条件

1. 地形、地势

苗圃地应选择在地势较高、地形平坦开阔、排水良好、坡度在 1°～5° 之间的地块。雨水较多的地区，坡度可以适量增加；但坡度过大，不利于机械作业及修建水渠，也容易造成水土流失。坡地地形还涉及坡向，坡向引起光照、温度、水分等因子的变化。南坡光照强，光合作用时间长，温度高、湿度小；北坡则相反；东西坡介于南北坡之间，但西坡光照时间长、温度高。应根据培育苗木的性质选择坡向，东坡、北坡适于培育耐寒、喜阴树种，南坡、西坡适于培育喜温、耐旱的树种。

2. 水源

圃地应有充足的水源，利于排灌，水质无毒无害，含盐量低于 0.15%，干旱地区可利用的最深地下水位，一般沙土为 1.0～1.5m，沙壤土为 2.5m 左右，黏性土壤 4m 左右。水质好、水量充足的天然水源最好，积水的低洼地、季节性易受洪水冲击地、盐碱地不适合作圃地。

3. 土壤

圃地土壤一般以沙壤土和轻黏壤土为宜，肥力水平中等以上；土壤酸碱度近中性或偏微酸性为好。土壤的土层深厚（50cm 以上），通气性能好，无杂乱石头等影响耕作的杂物。

4. 病虫草害

园林苗木用于城市绿化，对病虫害的检疫较严格，圃地选择时应重点调查病虫害发生情况，了解当地病虫害发生历史及现状，尤其地下害虫及周边植物与苗圃树种间的寄宿病害发生。圃地杂草的种类及发生规律是苗圃地选择的一个考核指标，尤其对入侵性杂草，更要严格检查。

5. 地上物

圃地原有的地上建筑物、栽植作物、花草树木、道路桥梁、高架线缆、地埋电缆等，对圃地的日后生产作业都会产生影响，要尽量减少地上物的存在，在圃地平整前要进行地上物的清理及保护。

三、经营条件

园林苗圃所处地理位置的经济经营状况，直接关系到苗圃业务的开展和管理水平。经营条件就是经营环境，主要指圃地附近的交通、水电、人力、空气质量、市场等条件。

圃地应选择靠近公路、铁路车站、机场、港口等便利运输的场所，利于人员物资的运输。园林苗圃越来越依赖自动化的设施设备，需要持续不断的电力供应、水源保证，因此苗圃建立要考虑水电的成本。

园林苗圃许多工作是季节性劳动密集型操作，需要周边有来源相对稳定的临时工人，因此，适度靠近居民点，或在城市近郊，有利于临时雇工。除了体力劳动者外，也需要科研院所技术人员的帮助指导，解决生产中遇到的技术难题。

苗圃周边的厂矿企业对育苗有重大影响，要远离厂矿排出物对苗木产生危害的区域。苗圃营销是当今苗圃经济效益非常重要的策略，靠近传统的苗木市场，或苗圃自身的一部分就是市场，对日后的经营有利。

第二节　园林苗圃规划设计

一、圃地踏查测绘及区划

圃地选址确定后，规划设计人员应到圃地现场了解用地历史及人文现状，勘测地形地势、土壤调查取样、水文测定、病虫草害调查、现有建筑及地上物调查等。

在踏查基础上进行细致测量及取样，绘制圃地地形图，CAD 平面图，将圃地上各种地上物及踏查信息标注到准确位置。

苗圃区划应根据苗圃的功能及自然地理情况，以有利于充分利用土地、方便生产管理、利于苗木生长、利于提高工作效率及经济效益为原则。苗圃区划常规分为生产区和辅助区，通常生产用地面积不少于苗圃总面积的 80%，在保证管理需要的前提下，尽量增加生产区的面积，提高苗圃的生产能力。

苗木生产用地面积计算通常采用下式：

$$P = NA/n$$

式中 P——某树种、某类苗木的育苗面积，hm^2；

　　　　N——该树种的计划年产量，株/年；

　　　　A——该树种的培育年限，年；

　　　　n——该树种单位面积产苗量，株/hm^2。

这是理论计算值，实际工作中由于苗木培育、贮藏、出圃等作业过程要损失一些苗木，因此计划苗木产量需要增加5%作为风险补偿，为计算苗圃面积留有余地。将各树种育苗面积加和就是全苗圃生产用地总面积。

二、生产用地规划

生产用地是生产苗木的地块，通常包括播种区、营养繁殖区、移植区、大苗区、母树区、引种试验区、温室大棚区等功能区域，如果采用轮作制，应划分出轮作区。

1. 播种区

播种育苗是苗圃繁育幼苗的重要手段，应选择最好的地块设立播种区，也称实生苗区，要求土层深厚、肥沃疏松、灌排便利、便于管理。由于播种区育苗周转快，耗费地力，应在每年播种前进行土壤肥力测定，及时补充缺失的养分。

2. 营养繁殖区

培育扦插苗、压条苗、分株苗和嫁接苗的区域，与播种区功能和要求相近，根据树种特点及种苗大小，土壤条件可以略差一些。扦插区要求较高，可以与温室区相结合或临近，便于灌水及遮阳管理。

3. 移植区

在播种区、营养繁殖区内繁殖出的幼苗，需要扩大营养面积、分栽管理，进一步培养成较大苗木时，就需要移入移植区培育。园林苗木根据树种生长速度及规格要求，每隔2～3年，就要进行再次移植扩大株行距，增加营养面积。因此，移植区占地较大，对土壤要求中等，一般设在地块规整、利于机械化操作的地段，同时也要考虑树种特性和园林应用的要求。通常移植区与大苗区紧邻，便于起苗、管理和运输。

4. 大苗区

通常指培育树龄较大、树干胸径5cm以上、单株占地面积大、根系发达的苗木生产区，是当前园林苗圃的主要占地区块，根据苗木的要求定植时间以及对土壤的要求确定位置，相对要求略低一些，要考虑到出圃和管理的方便，同时要对永久性苗圃的大苗区进行定期追施农家肥或换新土，防止土地肥力衰竭。

5. 母树区

大型苗圃、经营时间长的苗圃、需要自繁优质种子或穗条的苗木，需要建立母树区，选择土质优良肥沃、排灌条件好、病虫害少的地块设置，采种母树要注意花粉隔离，高大遮阴的要注意对西侧、北侧区域的遮光影响。无特殊要求的树种可以选用零星地块栽植，也可结合防护林、道路绿化、办公区绿化遮阴等地块栽植。

6. 引种试验区

用于种植新引进的树种或品种，以及科研开发、培育新品种等试验栽植，要根据所栽树种及品种的要求选择土质疏松肥沃、小气候条件较好的地块，利于观察及管理。

7. 温室大棚区

温室、大棚、荫棚等生产设施是现代苗圃必备的育苗场所，应根据生产树种及规模确定位置和大小，靠近管理区，也可与管理区联体建设，节约土地，便于管理。

三、辅助用地规划

苗圃辅助用地包括办公建筑、道路、排灌系统、场地仓库、防护林带等，这些用地总和要低于总面积的 20%，要求设计合理，节约用地，占用土质差的地块。

1. 道路系统

道路是苗圃作业的脉络，大型苗圃设有一级、二级、三级道路和环路。

（1）一级路　也称主干道，是苗圃内部和对外运输的主要道路，多以办公区和主要操作区为中心设置，通常宽度在 6～8m，能错开车，利于大苗木运输，标高高于圃地 20cm。

（2）二级路　与主干道垂直，连接主要耕作区，宽度在 4m，便于大型货车运输苗木，标高高于圃地 10cm。

（3）三级路　也称作业道，是耕作区之间的沟通路线，宽度在 2m 左右，可与圃地等高。中小型苗圃可不设二级路，直接设三级路。

（4）环路　为了车辆、机具回转，根据需要设立环路，中小型苗圃不再设立，但主路要能够保证运输和错开车道，保证运输的同时，减少道路占地。

2. 排灌系统

包括灌溉系统和排涝系统，二者可结合设立，减少土地占用。

（1）灌溉系统　分渠道灌溉、管道灌溉、移动喷灌等形式，以喷灌形式集约化程度最高，用水效率高，操作质量好。播种区、扦插苗床更应采用可控自动喷灌系统，节约劳力，提高育苗成苗率和整齐度。移植区、大苗区可采用管道灌溉或喷灌，利于粗放管理。

（2）排涝系统　排涝系统虽然近几年应用较少，但不可省略，夏季几天积水就会造成很大损失，尤其地势低洼的圃区更应认真设计排涝系统。排水系统可与灌溉系统联合设计，渠道灌溉的可一体化设计，同时把集水系统建立起来，为旱季积累水分。排涝系统同道路系统类似，但标高相反，支渠高主渠低，分级设计，把地表径流逐步汇总到主排水渠。

3. 办公建筑

办公建筑包括办公室、食堂、宿舍、实验室、绿化场地、车库、冷库、水电通讯管理室等，由工作需要而定，随苗圃建设逐步改善，不一定一次建完，可设计预留地，为日后改进留有余地。总体原则是少占土地，节约用地。

4. 场地仓库

场地仓库包括停车场地、机械仓库、堆肥场地、晾晒场、集散场地等，部分小苗圃将温室列入此项，也属正常。这些场地因地而异，不一定必设，可根据各地、各苗圃特点而定。

5. 防护林带

根据当地的风沙冻害的危害程度来设置防护林带的宽度和结构，创造适合苗木生长的小气候条件，小型苗圃可只在主风方向设置，大中型苗圃在四周设置，防护林也要考虑防护人畜侵入的作用，因此，在树种和栽植方式上要作出合理设计。

四、园林苗圃设计图和编写说明书

1. 绘制苗圃规划设计图

根据前期进行的细致勘测调查，在规划原则的指导下，把各类用地的具体位置标注在设计图上，为施工建设及日后管理提供依据。规划设计图要确定适宜比例尺，对各类用地标名或小区编号，设计图例，尤其对道路、排灌管线、电源通讯、水源、珍稀品种区域、重点建筑等作出明显标志（见图 1-1）。

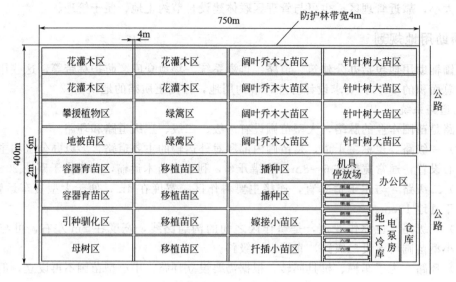

图 1-1　园林苗圃区划设计示意图

2. 编写设计说明书

说明书是对规划设计图的文字说明和解释，包括圃地自然及经营条件、设计的依据及规划目标、各类用地的区划及面积计算，以及各类用地的具体设计思路和设计方案，最后作出建立苗圃的投资预算。

（1）前言　阐述苗圃的性质和任务，培育苗木的目的意义，苗木的特点和要求。

（2）设计依据及原则　建立苗圃的任务书，设计苗圃时的各类资料，与苗圃生产有关的各项规定，为完成育苗任务，将达到的预期目标。

（3）苗圃地的基本情况　包括苗圃地地理位置、经营条件、自然条件，以及有关的栽培历史资料，附近苗圃的生产状况。

（4）苗圃面积计算　根据苗圃育苗任务目标，分树种进行面积计算。

（5）苗圃地的区划　根据苗圃各类育苗任务的规模，将播种区、营养繁殖区、移植区、大苗区、母树区、引种试验区、温室大棚区、办公区、道路系统、排灌系统、机具仓库、堆肥场、防护林带等功能区域，按比例准确落实到圃地范围内。

（6）育苗技术设计　根据育苗规程，把主要树种的育苗技术措施细致列出。包括整地、改土、施肥、种子准备、种子催芽、播种时期、播种方法、苗期管理、除草松土、病虫防治、浇水排涝、起苗假植、越冬防寒等。

（7）苗圃建立经费概算及投资计划　根据现有的基础设施和设计建造的任务，分项计算所需经费数额，进一步计算育苗的各项直接费用，机具费用，人力、动力、畜力费用，水、电、交通运输、管理费用，最后汇总，核算建立总费用。另外，从苗圃的生态功能、社会功能、经济功能三方面进行评估，明确苗圃建立的投资与回报率。

第三节　园林苗圃的建设

一、施工准备

根据规划设计要求，做好现场施工前的人员、机械、车辆、设备、工具等准备工作。施工前要到现场再做一次踏勘，确定工具用品的规格数量，评价施工难度，制定施工具体方案。大型苗圃要成立施工指挥部，下设几个职能工作组，分管定点放线、地形整理、道路管网、水电引入、档案管理、后勤保障等工作。

二、定点放线

在认真研究规划设计图基础上，到现场选择标准水准点或参照物，由此点导引定点放线。先确定苗圃边界，将拐角边线明确标出；再确定主干道、二级、三级路的边界及中心线；根据设计要求，把水源点、管线、建筑位置、小苗区、电力设施点等关键部位在圃地上定点标出。根据现场实测情况，对于一些设计内容可以作出调整，调整后要在设计图上作好标记。

三、地形整理

园林圃地一般都要进行土地平整过程，根据生产要求，进行地形测量后作出平整规划，坡度小的地块可在道路水渠完工后结合翻耕进行整理，尽量不破坏表层土壤。坡度较大地块应先整地再修路挖渠，部分地块需要做梯田处理；对于局部凸高或低洼地块，采取挖高填低措施，深坑填平后要进行灌水沉实，再做表层整理。

四、水、电、通讯引入

建圃施工的水、电、通讯都是必不可少的，因此应首先做好这三项工作的安排，落实规模、地点，与其他工程配合开展。根据苗圃规模确定电力总瓦数，与相关部门做好沟通联系，确定接入位置和方式。水的来源确定后，做好水质、水量、水源稳定性的调查，确定引入方式和地点，做好接入的相关安排。大型苗圃应有自己的固定通讯系统，便于内外部联系，小型苗圃可采用移动通讯设施或无线对讲系统。

五、办公及生产设施建筑

园林苗圃办公用房仍坚持节约用地的原则，通常选择主要路口附件或土质较差的地块作办公用地。主要包括办公用房、机械库、工具仓房、种子种苗库、水电泵房、休息用餐厅、温室、冷库等，为节约用地，以上设施应集中建设，办公场所可建成几层楼房。办公设施应在道路修好后及时建完，也可先建办公场所，便于开展建圃工作组织。

六、圃路施工

根据规划设计图的具体方位，在圃地内选好标定物作基点，定出主干道的实际位置，再以主干道的中心线为基线，标出各级道路系统的起点、终点、中线与边沿，用木桩标明道路编号，部分位置要标明标高。多数情况下先修土路或永久修土路，抑或主路为沙石及柏油路面，次级道路为土路，便于日后地块功能改造。根据规划图标出排灌水管道铺设位置、地下缆线位置等。

施工前用白灰标出中线、边线，定好标高，从路两侧取土填于路中，形成中间高两侧低的凸形路面。路面土要压实，边沿整齐紧密，排水沟深度、宽度适宜，把横穿路面的管道处理设涵管，便于下一步施工应用。两侧的边沿取土后形成排水沟，用于排水及灌溉渠。圃路通常不设渗水井，路面高于圃地，雨水自然排到沟渠、圃地中。干旱地区，可在排水沟低洼处设一个储水池，利于少雨季节灌溉。

七、灌排系统施工

灌排系统包括灌溉和排水两个内容，可分可合，由灌溉和排水的方式及程度决定。

灌溉系统又分为沟渠漫灌和管道喷灌两种方式，传统的沟渠漫灌系统要设有提水设备、储水池、输水沟渠等，其中水的流动要靠沟渠的纵坡驱动，因此从提水设备流出的水要沿着沟渠的坡度向各级沟渠流动。渠道的落差要均匀，流速、流量均匀，沟渠防渗效果好，暗渠更应设计好坡度、坡向及深度，保证水流畅通。喷灌系统建造要根据规划设计，确定储水池、加压泵、各级管道、喷头、阀门等位置和数量，再确定埋设深度或地面铺设高度，用白灰标出具体开挖线路位置，经挖沟、连接、封闭、试压、埋设、验收等施工步骤，确定可以应用后交工。

排水系统一般与道路边沟通用，也可根据雨季特点单独设立。圃地内的步道可设置成低于苗床的，雨天用于排水。需要注意的是排水沟的坡降与到路边沟一样，要利于排水顺畅，不出现急速径流冲刷土壤，不出现积水、涝洼，如能把排水与储水结合最好。

八、防护设施建设

园林苗木受周边环境影响大，要通过防风、防寒、遮强光、防尾气等措施进行防护管理。园林苗圃种苗珍贵，应用广泛，易受"顺手牵羊"之害，因此，在进行施工开始阶段，就要加强防盗防护措施建设。一般在苗圃北侧及西侧栽植高大的防护林，在圃地四周可栽植柏树、刺槐、十大功劳、玫瑰、皂角、黄刺玫等带刺的树木，起到防护和美化作用。土地较少的地方，采用人工刺篱、铁丝网、防护障等设施防护。

九、土壤改良

由于园林苗圃地的选择不能十全十美，以及土壤的区域差异性和树种对土壤要求的差异性客观存在，因此，为了满足苗木的需要，往往在种植前要对圃地中不适合生长的盐碱土、重黏土、沙土、垃圾土、地下害虫较严重的土壤进行改良。不同土壤要在土壤勘察时做好野外评判，画出地块，取样后进一步检验其理化性质。盐碱土可采用开沟引流、高台种植、淡水冲洗等物理措施，也可采用调酸、改进肥料、改进种植植物类别等措施进行改良。重黏土应采用混沙、耕翻、加施有机肥料、开沟排水、种植绿肥等措施提高土壤通透性，增加腐殖质含量。沙土地需要掺入腐殖质、黏土，减少翻动，加强防风林建设等措施也能提高沙土性能，改变和减少水土流失。

十、苗圃技术档案建立

苗圃技术档案是通过连续记录苗圃的设计、建立、育苗技术措施、苗木生长发育物候记录、苗木出入、生产管理过程、苗圃日常作业、经营管理等数据，经长期积累，定期分析总结，成为苗圃生产经营的基本依据。苗圃技术档案需要专人管理，科学记录，定期审查总结，认真管理保存。苗圃技术档案主要记录内容如下。

1. 苗圃基本情况档案

记录苗圃所在地气候、地形、水文、土壤、交通、建筑、设备、周边环境等基础数据和发展历史。

2. 苗圃土地利用情况档案

记录圃地土质分布状况，土层深度，耕作历史，育苗树种，施肥种类数量，利用效果，病虫害发生情况，轮作、间作情况等。

3. 育苗技术措施档案

分树种记录一年内苗木的培育管理技术措施，重点记录苗木繁殖材料来源、质量、数量、采取措施、效果、发芽率、出苗率、成活率、成苗率、生长量、存苗量等，同时记录育苗过程中的人员、用工、用料、水肥管理过程、病虫害管理、苗木出圃、倒床移栽等生产过程。

4. 苗木生长发育物候记录档案

建立苗圃同时就要根据树种分别建立物候观测记录档案，与技术措施档案不同之处是记录各阶段的效果，为进一步分析总结提供连续多年的同时期数据变化规律。

5. 经营管理档案

将苗圃建立及运营过程的主要材料、事迹、证据、分析总结资料及时收集整理，为下一步决策提供依据，包括苗圃设计任务书、规划图、施工记录、育苗计划、年度生产计划与总结、职工组织、技术装备资料、投资经营效益分析、苗木市场调研、其他经营等。

复习思考题

1. 为什么把园林苗圃称为城市绿化的幼儿园？
2. 圃地踏勘调查的主要项目有哪些？
3. 园林苗圃建立过程中可否改动原来设计？
4. 生产用地一般包括哪些区域？各有什么要求？
5. 苗圃技术档案常包括哪些内容？

第二章 播种育苗技术

知识目标

了解园林树木种实结实规律及播种育苗的地位和意义；掌握园林树木种实基本特性、播种的基础条件、基本方法以及播后管理的技术要点。

技能目标

掌握园林树木种实的采集、调制和贮藏、检验的基本方法；学会种实品质鉴定的方法；掌握播种育苗基本任务和操作要求。

第一节 园林树木种子（实）采集与调制

在园林苗圃中，种实通常是指用于繁殖园林苗木的种子和果实。园林树木的种实是苗圃经营中最基本的生产资料。优良的种实为培育优良苗木提供了前提和保证，为了获得优良充足的种实，必须掌握园林树木的结实规律，科学合理地进行种子采集、调制、贮藏和品质检验。

一、园林树木结实规律

1. 园林树木的结实年龄

树木包括乔木和灌木，都是多年生、多次结实的植物（竹类除外），实生的树木一生要经历种子时期（胚胎时期）、幼年时期、青年时期、成年时期和老年时期五个时期，而其开花结实则需要生长发育到一定的年龄阶段才能开始进行。对不同树种而言，每个时期开始的早晚和延续的时间长短都不同。即使是同一树种在不同的环境条件影响下，其各个时期也有一定的延长和缩短。由此可见，树木开始结实的年龄，除了受年龄阶段的制约外，还取决于树木的生物学特性和环境条件。

不同的树种，由于生长、发育的快慢不同，开始结实的年龄也不同。一般喜光的、速生的树种发育快，开始结实的年龄也小；反之，耐阴、生长速度慢的树种开始结实的年龄较大。乔木与灌木相比，乔木开始结实的年龄大，灌木开始结实的年龄小，如紫穗槐、胡枝2～3年就可以开花结实。

同一树种，由于繁殖方法和立地条件不同，开始结实的年龄也不一样。萌生林以及用营养繁殖苗营造的人工林没有幼年阶段，开花结实时期比实生林要早，例如栓皮栎实生人工林7～9年开始结实，而萌生人工林5年即可开始结实。生长在环境条件好的比生长在环境条件差的母树开花结实早，如孤立木光照条件充足，营养面积大，开始结实的时间比林木早；山区阳坡比阴坡结实早；土壤养分、水分条件好的地方比条件差的地方结实早。

需要指出的是，有些极端特殊的情况也会使林木过早结实。例如，生长在特别干旱瘠薄的土地上的母树或遭到火烧、机械损伤、病虫危害的母树会提早结实。这不是正常现象，所结种子质量差。所以，在经营的母树林内应该设法避免这种现象的发生，也不要在这样的树上采种应用。

掌握了树木开始结实年龄的变化规律后，就可以通过改善母树林的环境条件，如光照、土壤条件，来达到早结实的目的。

2. 园林树木结实的大小年现象和间隔期

从理论上讲，树木开始结实后，其结实量应该是逐年增加的，到了青壮年阶段结实量就应稳定在一定水平上，并保持相当长的一段时间，等到衰老后结实量才开始下降。但实际情况并不是这样，树木进入结实期以后，因受各种因子的影响，每年结实量的多少差异很大，有的年份结实量多，有的年份结实量中等，有的年份结实量很少，甚至不结实。结实量多的年份称为丰年或大年，结实量中等的年份称为平年，结实量少或不结实的年份称为欠年或小年。把树木结实丰年和欠年交替出现的现象称为树木结实的大小年现象（结实周期性）。相邻两个丰年之间的间隔年数称为间隔期。如核桃、板栗等许多果树结实都有大小年现象。分析其产生的原因主要有两方面：首先是营养不足造成的；另外也与环境条件有关。因为结实过多，光合作用的产物大部分被果实的发育所消耗，这样就造成了当年花芽分化期营养不足，花芽分化晚、少，或发育不充分，使来年不能受粉结实，从而造成欠年。另外，在大量结实的年份，不仅消耗当年合成的营养物质，还会消耗树木体内以前贮藏积累的营养物质。结实越多，积累的营养物质被消耗的也就越多，这样，母树补充被消耗的营养物质的时间也就越长，因而导致树木结实的间隔期也就越长。其次与树木生活的环境条件有关，如气候条件（光、热、水、风）好、土壤肥沃，结实就多，间隔期也短。不过环境因子影响树木结实大小年现象的实质，还是通过影响树木的营养状况来影响树木的结实。另外，一些灾害因素（如大风、霜冻、冰雹、病虫害等）也会使树木结实产生间隔期。

从上述原因可以看出，树木结实周期性并不是树木固有的本性，也不是必然的规律，起主导作用的是树木体内的营养状况。为了消除或缩短间隔期使树木连年结实丰产，就要为母树创造良好的环境条件，加强抚育管理，改善母树的营养状况，防止或消除自然灾害的发生，保证营养生长和结实的正常关系，通过松土、施肥、灌水、修枝等措施，完全可以使树木连年结实或缩短结实的间隔期。

3. 影响园林树木结实的因素

（1）母树的年龄及生长发育状况　一般来说，成年期的母树，结实的质与量均达到高峰，并能维持相当长的一段时间，是采种的重要时期。一般来说，母树初期结实量少，而且空粒、瘪粒较多。但是，用这个时期的种子培育成的幼树可塑性大，适应性强，这在引种驯化上有着特殊的意义。当母树到了衰老期，结实数量逐渐减少，质量也逐渐下降，用这个时期的种子繁殖的苗木适应性差，抗性也差，生长缓慢。一些常见园林树种最适宜的采种母树年龄见表2-1。

（2）气候条件

① 温度　温度不仅会影响树木结实量，而且对质量也有很大影响。一般同一树种，生长在较温暖地区，由于生长期长，积累营养物质多，容易形成粒大而饱满的种子；在寒冷地区，尤其在开花和果实发育期间遇上低温、阴雨天，则会推迟开花，使授粉不良，还会使大量花蕾死亡，果实发育慢，种粒小，空粒、瘪粒偏多。例如马尾松种子，在广东茂名，年平均气温为23.5℃，种子千粒重是13.78g；在贵阳，年平均气温为15.6℃，种子千粒重为11.69g。温度降低7.9℃，千粒重则下降2.09g。侧柏在山西霍县千粒重为16.98g，在河南龙门则为24.03g。

表 2-1　常见树种适宜采集种实的母树年龄

树种	适宜采集年龄	树种	适宜采集年龄	树种	适宜采集年龄
红松	60～100	香椿	15～30	橡树	10～30
落叶松	20～80	刺槐	10～25	榉树	20～80
冷杉	80～100	枫杨	10～20	楸树	15～30
云杉	60～100	臭椿	20～30	皂荚	30～100
侧柏	20～60	桑树	10～40	台湾相思	15～60
银杏	40～100	色木槭	25～40	喜树	15～25
华山松	30～60	杉木	15～40	木麻黄	10～12
油松	20～50	水杉	40～60	木荷	25～40
樟子松	30～80	柳杉	15～60	乌桕	10～50
黄山松	30～60	马尾松	15～40	桉树	10～40
紫椴	80～100	福建柏	200～30	黄连木	20～40
水曲柳	20～60	竹柏	20～30	银桦	15～20
杨树	10～25	麻栎	30～60		
白榆	15～30	樟树	20～50		

② 光照　充足的光照可以提高温度，使光合作用旺盛、营养充足，树木生长发育就快，这不仅可以使树木早结实，而且还能提高结实的数量和质量。所以，阳坡、半阳坡的树木比阴坡的结实早、量大、质好；树冠的中、上部及阳面比下部及阴面结实多。

③ 降水　正常而适宜的降水，使树木生长健壮，发育良好，结实正常。但如果春季开花季节连续下雨而降低气温，会妨碍花粉发芽，同时雨水冲走花粉而影响授粉；夏季多雨，长时间连续阴天，温度低，则会推迟种子的成熟期，影响种子的产量和质量；如果夏季过于干旱炎热又常造成落果；暴雨和冰雹更会影响结实，甚至造成欠年。

④ 风　微风有利于授粉；大风则会吹掉花朵和幼果，影响结实。

以上因素共同作用于树木。一个地区的气候条件越有利于树种的生长发育，丰年出现的频率就越高。例如毛白杨，它的适生地区是河南开封地区，在开封地区基本上年年结实，而且结实量大。毛白杨生长的地区距离开封地区越远，结实量就越少。

（3）土壤条件　树木生活所必需的养分、水分大部分来源于土壤，土壤的水分及养分状况直接影响树木的生长、发育状况。生长在肥沃湿润、排水良好的土壤上的树木生长发育得好，结实多，质量好；反之，结实少，质量差。

（4）生物因素　生物因素主要是指病、虫、鸟、兽、鼠、菌类以及人等因素的危害。例如橡栎类种子常遭象鼻虫的侵害；松毛虫吃掉松针；鼠类常窃食和破坏针叶树的球果以及其他坚果；鸟类对樟树、檫树、黄连木等多汁果实的啄食；城市及公共绿地人为的破坏等都会影响树木的结实。有些危害不仅影响当年结实，而且对第二年结实也有很大影响。

（5）开花授粉习性　最典型的是某些树种的花期不遇，雌雄异熟现象。如鹅掌楸为两性花，但很多雌蕊在花蕾尚未开放时即已成熟，到花瓣盛开、雄蕊散粉时，柱头已经枯萎，失去接受花粉的能力，故结实率不高。薄壳山核桃多数雄花先开，散粉完毕后，雌花还未呈现可孕状态，故授粉困难。雪松的雄花比雌花早1个月左右，而且一般雌花生于树冠上中部，雄花生于中下部，花粉粒又大又重，飞翔力低，这些都是授粉困难的原因。因而，对于这些树种最好实行人工授粉，以保证结实。

二、种子成熟特征

种子成熟过程就是胚和胚乳发育的过程，经过受精的卵细胞逐渐发育或具有胚根、胚轴、胚芽和子叶的完全种胚。种子成熟过程一般包括生理成熟和形态成熟两个过程。

1. 生理成熟

生理成熟是指种子内部经过一系列生物化学的变化过程后，营养物质贮藏到一定程度，种胚形成并具有发芽能力。此时的种子含水量高，营养物质处于易溶状态，且种皮不致密，尚未完全具备保护种仁的特性，防止水分散失能力差。此时采种，种仁会急剧收缩，不利于贮藏，很快失去发芽能力。同时，种子对外界不良环境的抵抗能力很差，易被微生物侵害。所以，种子的采集多不在此时进行。但椴树、山楂和水曲柳等的种子，休眠期很长且不易打破休眠，可采用生理成熟的种子，采后立即播种，可以缩短休眠期，提高发芽率。

2. 形态成熟

种子的形态成熟是指种胚发育完成，营养物质由易溶态转化为难溶的脂肪、蛋白质和淀粉，种子本身的重量不再增加或增加很少，呼吸作用微弱，种皮致密坚实，抗害力强，耐贮藏。园林植物种子多易在此时采集。形态成熟的种子外部形态完全呈现出成熟的特征，不同的树种和不同的种实类型，形态成熟时外部的特征也不一样。浆果、核果和仁果类，成熟时果实变软，颜色由绿变红、黄、紫等，如蔷薇、冬青、火棘、南天竹、小檗、珊瑚树等变为朱红色，樟树、紫珠、檫木、金银花、小蜡、女贞、楠木、鼠李、山葡萄等变成红、橙黄、紫等颜色，并具有香味或甜味，且能自行脱落。荚果、蒴果、翅果等干果类，成熟时果皮变为褐色，并干燥开裂，如刺槐、合欢、相思树、皂荚、油茶、乌桕、枫香、海桐、卫矛等。球果类的果实成熟时果鳞干燥硬化、变色，如油松、马尾松、侧柏等变为黄褐色，杉木变为黄色，并且有的种鳞开裂，散出种子。

三、采种方法

目前仍以人工为主，根据种实的大小，种实成熟后脱落的习性和脱落时间可以分为以下几种方法。

1. 地面收集

某些大粒种实，可以从地面上捡拾，如橡栎类、板栗、核桃、七叶树、油桐、油茶等，采种前将地面杂草等清除干净，以便于拾取。

2. 从植株上收集

这是最常用的方法。种粒小或脱落后易被风吹散的种子，如杨、柳、榆、桦、马尾松、落叶松等，以及成熟后虽不立即脱落但不易于从地面收集的种实都要在植株上采取，如针叶树类、刺槐等。一般较矮植株可直接采收，或地面铺以席子、塑料布等，用竹竿、木棍击落种实，进行收集；对果实集中于果序上而植株又较高的树种，如栾树、臭椿、白蜡等树的果穗，可用高枝剪、采种钩、采种镰等采收。针叶树可用齿梳梳下球果。对植株高的树种，可用木架、绳索、脚蹬折梯等采种工具协助上树采种。在国外多用各种采种机采种。

3. 从伐倒木上采种

结合采伐工作进行采收种子是最经济的方法，尤其对种子成熟后不立即脱落的树种，如云杉、白蜡、椴树等采种更为有利。但只有成熟期和采伐期一致时才能采用此法。

4. 从水面采收

生长在水边的树种，如赤杨、榆树等，种子成熟后常漂浮在水面上，因而可在水面收集。

常用采种工具如图2-1所示。我国采种机具很少，而且使用还不普遍，多采用手工操作的简单工具。

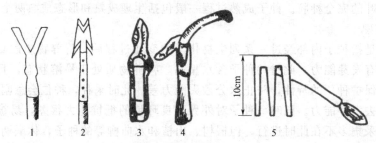

图 2-1　常见的采种工具

1—采种叉；2—采种刀；3—剪枝剪；4—高枝剪；5—果球梳

引自：丁彦芬，田如男. 园林苗圃学，2001

四、种实调制

新采收的种子含水量较高，里面夹有很多小枝、果皮、叶片、土块等，堆放过久容易发热霉烂和病虫害蔓延，采种后应尽快完成种实调制，以避免种子品质降低。所以种子调制是获得纯净、优良种子，以及便于安全贮藏，防止种子变质的必要工序。调制的内容包括脱粒、净种、干燥、分级等工序。

1. 干果类的调制

（1）蒴果类　含水量低的蒴果，如丁香、紫薇、金丝桃、木槿和香椿等可直接在阳光下晒干脱粒、净种。对种粒比较小的杨、柳树种应采集后立即放入干燥室进行干燥，经 3～5d，当大多数蒴果开裂后，即可用柳条抽打，使种子脱粒，然后过筛、精选。对小叶黄杨等易丧失发芽力的种子，多采用阴干法进行脱粒，然后妥善处理。

（2）荚果类　如刺槐、合欢、紫荆等一般含水量较低，采后的果实经过晾晒、风干，用木棒敲击，种粒即可脱出。对不易开裂的荚果（如皂荚、紫藤等）可以碾压、锤砸取出种子。

（3）坚果类　一般含水量较高，如板栗、橡栎类，在日光下晒，容易失去发芽力，故采后要堆放在阴凉处，及时进行粒选（蛀粒较多时还要进行水选），粒选后的种子放在通风处阴干，注意经常翻动，堆铺厚度不超过 20～25cm。当种实含水量达到要求时，即可进行贮藏。

（4）翅果类　如白蜡、臭椿、元宝枫、槭树、榆树、杜仲等种子处理不必去翅，干燥后清除杂物即可。其中榆树、杜仲不宜在阳光下晒，应放在通风背阴处摊薄阴干。

2. 肉质果类的调制

肉质果含糖分和果胶多，易发酵腐烂，采后要及时处理，否则种子的品质会降低。

（1）海棠、杜梨等种粒细小而果肉较厚，可将果实堆积变软后碾压，漂洗即得净种。

（2）核桃、山桃、山杏、贴梗海棠等除采用堆积变软后水洗的方法外，也可采用人工剥离取出种子。

（3）桑树等果肉黏稠，必须经水浸、搅拌、漂洗后才可得到净种。少数松柏类种子因其假种皮富含胶质，光用水洗不能使种子与假种皮分离，如桧柏、三尖杉、榧树等种子，可用木棒捣碎果肉，然后用水冲洗，得到纯净种子或用苔藓加细石与种实一同堆起来，然后揉搓，除去假种皮，再干燥后贮藏。

（4）供食用的肉质果类，如苹果、梨、桃等，可以从果品加工厂中取得，该种子应经过45℃以下的冷处理，才能供育苗使用。另外，肉质果中取出的种子，一般含水量较高，应立即放到通风地方阴干，几天后当种子含水量达到一定要求时，即可播种、贮藏或运输。

3. 球果类的调制

球果类的脱粒，首先要经过干燥，使球果失去水分，鳞片反曲开裂，种子即脱出。干燥球果的方法如下。

（1）自然干燥法　自然干燥法是利用阳光曝晒，使球果干燥开裂，种子脱出。这种方法在生产上应用很广，如侧柏、柳杉等树种。球果采集后，可选择向阳、通风、干燥的地方，在席子上或场院里曝晒。在干燥的过程中应经常翻动，这样经过3～10d球果即可开裂，大部分种子可以自然脱出，其余未脱净的种子用木棒轻轻敲打，种子即可脱出，然后进行净种，即得纯净种子。

自然干燥法处理球果不会因温度过高而降低种子的质量，但常受天气变化的影响，干燥速度较慢，因此当调制大量球果或难开裂的球果时，常常不能满足工作上的需要。

（2）人工干燥法　人工干燥法常因干燥室温度掌握得不合适而降低了种子的发芽率。不同的树种，干燥过程中所要求的温度也不一样。除温度掌握好以外，还有空气湿度。球果越干燥，球果失水开裂的速度越快，因此干燥室要经常通风，排除湿空气。另外，在干燥球果前必须先进行预干，否则会降低种子的质量。

国外许多国家有现代化的干燥器，保证球果干燥的速度快，脱粒净。从球果取出种子到净种、分级等均采用一整套机械化、自动化设备，大大提高了种子调制的速度。

4. 净种的方法和种子分级

（1）净种方法　净种就是使种子纯净，不含有鳞片、果皮、果柄、空粒、废种子等夹杂物。净种工作做得越细致，种子的纯度越高，越有利于种子的贮藏和播种工作。

根据种子的大小和夹杂物的情况，净种的方法分为风选、水选、筛选三种形式。风选和水选可清除比种子轻的夹杂物，风选时，主要用风车和簸扬机将种子和杂物分开；水选时将种实放置于筛中，浸入慢流的水中，使夹杂物、空粒和病虫粒上浮而除去；筛选可先用大孔筛，清除大于种子的夹杂物，再用小孔筛清除小杂物和细土，最后留下纯净的种子。净种后，要适当干燥，按种子的性质，有些种子可在太阳下晒干，而有些种子要放在通风的地方进行阴干。

（2）种子分级　种子分级就是按种子大小或重量进行分类。分级方法主要采用筛选的方法，即用眼孔大小不同的筛子由小到大或由大到小逐级筛选。大粒种子也可用粒选法分级。种子分级对种子质量提高以及苗木生产也具有重要意义。实验证明：种子级别越高，播种后长成的苗木则越壮；若将同级的种子进行播种，则出苗整齐，生长均匀，苗木分化现象少。种子质量的优劣深受苗木生产者、经营者和种子管理部门的关注。在种子商贸交易中，不同质量的种子有不同的价格，按质量取价既体现了交易的公平，又能避免生产上的经济损失。为此，我国曾制定并实施了 GB 7908—1987《林木种子》，在此基础上，又由国家林业局提出、国家质量技术监督局发布了 GB 7908—1999《林木种子质量分级标准》。在该修订标准中，将种子质量分为三级，以种子净度与发芽率（生活力或优良度）和含水量的指标划分等级，并适用于育苗、造林绿化及国内、国际贸易的乔木、灌木种子，尽可能地满足经济交流和种子生产使用的需要。

（3）计算出种率　调制后的种子，经过精选后就可以计算出种率。这有利于积累经验，提高种子生产率。

$$出种率（\%）=\frac{纯净种实质量}{初采种实质量}\times100\%$$

5. 种子登记

为了保证种子质量并合理使用种子，应将处理后的纯净种子进行分批登记，以作为种子交易、使用和贮藏的依据。采种单位应有总册备查，各类种子在交易、贮藏和运输时应附有种子登记卡片（表2-2）。

表 2-2　种子登记表

树种	科名	学名	采集时间	采集地点	母树情况	种子调制时间、方法	种子数量	种子贮藏方法、条件

采种单位：　　　　　　　　　　　　　　　　　　　　　　填表日期：　　年　月　日

第二节　园林树木种子贮藏及品质检验

一、影响种子寿命的因素

1. 影响种子寿命的内在因素

（1）种子的成熟度　未充分成熟的种子，种皮薄，不具备正常保护机能，易溶物质转化为贮藏物质还不充分，含糖量高，含水量也高，呼吸作用强，容易受霉菌的感染，不耐贮藏，因此在采种时，切忌掠青。另外，在调制过程中，破碎和受伤的种子多，种皮受损使氧气进入种子内部，加速了呼吸作用，同时微生物也易侵入，因此寿命缩短。为保证种子贮藏安全，应及时净种去杂。另外，经过浸种或处理过的种子不宜贮藏。

（2）种子的生理解剖性质　不同树种的生理解剖性质不同，其寿命也不同。种子的寿命与种子的内含物质有关，一般含脂肪、蛋白质多的种子寿命长，如豆科及松属植物；含淀粉多的种子寿命较短，如壳斗科植物。这是因为蛋白质和脂肪产生的热量高。据研究，1g脂肪产热38.9kJ，1g蛋白质产热22.6kJ，而1g淀粉只能产生17.2kJ的热量，由此看出种胚中蛋白质、脂肪含量越高，贮藏时维持种子的寿命越长。另外，豆科植物（如刺槐、皂荚等）种皮致密，不易透水、透气，也利于种子生活力的保持。

（3）种子含水量　种子在贮藏期间，其含水量的多少，直接影响着呼吸作用，也影响种子表面微生物的活动，从而影响种子的寿命。

据研究，松柏种子从含水量8%增加到13.8%，呼吸强度增加9倍。当杨树种子含水量在10%以上时，会很快地丧失生命力；当含水量降到8%时，经10个月的贮藏，发芽率只降低10.2%；含水量继续下降至50%，则发芽率降低仅5.3%。可见，种子的含水量过高会使种子很快失去生活力。但不是所有的种子都是含水量越低越好，如麻栎种子，含水量降至30%以下，油茶种子含水量降至24%以下，种子变质，发黑，显著降低发芽率。因此，贮藏的种子必须保持合适的含水量，要因树种不同而异。

种子含水量高时，意味着种子中出现了大量的游离水，酶的活性增强，种子的呼吸强度加大，消耗大量营养物质，缩短了种子的寿命。如果呼吸作用所释放的水、二氧化碳和热量不能及时排出，种子会发生"自热"霉烂和种子变质。

当种子的含水量低时，水分的主要部分处于胶体结合状态，称为胶体结合水，胶体结合水基本上不移动，几乎不参与代谢活动，并且在低温条件下也很少结冰。酶在缺少水分的条件下也处于吸附状态，缺乏水解能力，因而含水量低的种子，呼吸作用很微弱，能长期保持种子的生命力。

贮藏期间含水量多大合适？为此提出了"种子安全含水量"（也称"种子标准含水量"）的概念：即种子贮藏时，维持种子生命力所必需的含水量。高于标准含水量的种子，由于新陈代谢作用旺盛，不利于长期保持种子的生命力；低于标准含水量的种子则由于生命活动无法维持而引起死亡。不同树种，其标准含水量不同（表 2-3）。

表 2-3　常见树木种子标准含水量　　　　　　　　　　　　　　　　单位：%

树种	标准含水量	树种	标准含水量	树种	标准含水量
杉木	10～12	白榆	7～8	椴树	10～12
椿树	9	马尾松	7～10	皂荚	5～6
白蜡	9～13	云南松	9～10	刺槐	7～8
元宝枫	9～11	杜仲	13～14	复叶槭	10
侧柏	8～11	杨树	5～6	麻栎	30～40

注：引自丁彦芬，田如男.园林苗圃学，2001。

2.影响种子寿命的环境条件

（1）温度　贮藏期间，温度过高或过低都对种子有致命的危害。温度较高时，酶的活性增强，加强了呼吸作用，加速了贮藏物质的消耗，缩短了种子的寿命。当温度升至 50～55℃时，种子呼吸强度加强下降；温度达到 60℃，而且持续时间较长时，蛋白质凝固，危害种子生命，引起死亡。对多数种子，低温可以延长种子的寿命，但温度过低，对于含水量高的种子会引起种子内部水分结冰，造成生理机能的破坏，种子死亡。

种子对高温或低温的抵抗能力因树种本身的含水量不同也发生变化。含水量低的种子，细胞液浓度高，抵抗严寒和酷热的能力强，在各种温度的情况下，该种子呼吸强度变化不明显；而含水量高的种子随温度的升高，呼吸强度起初是直线上升，当温度升高到某极限时（一般是 50～60℃）时，呼吸强度则急剧下降（图 2-2），结果便是原生质结构陷于紊乱，蛋白质解体，种子死亡。由此可见，贮藏时应当尽可能使种子处于较低的温度。一般种子贮藏的适宜温度为 0～5℃范围之内。

目前我国已经采用现代化的空调种子库，使长期贮藏种子成为现实。但在当前，多数地区还不能建成现代化的种子库，还应及时地检查种子堆的温度状况，可适当地降低种子的含水量，加强管理，保障种子的安全。

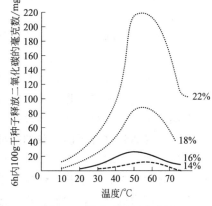

图 2-2　温度对不同含水量
种子呼吸强度的影响

（2）湿度　种子是一种多孔毛细管胶质体，具有很强的保湿性能，并能从空气中直接吸收水汽。所以空气相对湿度越大，种子的含水量也就越高，对种子的寿命影响就越大。

种子吸湿性能的大小，因树种而异，不同树种，种子的化学成分和种皮结构不同，种子的吸湿性能也不同。一般种皮薄，透性强，吸湿性能好；反之吸湿性能就差。在种子的各种成分中，蛋白质吸湿能力最强，淀粉和纤维素次之，脂肪几乎不从空气中吸收水分。脂类属于非亲水性物质，所以含油多的种子吸湿性最差。种子的这种吸湿性能，能使干燥的种子在空气相对湿度增大的情况下，提高种子的含水量，加强了种子的呼吸作用，不利于种子贮藏。因此在贮藏前，要对种子进行适当干燥。贮藏期间相对湿度为50％～60％，对种子较安全。

（3）通气条件　通气在于加强种子堆内的气体交换。通气对生活力的影响决定于种子的含水量。含水量低的种子，呼吸作用极微弱，需氧少，在密封条件下能长时间地保持生命力；含水量高的种子，呼吸作用强烈，如果停止空气流通，呼吸作用产生的二氧化碳和水等排不出去，长此下去，种子堆内由有氧呼吸转为无氧呼吸，产生大量的酒精，使种子很快地发霉、变质。因此，含水量较高的种子贮藏时，要适当地通气，保证供给种子必要的氧气。

（4）生物因子　在贮藏期间，影响种子寿命的生物主要是微生物、昆虫、鼠类等。微生物的大量增殖会使种子变质、霉烂，丧失发芽力。一般种子含水量在12％以下，微生物很少活动。种子含水量超过18％～20％，微生物会很快地繁殖起来，因此贮藏期间降低种子的含水量是控制微生物活动的重要手段。贮藏期间，昆虫的生长、发育，以及鼠类的存在对种子的危害都非常大，必须加以考虑。

由此可见，影响种子生命力的贮藏因素是多方面的，温度、湿度、通气三项条件之间是相互影响、相互制约的。其中种子含水量是影响种子贮藏效果好坏的主导因子，因此贮藏时，必须对种子的特性、环境条件进行综合分析，采取适宜的贮藏方法，才能较好地保持种子的生活力。

二、种子贮藏方法

根据种子的性质，可将种子的贮藏方法分为干藏法和湿藏法。

1. 干藏法

干藏法就是将干燥的种子贮藏于干燥的环境中，凡是含水量低的种子都可以采用此法。

（1）普通干藏法　该方法对大多数树木种子都适用，但有些在自然条件下贮藏很快就丧失生命力的种子除外。具体方法：将干燥、纯净的种子装入袋、桶、箱等容器内，放在经过消毒的凉爽、干燥、通风的贮藏室、地窖、仓库内。一般适用于短期贮藏种子，如秋季采种，来年播种的针叶树种和阔叶树种（如侧柏、香椿、紫荆、蜡梅、山梅花等）。

（2）低温干藏法　将贮藏室的温度降至0～5℃，相对湿度维持在50％～60％，种子充分干燥可使种子寿命保持1年以上，如紫荆、白蜡、冷杉、侧柏、铁杉等，低温贮藏种子效果良好。要达到这种低温贮藏的标准，一般要有专门的种子贮藏室或控温、控湿的种子库。

（3）密封干藏法　密封贮藏法使种子在贮藏期间与外界空气隔绝，种子不受外界温度、湿度变化的影响，种子长期保持干燥状态。一般用于需长期贮藏，或因普通干藏和低温干藏易丧失发芽力的种子，如榆、柳、桉等均可用密封干藏法。密封干藏种子主要是能较好地控制种子的含水率，所以一般把种子装入不通气的密封容器中，把容器口加以封闭，贮藏在低温种子库中，如果有条件可在容器内放些吸水剂，如氯化钙、生石灰、木炭等，可延长种子寿命5～6年。

2. 湿藏法

湿藏是将种子存放在湿润而又低温通气的环境中。在一些情况下，湿藏还可以逐渐地解除种子的休眠，为发芽打下基础。适于湿藏的种子有板栗、银杏、四照花、黄杨、忍冬、女贞、七叶树等，凡是标准含水量高的种子或干藏效果不好的种子都适合湿藏。

湿藏的基本条件除了经常保持湿润外，还要有良好的通气条件、适宜的低温，以防止种子堆发热，控制霉菌，抑制发芽。湿藏的具体做法因地区条件不同而有很大的变化，可采用露天埋藏（室外埋藏），也可采用室内堆藏。室外埋藏即选择地势高燥、背风向阳的地方挖坑，通常坑的深和宽为 $0.8\sim1m$，坑长视种子多少而定。将纯净种子与湿沙（以手捏成团而又不流水为宜）按 $1:3$ 混合或分层放入坑中，坑的最上层覆 $20cm$ 厚的湿沙。贮藏坑内隔一段距离插通气筒或作物秸秆，以利通气。室内堆藏则选干燥通风的房间或地下室，地上先洒水，铺 $10cm$ 湿沙，然后湿沙与种子［体积比（$2\sim3$）$:1$］混合堆放，再用湿沙或塑料薄膜覆盖。种子数量不多时，也可以将种子与湿沙混拌后装入花盆或其他保湿的容器中，为了及时地排除种子呼吸所产生的二氧化碳和热量，防止种子干燥，湿藏种子要经常翻动，适时加水，但要注意保持低温，水分不要过多。

此外，有一些种子还可以在不结冰的流水中贮藏，如橡栎类种子装在麻袋内沉于流水中贮藏，效果良好。

三、种子的品质检验

树木种子品质检验又称种子品质鉴定。种子的品质检验是科学育苗不可缺少的环节，通过检验才能了解树木种子的质量，评价种子的实用价值，为合理使用种子提供科学依据，避免或减小在苗圃生产中出现播下的种子没有生产能力的风险。

（一）抽样

1. 抽样的几个基本定义

抽样是抽取具有代表性、数量能满足检验需要的样品。由于种子品质是根据抽取的样品经过检验分析确定的，因此抽样正确与否十分关键。如果抽取的样品没有充分的代表性，无论检验工作如何细致、准确，其结果也不能说明整批种子的品质。为使种子检验获得正确结果并具有重演性，必须从受检的一批种子（或种批）随机提取具有代表性的初次样品、混合样品和送检样品。尽最大努力保证送检样品能准确地代表该批种子的组成成分。

种批指来源和采集期相同、加工调制和贮藏方法相同、质量基本一致、在规定数量之内的同一树种的种子。不同树种种批最大量为：特大粒种子，如核桃、板栗、麻栎、油桐等为 $10000kg$；大粒种子，如油茶、山杏、苦楝等为 $5000kg$；中粒种子，如红松、华山松、樟树、沙枣等为 $3500kg$；小粒种子，如油松、落叶松、杉木、刺槐等为 $1000kg$；特小粒种子，如桉、桑、泡桐、木麻黄等为 $250kg$。

初次样品是从种批的一个抽样点上取出的少量样品。

混合样品是从一个种批中抽取的全部大体等量的初次样品合并混合而成的样品。

送检样品是送交检验机构的样品，可以是整个混合样品，也可以是从中随机分取的一部分。

测定样品是从送检样品中分取，供某项品质测定用的样品。

2. 抽样的步骤

① 用扦样器或徒手从一个种批取出若干初次样品。

② 将全部初次样品混合组成混合样品。

③ 从混合样品中按照随机抽样法、"十"字区分法、四分法等方法分取送检样品，送到种子检验室。

④ 在种子检验室，按照"十"字区分法等从送检样品中分取测定样品，进行各个项目

的测定。

3. 送检样品的质量

送检样品的质量至少应为净度测定样品的 2～3 倍，大粒种子质量至少应为 1000g，特大粒种子至少要有 500 粒。净度测定样品一般至少应含 2500 粒纯净种子。各树种送检样品的最低量可参见表 2-4。

表 2-4 部分树种送检样品的最低量

树　种	送检样品最低量/g	树　种	送检样品最低量/g
核桃、核桃楸	6000	杜仲、合欢、水曲柳、椴	500
板栗、栎类	5000	白蜡、复叶槭	400
银杏、油桐、油茶	4000	油松	350
山桃、山杏	3500	臭椿	300
皂荚、榛子	3000	侧柏	250
红松、华山松	2000	锦鸡儿、刺槐	200
元宝枫	1200	马尾松、杉木、黄檗、云南松	150
白皮松、国槐、樟树	1000	樟子松、柏木、榆、桉、紫穗槐	100
黄连木	700	落叶松、云杉、杉、桦	50
沙枣	600	杨、柳	30

注：引自俞玖. 园林苗圃学，2005。

(二) 检验项目

我国国家质量技术监督局 1999 年重新修订并发布了 GB 2772—1999《林木种子检验规程》，修订后的该规程不但适应了种子管理水平和生产技术提高的新形势，而且更强调了与国际规程的接轨。其中，对反映种子品质的各项指标（净度、发芽率、含水量、重量、生活力和优良度等）的测定方法均作了详尽表述。其检验项目如下。

1. 种子净度检验

种子净度是纯净种子的质量占供检种子质量的百分比。它是种子播种品质的主要指标，计算播种量的必需条件，反映了种子品质和使用价值高低。

计算公式为：

$$净度 = \frac{纯净种子质量}{供检种子样的质量} \times 100\%$$

2. 种子质量检验

常说的千粒重，是指 1000 粒纯净干种子的质量，单位为 g。它反映种子的大小和饱满程度。同一树种千粒重数值越大，说明种子内含的营养物质越丰富，播后发芽率高且整齐、健壮。千粒重也是计算播种量必不可少的条件。

3. 种子含水量检验

种子含水量是指种子所含水分的质量（即在 100～105℃下所能消除的水分含量）与种子质量的百分比。它与种子的贮藏能力有密切关系，计算公式是：

$$含水量 = \frac{干燥前供检种子质量 - 干燥后供检种子质量}{干燥前供检种子质量} \times 100\%$$

4. 种子发芽率检验

种子发芽率是指在最适宜发芽的环境条件下，在规定的期限内，正常发芽种子数占供检种子总数的百分比，其反映了种子的生命力。在场圃环境条件下测定发芽率一般都低于实验室所测定得的发芽率，但在生产中更具有现实意义。发芽率计算公式为：

$$发芽率 = \frac{供检种子发芽粒数}{供检种子粒数} \times 100\%$$

5. 种子发芽势检验

发芽势指在发芽试验规定期限的最初 1/3 时间内，种子发芽数占供检种子数的百分比，它反映了种子发芽的整齐程度。计算公式是：

$$发芽势 = \frac{种子发芽达到最高峰时种子发芽粒数（最初 1/3 时间内）}{供检种子粒数} \times 100\%$$

6. 种子生活力检验

种子生活力是指种子发芽的潜在能力，一般用发芽试验法来测定。由于此种方法需要时间长，且对一些休眠期长的种子无效，现在生产上多用快速方法测定种子的生活力。常用的方法有染色法，如 TTC 法。种子生活力计算公式为：

$$生活力 = \frac{有生活力种子粒数}{供检种子粒数} \times 100\%$$

7. 种子优良度检验

种子优良度指优良种子粒数占供检种子粒数的百分比。通过观察种子外观和内部状况而鉴定。常用的方法有：解剖法，适用于大中粒种子，方法是在纯净种子中随机取 100 粒（种粒大者取 50 粒或 25 粒），共取 4 次，分别测定。用快刀顺胚切开观察，根据种子内部胚和胚乳的形态、色泽来鉴定种子质量。凡种粒饱满，种仁完全健康，色泽正常的种子为优质种子；凡腐烂、空粒、无胚、有斑点的种子等为低劣种子。挤压法适用于小粒种子，从纯净种子中随机取 100 粒，共取 4 组。用水煮 10min，捞出放在两块玻璃板间挤压。压出白色种仁者为饱满种子；压出黑色种仁者为腐坏种子；压出水者为空粒。对于油质性的特小种子，可放在两张白纸间用瓶滚压，也可用指甲背压。凡在纸上显示油点的为好种子，无油点的为空粒或坏种子。

四、种子运输

种子运输实质上是在特定环境条件下的一种短期的贮藏种子的方法，环境条件难以控制。因此运输时要对种子进行妥善包装，防止种实过湿、曝晒、受热发霉。运输应尽量缩短时间，运输过程中要经常检查，运到目的地要及时地贮藏在适宜的环境条件下。

第三节　播种任务与计划制订

一、播种任务与育苗方式

育苗方式又叫作业方式，园林苗圃中的育苗方式分为苗床育苗和大田育苗。

1. 苗床育苗

苗床育苗在园林苗圃的生产上应用很广，有些树种生长缓慢，需细心管理，特别是小粒种子或珍贵树种的种子，量很少，必须非常精心地管理，如马尾松、杨树、紫薇等，一般都采用苗床播种。常用的苗床分高床、低床及平床，见图 2-3。

（1）高床　床面高出步道的苗床叫高床。一般床高 15～20cm，床面宽不超过 1m，如果使用喷灌床面宽度可达 1m。步道宽度为 40～50cm，如果需要遮阴或埋土防寒，步道宽度可

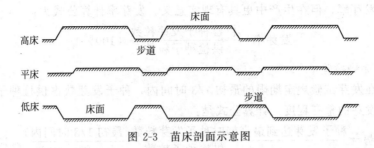

图 2-3　苗床剖面示意图

达 50cm 或更宽一些。苗床的长度要根据圃地的实际情况而定，为提高土地利用率采用喷灌，长度可达 15～20m。如果采用水渠灌溉，一般以 10～15m 为宜，太长了苗床不易做平，易造成低洼地积水，高的地方水上不去。适用于油松、金钱松、木兰等要求排水良好的树种。

高床的优点：高床增加了土层的厚度，可提高地温；排水良好，并便于侧方灌水，床面不易板结，有利于空气流通，提高土温。适合对水敏感的树种、排水不良的黏重土壤和降雨多、气候寒冷地区的育苗。

高床的缺点：做高床及以后的管理工作较费工，增加了育苗成本。但有些对土壤水分较敏感的树种宜做高床。另外，一些排水条件较差、降雨较多或气候比较寒冷的地方以采用高床作业为好。

（2）低床　床面低于步道的苗床叫低床。低床的床面一般低于步道 15～25cm，床面宽为 1～1.2m，步道（床埂）的宽度为 40cm。苗床的长度同高床，低床的保墒条件比高床好，适用于对土壤水分要求不高的树种，如悬铃木、侧柏、桧柏等大部分阔叶树种和部分针叶树种。在一般降水量较少、干旱、水源不足地区的育苗可采用低床。

（3）平床　平床的床面与步道基本相平，适合于土壤水分充足，不需要经常灌溉，排水良好的圃地育苗。

2. 大田育苗

大田育苗自 20 世纪 50 年代中期在我国北方推广，其优点是便于机械化，工作效率高，节省劳力、成本低，被各苗圃普遍采用。大田育苗分垄作和平作两种。

（1）垄作　垄底宽度一般为 60～80cm，垄高 10～20cm，垄顶宽度 20～25cm（双行的播种宽度可达 45cm），垄长要根据地形而定，一般为 20～25m，最长不应超过 50m。垄作具有高床的优点，同时可节约用地。由于垄距大，通风透光较好，所以苗木生长健壮而整齐，根系发达，幼苗中耕、除草方便。垄作可以采用机械化或用畜力工具生产，因而减轻了工人的劳动强度，提高了工作效率，降低了育苗成本。适于大粒种子和中粒种子。

（2）平作　又称平垄或低垄，是指不作床或不作垄，将圃地整平后，按距离要求划线，进行育苗。一般采用多行带播，能提高土地利用率和单位面积的苗木产量。适于大粒种子和发芽力较强的中粒种子。

二、苗木密度、播种面积、播种量计算

1. 苗木密度

苗木密度是单位面积（或单位长度）上苗木的数量，它对苗木的产量和质量起着重要的作用。苗木过密，每株苗木的营养面积小，苗木通风不好，光照不足，降低了苗木的光合作用，使光合作用的产物减少，表现在苗木上为苗木细弱，叶量少，根系不发达，侧根少，干

物质重量小，顶芽不饱满，易受病虫危害，移植成活率不高。而当苗木过稀时，不仅不能保证单位面积的苗木产量，而且苗木过稀，苗间空地过大，土地利用率低，易滋生杂草，增加土壤水分和氧分的消耗，给管理工作带来不少的麻烦。因此，确定合理的苗木密度非常重要，合理的密度可以克服由于苗木过密或过稀出现的缺点，保证每株苗木在生长发育健壮的基础上获得单位面积（或单位长度）上最大限度的产苗量，从而获得苗木的优质高产。

要依据树种的生物学特性、生长的快慢、圃地的环境条件、育苗的年限以及育苗的技术要求等确定苗木密度。此外要考虑育苗所使用的机器、机具的规格，来确定株行距。

苗木密度的大小，取决于株行距，尤其是行距的大小。播种苗床一般行距为 8～25cm，大田育苗一般为 50～80cm。行距过小不利于通风透光，也不便于管理。

2. 播种面积

根据播种任务和种实数量，以及播种密度等因素，计算出各个树种需要的播种面积，结合播种床面和过道的比例，落实到具体的某个床面，播种操作前作好绘制播种床分布图，按图落实每个品种的播种任务。

3. 播种量的计算

播种量，就是单位面积上播种的数量。播种量确定的原则，就是用最少的种子，达到最大的产苗量。播种量一定要适中，过多会造成种子浪费，出苗过密，间苗费工，增加育苗成本；播种量太少，产苗量低。因此要掌握好播种量，提倡科学地计算播种量。具体各树种播种量与产苗量情况参见表 2-5。

表 2-5 部分园林树木播种量与产苗量

树 种	100m² 播种量/kg	100m² 产苗量/株	播 种 方 式
油松	10～12.5	10000～1500	高床撒播或垄播
白皮松	17.5～20	8000～10000	高床撒播或垄播
侧柏	2.0～2.5	3000～5000	高垄或低床条播
桧柏	2.5～3.0	3000～5000	低床条播
云杉	2.0～3.0	15000～2000	高床条播
银杏	7.5	1500～2000	低床条播或点播
紫椴	5.0～10	1200～1500	高垄或低床条播
榆叶梅	2.5～5.0	1200～1500	高垄或低床条播
国槐	2.5～5.0	1200～1500	高垄条播
刺槐	1.5～2.5	800～1000	高垄条播
合欢	2.0～2.5	1000～1200	高垄条播
元宝枫	2.5～3.0	1200～1500	高垄条播
小叶白蜡	1.5～2.0	1200～1500	高垄条播
臭椿	1.5～2.5	600～800	高垄条播
香椿	0.5～1.0	1200～1500	高垄条播
茶条槭	1.5～2.0	1200～1500	高垄条播
栾树	5.0～7.5	1000～1200	高垄条播
青桐	3.0～5.0	1200～1500	高垄条播
山桃	10～12.5	1200～1500	高垄条播
山杏	10～12.5	1200～1500	高垄条播
海棠	1.5～2.0	1500～2000	高垄或低床两行条播
贴梗海棠	1.5～2.0	1200～1500	高垄或低床条播

计算播种量的依据为：①单位面积（或单位长度）的产苗量；②种子品质指标，包括种子纯度（净度）、千粒重、发芽势；③种苗的损耗系数。

播种量可按下列公式计算：

$$X = C \times \frac{A \times W}{P \times G \times 1000^2}$$

式中　X——单位长度（或单位面积）实际所需的播种量，kg；

　　　A——单位长度（或面积）的产苗数；

　　　W——种子的千粒重，g；

　　　P——净度；

　　　G——发芽势；

　　1000^2——常数；

　　　C——损耗系数。

C 值因树种、圃地的环境条件及育苗的技术水平而异，同一树种，在不同条件下的具体数值可能不同，各地可通过试验来确定。C 值的变化范围大致如下：

① 用于大粒种子（千粒重在 700g 以上），$C=1$；

② 用于中、小粒种子（千粒重为 3~700g），$1<C<2$，如油松种子；

③ 用于小粒种子（千粒重在 3g 以下），$C=10~20$，如杨树种子。

例如，生产 1 年生油松播种苗 $1hm^2$，每平方米计划产苗量 500 株，种子纯度为 95%，发芽率为 90%，千粒重为 37g，其所需种子量为：

$$每平方米播种量 = \frac{500 \times 37}{0.95 \times 0.90 \times 1000^2} = 0.0216 （kg）$$

采用床播 $1hm^2$ 的有效作业面积约为 $6000m^2$，则 $1hm^2$ 地的播种量为：

$$0.0216 \times 6000 = 129.6 （kg）$$

这是计算出的理论数字，从生产实际出发应再加上一定的损耗，如 $C=1.5$，则生产 $1hm^2$ 油松共需用种子 200kg 左右。

三、播种计划安排

根据历年的气候规律及近期的天气变化情况，做好播种工作计划安排，要根据播种任务计算日工作进度，根据气温及种子萌动情况确定最迟播种日期，从而计算出需要的天数和人员数，列出需要的资财和用具，确定播种任务日程表。

四、播种资材准备

1. 种子的准备

播种前对种子做好催芽、称量、分装、保湿等准备工作，做好标签和其他说明标牌。

2. 播种器械的准备

大面积的需要机动车及播种机，小面积的需要准备铁锹、齿耙、喷壶、水桶等用具。

3. 播种用肥料准备

播种床底肥在作床时应施入，有的需要种肥或口肥，应提前计算出用量，便于运输和保管。

4. 播种药品的准备

拌种、床面消毒、防鼠防虫等药剂需要提前计算出用量，连同肥料一起作好准备。

5. 播种用的覆盖物准备

播种床面需要的地膜、草帘、锯木屑、细沙、草炭等覆盖材料应计算出用量，提前运输到播种地。

五、落实人员及时间表

根据以上技术环节和任务量，具体分派任务到人，列出各项工作开展的时间表、任务量、负责人、注意事项等，使参加人员目标明确，利于播种工作开展的协调顺畅。

第四节 播 种 时 期

一、播种时期的确定

播种季节和播种时间的确定是否合适，直接影响到苗木的产量和质量。适宜的播种时期能促进种子提早发芽，发芽率高而且出苗整齐，苗木健壮，抗寒、抗旱、抗病能力强。可以节约土地和人力，提高经济效益。播种时期在全国大致分为春、夏、秋、冬四个季节。一般要根据种子的特性和当地的气候条件、土壤条件和耕作制度等因素来确定。如果是保护地栽培或营养钵育苗则全年都可播种，不受季节限制。

二、春播

春季是主要播种季节，大多数树种都可在春季播种，即在土地解冻后至树木发芽前将种子播下。宜早不宜晚，早播、早出的幼苗抗性强，生长期长，病虫害少，但要注意防止晚霜，对晚霜危害比较敏感的树种如洋槐、臭椿等则不宜过早播种，应考虑使幼苗在晚霜后出土，以防晚霜危害。但对松类、海棠等尤其应早播。

春播的优点：从播种到出苗时间短（必须做好种子的催芽工作），可减少圃地管理用工，如减少种子被鸟兽、虫和牲畜危害。春季土壤湿润、不板结，气温适宜，有利于种子萌发、出苗、生长。由于幼苗出土后温度逐渐增高，可避免低温和霜冻的危害。

春播的播种时间，因各地的气候条件而异，一般在幼苗出土后不会遭受低温危害的前提下以早为好。

三、夏播

夏季成熟的种子，如杨、柳、榆、桑、桉树等种子，不宜久藏，在种子成熟后随采随播。夏季气温高，土壤水分易蒸发，表土干燥，不利于种子的萌发，因此可在雨后进行播种或播前进行灌水，有利于种子的萌发，同时播后要加强管理，经常灌水，保持土壤湿润，降低地表温度，有利于幼苗生长。为使苗木在冬季来临前能充分木质化，以利安全越冬，夏播应尽量提早进行。

四、秋播

秋季也是一个很重要的播种季节。一些大、中粒种子，或种皮坚硬的、有生理休眠特性的种子都可以在秋季播种。一般种粒很小和含水量大而易受冻害的种子不宜秋播。

秋播的优点：秋播时间长，便于安排劳力，秋播可使种子在圃地完成催芽过程，翌年春季幼苗出土早而整齐，苗木生长健壮，节省了种子贮藏和种子催芽的工作费用。

由于种子在土壤中时间长，易遭鸟、兽的危害，因此秋播播种量比春播要多。秋播翌春出苗早，要注意防止晚霜危害苗木。秋播的时间不可太早，最好于晚秋进行，如播期过早，秋季日温高，有的种子容易发芽。到冬季苗木还要防寒，否则会受冻害。秋播的具体时间要根据树种的生物学特性和当地的气候条件来确定。

五、冬播

冬季播种实际上是春播的提早，秋播的延续。冬播是我国南方的主要播种季节。如福建、广西、广东地区的杉木、马尾松等，常在初冬种子成熟后随采随播，使种子发芽早，扎根深，幼苗的抗旱、抗寒、抗病等能力强，生长健壮。

第五节　播种前种子处理

一、种子休眠及解除

（一）种子的休眠类型

在生产上常会遇到这样的问题：播种后当年不出苗，或出苗很少，到第二年发现有部分幼苗出土，第三年还有幼苗出来。种子的这种现象称为"种子休眠"。造成这一现象的原因很多，主要是树种的遗传性，如红松、水曲柳、椴树、流苏、山茱萸等不经过处理当年都不出苗。此外与环境条件和种子本身的特点有关。种子的休眠是指种子由于受内在因素或外界环境条件的影响，使种子一时不能发芽或发芽困难的自然现象。树木种子多数在秋季成熟，成熟后的种子要遇到寒冷的冬季等不利的气候条件。乔灌木长期适应这种环境条件的结果，就形成了种子休眠的特性。种子休眠的特性是植物系统发育过程中长期自然选择的结果，这是树种的保存及繁衍最有力的保证。

1. 外部休眠

这种休眠是皮外（果皮或种皮）不透水以及化学、机械阻碍作用导致的休眠类型。具有这种或那种外部休眠特征的种子，大部分发芽不整齐，并且常常延续多年。

（1）物理休眠　指硬粒种子因种皮坚硬，对水、空气的不透性造成休眠。种皮构造中存在着栅状细胞组成的发达的角质层，许多科的不同代表种都可以观察到种皮的不透水性，特别在合欢亚科、云香科、椴树科等经常见到。在实践中经过不同的物理或化学方法处理，如采用划破硬种皮、用浓硫酸浸泡或用开水浸烫等方法促使种子解除休眠。

（2）化学休眠　种皮和果皮中存在酚类化合物和脱落酸等抑制物质，阻碍果实内种子发芽。一般通过土壤埋藏，人工去掉和破坏果皮以及充分浸提果实，可排除化学休眠的因素，从而使种子大量发芽。

（3）机械休眠　指坚硬的种皮、果皮、胚乳等机械阻力延缓种子萌发。抑制作用主要与果皮、种壳的机械阻力相关，破坏或去掉外壳，可导致发芽或加速解除种子休眠。实际上，纯粹的机械休眠较少，常与其他抑制萌发因素（生长抑制物、生理休眠等因素）共同约束而引起休眠，如山桂、胡颓子及各种核果类植物（如山楂、核桃等）。

2. 内部休眠

种子的内部休眠取决于胚的状况（如形态解剖发育不完全）和对胚的生理抑制，或兼有两种原因。因此内部休眠可分为生理休眠、形态休眠、形态生理休眠三大类型。

（1）生理休眠　生理休眠的种子因其胚具有生理抑制，或其周围组织透气不良而致使种子休眠，这种现象广泛见于热带或亚热带生长的植物中。休眠的胚一种情况是完全不能生长或生长很慢，或局部不正常生长；另一种情况因受外皮抑制表现为生长困难，若从种子中取出胚，则大部分能正常生长，原因与种皮中抑制物质存在和酶活性低有关。按照种子休眠深浅，可分为浅生理休眠、中等生理休眠和深生理休眠。

① 浅生理休眠　禾本科和大多数新收获的种子，主要是天然或栽培的草本植物。当刚刚采集时，不发芽或发芽率低，或仅在特定的温度范围内才能发芽。解除浅休眠种子的方法：可以对种子进行短期冷藏（1h，1d，1周），必须是已经吸水膨胀的种子；或用机械磨损，如紫穗槐种子；也可借助各种生长促进剂，如硝酸钾、硫脲、赤霉素、细胞分裂素等均能起到较好的促进作用。

② 中等生理休眠　这类种子发芽所需的条件较严格。从良好条件下取出的胚，在一般情况下生长正常；而稍偏离良好的发芽条件，则表现不正常。冷、湿能刺激此类种子发芽，标准的中等生理休眠的种子经1~3个月的低温层积催芽即可发芽。另外干藏以及赤霉素处理，也可以完全或部分代替低温的作用。这种形式的休眠多存在于各种松柏类植物中。

③ 深生理休眠　深生理休眠的种子中的胚，通过各种措施也能生长，但生长的速度慢，并且多数情况下长成的植株不正常，主要是抑制剂影响发芽，如脱落酸、乙烯、脱水醋、芥子油等及某些酚类、醛类、有机酸、生物碱等。

（2）形态休眠　这类种子因胚发育不完全而阻碍种子发芽。主要见于热带植物，如棕榈；在温带也常见，如银杏种子。刚达到形态成熟时种胚发育很小，其长度约为种子长度的1/3，需经一定时间的后熟，种胚伸长，发育健全，种子才能发芽。

（3）形态生理休眠　大多数种子的种胚发育不完全与机械抑制相结合。各种形态休眠类型的成熟种子胚发育不完全的程度有很大差别。如五加科的刺五加、人参、土当归等胚发育停留在初期阶段，即常常处于所谓胚胎时期。这种胚的细胞几乎没有分化。但正如解剖学指出的那样，它们的发育没有完成，缺少综合细胞，生长点发育较慢。

生产实践表明，胚发育没有完成的种子不能发芽。这个过程一般要在高温层积催芽条件下进行。近年来，也报道了关于赤霉素溶液浸泡种子对胚发育起良好作用的资料。要想使形态生理休眠的种子发芽，大多数需先高温层积催芽，然后再进行解除生理抑制的低温层积催芽。如果不进行解除生理抑制的变温层积催芽，胚发育不能进入新的阶段。形态生理休眠的种子在自然条件下常常仅在第二个春天发芽。

3. 综合休眠

通常多数种子不是单纯地因某种原因引起休眠，而是种皮（外部休眠）和胚（内部休眠）同时存在。为了克服这种休眠，必须经过比较复杂的播种前处理。如桧柏种子成熟后一般在6月份进行沙藏，11月上旬播种，翌年春季苗木出土。又如小叶椴可先用100ppm（1ppm＝1mg/L或1μL/L）的赤霉素处理后，再进行沙藏（采用1个月的高温，8个月的低温处理效果较好）。

（二）解除种子休眠的方法

1. 机械破皮

这种方法用于改变硬的或不透水的种子。擦伤种皮，改变其透气性，增加种子的透水、透气能力，从而促进发芽。可在砂纸上磨种子，用锉刀锉种子，用锤砸种子，也可使种子与沙子、碎石等混合搅拌，在进行破皮时注意不应使种子受伤。

2. 水浸种

多数园林树木种子用水浸种后可以软化种皮，除去抑制物，缩短种子发芽时间。不同树种应采用不同的水温进行水浸，同时要注意水浸的时间不宜过长。

3. 酸碱侵蚀

这种方法用以改变硬的或不渗透的种子的种皮。浸在腐蚀性的酸碱溶液中，经过短时间的处理，使种壳变薄，增加透性，促进发芽。

4. 沙藏处理

有些园林种子需要通过低温休眠，种子才能发芽。因此，通过沙藏层积处理，使这些种子在低温和湿度条件下完成体内的生理代谢过程，消除种子内的抑制物质，促使种子处于可发芽状态。

此外，生产上常用两种或两种以上的发芽前的联合处理，克服种皮的不透性和胚的休眠，促进休眠胚的种子发芽。如可采用先用水浸种后沙藏或先酸碱处理后再沙藏等方法。

二、种子消毒处理

播种前要对种子进行消毒，因为种子表面和圃地土壤中有各种各样的病菌存在。播种前对种子进行消毒，不仅杀死了种子本身所带的各种病害，而且可使种子在土壤中免遭病虫害侵袭，起到消毒和防护双重作用。常用的消毒方法有以下几种。

1. 药剂浸种

（1）甲醛（福尔马林）处理 在播种前 1～2d 将 1 份福尔马林（40%）加水 266 份水稀释成 0.15% 的溶液，把种子放入溶液中浸泡 15～20min，取出后密闭 2h，再将种子摊开，阴干后即可播种。每千克溶液可消毒 10kg 种子。用福尔马林消毒的种子，应马上播种，如果消毒后长期不播种会使种子发芽率和发芽势下降，因此用于长期沙藏的种子，不要用福尔马林进行种子消毒。

（2）硫酸铜及高锰酸钾溶液浸种 用硫酸铜溶液进行消毒，可用 0.3%～1% 的溶液，浸种 4～6h。若用高锰酸钾溶液消毒，则用 0.5% 的溶液浸种 2h，然后用清水冲净后沙藏。对催过芽的、胚根已突破种皮的种子，不宜用高锰酸钾溶液消毒。

（3）敌克松处理 用粉剂拌种，药量为种子重量的 0.2%～0.5%。具体做法：将敌克松药剂混合 10 倍左右的细土，配成药土后进行拌种。这种方法对预防立枯病有很好的效果。

2. 溶液浸种

（1）石灰水浸种 利用 1%～2% 的石灰水浸种消毒时，种子要浸没 10～15cm 深，种子倒入后，应充分搅拌，然后静置 24h 左右，注意不能破坏溶液表层的碳酸钙膜。此法对落叶松等有较好的杀菌效果。

（2）温水浸种 对针叶树种，可用 40～60℃ 温水浸种，用水量为种子体积的 2 倍。这种方法对种皮薄或不耐较高水温的种子不适用。

（3）氯化汞溶液浸种 使用浓度为 0.1%，浸种时间 15min。这种方法适用于樟树等树种。

（4）氯化乙基汞拌种 氯化乙基汞又称西力生。每克种子用药 1～2g，于播种前 20d 进行拌种，然后密封贮藏，20d 后进行播种。松柏类种子利用此法可起到消毒、防护和刺激萌发的作用。

三、种子催芽

种子通过催芽可以解除休眠，使幼苗出土整齐，适时出苗，从而提高场圃发芽率。同时还可增强苗木的抗性，因此种子通过催芽可以提高苗木的产量和质量。催芽是以人为的方法打破种子的休眠，促使其部分种子露出胚根或裂嘴的处理方法。常用的种子催芽方法有以下几种。

1. 层积催芽

（1）层积催芽的概念　把种子与湿润物混合或分层放置，促进其达到发芽程度的方法称为层积催芽。层积催芽的方法广泛应用于生产上，如樟、楠等都可以用这种方法。种子在层积催芽的过程中恢复了细胞间的原生质联系，增加了原生质的膨胀性与渗透性，提高了水解酶的活性，将复杂的化合物转化为简单的可溶性化合物，促进新陈代谢，使种皮软化产生萌芽能力。另外，一些后熟的种子（形态休眠的种子，如银杏等树种）在层积的过程中，胚明显长大，经过一段时间，胚长到应有的长度，完成了后熟过程，种子即可萌发。

（2）层积催芽的条件　种子催芽必须创造良好的条件，使其顺利地通过萌芽前的准备阶段，其中温度、湿度、通气条件最重要。

在层积催芽中，因树种的生物学特性不同，对温度的要求也不同。因此，要根据具体情况来确定适宜的温度。层积催芽时，要用间层物将种子混合起来（或分层放置），间层物一般用湿沙、泥炭，沙子的湿度应为土壤含水量的60%，即用力握湿沙能成团，但不滴水为宜。

层积催芽还必须有通气设备，种子数量少时，可用花盆，上面盖草袋子，也可以用秸秆做通气孔，种子数量多时可设置专用的通气孔。

（3）层积催芽的方法　种子量多时可采用室外挖坑层积。一般选择地势高燥、排水良好的地方，坑的宽度以1m为好，不要太宽。长度随种子的多少而定，深度一般在地下水位以上、冻层以下，由于各地的气候条件不同，可根据当地的实际情况而定。坑底铺一些鹅卵石（图2-4），其上铺10cm的细沙，干种子要浸种、消毒，然后将种子与沙子按1：3的比例混合放入坑内，或者一层种子、一层沙子放入坑内（注意沙子的湿度要合适），当沙与种子的混合物放至距坑沿10～20cm时为止。然后盖上沙子，最后用土培成屋脊形，坑的两侧各挖一条排水沟。在坑中央直通到种子底层插一束秸秆或木制通气孔，以流通空气。如果种子多，种坑很长，可隔一定距离放一个通气孔，以便检查种子坑的温度。

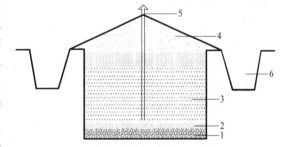

图 2-4　种子室外层积催芽法
1—鹅卵石；2—沙子；3—种沙混合物；
4—覆土；5—通气孔；6—排水沟

（4）层积催芽的时间及管理　层积催芽的时间根据树种的不同而不同，如桧柏200d、女贞60d。要根据具体情况来确定适宜的时间，具体可参考表2-6。

表 2-6　部分树种种子层积催芽所需时间

树　　种	所需时间/月	树　　种	所需时间/月
油松、落叶松	1	榛子、黄栌	4
侧柏、樟子松、云杉、冷杉	1～2	核桃楸	5
黄檗、女贞、榉树	2	椴树	5（变温）
白蜡、复叶槭、山桃、山杏	2.5～3	水曲柳	5（变温）
海棠、山丁子、花椒、银杏	2～3	红松	6～7（变温）

层积期间，要定期检查种子坑的温度，当坑内温度升高得较快时，要注意观察，一旦发现种子霉烂，应立即取种换坑。在房前屋后层积催芽时，要经常翻倒，同时注意在湿度不足的情况下，要增加水分，并注意通气条件。

在播种前1～2周，检查种子催芽情况，如果发现种子未萌动或萌动得不好时，要将种子移到温暖的地方，上面加盖塑料膜，使种子尽快发芽。当有30％的种子裂嘴时即可播种。

2. 水浸催芽

水浸的目的是促使种皮变软，种子吸水膨胀，有利于种子发芽。这种方法适用于大多数树种的种子。

一般为使种子吸水快，多采用热水浸种，但水温不要太高，以免伤害种子。树种不同，浸种水温差异很大。如杨、柳、泡桐、榆等小粒种子，由于种皮薄，需要用20～30℃的水浸种或用冷水浸种。对种皮坚硬的合欢、相思树等则要用70℃的热水浸种。对含有硬粒的刺槐种子应采取逐次增温浸种的方法，首先用70℃的热水浸种，自然冷却一昼夜后，把已经膨胀的种子选出，进行催芽，然后再用80℃的热水浸剩下的硬粒种子，同法再进行1～2次，这样逐次增温浸种，分批催芽，既节省了种子，又可使出苗整齐。

水温对种子的影响与种子和水的比例、种子受热均匀与否、浸种的时间等都有着密切的关系。浸种时种子与水的容积比一般以1∶3为宜，要注意边倒水边搅拌，水温要在3～5min内降下来。如果高于浸种温度应兑凉水，然后使其自然冷却。浸种时间一般为1～2昼夜。种皮薄的小粒种子缩短为几个小时，种皮厚、坚硬的种子可延长浸种时间。经过水浸的种子，捞出放在温暖的地方催芽，每天要淘洗种子2～3次，直到种子发芽为止。也可以用沙藏层积催芽，将水浸的种子捞出，混以3倍湿沙，放在温暖的地方。为了保证湿度，要在上面加盖草袋子或塑料布。无论采用哪种方法，在催芽过程中都要注意温度应保持在20～25℃，且保证种子有足够的水分，有较好的通气条件，并经常检查种子的发芽情况，当种子有30％裂嘴时即可播种。

3. 药剂浸种催芽

有些树木的种子外表有蜡质，有的种皮致密、坚硬，有的酸性或碱性大。为了消除这些妨碍种子发芽的不利因素，必须采用化学或机械的方法，以促使种子吸水萌动。如用草木灰或小苏打水溶液洗刺槐、马尾松等种子，对发芽有一定的效果。浓硫酸可以腐蚀皂角、栾树或青桐的种子，但药剂处理后要用清水冲洗干净后再沙藏。

另外还可用微量元素（如硼、锰、铜等）药剂进行浸种，可以提高种子的发芽势和苗木的质量。植物激素（如赤霉素、吲哚丁酸、萘乙酸、2,4-D、激动素、6-苄氨基嘌呤、苯基脲、硝酸钾等）用于浸种也可以解除种子休眠。赤霉素、激动素和6-苄氨基嘌呤一般使用浓度为0.001％～0.1％，而苯基脲、硝酸钾为0.1％～1％或更高。处理时不仅要考虑浓度，而且要考虑溶液的数量，种皮的状况和温度条件等对处理效果也有较大的影响。

4. 机械损伤催芽

用刀、锉或砂子磨损种皮、种壳，增加种子的吸水、透气能力，促使种子萌动，但要注意不应使种子受伤。机械处理后还需水浸或沙藏才能达到催芽的目的。

四、特殊处理

1. 防鸟害

许多针叶树的种子发芽出土后，子叶顶着种壳出土，长时间不脱落，易遭受鸟类啄食。常用铅丹（Pb_3O_4）在播种前把种皮涂成红色，以防鸟害。但有时效果也不好，只好人工看守防鸟，或用声响等驱除，效果较好。

2. 防动物危害

防止种实被鼠类或其他动物偷食，常制成各种各样的毒饵，如磷化锌（Zn_3P_3）处理栓皮栎效果很好，也可用麦糠拌敌百虫作毒饵来消灭地下害虫、蝼蛄等。

3. 接种

播种有菌根菌、根瘤菌的树种，如落叶松、樟子松、豆科树种等，在没有这类菌的新的育苗地上播种，采取接种的方法可提高苗木的质量。方法是将菌根菌、根瘤菌、磷化菌分别进行拌种后再播种。

第六节　整地作床

一、播床清理

首先对播种区的土地进行平整，尤其是地势起伏地、不平坦的缓坡地、或经过大量苗木带土出圃的换茬地，一定要进行平整，做到地势平坦，否则容易造成翻耕时深浅不一、翻耕困难，也为将来的播种、灌溉带来不便。平整工作一般用平整机具进行，如推土机、圆盘耙、钉齿耙等。

其次进行土壤消毒。土壤是传播病虫害的主要媒介，也是病虫害繁殖的主要场所。土壤消毒就是消灭土壤中生存越冬的病原菌和地下害虫，还有常见的杂草种子。消毒方法主要有高温消毒和药物消毒。

（1）高温消毒　高温消毒最方便实用的方法是在圃地放柴草焚烧，不仅对土壤耕作层加温、灭菌，同时也可提高土壤肥力。

（2）药物消毒

① 福尔马林消毒法：每平方米用福尔马林 50mL，加水 6～12L 配成溶液进行喷洒，洒后立即用塑料布或草袋子覆盖，播种前一周打开，等药味散尽后播种，对防治立枯病、褐斑病、角斑病、炭疽病等有良好的效果。

② 硫酸亚铁消毒法：用 2%～3% 的硫酸亚铁溶液喷洒，每平方米用量 9L；也可将硫酸亚铁粉碎后，直接撒入土中，用量为 150～200kg/hm。可防治针叶花木的苗枯病；桃、梅缩叶病。同时，还能兼治缺铁花卉的黄化病。也可改良碱性土壤，为苗木提供可溶性铁。

③ 五氯硝基苯消毒法：每平方米苗圃地用 75% 五氯硝基苯 4g、代森锌 5g，两药混合后，再与 12kg 细土拌匀。播种时下垫上盖。此法对防治由土壤传播的炭疽病、立枯病、猝倒病、菌核病等有特效。

④ 波尔多液消毒法：每平方米苗圃地用等量式（硫酸铜：石灰：水的比例为 1∶1∶100）波尔多液 2.5kg，加赛力散 10g 喷洒土壤，待土壤稍干即可播种扦插。对防治黑斑病、斑点病、灰霉病、锈病、褐斑病、炭疽病等效果较明显。

⑤ 多菌灵消毒法：多菌灵能防治多种真菌病害，对子囊菌和半知菌引起的病害效果很明显。土壤消毒用 50% 可湿性粉剂，每平方米施用 1.5g，可防治根腐病、茎腐病、叶枯病、灰斑病等；也可按 1∶20 的比例配制成毒土撒在苗床上，能有效地防治苗期病害。

⑥ 代森铵消毒法：代森铵为有机硫杀菌剂，杀菌力强，能渗入植物体内，经植物体内分解后还有一定肥效。用 50% 水溶代森铵 350 倍液，每平方米苗圃土壤浇灌 3kg 稀释液，即可防治花卉的黑斑病、霜霉病、白粉病、立枯病，还能有效地防治球根类种球的多种

病害。

⑦ 辛硫酸消毒法：用5％的辛硫酸颗粒剂与基肥混拌后施入土中，能起到毒土作用，杀死害虫卵和幼虫，用量为每千克肥料可混入250g辛硫酸。对蝼蛄、蛴螬、地老虎等地下害虫有很好杀灭作用。

二、土壤耕翻

苗圃地翻耕应根据地区、土壤等情况来定，一般在秋季深耕一次，等到春季育苗前再浅耕一次，这样土壤经过一个冬季的风化、积蓄雨雪，有利于保墒和消灭病虫害。但对于土壤粘重、杂草多的圃地最好三耕三耙。翻耕深度一般为30～35cm，干旱地、培育大苗的圃地应适当加深，对于土层瘠薄地应逐年加深。翻耕工具主要有双轮二铧犁、双轮单铧犁、机引多铧犁等。

三、施基肥

基肥又称底肥，以有机肥料为主，也可混入部分无机肥料。因为其所含营养元素丰富，并且肥效长，在整个苗木的生长期都可以源源不断的提供一定营养，同时还可以改善土壤结构，尤其是土壤状况较差的沙土、黏重土、瘠薄土，改良效果更明显。常用的有机肥主要有腐熟的人粪尿、栏肥（家畜、家禽的粪便）以及绿肥和饼肥。施肥量一般每公顷圃地为：栏肥30000kg、绿肥22500kg、人粪尿10250kg、饼肥1050kg。施肥方法多为全面施肥，即在耕地前将肥料均匀地洒在地面上，在耕翻过程中埋入耕作层。

四、应用土壤保水剂

泥炭、农糠、锯屑（松柏类植物木屑要经过发酵，清楚有毒物质）等有较好的保水、透气、保温作用。近年已研制专用土壤保水剂，如聚丙烯酰胺，号称植物微型水库，是一种独具三维网状结构的有机高分子聚合物。在土壤中能将雨水、浇灌水以及水中的养分迅速吸收并保住，不渗失，进而保证根际范围水肥充足、天旱时缓慢释放供植物利用。它特有的吸水、贮水、保水性能，可以吸水、释水反复循环利用，同时，改善了土壤的团粒结构，使其孔隙分布成为均匀的团粒多孔结构、松软透气。具体用量可以按0.3‰将保水剂与碎土混合施入土壤中。对于苗床育苗和严重缺水圃地育苗有很好的特殊作用。

五、作床

作床也称为作畦，分为高床、平床、低床。作床方法为；首先按计划要求分别量好床和步道的宽，并定桩拉线，然后按线作畦。注意畦面要平整、坚实。

六、平整播面

苗床的播面要求土壤细致平坦，地表10cm深度内没有较大的土块、石头、植物残枝枯叶等杂物，土粒越细越好，同时土壤应上喧下实，湿度合适。这样可以使种子、萌发后的幼苗根系能和土壤密切结合，保证了其萌发、生长对水分的要求，所以在播种前还要对播面进行平整。首先注意土壤湿度是否符合播种要求，以手握后有隐约湿迹为宜，如果过干应灌水，过湿应晾晒。然后用钉齿耙耙平播面，并进一步打碎土块、拣出植物残枝枯叶和塑料袋等杂物。最后用镇压器镇压表土。注意镇压器的重量不宜过重，土壤也不可过湿，否则会影响土壤的透气性。

七、准备覆盖物

大田播种育苗在播种后为防止播种地表土干燥、板结、鸟兽的危害以及提升地温，一般对播种地要进行覆盖。如果保护地育苗则一般不用覆盖。常用的覆盖材料有塑料薄膜、稻草、麦草、竹帘子以及松树的枝条等，各苗圃可根据自身条件、当地气候条件、育苗要求来选择、准备。

第七节　播种操作工序

播种是育苗工作的重要环节，播种工作做得好不好直接影响种子的场圃发芽率、出苗的快慢和整齐程度，对苗木的产量和质量有直接的影响。播种分人工播种和机械播种两种，目前采用最多的是人工播种。

一、人工播种的方法及工序

1. 人工播种的方法

（1）撒播　撒播是将种子均匀地撒在播种地上。适用于小粒种子，如杨树、悬铃木等。撒播苗木的产量高，但费种子，撒播的用种量一般是条播的 2 倍。撒播不便于抚育管理，由于苗木密度大，光照不足，通风条件不好，而使苗木生长细弱，抗性差，易染病虫害。

（2）条播　条播是应用最广泛的一种方法。条播是按一定的行距，将种子均匀地撒在播种沟中。其优点是：苗木有一定的行间距离，受光均匀，通风条件好，又便于抚育管理和机械化作业。条播由于撒种集中，能保证苗木的数量和质量，同时起苗操作也方便。条播适用于各种中、小粒种子。播种时苗行一般以南北向为好，以利受光均匀。

（3）点播　一般只用于大粒种子，如银杏。点播是按一定的株行距，将种子一粒一粒地播在苗圃地上。点播的株行距要根据树种的大小来确定。为利于幼苗生长，种子应侧放，使种子的尖端与地面平行放置。点播具有条播的优点，但苗木产量比其他两种方法少。

2. 人工播种的工序

（1）划线　主要确定播种位置。划线要求要直，目的是使播种行通直，便于抚育和起苗。

（2）开沟与播种　开沟深浅要一致，沟底要平，沟的深度要根据种粒的大小来确定，粒大的种子要深些，粒极小的种子可不开沟，混沙直接播种。为保证种子与播种沟湿润，要做到边开沟，边播种，边覆土。

（3）覆土　播种后要立即覆土，以免沟内的种子和土壤干燥。要求做到下种均匀，覆土厚度适宜。覆土可用原床土，也可以用细沙土混些原床土，或用草炭、细沙、粪土混合组成覆土材料。一般覆土厚度应为种子直径的 2～3 倍，覆土过厚或过薄都不利于苗木出土（见图 2-5）。覆土后，除适当镇压外，对小粒种子以及在干旱条件下要使用地膜或苇帘覆盖，以防土壤板

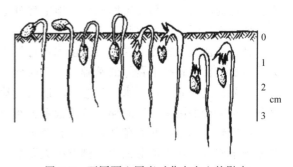

图 2-5　不同覆土厚度对苗木出土的影响

结，保持土壤湿润。

（4）镇压　覆土后，为使种子和土壤紧密结合，要进行镇压。如果土壤太湿或过于黏重，要等表土稍干后再镇压。

二、机械播种

使用机械播种，工作效率高，下种均匀，覆土厚度一致。开沟、播种、覆土镇压一次完成，既节省了人力，也可做到幼苗出土整齐一致，是今后园林苗圃育苗的发展趋势。在使用时，可根据需要选择播种机，最好选开沟、播种、覆土、镇压能一次完成的机械。

第八节　播种后管理

一、播种苗生长发育阶段

播种苗从播种开始到生长进入休眠期的年生长发育过程中，由于不同时期地上部分与地下部分的生长发育特点不同，对环境条件的要求也不同。根据1年生播种苗各时期的特点，可将播种苗的第一个生长周期划分为出苗期、幼苗期、速生期和硬化期四个时期。了解苗木年生长发育的特点和对外界环境条件的要求，才能采取有效的抚育措施，从而获得高产优质的苗木。

1. 出苗期

出苗期是从播种到幼苗刚刚出土的时期。

（1）出苗期的生长特点　种子播种后首先在土壤中吸水膨胀，随着水分的吸收，酶的活动加强，在酶的作用下种子中贮藏的物质进行转化，分解为可溶性物质，并释放出能量，供胚的生长。一般胚根先长，形成主根深入土层，然后胚芽生长，逐渐出土形成幼苗。在这个时期幼苗不能自行制造营养物质，而靠种子中贮藏的营养物质进行生长。

（2）育苗技术要点　这一时期育苗的中心任务是促进种子迅速萌发，提高场圃出芽率，使幼苗出土早而整齐、健壮。为此要做到，种子要催芽，适时播种，下种均匀，覆土厚度适宜，注意调节土壤温度、湿度、通气状况，为种子发芽创造良好的条件。另外，为了防止高温危害苗木，需要遮阴时，可在出苗期开始遮荫。

2. 幼苗期（生长初期）

幼苗期是从幼苗出土后能够进行光合作用，自行制造营养物质开始，到苗木生长旺盛时为止。

（1）幼苗期的生长特点　这个时期地下部分生出侧根形成根系，但根系分布较浅，抵抗不良环境的能力差，易受害而死亡。地上部分生出叶子，幼苗能独立地制造营养物质。此时幼苗的高生长缓慢，主要是根系生长。

（2）育苗技术要点　这一时期苗木抚育的主要任务是提高幼苗保存率，促进根系生长，为苗木的生长发育打下良好的基础。这个时期影响幼苗生长发育的主要外界因子有水分、温度、养分、光照和通气。水分是这个时期决定幼苗成活与否的重要条件，是幼苗生长和吸收养分不可缺少的因素。这时期幼苗的根系分布较浅，如果水分不足则对幼苗危害极为严重。光是进行光合作用的必要条件，如果光照不足，幼苗生长细弱，直接影响苗木质量。温度对苗木地上部分和地下部分的生长都有很大影响，气温过高，幼苗易遭日灼，气温过低，幼苗则容易发生冻害，同时温度低，根系生长发育不好。此时幼苗对养分的需要虽然不多，但很敏感，尤其对磷肥的需要量要适当增加，因为磷肥能促进根系生长。

因此在育苗措施上要加强松土、除草，适当地灌溉、间苗，合理追肥，注意防治病虫害和进行必要的遮荫。

3. 速生期

苗木的速生期是幼苗生长最旺盛的时期，即从苗木的生长量大幅度上升时开始，到生长量大幅度下降时为止。

（1）速生期的生长特点　此时苗木的生长速度最快，生长量最大。高生长显著加快，叶子的面积和数量都迅速增加，直径增长加快。地上部分和根系的生长量都是全年最多的时期，这是多数树种的共同规律，这个阶段基本上决定了苗木的质量。大部分树种的速生期从6月中旬开始到8月底、9月初，一般为70d左右。

在此期间，影响苗木生长发育的因素有养分、水分和气温。养分的供应十分重要，在养分充足的情况下，水分跟上，加上温度适宜，苗木生长一定最快、最好。在干旱炎热的夏季，加强灌水、施肥等养护措施，可消除因气温过高而对树木产生的不良影响。

（2）育苗技术要点　这一时期加强对苗木的抚育管理是提高苗木质量的关键，要以水、肥管理为主，结合除草、松土、防虫治病等育苗技术，促使幼苗迅速而健壮地生长。但在速生期的后期应适时停止施肥和灌水工作，以使幼苗在停止生长前就充分木质化，有利于越冬。

4. 苗木的硬化期（生长后期）

苗木的硬化期是从苗木生长量大幅度下降开始到苗木进入休眠期为止。

（1）苗木硬化期的生长特点　此时幼苗生长缓慢，最后停止生长，苗木逐渐木质化并形成健壮的顶芽，体内的营养物质进入贮藏状态。硬化期的前期，直径和根系继续生长，而且各出现一次生长高峰。

（2）育苗技术要点　在这个时期，要防止幼苗徒长，尽量促进苗木木质化，以提高越冬能力。因此要停止一切促进苗木生长的措施，如施肥、灌水等，对一些树种要注意做好防寒工作。

上述1年生播种苗的各个时期是根据幼苗生长发育过程中所表现的特点来划分的。各时期的长短，不仅取决于树种的特性，同时与育苗技术有密切关系。在育苗过程中应采取合理的技术措施，为苗木生长创造良好的条件，使幼苗尽早进入速生期，并健壮地生长，这对提高苗木质量有着重要意义。

二、出苗期的养护管理

1. 覆盖

播种后为防止播种地表土干燥、板结，防止鸟害，对播种地要进行覆盖，特别是对于小粒种子、覆土厚度在1cm左右的树种更应该加以覆盖。覆盖的材料应就地取材，以经济实惠、不给播种地带来杂草种子和病虫害为前提。另外覆盖物不宜太重，否则容易压坏幼苗。常用的覆盖材料有稻草、麦草、竹帘子、苔藓、锯末、腐殖土以及松树的胶条等。覆盖物的厚度，要根据当地的气候条件、覆盖物的种类而定。如用草覆盖时，一般以使地面盖上一层，以似见非见土面为宜。播种后应及时覆盖，在种子发芽、幼苗大部分出土后，要分期、分批地将草撤掉，同时配合适当的灌水，以保证苗床中的水分。

近年来采用塑料薄膜进行床面覆盖的效果较好，不仅可以防止土壤水分蒸发，保持土壤湿润、疏松，又能增加地面温度，促进发芽。但在使用薄膜时要注意经常检查床面的温度，当苗床温度达到28℃以上时，要打开薄膜的两端，使其通风降温。也可以采用薄膜上遮苇帘来降温。等到幼苗出土，揭除薄膜后将苇帘维持一段时间，再将苇帘撤掉。这样既有利于幼苗生长，也可以起到防晚霜的作用。

2. 遮荫

（1）遮荫的作用　遮荫可使日光不直接照射地面，因而能降低育苗地的地表温度，减少土壤水分的蒸发，以免幼苗遭受日灼伤害。

（2）遮荫的方法　一般采用苇帘、竹帘或黑色的编织布等为材料设活动荫棚，透光度以50%~80%为宜。荫棚高40~50cm，每天上午9:00至下午4:00左右进行放帘遮荫，其他时间或阴天可把帘子卷起。也可以采用在苗床上插松胶或间种等办法进行遮荫。

3. 灌溉

播种后由于气候条件的影响或因出苗时间较长，苗床仍会干燥，妨碍种子发芽，故在播种后出苗前，要适当地补充水分。不同的树种，覆土厚度不同，灌水的方法和数量也不同。一般在土壤水分不足的地区，对覆土厚度不到2cm，又不加任何覆盖物的播种地，要进行灌溉。播种中、小粒种子，最好在播种前要灌足底水，播种后在不影响种子发芽的情况下，尽量不灌水，以防降低土温和使土壤板结，如需灌水，应采用喷灌，防止种子被冲走或发生淤积的现象。

三、苗期的养护

苗期管理是从播种后幼苗出土，一直到冬季苗木生长结束为止，对苗木及土壤进行的管理，如遮荫、间苗、截根、灌溉、施肥、中耕、除草等工作。这些育苗技术措施的好坏，对苗木的质量和产量有着直接的影响，因此必须要根据各时期苗木生长的特点，采用相应的技术措施，以便使苗木达到速生丰产的目的。

1. 降温

树种在幼苗期组织幼嫩，不能忍受地面高温的灼热，易产生日灼现象，致使苗木死亡，因此要在高温时，采取降温措施。现介绍几种降温方法。

（1）遮荫　具体方法见前文所述。

（2）覆草和喷灌降温　把稻草放在苗行间，能降低温度8~10℃，效果较好。喷灌能降低地表温度，用地面灌溉也同样能起到降低地温的作用。

2. 间苗和补苗

（1）间苗　苗木过密，导致通风、透光不好，每株苗木的营养面积小，苗木细弱，质量下降，易发生病虫害。因此，为了调整幼苗的疏密度，使苗木之间保持一定的距离，要对苗木进行间苗。

间苗次数应依苗木的生长速度确定，一般间苗1~2次为好。间苗的时间宜早不宜迟。第一次间苗在苗高5cm时进行，一般把受病虫害的、受机械损伤的、生长不正常的、密集在一起影响生长的幼苗去掉一部分，使苗间保持一定距离。第二次间苗与第一次间苗相隔10~20d，第二次间苗即为定苗。间苗的数量应按单位面积产苗量的指标进行留苗，其留苗数可比计划产苗量增加5%~15%，作为损耗系数，以保证产苗计划的完成。但留苗数不宜过多，以免降低苗木质量。间苗后要立即浇水，淤塞苗根孔隙。

（2）补苗　补苗工作是补救缺苗断垄的一种措施。补苗时间越早越好，以减少对根系的损伤，早补不但成活率高，而且后期生长与原来苗木无显著差别。补苗工作可和间苗工作同时进行，最好选择阴天或傍晚进行，以减少日光的照射，防止萎蔫，必要时要进行遮阴，以保证成活。

3. 截根和幼苗移植

（1）截根 截根适用于主根发达、侧根发育不良的树种，如核桃、橡栎类、梧桐、榛树等树种。截根的目的是截断主根，控制主根的生长，使苗木多生侧根、须根，加速苗木的生长，提高苗木质量，同时也提高移植后苗木的成活率。

截根的时间，一般在幼苗长出 4～5 片真叶，苗根尚未木质化时进行。根据树种来确定截根的深度，一般为 5～15cm。可以用带弓形的截根刀、起苗犁进行截根。

（2）幼苗移植 幼苗移植一般用于幼苗生长快的树种，或一些种子很少的珍贵树种。先将这些珍贵树种的种子进行床播或室内盆播等，待长到一定程度时再进行移植。

移植应掌握适当的时期，一般在幼苗长出 2～3 片真叶后，结合间苗进行幼苗移植。移植应选在阴天进行，移植后要及时灌水并进行适当的遮阴。

4. 中耕与除草

（1）中耕 中耕是在苗木生长期间对土壤进行的浅层耕作。中耕可以疏松表土层，减少土壤水分的蒸发，促进土壤空气流通，有利于微生物的活动，提高土壤中有效养分的利用率，促进苗木生长。中耕和除草往往结合进行，这样可以取得双重的效果。中耕在苗期宜浅并要及时，每当灌溉或降雨后，当土壤表土稍干后就可以进行，以减少土壤水分的蒸发及避免土壤发生板结和龟裂。当苗木逐渐长大后，要根据苗木根系生长情况来确定中耕深度。

（2）除草 除草工作是苗木抚育管理工作中工作量最大、时间最长、所用人力最多的一项工作。杂草是苗木的劲敌，同时也是病虫害的根源，因此要在苗圃生产中安排好这项工作，不要发生草荒而影响苗木正常生产。除草可以用人工除草、机械除草和化学除草，本着"除早、除小、除了"的原则，大力消灭杂草，提倡使用化学除草剂来消灭杂草，但要先进行科学实验后，再大面积地推广使用。

5. 灌水与排水

水是植物的命脉，灌水与排水直接影响苗木的成活、生长和发育。在抚育管理中灌水和排水是同等重要的，两者缺一不可。特别是重黏土地、地下水位高的地区、低洼地、盐碱地等，灌水和排水设备配套工程尤为重要。

（1）灌水 土壤水分在种子萌发和苗木生长发育的全过程中都具有重要的作用，土壤中有机物的分解速度与土壤水分有关；根系从土壤吸收矿质营养时，必须先溶于水；植物的蒸腾作用需要水；同时水分对根系生长的影响也很大，水分不足则苗根生长细长，水分适宜则吸收根多。因此，水分是壮苗丰产的必要条件之一。

① 合理的灌水及灌水量 水是苗木生长发育的重要因素，苗木离开了水就不能生长，而水多土壤通气不良，又会造成苗木烂根，影响苗木的产量和质量。因此，灌水要适时适量，要遵循"三看"，即看天、看地、看树苗，切忌"一刀切"的做法。

所谓"看天"，就是要看当地的天气情况。

所谓"看地"，就是看土壤墒情、土壤质地和地下水位高低。沙土或沙壤土保水力差，灌水次数和灌水量可适当增加；黏土地、低洼地应适当控制灌水次数；盐碱地切忌小水勤灌。决定一块地应否灌水，主要看土壤墒情，适合苗木生长的土壤湿度一般 15%～20%。

所谓"看树苗"，就是要根据不同树种的生物学特性、苗木的不同生长时期来确定灌水量。

不同的树种生物学特性不同，对喜湿的树种（如杨、柳树）可多灌水。对同一树种，不同的生长时期需水量也不同，一般在出苗期和幼苗期需水量虽不多，但比较敏感，因此灌水量宜少但次数应多；在速生期，苗木茎叶急剧生长，茎叶的蒸腾量大，对水的吸收量也大，因此灌水量宜大且次数多；对生长后期的苗木，要减少灌水，控制水分，防止苗木徒长，促进木质化。

② 灌水方法　一般采用侧方灌水、畦灌、喷灌、滴灌等方法。

a. 侧方灌水　一般用于高床和高垄。水从侧面渗入床内或垄中。这种灌水方法不易使床面或垄面产生板结，灌水后土壤仍保持通透性能，有利于苗木出土和幼苗生长，灌水省工但耗水量大。

b. 畦灌　又称漫灌，一般用于低床或平垄。用畦灌不应淹没苗木叶子。缺点：水渠占地多，灌水速度慢，灌后易造成土壤板结，用水量大，费人力又不易控制灌水量等。

c. 喷灌　也称人工降雨，目前在苗圃用得较多。它的主要优点是省水、便于控制水量、工作效率高、灌溉均匀、节省劳力，不仅在地势平坦的地区可采用，在地形稍有不平的地方也可较均匀地进行喷灌。但要注意在播种区要水点细小，防止将幼苗砸倒、根系冲出土面或泥土溅起，污染叶面，妨碍光合作用的进行。

d. 滴灌　即通过管道把水滴到苗床上。滴灌比喷灌的优点多，适用于苗圃作业，但因设备复杂，投资较高，在苗圃中较少使用。

③ 灌水注意事项

a. 灌溉时间　每次灌水的时间，最好在早晨和傍晚，不要在气温最高的中午进行。

b. 水温与水质　水温过低对苗木根系生长不利，不宜用水质太硬或含盐类的水灌溉。

c. 灌水的持续性　育苗地的灌水工作一旦开始，要一直延续到苗木不需要灌溉为止，不宜中断，否则会造成旱害。灌水的结束期，因树种不同而异，对多数苗木而言，约在霜冻到来之前 6~8 周为宜。

（2）排水　排水在育苗工作中与灌水有着同等的作用，不容忽视。排水主要指排除因大雨或暴雨造成的苗区积水，在地下水位偏低、盐碱严重地区，排水工作还有降低地下水位、减轻盐碱含量或抑制盐碱上升的作用。

排水工作应注意以下几个问题。

① 苗圃必须建立完整的排水系统。苗圃的每个作业区、每方地都应有排水沟，使沟沟相连，一直通到总排水沟，将积水全部排出圃地。

② 对不耐湿的品种，如臭椿、合欢、刺槐等可采用高垄或高床作业，在排水不畅的地块应增加田间排水沟。

③ 雨季到来之前应整修、清理排水沟，使水流畅通，雨季应有专人负责排水工作，及时疏通圃地内的积水，做到雨后田间不积水。

6. 施肥

（1）肥料的种类和性质　苗圃使用的肥料是多种多样的，概括起来可分为有机肥料、无机肥料和生物肥料。

① 有机肥料　苗圃常用的有机肥有人粪尿、厩肥、堆肥、泥炭肥料、森林腐殖质肥料、绿肥以及饼肥等。有机肥料能提供苗木所必需的营养元素，属于完全肥料，它肥效长，能改善土壤的理化性质，促进土壤微生物的活动，可发挥土壤的潜在肥力。

② 无机肥料　常用的无机肥料以氮肥、磷肥、钾肥三大类为主，此外还有铁、硼、硫等微量元素。无机肥料易溶于水，肥效快，易于被苗木吸收利用。无机肥料的成分单一，对土壤的改良作用远不如有机肥料。连年单纯地使用无机肥，易造成苗圃土壤板结、坚硬。有机肥为迟效性完全肥料，无机肥为速效性肥料，二者配合使用可取长补短，充分发挥肥效，提高土壤肥力，减少土质恶化。因此，有机肥与无机肥配合使用最佳。

③ 生物肥料　在土壤中有一些对植物生长有益的微生物，将其从土壤中分离出来，制成生物肥料，如细菌肥料（根瘤细菌、固氮细菌）、真菌肥料（菌根菌）以及能刺激植物生长并能增强抗病力的抗生菌5406等。

（2）施肥的时间和方法　施肥分施基肥和施追肥两种。

① 施基肥　一般在耕地前，将腐熟的有机肥料均匀地撒在圃地上，然后随耕地一起翻入土中。在肥料少时也可以在播种或作床前将肥料一起施入土中。施肥的深度一般为15～20cm。基肥通常以有机肥为主，也可适当地配合施用一些不易被固定的矿质肥料，如硫酸铁等。

② 施追肥　追肥分为土壤追肥和根外追肥两种，无论哪种方法都在苗木生长期间使用。土壤追肥可用水肥，如稀释的粪水，可在灌水时一起浇灌。如追施固态肥料，可制成复合球肥或单元素球肥，然后深施，挖穴或开沟均可，不要撒施。深施的球肥位置，一般应在树冠内，即正投影的范围内。

根外追肥，可用氮、磷、钾和微量元素，直接喷洒在苗木的茎叶上，是利用植物的叶片能吸收营养元素的特点，采用液肥喷雾的施肥方法。对需要量不大的微量元素和部分化肥采用根外追肥方法，效果较好，这样既减少了肥料流失，又可收到明显的效果。在根外追肥时，应注意选择合适的浓度。一般微量元素浓度采用0.1%～0.2%，化肥采用0.2%～0.5%。

不同的树种，不同的生长期，所需的肥料种类和施肥量差异很大，要做到具体问题具体分析。

7. 病虫害防治

防治苗木病虫害是苗圃多育苗、育好苗的一项重要工作。要贯彻"预防为主，综合防治"的方针，加强调查研究，搞好虫情调查和预测预报工作，创造有利于苗木生长、抑制病虫发生的环境条件。本着"治早、治小、治了"的原则，及时防治，并对进圃苗木加强植物检疫工作。

复习思考题

1. 园林种实可分为哪些大类和小类？
2. 简述种子采收与种实调制的方法。
3. 简述种子品质检验的基本方法。
4. 测定种子生活力的主要方法是什么？
5. 简述影响种子生活力的内在因素和环境条件。
6. 简述种子休眠的种类及打破休眠的方法。
7. 播种前如何进行种子催芽？
8. 确定播种期和播种量要考虑哪些因素？
9. 简述常用的播种方法。
10. 如何根据播种苗的生长发育特点进行幼苗管理？

第三章 营养繁殖育苗技术

知识目标

了解营养繁殖的基本原理，掌握扦插繁殖、嫁接繁殖、压条繁殖、分株繁殖等营养繁殖技术基本要求。

技能目标

掌握扦插繁殖基本流程和促进生根方法；掌握嫁接基本要求和操作技巧；掌握其他营养繁殖方法的应用条件和操作过程。

营养繁殖，又称无性繁殖，是利用植物营养器官（根、茎、时）的一部分来繁殖苗木的方法，用这种方法繁殖、培育出来的苗木称为营养繁殖苗，简称营养苗。营养繁殖常分为分株、压条、扦插、嫁接等不同方法。营养苗也根据繁殖方法不问，分别称为分株苗、压条苗、扦插苗、嫁接苗等。

营养繁殖作为一种园林苗木生产技术得以广泛应用，其具有以下优点。

① 能保持母本的遗传性状，稳定优良基因型　许多园林树木的优良品种，播种苗往往不能或不完全能保持原有的优良性状，必须用营养繁殖法进行繁殖。

② 繁殖系数大，苗木品质一致，适合规模化生产　通过建立专门的插条圃、接穗圃，可同时获得大量规格一致的繁殖材料，奠定了种苗规模化生产的基础。尤其是可以利用各种新技术与设施栽培结合，实现快速、高质、高效地繁殖苗木。营养苗在商品生产中的最大优势是其品质的一致性，苗木在规格大小、生长速度、开花时间、产品类型和其他表型特征上的一致性，奠定了产业化规模生产的基础。

③ 可提早开花、结实　营养繁殖使用的插条或接穗都采自生理成熟的母树，营养苗新株的个体发育阶段是在母株该部分的基础上继续发展的。因此，可以加速生长，提早开花、结实。如紫藤的播种苗要达到令人满意的开花效果需要 7 年，而它的嫁接苗开花仅仅需要 1 或 2 年的时间；同样，银杏播种苗开花需要 40 年左右，而嫁接苗 3～4 年就能开花。

④ 方法多样、简便易行　不同树种可以根据各自的生物学特性与栽培条件，采用不同的营养繁殖方法。有些十分优良的园林树木种类成品种，可用十分简单的分株或硬技扦插很好地繁殖。一些种子休眠复杂、有件繁殖烦琐的园林树木，也常采用营养繁殖。

⑤ 特殊用途　使一些观赏价值高但不结种子或种子很少的园林树木能够有效繁殖，如白兰、红花羊蹄甲、重瓣碧桃等许多优良的观赏品种，往往华（花）而不实，必须进行营养繁殖。还有一些具有特殊造型的园林苗木生产，也必须用营养繁殖，如龙爪槐等。

营养繁殖的缺点是：营养繁殖也有其不足之处，如营养苗（嫁接苗除外）常常根系不如播种苗健壮，抗逆能力差，寿命较短；压条与分株繁殖常常繁殖系数有限，而且苗本规格较难一致；多代重复营养繁殖会使苗木生长势减弱、生活力下降、品种退化；有时营养繁殖会传播一些病毒。

总的来说，因为营养繁殖可以保存品种优良性状，在园林植物生产实践中对新品种的繁殖有重要意义，是园林苗木生产中最主要的生产繁殖方式。

第一节　扦插繁殖

　　扦插繁殖是利用植物营养器官具有的再生能力，能够发生不定根、不定芽的习性，利用离体的植物营养器官如茎、根、叶的一部分，在一定的外界环境条件下插入土、沙或其他基质中，经过人工培育使之发育成为一个完整而独立的新植株的繁殖方法。用扦插繁殖所得的植株称为扦插苗，是园林树木最常见的种苗类型之一。

　　扦插繁殖简便易行，材料较充足，成苗迅速，开花时间早，短时间可育成数量较大幼苗，并可保持母本的优良性状。因此，这种繁殖方法逐渐成为园林植物、特别是不结实或结实稀少的名贵园林植物的主要繁殖手段之一。目前在园林植物生产上广泛应用，并结合实践经验，采用了许多先进技术，为促进植物生根提供了物质条件，解决了很多难生根或较难生根的繁殖问题，如全光照间歇式迷雾扦插技术为扦插成活提供了优越的条件，大大提高扦插成活率。先进技术的使用进一步推动了扦插繁殖生产，对园林植物的繁殖起到很大的推动作用。但是，因插穗脱离母体，必须给予适当的温度、湿度、光照等环境条件，并需采取必要的园艺设施、设备及扦插基质，才能保证成活，管理上较费工。

一、扦插生根的原理和条件

（一）扦插生根的原理

　1. 扦插生根的类型

　　植物插穗的生根，由于没有固定的着生位置，所以称为不定根。扦插成活的关键是不定根的形成，而不定根发源于一些分生组织的细胞群中，这些分生组织的发源部位有很大差异，随植物种类而异。根据不定根形成的部位可分为两种类型：一种是皮部生根型，即以皮部生根为主，从插条周身皮部的皮孔、节（芽）等处发出很多不定根；另一种是愈伤组织生根型，即以愈伤组织生根为主，从基部愈伤组织（或愈合组织），或从愈伤组织相邻近的茎节上发出很多不定根。这两种生根类型，其生根机理是不同的，从而在生根难易程度上也不相同。以前，大多数的教科书上将扦插生根类型分成皮部生根型和愈伤组织生根型两种，中国林业科学院王涛研究员根据扦插时不定根生成的部位，将植物扦插生根类型分成皮部生根型、潜在不定根型、侧芽基部分生组织生根型、愈伤组织生根型四种。

　　（1）皮部生根型　这是一种易生根的类型。属于这种类型的植物在正常情况下，在枝条的形成层部位能够形成特殊的薄壁组织细胞群，为根原始体。根原始体多位于髓射线与形成层的交叉点上，是由于形成层进行细胞分裂而形成的，与细胞分裂相连的髓射线逐渐增粗，穿过木质部通向髓部，从髓细胞中取得养分，而向外分化逐渐形成钝圆锥形的根原始体。当扦插枝条的根原始体形成后，在适宜的温度和湿度条件下，经过很短的时间，就能从皮孔中萌发出不定根，因为这种皮部生根迅速，扦插成活容易。属此类型的树种如杨、柳等。

　　（2）潜在不定根原基生根型　这是枝条再生能力最强的一种类型，生根最易。属于这种类型植物的枝条在脱离母本之前，就已形成了不定根原基，只要给予生根的适宜条件，根原基就可萌发生成不定根。如圆柏属、刺柏属中的绝大部分植物都有潜在不定根原基，在扦插繁殖时，充分利用这一点，促使潜在不定根原基萌发，可缩短生根时间。利用一些植物的这一特点，进行3年生老枝扦插育苗，缩短育苗周期，使1个月的扦插苗相当于2～3年实生苗大小。如翠柏、圆柏、沙地柏等。

（3）侧芽（或潜伏芽）基部分生组织生根型　这种生根型分布于大多数植物中，在一定的条件下，侧芽基部分生组织较为活跃，能够产生不定根。因此，在截制此类插条时，插条的下切口应切在侧芽基部，使侧芽分生组织都集中于切面上，有利于形成不定根。

（4）愈伤组织生根型　任何植物在局部受伤时，均有恢复生机、保护伤口、形成愈伤组织的能力。植物的一切组织，只要有活的薄皮细胞就能产生愈伤组织，这些细胞以形成层、髓射线、髓等部位及附近的活细胞为主，且最为活跃，植物受伤的部位在条件适宜的情况下，由薄壁细胞产生新的突起物，即愈伤组织。将具有愈伤组织生根型的植物截制的插条置于适宜的温度、湿度等条件下，在下切口处首先形成初生愈伤组织，一方面保护插条的切口免受不良影响，一方面继续分化，逐渐形成与插条相应组织发生联系的木质部、形成层、韧皮部等组织，充分愈合，并逐渐形成根原基，进而萌发形成不定根。

2. 扦插生根的生理基础

我国植物栽培上使用扦插方法已有 2000 多年的历史，随着科研的发展，很多专家、学者做了大量的工作，从不同角度提出很多观点，虽缺少系统的试验，未能形成完整的扦插生根理论，但在多方面研究得出的见解通过生产实践取得了较为理想的效果，现简单归纳如下。

（1）植物的再生与不定根的形成　植物扦插繁殖的主要任务是对不定根的诱导。不定根的形成主要是取决于植物的再生能力，再生能力强的植物，枝条在生长期间内即能形成大量的不定根原基，脱离母体后，遇到适宜的环境条件，就可形成不定根。再生能力弱的植物，扦插的枝条需在适宜的环境条件下，在愈伤组织形成的基础上进行不定根诱导，促其生根。

（2）生长素与生根　植物的生长活动受植物体内专门的生长物质控制，而植物伤口愈伤组织的形成及扦插生根是植物本身的生命活动，因而受到生长素的控制和调节。生长素根据来源分为以下两种。

① 内源生长素　植物体内生长的激素，现已发现的有 5 种，即生长素、赤霉素、细胞分裂素、脱落酸和乙烯。这些激素在植物体内含量很少，只有百万分之一，但对植物的生理活性起很重要作用。与不定根的形成有关的主要是生长素，另外，细胞分裂素和脱落酸也有一定的关系。枝条本身所合成的生长素，可以促进根系的形成，由于生长素在枝条幼嫩的芽和叶中合成，然后向基部运行，参与根系的形态建成，因此，幼嫩的芽与叶对扦插不定根的形成起很大作用。例如泡桐嫩枝扦插成功，主要是利用内源生长素含量最高的幼嫩枝条。

② 外源生长素　即非植物产生，而是人工合成的各种生长素制剂，如萘乙酸（NAA）、吲哚乙酸（IAA）、吲哚丁酸（IBA）等。硬枝扦插时没有幼芽部分提供生长素，体内生长素含量极低，所以，需要补充外源生长素促进生根。试验证明，用人工合成的外源生长素处理插条基部后，枝条内养分及其他物质集中在切口附近，为插条生根提供了物质基础，因而提高了生根率，取得了一定的效果。根据扦插实验分析，应用生长素，不仅促进了生根，而且根长、根粗、根数多，均比对照有明显的优越性，生根时间缩短了，利用激素处理的扦插枝条形成的根系强大，苗木生长健壮，因此对扦插育苗有着多、快、好、省的意义。应用人工合成激素配制的 ABT 生根粉处理植物扦插部分，不但能补充外源生长素，而且能促进内源生长素的合成。

（3）生长促进物质对不定根形成的影响　生长素对插条生根的影响在许多试验和生产实践中都已证实，但同时也发现，生长素不是唯一促进扦插枝条生根的物质。尤其对于很多难生根的植物往往难以达到预期的效果。这表明除生长素外，另有一类物质辅助，才能导致不定根的发生，这类物质即为生根辅助因子。这类生根辅助因子在易生根的植物中的含量较高，但单独使用这类物质，对插条生根没有影响，只有与生长素结合，才能有效地促进生根。

（4）生长抑制剂　生长抑制剂是植物体内一种对生根有妨碍作用的物质，这种物质是植物体内生长激素的拮抗物质。很多研究证实，生命周期中老龄树抑制物质含量高，而在树木年生长周期中休眠期含量最高，硬枝扦插靠近梢部的插穗又比基部的插穗抑制物含量高。因此，生产实践中，可采取相应的措施，如流水洗脱、低温处理、黑暗处理等，消除或减少抑制剂，以利于生根。

（5）枝条营养物质 C/N 与生根　植物插条成活与其体内养分状况有密切关系，尤其碳素和氮素的含量及其相对比率有一定的关系。一般说 C/N 比高，也就是说植物体内碳水化合物含量高，氮化合物的含量相对低，对插条不定根的诱导较有利。低氮可以增加生根数，而缺氮会抑制生根。

（6）植物的发育与生根　由于年代、个体发育和生理状况三种因素造成母树生长衰老，使植物插条生根的能力也随之减弱。植物的一生主要分为幼年期、成熟期和衰老期三个时期，植物在幼龄期易产生不定根，树木年龄愈大，生根愈困难。

（7）茎的解剖构造与生根　植物插条生根的难易与枝茎解剖的构造有关，从事植物解剖的学者认为：如果皮层中有一层、二层甚至多层纤维细胞构成的环状厚壁组织时，生根就困难；如果皮层没有这类环状厚壁组织，或不连续时，生根就容易。因此，在进行扦插时，应了解扦插枝条皮层的解剖构造，据此采取相应措施，以提高插条的生根率。

（二）影响插条生根的因素

植物进行扦插育苗能否成活，除以上的生理基础作用外，整个扦插过程是一个复杂的生理过程，影响因素不同，成活状况也不同，有难有易。即使同一植物种，品种间也存在生根情况的差异。这表明，在插条生根成活方面，既与植物种本身的一些特性有关，也与外界环境条件有关。

1. 影响插条生根的内在因素

影响插条生根的内因主要有：植物的遗传特性、采条母本的年龄、插条在母本上的部位、枝条的发育状况、插条的叶面积等。

（1）植物的遗传特性　插条生根的难易与植物的遗传特性有关，不同的植物有着不同的遗传特性。因此，不同植物扦插生根成活的难易差别很大，即使是同一科、同一属、同一种的不同单株，其生根能力也不一样。根据插条生根的难易，可将植物分为四类。

① 极易生根的植物。如柳树、青柳树、水杉、池杉、小叶黄杨、紫穗槐、连翘、月季、迎春、金银花、常春藤、南天竹、葡萄、金银木、无花果、石榴、菊花、天竺葵、富贵竹、彩叶草、虎尾兰、落地生根等。

② 较易生根的植物。如侧柏、扁柏、铅笔柏、相思树、罗汉松、刺槐、国槐、茶、茶花、樱桃、杜鹃、珍珠梅、白蜡、悬铃木、五加、女贞、夹竹桃、金缕梅、柑橘、猕猴桃、泡桐、扶桑、叶子花、红背桂、榕树、黄连翘、红草等。

③ 较难生根的植物。如金钱松、圆柏、日本五针松、梧桐、大叶桉、苦楝、臭椿、君迁子、米兰、枣树、樱花、瑞香等，插条需要一定的技术方能生根。

④ 极难生根的植物。如黑松、马尾松、赤松、樟树、板栗、核桃、栎树、鹅掌楸、柿树、丁香、榆、松科、榆科、桦木科、木兰科、棕榈科植物等，插条扦插后极难生根，即使

经过特殊处理，生根率仍非常低。

（2）插穗的年龄　插条的年龄包括两种含义：一是所采枝条的母树年龄；二是所采枝条本身的年龄。年龄越大，植物插穗生根就越困难，而母树年龄越小则生根越容易。由于植物新陈代谢作用和生活力随着年龄增加而递减，发育逐渐衰老，细胞分生能力降低，特别是随着树龄的增大，植物体内激素与养分变化，尤其是抑制物质不断增加，从而使得再生能力减弱。相反，幼龄母树的幼嫩枝条，其皮层分生组织的生命活动能力很强，所采下的枝条扦插成活率高。因此，从幼龄母本上采取枝条，其生活力、分生能力较强，所以生根快，生长也好。所以，在选条时应采自年幼的母树，特别对许多难以生根的树种，应选用1～2年生实生苗上的枝条，扦插效果最好。

（3）枝条的部位及其发育状况　枝条的部位主要包括两方面：一方面是枝条在母本上着生的部位，另一方面是指一个枝条的不同部位。这两个方面部位上的变化，都不同程度地影响插条成活率的大小。同一株母本，由于枝条着生部位不同，生活力的强弱也不同。一般根茎处萌发的枝条再生能力强，靠近主干的枝条再生能力也比较强；树冠部和多次分枝的侧枝插穗成活率低。因此，生产上多采用播种苗的平茬条及营养繁殖苗的平茬条作插穗，以保持其较强的生命活力。同一枝条的不同部位，在不同的时间生长状况不同，具体哪一段好，则要看植物的生根类型、枝条成熟状况、不同的生长时期及扦插方法。

一般来讲，常绿树种一年四季皆可插，中上部枝条较好。这主要是由于常绿树种中上部枝条生长健壮，代谢旺盛，营养充足，而且中上部新生枝光合作用也强，对生根有利。落叶树种休眠枝中下部枝条较好。因为中下部枝条发育充足，储藏的养分多，为根原基的形成和生长提供了有利因素。若落叶树种嫩枝扦插，则中上部枝条较好。例如毛白杨嫩枝扦插，梢部最好，这主要是由于幼嫩的枝条，中上部内源生长素含量最高，而且细胞分生能力旺盛，为生根提供了有利因素。

（4）插穗的长短　插穗的粗细与长短对于成活率、苗木生长有一定的影响。

枝条粗细、充实与否，直接影响着枝条内营养物质含量的多少，并影响着插穗能否生根成活。插条扦插后到生根前的一段时间内，主要靠插条体内的营养物质维持生命，体内营养物质的多少，与插穗的成活或成活后苗木的生长有着密切的关系。凡是枝条粗壮、发育充实、营养丰富的枝条容易成活，且生长较好；而枝条较细、不充实、营养物质少的枝条不易成活，即使成活，生长也较差，所以采条扦插时，多选择生长健壮、发育充实、营养物质丰富的枝条作插条，以达到提高成活率、确保育苗质量的目的。一些树种的一年生枝多较纤细，营养物质含量少，虽然有的能成活，但生长速度较慢，苗木较弱。为保证这类树种的成活率和生长效果，采取插条带部分二年生枝扦插，才能提高插条内营养物质含量，保证插条体内的生理活动，提高苗木的成活率。

对于绝大多数树种来讲，长插条根原基数量多，贮藏的营养多，有利于插条生根。插穗长短的确定要以树种生根快慢和土壤水分条件为依据，一般落叶树硬枝插穗10～25cm；常绿树种10～35cm。随着扦插技术的提高，扦插逐渐向短插穗方向发展，有的甚至一芽一叶扦插，如茶树、葡萄采用3～5cm的短枝扦插，效果很好。对不同粗细的插穗而言，粗插穗所含的营养物质多，对生根有利。插穗的适宜粗细因树种而异，多数针叶树种直径为0.3～1cm；阔叶树种直径为0.5～2cm。在生产实践中，应根据需要和可能，用于扦插繁殖生产中。插穗长短不但对扦插成活、幼苗的生长有影响，而且还影响繁殖的数量。从扦插质量看，大多数植物用长插穗扦插，能保证插穗体内的营养充足，提高生根成活的数量。但扦插繁殖数量取决于插穗来源，在插穗较少的情况下，为提高苗木产量，应根据树种的生物特性，找出既经济、生根效果又好的最适宜的插穗长度，既不浪费插穗，又能保证成活。

（5）插穗的叶面积　植物带叶扦插，插穗上的叶面积对插穗的生根成活有两方面的影响：一方面，在不定根形成的过程中，插穗上的老叶能够进行光合作用，补充碳素营养，供给根系生长发育所需的养分和生长激素，促进愈合生根；另一方面，当插穗的新根系未形成时，叶片过多，蒸腾量过大，易造成插穗失水而枯死。因此，带叶扦插应确定插穗上到底保留多少叶片，一般应根据具体情况而定，如插穗10～15cm长，留叶4片左右，若有喷雾装置，定时保湿，则可留多些叶片，有利于加速生根。

2. 影响插穗生根成活的外界因素

影响插穗生根的外界因素主要有温度、湿度、光照和扦插基质等。各种因素之间都有着相互影响、相互制约的关系。为了保证扦插成活，需使各种环境因素合理地协调，以满足插穗生根的各种要求，方能达到最高生根率，培养成优质苗木。

（1）温度　不同树种插穗生根对土壤的温度要求也不同，一般土温高于气温3～5℃时，对生根极为有利。这样有利于不定根的形成而不适于芽的萌动，在生产上可用马粪或电热线等作酿热材料增加地温，还可利用太阳光的热能进行倒插催根，提高其插穗成活率。温度对插穗的生根成活及生根速度有极大影响，是扦插育苗中的一个限制因素，温度的变化影响到扦插生根的难易，成活率的高低。适宜的生根温度范围因树种、扦插材料不同而有所差异。一般植物休眠扦插时，切口愈伤组织和不定根的形成速度与温度变化有关：8～10℃时少量愈伤组织形成；10～15℃时愈伤组织形成较快；10℃以上开始生根；15～25℃时生根最适宜；25℃以上时，生根率开始下降；36℃以上时插条难以成活。由此可见，大多数树种休眠枝扦插的生根最适宜温度范围在15～25℃，20℃为最适温度。不同树种由于生态习性不同，适宜的温度范围略有不同，最低、最高温度也不相同，需通过遮阴和喷灌方法调节扦插的环境的温度。扦插温度的变化受太阳辐射热能变化的影响，为了提高扦插效率，现多采取一些育苗设施控制温度的变化，如塑料大棚、温室、地热线及全光间歇式迷雾扦插设备等。

（2）水分和空气　在插穗扦插至成活的过程中，插穗体内水分平衡是幼苗成活的保证，而氧气则是插穗呼吸代谢的必要条件。水分因素主要涉及空气湿度、基质（或土壤）湿度及插穗的水分含量。而基质中氧气含量多少则与基质湿度有关。

① 空气的相对湿度　空气的相对湿度对难生根的针、阔叶树种的影响很大。插穗所需的空气相对湿度一般为90%左右。硬枝扦插可稍低一些，但嫩枝扦插空气的相对湿度一定要控制在90%以上，使枝条蒸腾强度最低。生产上可采用喷水、间隔控制喷雾等方法提高空气的相对湿度，使插穗易于生根。插穗扦插的过程中，为了防止插穗失水，尤其对一些难生根或生根时间很长的树种，保持较高的空气湿度是扦插生根的重要条件之一。插穗扦插是枝条脱离母本后进行的，在不定根形成之前，没有根系从土壤吸收水分，只能从切口处吸收一些水分，但由于插穗及其叶片的蒸腾作用仍在进行，极易造成插穗体内水分失衡，导致插穗死亡。因此，通过增加空气湿度，减少插穗蒸腾量，可以保持插穗内的水分平衡。

② 基质湿度　基质的湿度也是影响插穗成活的一个重要因素。插穗可以通过切口、皮孔从基质中获取一些水分，相对的基质湿度可以保护插穗在基质中的部分避免水分消耗。一般基质湿度保持干土重的20%～25%即可。基质空隙不单要保留水分的空间，而且要有适当的空气空隙，即保持良好的持水性和透水性，才能保证不定根的形成，基质湿度过高不利于不定根的形成。

③ 插穗自身的含水量 插穗内的水分含量直接影响扦插成活。插穗的水分既可保持插条体内的活力，还可加强叶组织的光合作用，促进不定根的生成。体内水分充足时，叶片光合作用强，不定根形成快；体内水分不足时，不但影响叶片的光合作用，而且影响不定根的形成。扦插繁殖的插穗水分充足是生根的保证，保持插穗中充足的水分，才能保持插穗的活力，达到促进生根成活的目的。扦插前可将插穗进行浸泡补水，扦插后采用喷水、喷雾、温室、大棚等设备提高空气湿度，防止插穗失水。

④ 空气对插穗成活的影响 主要是指扦插基质中的空气状况、氧气含量对插穗成活的影响。插穗成活要求空气湿度较高，但土壤或基质中的水分不宜过高，浇水量过大，不但降低土壤温度，还因土壤含水量过大，造成土壤通气条件变差，因缺氧而影响生根成活。扦插繁殖的基质应保持良好的通气条件，以满足插穗对氧气的需求。不同植物需氧量不同，基质中的水分与空气条件既是互补，也是相互矛盾的。为了协调两者关系，提高插穗的成活率，扦插繁殖生产中现多通过两种办法解决：一是选择疏松透气的沙土作基质，既能保持稳定湿度，又不积水；二是用膨体珍珠岩等为扦插基质，保水性好，通透性强，能调节水与气的矛盾；无土基质由于缺乏植物所需的营养物质，不利于后期生长，生根成活后应及时补充养分或移植于苗床中培养。

（3）光照 光照对插穗成活既有有利作用，也有不利作用。充足的光照能够增加土壤温度，促进插穗生根，对一些带叶的嫩枝插穗，可保证一定的光合强度，增加插穗中的营养物质，并且利用在光合生长中产生的内源生长素促进生根，缩短生根时间，提高成活率。但光照强度过大，会增大土壤蒸发量、插穗及叶片的蒸腾量，造成插穗体内失水而枯萎死亡。因此，在光照过强时，需通过喷水、遮阴等措施维持插穗体内水分代谢平衡。

（4）扦插基质 基质中的水分与空气对插穗的成活影响很大，无论哪类扦插基质，只要无危害物质，满足水、空气这两个条件，就有利于生根。目前扦插繁殖中基质有三种状态。

① 固态 将插穗插于固体物质（或称为插壤）之中使其生根成活，这种插法是扦插繁育使用最普遍、应用最广泛的方法。目前国内使用的固体扦插基质如沙壤土、泥炭土、苔藓、蛭石、珍珠岩、河沙、石英砂、炉灰渣、泡沫塑料等材料，前两种既有保湿、通气、固定作用，还能提供养分；第三、四、五种主要起着保湿、通气、固定作用，后四种只能起通气固定作用。在使用中，通常采用混合基质使用的方法，以给扦插插穗提供较好的透气保水条件。有些基质（如蛭石、炉灰渣等）在反复使用过程中往往破碎，粉末成分增多，不利于通气，须进行更换或将其筛出，并补进新的基质。使用基质时，应注意进行更换，避免使用过的基质中携带病菌造成插穗感染，或采取药物消毒，如0.5%的福尔马林和高锰酸钾等，另外还可以用日光消毒、烧蒸消毒等。

② 液态 将插穗插于水中或营养液中，使其生根成活，这种方法称为液插或水插。液插常用于易生根的树种。由于营养液作基质，插穗易腐烂，一般应慎用。营养液易造成病菌滋生，时间长了造成插穗腐烂，因此营养液插主要用于易生根的植物扦插繁殖。

③ 气态 把空气造成水汽迷雾状态，将插穗吊于雾中使其生根成活，称为雾插或气插。雾插只要控制好温度和空气相对湿度就能充分利用空间，插穗生根快，缩短育苗周期。但由于插穗在高温、高湿的条件下生根，炼苗就成为雾插成活的重要环节之一。

二、扦插的时期

在条件允许的情况下，植物扦插繁殖一年四季皆可以进行，但因地区气候、植物特性不同，扦插方法也不同。

1. 春季扦插

春季扦插适于大多数植物，落叶树种多利用此季进行。春插是利用一年生的休眠枝直接进行或在冬季低温贮藏后进行扦插，此时插穗中营养物质丰富，生根抑制物质有的已经转化。为防止地上、地下部分发育不协调造成养分消耗、代谢失衡，春季扦插宜早，并创造条件，打破插穗下部休眠，保持上部休眠，待不定根形成后，芽再萌发生长，提高成活率。春季扦插生产上采用的方法有大田露地扦插和塑料小棚保护地扦插。

2. 夏季扦插

夏季扦插是采用植物当年生长旺盛的嫩枝或半木质化的插穗进行扦插。针叶树种的扦插在第一次生长封顶、第二次生长开始前进行，采用半木质化的插穗。夏季扦插是利用插穗处于旺盛生长期、细胞分生能力强、代谢作用旺盛、内源生长激素含量高等优势，从树木体内的这几个因素表明有利于生根。但夏季气温较高，易造成嫩枝嫩叶失水死亡，因此，应采取措施提高空气相对湿度，减少插穗的蒸腾，维持体内的水分代谢平衡，提高扦插成活率。一般针叶树采用半木质化的枝条，阔叶树采用高生长旺盛时期的嫩枝。

3. 秋季扦插

秋季扦插是在插穗已停止生长，但还未进入休眠期，叶片营养回输贮藏、插穗营养物质丰富时进行。此时扦插，一是利用插穗抑制物质还未达到高峰，可促进愈伤组织提前形成，以利生根；二是利用秋季气候变化，地温较气温降得慢，有利于插穗根原基及早形成。秋插宜早，以利物质转化完全，安全越冬，来春迅速生根，及时萌芽，提高插穗成活率。

4. 冬季扦插

冬插是利用打破休眠的休眠枝进行温床扦插，由于地区不同，采取的技术措施相应不同。在北方，冬插在塑料棚及温室中进行，须进行低温处理，打破休眠后进行扦插，插壤采取增温措施以促进插穗生根成活。南方冬季可直接在苗圃地扦插，经过休眠处理，气温逐渐上升时，插穗开始生根萌芽，扦插苗生长较春季扦插成活的苗木旺盛、健壮。

三、扦插的方法

（一）扦插的种类

植物扦插繁殖中，根据所使用的材料不同，可分为以下几种类型。

1. 枝插

枝插是植物扦插中使用最多的方法，根据枝茎成熟程度与扦插季节分为生长枝扦插和休眠枝扦插，按使用材料的形态及长短不同而分成各种枝插类型。

（1）休眠枝扦插　此类是利用木本植物已经休眠的枝条作为插穗进行扦插，由于休眠枝条已木质化，又称为硬枝扦插。采用两个以上芽的插穗进行枝插称为长枝插，采用一个芽的插穗进行扦插称为短枝插或单枝插。

① 长枝插　通常有普通插、踵形插、槌形插等。

a. 普通插　是木本植物扦插繁殖中应用最多的一种，大多数树种都采用这种方法，既可采用插床扦插，也可大田扦插，一般插穗长度 10～20cm，插穗上保留 2～3 个芽，将插穗插入土中或基质中，插入深度为插穗长度的 2/3。凡插穗较短的宜直插，既避免斜插造成偏根，又便于起苗。

b. 踵形插　插穗基部带有部分二年生枝条，形同踵足，这种插穗下部养分集中，容易发根，但浪费枝条，即每个枝条只能取一个插穗，适用于松柏类、木瓜、桂花等难成活的树种（图3-1中的1）。

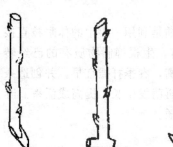

图3-1 长枝插

1—踵形插；2,3—槌形插

c. 槌形插 是踵形插的一种，基部所带的老枝条部分较踵形插多，一般长2～4cm，两端斜削，成为槌状（图3-1中的2、3）。

② 短枝插（单芽插） 用只具一个芽的枝条进行扦插，选用枝条短，一般不足10cm，较节省材料，但体内营养物质少，且易失水，因此，下切口斜切，扩大枝条切口吸水面积和伤面，有利于生根，并需要喷水来保持较高的空气相对湿度和温度，使插穗在短时间内生根成活。此法多用于常绿树种进行扦插繁殖。

（2）生长枝扦插 在生长季节中，用生长旺盛的幼嫩枝茎或半木质化的枝条作插穗进行扦插，嫩枝薄壁细胞多，分生能力强；且嫩枝中含水量高，可溶性物质多，酶的活性强，新叶能产生部分光合产物，利于生根。生长枝扦插在南方地区，春、夏、秋三季都可进行，北方则主要在夏季进行，具体插条时间在早晚进行，随采随插，扦插深度3cm，密度以叶片互不重叠为宜。保持光合作用，生长枝扦插要求空气湿度高，以避免植物体内大量水分蒸腾，现多采用全光照自动间隔喷雾扦插设备、荫棚内小塑料棚扦插，也可采用大盆密插、水插等方法。因插穗形态不同和枝条状况不同，嫩枝扦插可分为半软材扦插、软材扦插、芽叶插等。

① 半软材扦插（嫩枝扦插） 在生长季，从木本植物当年半木质化的粗壮嫩枝上剪取，过嫩和过分木质化的枝条都不适宜。插穗长度一般比硬枝插穗短，1～4节位，长约5～20cm，保留部分叶片，剪去一半。下切口位于叶及腋芽下，以利于生根，切口可斜可平（见图3-2）。

图3-2 常见嫩枝扦插方法

② 软材扦插 选取植物枝梢部分为插穗，长度依植物种类、节间长度和组织软硬而异，通常是5～10cm，组织以老熟适中为宜，过于柔嫩易腐烂，过老则生根缓慢。软材扦插保留一部分叶片，否则难以生根，切口位置宜靠近节下方，切口应平剪、光滑。多汁液植物应切口干燥后扦插，以防染病腐烂。

③ 芽叶插 插穗仅有一芽附一片叶，芽下部带有盾形茎部一片，或一段茎。然后插入插床，仅露芽尖即可。插后最好盖上玻璃罩，或利用喷灌设备保持湿度。不易产生不定芽的植物宜采用这种扦插繁殖法，如橡皮树、山茶、桂花、天竺葵、八仙花等。

2. 根插

对于一些枝插生根较困难的树种，可用根插进行无性繁殖，以保持其母本的优良性状。

（1）采根 一般应选择健壮的幼龄树或生长健壮的1～2年生苗作为采根母树，根穗的年龄以一年生为好。若从单株树木上采根，一次采根不能太多，否则影响母树的生长。采根时勿伤根皮，采根一般在树木休眠期进行，采后及时保湿处理。

（2）根穗的剪截　根据树种的不同，可剪成不同规格的根穗。一般根穗长度为 15～20cm，大头粗度为 0.5～2cm。为区别根穗的上、下端，可将上端剪成平口，下端剪成斜口。此外，有些树种（如香椿、刺槐、泡桐等）也可用细短根段，长 3～5cm，粗0.2～0.5cm。

（3）扦插　在扦插前将插壤细致整平，灌足底水。将长 15～20cm 的根插穗垂直或倾斜插入土中，插时注意根的上下端，不要倒插。插后到发芽生根前最好不灌水，以免地温降低和由于水分过多引起根穗腐烂。有些树种的细短根段还可以用播种的方法进行育苗。

3. 叶插

一些植物能自叶上发生不定芽及不定根，可以进行叶插，此类植物具有粗壮的叶柄、叶脉和肥厚的叶片。在给予适宜的温度和湿度条件下，选取发育充实的叶片在插床中进行叶插，繁殖效果良好。叶插根据使用叶片的不同部位，又可分为全叶插、叶柄插、叶块插。此类植物以草本花卉、观叶草本植物为主。

（二）扦插的方法

1. 垂直插

垂直插是扦插繁殖中应用最广的一种，多用于较短的插穗，在大田里可采取这种方法大面积育苗。

2. 斜插

适用于落叶植物，多在植物落叶后发芽前进行，将插穗 15～20cm 斜插入土中，插入土部分向南，与地面成 45°角，插后将土壤踩实，使插穗与土壤紧密接触，保证土壤的水分和通气条件。

四、促进插穗生根的技术

1. 生长素及生根促进剂处理

扦插常用的生长激素有 α-萘乙酸（NAA）、吲哚乙酸（IAA）、吲哚丁酸（IBA）等，常用的生根促进剂有 ABT 生根粉、HL-43 生根粉、根宝等。这些生长激素对大多数植物的扦插能起到促进生根的作用。使用时水剂、粉剂均可。

2. 水剂

用生长激素水剂进行插穗处理时，将已剪好的插穗按一定数量扎成一捆，下部切口在一个平面上，然后将插穗基部浸泡溶液 2cm 深即可。处理时间与溶液的浓度随树种和插穗种类不同而异。生根比较困难的树种，溶液浓度要高一些，或处理时间长一些；易生根的树种，溶液浓度宜低一些，或处理时间短一些。硬枝的处理溶液浓度要高一些，时间长一些；嫩枝则相反。

3. 粉剂

粉剂处理插穗较水剂方便，待粉剂按使用浓度配好后，用剪好的插穗下部切口蘸上粉剂（下端过干可先蘸水），使粉剂粘上插穗后插入基质中，当插穗吸收基质水分时，生长激素溶解并被吸入插穗体内。粉剂处理的生长激素插后才吸入插穗组织中，容易流失，故粉剂浓度应高于水剂。

五、扦插后的管理

扦插后管理也很重要，一般扦插后应立即灌一次透水，以后注意经常保持湿度和空气流通。

1. 湿度

做好保墒及松土工作。对不易生根的树种，硬枝扦插生根时间较长，应注意必要时进行遮荫，嫩枝露地扦插也要搭荫棚遮荫降温，每天上午 10 点以后至下午 4 点以前遮荫降温，同时每天喷水，以保持湿度。用塑料棚密封扦插时，可减少灌水次数，每周 1～2 次即可，但要及时调节棚内的温度和湿度。插条扦插成活后，要经过炼苗阶段，使其逐渐适应外界环境，再移到圃地。

2. 摘叶芽

插条上若带有花芽应及早摘除，当未生根之前地上部已展叶，则应摘除部分叶片，在新苗长到 15～30cm 时，应选留一个健壮直立的枝条，其余抹去，必要时可在行间进行覆草，以保持水分和防止雨水将泥土溅于嫩叶上。

3. 温室大棚

保护设施能保持较高的空气湿度和温度，并具有一定的调节能力；扦插基质具有通气良好，持水力强的特点。因此，性能良好的温室既可用于硬枝扦插，也可用于叶插、嫩枝扦插等。当插穗生根展叶后可逐渐开窗流通空气，降低空气湿度，使其逐渐适应外界环境。棚内温度过高，可通过遮阴网降低光照强度，减少热量吸收，或适当开窗通风降温，喷水降温，保持室内、棚内适宜的环境条件，当插穗成活适应之后，逐渐移植到栽培区栽培。

第二节　嫁 接 繁 殖

嫁接也称接木，是人们有目的地利用两种不同植物结合在一起的能力，将一种植物的枝或芽，接到另一种植物的茎或根上，使之愈合生长在一起，形成一个独立的新个体，这种技术称为嫁接。供嫁接用的枝或芽称为接穗，而承受接穗的植株叫砧木。以枝条作为接穗的嫁接方法称"枝接"，以芽作为接穗的嫁接方法称"芽接"。用嫁接方法繁殖所得的苗木称"嫁接苗"。嫁接起源于自然界，在自然界中常常可以看到自然嫁接的现象，即树木的枝条交错生长，由于风吹，枝条互相摩擦而受伤，其受伤面自然愈合在一起，形成了常说的"连理枝"。两棵树木的根靠近生长，长期也会产生"连理根"。这就是连理现象，即天然的靠接。形成连理枝或连理根的植株，一般都生长旺盛。嫁接有很多的优点，因此在生产实践中，嫁接为园林植物和果树的重要繁殖方法之一。它能够保持品种的优良特性，增加植株的抗性和适应性，例如梨嫁接在杜梨上，可适应盐碱土壤等。嫁接苗能提早开花结实，从而缩短育种的年限。在园林树木中，有很多具有优良性状的树种和品种，但大多没有种子或种子很少，如花木中的重瓣品种，只能用嫁接等营养繁殖方法解决繁殖问题。嫁接所使用的砧木可采用种子繁殖，获得大量的砧木，而接穗仅用一小段枝条或一个芽接到砧木上，即能形成一个新的植株，在选用植物材料上比较经济，且能在短期内繁殖多数苗木。另外，园林中很多古树，树势生长衰弱，一些树木也常因病虫害的危害、人兽的破坏等使树势生长衰弱，可用生长健壮的砧木进行桥接或寄根接等方法，促进生长，挽回树势。

一、嫁接成活的原理和条件

（一）嫁接成活的原理

植物嫁接成活的前提，主要决定于砧木和接穗之间的亲和力，以及双方形成层细胞的再生能力。当两者嫁接后，形成层的薄壁细胞进行分裂，形成愈合组织，并逐渐分化形成输导组织，当砧木、接穗输导组织互相连通后，使得水分、养分得以输导，能够维持水分平衡时，才能表明嫁接部分结合成一个整体，长成一个新的植株。因此，在技术措施上，除了根据树种遗传特性考虑亲和力外，嫁接成活的主要关键在于接穗与砧木之间形成层紧密结合，结合面大，接触面平滑，各部分嫁接时对齐、贴紧、捆紧，才易成活。

（二）嫁接成活的条件

1. 影响嫁接成活的内在条件

（1）砧木和接穗的亲和力　所谓亲和力是指砧木和接穗两者接合后愈合生长的能力，也就是砧木和接穗双方在内部组织结构、生理和遗传上彼此相同或相近，并能相互结合形成统一的代谢过程的能力。这种能力的大小是嫁接成活的基本条件。亲和力强的嫁接易于成活；反之，成活率低或成活而发育较差，在开花、结果期就会表现出不亲和的症状。影响亲和力的因素主要决定于它们的亲缘关系。一般说来，砧木和接穗亲缘关系越近，亲和力越强，同品种或同种间嫁接亲和力最强，如月季接于蔷薇，重瓣茶花接于单瓣茶花等，最易成活。同属异种之间的嫁接，亲和力也较强，如白玉兰接于紫玉兰，垂丝海棠接于湖北海棠等，也易成活。同科异属的远缘植物之间一般遗传差异较大，亲和力较差，所以嫁接就比较困难。但也有嫁接成活的例子，并在园林苗木的培育中有所应用，如桂花接于小叶女贞，核桃接于枫杨等。不同科之间的嫁接最困难，目前在生产上尚未应用。但亲缘关系并不是影响亲和力的唯一因素，有时亲缘关系很近的植物，由于砧木和接穗的上下颠倒而表现出不同的亲和力，如将杏或李接于桃上，亲和力就弱，不易成活；反过来，亲和力就强，易于成活。

（2）形成层的作用　形成层是介于木质部与韧皮部之间再生能力很强的薄壁细胞层，在正常情况下，薄壁细胞层进行细胞分裂，向内形成木质部，向外形成韧皮部，使树木加粗生长。在树木受到创伤后，薄壁细胞层还具有形成愈伤组织、把伤口保护起来的功能。所以，嫁接后，砧木和接穗结合部位各自的形成层薄壁细胞进行分裂，形成愈伤组织充满接合部的空隙，使两者原生质互相联系起来。当两者的愈伤组织结合成一体后再进一步分化，形成新的木质部、韧皮部及输导组织，与砧木、接穗的形成层输导组织相沟通，保证水分、养分的上下沟通，从而恢复嫁接时暂时被破坏的水分、养分的平衡两个异质部分，从此结合为一个整体，形成一个独立的新植株。愈伤组织的形成与植物种类、砧木、接穗的活力、环境因素及嫁接技术有关，植物生长旺盛期，形成层细胞分裂最活跃，嫁接容易成活。

（3）植物代谢物质对愈合的影响　砧木与接穗两者在代谢过程中的代谢产物及某些生理机能的协调程度都对亲和力有重要影响。嫁接苗为共质体，砧木从土壤中吸收水分和矿质营养供给接穗吸收利用，而接穗通过同化作用合成有机养分供给砧木需要。一般说来，双方供给与需求量越接近，其亲和力就愈强；反之，亲和力就愈弱。

（4）砧木、接穗生理对愈合的影响　季节对一般露地嫁接植物的成活率影响很大，嫁接多在春季、晚夏进行，这时嫁接省力、费用少、成活率高，且不需要特殊保护措施。枝接在春季进行，接穗、砧木此时的组织充实，温度、湿度有利于形成层旺盛分裂和愈伤组织的形成；芽接则在晚夏、早春进行，此时接芽充实饱满，利于操作，成活率高。

2. 影响嫁接成活的外在条件

（1）温度 温度对愈伤组织形成的快慢和嫁接成活有很大的关系。在适宜的温度下，愈伤组织形成最快，易成活；温度过高或过低，都不适宜愈伤组织的形成。不同物候期的植物，对温度的要求也不一样，物候期早的比物候期迟的适温要低。如桃、杏在 20～25℃ 最适宜，葡萄 24～27℃ 最适宜，而山茶则在 26～30℃ 最适宜，春季进行枝接时各树种安排嫁接的次序，要根据物候期早晚来定。

（2）湿度 湿度对嫁接成活的影响很大，空气湿度接近饱和，对愈合最为适宜。砧木因根系能吸收水分，通常能形成愈伤组织，但接穗是离体的，愈伤组织内薄壁组织嫩弱，不耐干燥，湿度低于饱和点会使细胞干燥，时间一久，会引起死亡。因此，生产上用接蜡或塑料薄膜保持接穗的水分，有利于组织愈合。土壤湿度、地下水的供给也很重要；嫁接时，如土壤干旱，应先灌水增加土壤湿度。

（3）空气 空气是愈合组织生长的一个必要因子，砧木与接穗之间接口处的薄壁细胞增殖，形成愈合，需要有充足的氧气，且愈合组织生长、代谢作用加强，呼吸作用也明显加大。空气供给不足，代谢作用将受到抑制，愈合组织不能生长。因此低接用培土保持水分时，土壤含水量大于 25% 时就造成空气不足，影响愈伤组织的生长，嫁接难以成活；空气中氧的含量低于 12% 时妨碍接口愈合生长。

（4）光线 光线对愈合组织生长起着抑制作用：黑暗的条件下，接口处愈合组织生长多且嫩、颜色白，愈合效果好；光照条件下，愈合组织生长少且硬、色深，易造成砧、穗不易愈合。因此在生产中，嫁接后创造黑暗条件，有利于愈合组织的生长，促进嫁接成活。

在嫁接繁殖过程中，影响嫁接成活的因素不是孤立的，各种内外因素相互作用、综合影响着嫁接的结果。因此，不仅要了解单一因素的影响，还要分析各因素之间的相互作用及综合影响，才能够根据不同情况采取相应的措施，达到嫁接成活的目的。

3. 砧木与接穗的相互影响

（1）砧木对接穗的影响 砧木是嫁接时承受接穗的植物或植物体，既可以是一株植物，也可是根段、枝段等其他器官，用以支撑固定接穗，使接穗萌发并且影响着整株嫁接树的生长发育、开花结实。砧木的正确选择是保证嫁接苗栽培的重要条件。砧木的根系从土壤中吸收水分、养分，维持植株正常生长。一般砧木都具有较强的和广泛的适应能力，对接穗具有良好的影响，能增强嫁接苗的抗性，如抗旱、抗涝、抗寒、抗盐碱和抗病虫等，如用枫杨作核桃的砧木，能增强核桃耐涝性和耐瘠薄性。用海棠作苹果的砧木，能增强苹果的抗寒性和抗涝性，有些砧木能控制接穗长成植株的大小，使其乔化或矮化，满足不同的需要。砧木对接穗的影响，还反映在嫁接苗的生长势、开花、结实及果实的色泽上，一般乔化砧能推迟嫁接苗开花、结果期，延长植株的寿命；矮化砧则能促进嫁接苗提早开花、结实，缩短植株的寿命。砧木还影响果实的品质。

（2）接穗对砧木的影响 嫁接后，砧木根系生长所需要的养分是靠接穗制造供应，但砧木、接穗的生理机能、代谢强弱各异，砧木吸收接穗制造的养分后，就会在一定程度上改变原来的特性。例如，杜梨嫁接梨后，其根系由深变浅且易发生根蘖。

二、砧木和接穗

1. 砧木的选择与培育

砧木是形成新植株的基础，其好坏对嫁接苗以后的生长发育、树体大小、花量、结实及品质、产量等具有很大影响。例如，使嫁接苗乔化或矮化，变丛生为单干生，变灌木低位开花为小乔木高位开花，变常绿灌木为常绿小乔木，增强繁育品种的抗寒性等，而且对嫁接成活关系重大。因此，嫁接时，选择适宜的砧木是保证嫁接达到理想目的的重要环节。

（1）选择砧木主要依据条件

① 与接穗树种具有良好的亲和力。

② 与接穗发育均衡，对接穗的生长、开花、结实和寿命等有良好的影响，并能保持接穗原有的优良品性，如能使接穗生长健壮、花大、花美、果型大、品质好。

③ 生长健壮根系发达，对栽培地区的环境条件适应性强，抗性强，如能抗旱、抗涝、抗寒、抗风、抗盐碱。

④ 种源丰富，易于大量繁殖。

⑤ 能满足园林绿化对嫁接苗的高度要求，符合栽培特殊性状，如选用直立性强的砧木，而一般月季可选用刺玫等作砧木。根据砧木须具备的条件，选择砧木除要求对接穗具有良好的亲和性和生长影响外，更重要的是对环境的适应性。不同类型的砧木对环境适应能力不同。砧木选择适当，能更好地满足栽培的需要。

⑥ 对病虫的抵抗力强。

（2）砧木的利用方式　砧木的种类很多，性状不尽相同，在嫁接后的生长中反应不同，因此对砧木的利用方式也不同，现介绍几种常用的利用方式。

① 共砧　又称为本砧，即砧木与接穗品种同属一种。砧木可以是种子繁殖，也可以是无性繁殖的自根砧。自根砧遗传与亲本相同，但无主根，抗性差。种子繁殖的砧木因异花授粉的缘故，变异大。但共砧种源丰富，利用方便，为嫁接首选砧木，果树栽培上常应用。

② 矮化砧、乔化砧　根据嫁接后砧木对植株高度及大小的影响，将砧木分为乔化砧和矮化砧两类。

乔化砧是指在生产中一般砧木嫁接后，植株形成的树体，其特点为：适应性强，嫁接亲和力强，根系发达，生长健壮，寿命长，种源丰富；但因树体高大，管理不便，开花结果晚。

矮化砧是能控制接穗生长、树体小的一类砧木，其特点是：树冠紧凑，适于密植，经济利用土地，管理养护方便省力；但树木长势弱，易老化。园林观赏上常利用矮化砧，如盆栽观赏花类、观赏果类。

2. 接穗的选择

（1）采穗母体的选择　必须从栽培目的出发，从植物种、品种中选择品质优良纯正、观赏价值或经济价值高的优良植株为采穗母体。

（2）采穗的部位　从树冠的外围采健壮的发育枝，最好选向阳面光照充足、发育充实的枝条作为接穗。

（3）接穗的质量　一般采取节间短、生长旺盛、发育充实、芽体饱满、无病虫害、粗细均匀的1年生枝条较好。但有些树种，2年生与年龄更大些的枝条也能取得较高的嫁接成活率，甚至比1年生枝条效果更好，如无花果、油橄榄等，只要枝条组织健全、健壮即可。针叶常绿树的接穗则应带有一段2年生的老枝，这种枝条嫁接成活率高，且生长较快。春季枝接应在休眠期（12月份）采穗。若繁殖量小，也可随采随接。常绿树木、草本植物、多浆植物以及夏季嫩枝嫁接或芽接时，宜随采随接。

（4）接穗的贮藏　春季嫁接用的接穗，一般在休眠期结合冬季修剪将接穗采回，附上标签，标明树种、采条日期、数量。在适宜的低温下，可放在假植沟或地窖内贮藏，在贮藏期间要经常检查，注意保持适当的低温和适宜的湿度，以保持接穗的新鲜，防止失水、发霉。特别在早春气温回升时，需及时调节温度，防止接穗芽体膨大，影响嫁接效果。

三、嫁接的时期

嫁接时期与嫁接树种的生物学特性、物候期和采用的嫁接方法有密切关系。因此，根据树种特性，采用适宜的嫁接方法，并选择在适宜的时期进行嫁接是保证嫁接成活的关键。目前，在园林苗木的生产上，枝接一般在春季3～4月份进行，芽接一般在夏秋季3～9月份进行。

四、嫁接的方法

嫁接的方法根据嫁接所采用的接穗和砧木情况，可分为枝接、芽接、根接等。

(一) 枝接

用枝条作接穗进行嫁接称为枝接。其优点是嫁接苗生长较快，早春进行嫁接，当年秋季即可出圃，而且，在嫁接时间上不受树木离皮与否的限制。常用的枝接方法有切接、劈接、插皮接，另外还有靠接、髓心形成层对接、舌接、根接等。

1. 切接法

切接法是枝接中最常用的一种，适用于大部分园林树种，其方法如图3-3所示。砧木宜选用2cm粗的幼苗，稍粗些也可以，在距地面7～10cm处断砧，削平断面，选择较平滑的一面，用切接刀在砧木一侧（略带木质部，在横断面上约为直径的1/5～1/4）垂直下切，深约2～3cm。削接穗时，接穗上要保留2～3个完整饱满的芽，将接穗从距下切口最近的芽位背面，用切接刀向内切达木质部（不要超过髓心），随即向下与接穗中轴平行切削到底，切面长2～3cm。再于背面末端削成楔面。将削好的接穗，长削面向里插入砧木切口中，使双方形成层对准密接，接穗插入的深度以接穗削面上端露出1cm左右为宜，俗称"露白"，有利愈合成活。如果砧木切口过宽，可对准一边形成层，然后用塑料条由下向上捆扎紧密，起到使形成层密接和保湿作用。必要时可在接口处封泥接蜡，或采用埋土办法，以减少水分蒸发，达到保湿目的。嫁接后为保持接口湿度和防止接穗失水，可采取套塑料袋、堆土封埋、用塑料条缠缚、接蜡、涂沥青油等保湿措施。

2. 劈接法

劈接法适用于大部分落叶树种，通常在砧木较粗、接穗较细时使用，如图3-4所示。将砧木在离地面5～10cm处锯断，并削平剪口，用劈接刀从其横断面的中心垂直向下劈开，注意劈时不要用力过猛，要轻轻敲击劈刀刀背或按压刀背，使刀徐徐下切，切口长2～3cm。接穗削成楔形，切面长2～3cm，接穗外侧要比内侧稍厚，刀要锋利，削面要平滑。将削好的接穗插入砧木劈缝，接穗插入时可用劈刀的楔部将劈口撬开，轻轻将接穗插入，靠一侧使形成层对齐。砧木较粗时，可同时插入2个或4个接穗。劈接一般不必绑扎接口，但如果砧木过细，夹力不够用，可用塑料薄膜条或麻绳绑扎，为防止劈口失水影响嫁接成活，接后可培土覆盖或用接蜡封口。

3. 插皮接

插皮接是枝接中最易掌握、成活率最高、应用也较广泛的一种嫁接方法，如图3-5所示。要求在砧木较粗，并易离皮的情况下采用。在园林苗木生产上用此法高接和低接的都有。一般在距地面5～8cm处断砧，削平断面，选平滑顺直处，将砧木皮层垂直切一小口，长度比接穗切面略短。在接穗下芽的1～2cm背面处，削成2～3cm的斜面，再在斜面的后

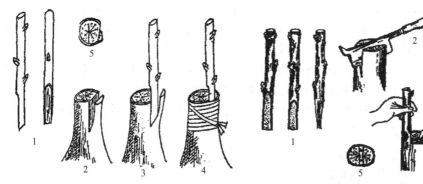

图 3-3　切接

1—接穗切削正、侧面；2—砧木削法；

3—砧穗结合；4—绑扎；5—形成层对齐

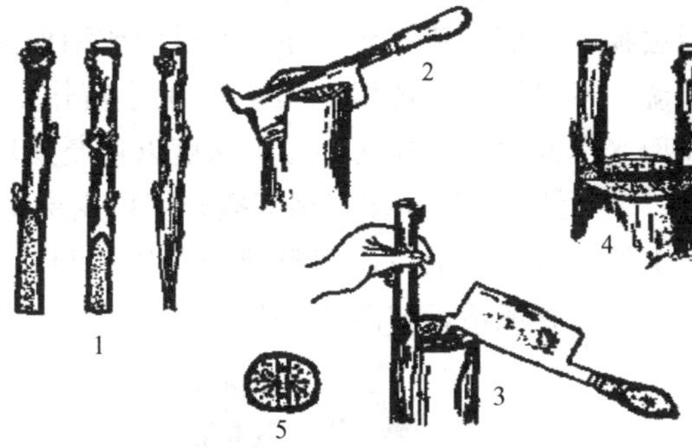

图 3-4　劈接

1—接穗切正、背、侧面；2—砧木劈开；

3—接穗嵌入侧面；4—双穗插入正面；5—形成层结合断面

尖端削 0.6cm 左右的小斜面。将削好的接穗在砧木切口处沿木质部与韧皮部中间插入，长削面朝向木质部并使接穗背面对准砧木切口正中，接穗插入时注意"留白"。如果砧木较粗或皮层韧性较好，砧木也可不切口，直接将削好的接穗插入皮层即可。最后用塑料薄膜条（宽 1cm 左右）绑缚。用此法也常在高处嫁接，如龙爪槐的嫁接，可同时接上 3～4 个接穗，均匀分布，成活后即可作为新植株的骨架。

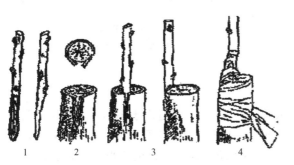

图 3-5　插皮接

1—接穗切削正、侧面；2—砧木切削纵、横断面；

3—接穗插入砧木正、侧面；4—绑扎

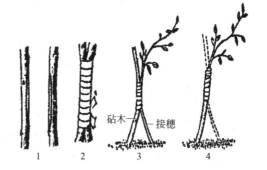

图 3-6　靠接

1—砧、穗削面；2—结合绑缚；3—绑缚后情况；

4—剪去砧木上端和接穗下端，形成一嫁接树

4. 靠接法

靠接法主要用于培育一般嫁接法难以成活的珍贵树种，要求砧木与接穗均为自养植株，且粗度相近，在嫁接前还应移植到一起。在生长季，将砧木和接穗相邻的光滑部位，各削一长、宽均相等的切削面，长 3～6cm，深达木质部，使砧、穗的切口密接，双方形成层对齐，用塑料薄膜条绑缚严紧。待愈合成活后，将砧木从剪口上方剪去，即成一株嫁接苗，如图 3-6 所示。这种方法的砧木与接穗均有根，不存在接穗离体失水问题，故易成活。

（二）芽接

凡是用芽为接穗的皆为芽接。由于取芽的形状和结合方式不同，而分许多种，最广泛应用的是"T"字形芽接和嵌芽接。

1. "T"字形芽接

生产中常用的一种芽接方法。"T"字形芽接必须在树液流动、树木离皮时进行具体操作。采取当年生新鲜枝条为接穗将叶片除去，留有一点叶柄，先从芽的上方 1cm 左右处横

切一刀，深达木质部，再从芽下方1cm左右处稍带木质部向上平削到横切口处取下芽片，然后去掉木质部，芽在盾形芽片上居中或稍偏上。切记剥离时不可将芽肉维管束带下，芽片要保湿，不得风干。选用1～2年生的小苗作砧木。在砧木距地面7～15cm左右处，选树干迎风面光滑的地方，横切一刀，深度以切断皮层为准，再从横切口中间向下垂直切一刀使切口呈"T"字形。用芽接刀尾部撬开切口皮层，随即把取好的芽片插入，使芽片上部与"T"字形上切口对齐，最后用塑料薄膜条将切口自下而上绑扎好，芽露在外面，叶柄也露在外面，以便检查成活，如图3-7所示。

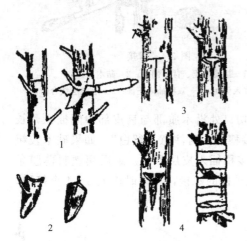

图 3-7 "T"字形芽接
1—芽片；2—芽片形状；
3—切砧木；4—芽片插入与绑扎

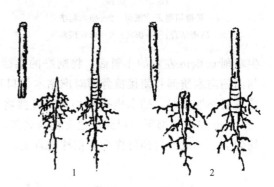

图 3-8 根接
1—倒接；2—正接

2. 嵌芽接

此法是用带木质部的芽片嵌在砧木上，故称"嵌芽接"，多适用于小砧木、皮层不利于剥离的树种，从春到秋都可进行。春接时取去年生的枝条，从上而下削一盾形、薄斜面，约2cm，接着在刀口下部再向上削一刀使其能取下一小块（2cm长）的盾形芽，带少许木质部。同样在砧木上削一个盾形刀口，使二者能吻合，对准形成层，绑紧；无论哪个季节，即使树皮难剥离也能嫁接。

（三）根接

用植物根系作砧木，将接穗直接接在根上。各种枝接法均可采用。根据接穗与根砧的粗度不同，可以正接，即在根砧上切接口；也可以倒接，即将根砧按接穗的削法切削，在接穗上进行嫁接，如图3-8所示。

五、嫁接后的管理

1. 检查成活情况

枝接和根接一般在接后20～30天即可检查成活情况。凡接穗上的芽已经萌发生长或仍保持新鲜的即已成活。芽接苗在接后7～15天即可检查，成活接芽上有叶柄的很好检查，只要叶柄用手轻轻一碰即落的，表示已成活，这是因为叶柄产生离层的缘故；若叶柄干枯不落的为未成活。接芽不带叶柄的，则需要解除绑缚物进行检查。若芽体与芽片呈新鲜状态，已产生愈伤组织的，表明已嫁接成活，把绑缚物重新扎好。若在春、夏季嫁接的，由于生长量大，可能接芽已萌动生长，更易鉴别。若芽片已干枯变黑，没有萌动迹象，则表明已经死亡。

2. 解除绑缚物

当接穗已反映嫁接成活、愈合已牢固时，就要及时解除绑缚物，以免接穗发育受到抑制，影响其生长，但解除绑缚物的时间也不宜过早，以防因其愈合不牢而自行裂开死亡。枝接、根接的在检查成活情况时，将缚扎物放松或解除，嫁接时培土的，将土扒开检查，芽萌动或未萌动，但芽仍新鲜、饱满，切口产生愈合组织，表示成活，将土重新盖上，以防受到曝晒死亡。当接穗新芽长至 2～3cm 时，即可全部解除绑缚物。

3. 剪砧、抹芽和除蘖

凡嫁接苗已检查成活但在接口上方仍有砧木枝条的，特指枝接中的腹接、靠接和芽接中的大部分，要及时将接口上方砧木的大部分剪去，以利接穗萌芽生长。剪砧可分两次完成，最后剪口紧靠接口部位。春季芽接的发枝条中选留一个生长健壮的进行培养，待到夏、秋季节，用芽接法补接。

4. 田间管理

嫁接苗接后愈合期间，若遇干旱天气，应及时进行灌水。其他抚育管理工作，如虫害防治、灌水、施肥、松土、除草等，同一般育苗。

第三节   埋 条 育 苗

一、枝条的采集和贮藏

选用苗高 2～3m，地径 2～3cm 的 1 年生生长健壮的发育枝，秋季自基部剪掉，去侧枝和顶梢后，用湿沙层积越冬贮藏。

二、整地作床

选择地势较高、平坦、排水良好、土层深厚且有灌溉条件的地块。结合耕作施足基肥，进行细致整地；理条行距 60～80cm，挖一条宽 15cm、深 10cm 的沟。

三、埋条的方法

1. 平埋法

在做好的苗床上，按一定行距开沟，沟深 3～4cm，宽 6cm 左右，将枝条平放沟内。放条时要根据条子的粗细、长短、芽的情况等搭配得当，并使多数芽向上或位于枝条两侧。为了防止缺苗断垄，在枝条多的情况下，最好双条排放，并尽可能地使有芽和无芽的地方交错开，以免发生芽的短缺现象，造成出苗不均。然后用细土埋好，覆土 1cm 即可，切不可太厚，以免影响幼芽出土。

2. 点埋法

按一定行距开一深 3cm 左右的沟，种条平放沟内，然后每隔 40cm，横跨条行堆成一长20cm、宽 8cm、高 10cm 左右的长圆形土堆。两土堆之间枝条上应有 2～3 个芽，利用外面较高的温度发芽生长，土堆处生根。土堆埋好后要踩实，以防灌水时土堆塌陷。点埋法出苗快且整齐，株距比平埋法规则，有利于定苗，且保水性能也比平埋法好。但点埋法操作效率低，较费工。

四、埋条后的管理

1. 灌水

7～10天灌溉一次，除第一次采用床面灌水外，其他全部采用侧灌沟内灌水。

2. 扒芽

在出苗前对埋条过厚的地方进行扒芽，有利于侧芽萌发。

3. 培土

进行培土保根，幼苗期进行2～3次培土，厚度30～40cm。

第四节　压条育苗

压条繁殖法是将生长在母树上的枝条埋入土中或用其他湿润的材料包裹，促使枝条的被压部分生根，以后再与母株割离，成为独立的新植株。压条法多用于花灌木及一些果树的繁殖。

一、压条的时期和种类

压条的时期依压条的方法不同而异，可分为休眠期压条和生长期压条两类。休眠期压条一般在秋季落叶后或早春发芽前，利用1～2年生的成熟枝在休眠期进行。生长期压条一般在生长季中进行，通常在雨季（华北为7、8月，华中为春秋多雨时），用当年生的枝条压条。

二、压条的方法

压条的方法各不相同，依其埋条的状态、位置及其操作方法的不同，可分为低压法和高压法两大类。

1. 低压法

根据压条的状态不同分为普通压条、水平压条、波状压条及堆土压条等方法。

（1）普通压条法　普通压条法为最常用的方法，适用于枝条离地面比较近而又易于弯曲的树种，如迎春、木兰、大叶黄杨等。具体方法为：在秋季落叶后或早春发芽前，利用1～2年生的成熟枝进行压条。雨季一般用当年生的枝条进行压条。常绿树种以生长期压条为好。将母株上近地面的1～2年生的枝条弯到地面，在接触地面处，挖一深10～15cm、宽10cm左右的沟，靠母树一侧的沟挖成斜坡状，相对壁挖垂直。将枝条顺沟放置，枝梢露出地面，并在枝条向上弯曲处，插一木钩固定。待枝条生根成活后，从母株上分离即可。一根枝条只能压一株苗。对于移植难成活或珍贵的树种，可将枝条压入盆中或筐中，待其生根后再切离母株。

（2）水平压条法　适用于枝长且易生根的树种，如连翘、紫藤、葡萄等。通常仅在早春进行。即将整个枝条水平压入沟中，使每个芽节处下方产生不定根，上方芽萌发新枝。待成活后分别切离母体栽培。一根枝条可得多株苗木。

（3）波状压条法　适用于枝条长而柔软或为蔓性的树种，如紫藤、荔枝、葡萄等。即将整个枝条波浪状压入沟中，枝条弯曲的波谷压入土中，波峰露出地面。使压入地下部分产生不定根，而露出地面的芽抽生新枝，待成活后分别与母株切离成为新的植株。

（4）堆土压条法　也叫直立压条法，适用于丛生性和根蘖性强的树种，如杜鹃、木兰、贴梗海棠、八仙花等。于早春萌芽前，对母株进行平茬截干，灌木可在根际处平茬，乔木可于树干基部刻伤，促其萌发出多根新枝。待新枝长到 30～40cm 高时，即可进行堆土压埋。一般经雨季后就能生根成活，翌春将每个枝条从基部剪断，切离母体进行栽植。

2. 高压法

高压法也叫空中压条法。凡是枝条坚硬不易弯曲或树冠太高枝条不能弯到地面的树枝，可采用高压繁殖。高压法一般在生长期进行。压条时先进行环状剥皮或刻伤等处理，然后用疏松、肥沃土壤或苔藓、蛭石等湿润物敷于枝条上，外面再用塑料袋或对开的竹筒等包扎好。以后注意保持袋内土壤的湿度，适时浇水，待生根成活后即可剪下定植。

三、压条的管理

（1）保持合理湿度　压条之后应保持土壤的合理湿度，调节土壤通气和适宜的温度，适时灌水。

（2）地压及时中耕除草。

（3）同时要注意检查埋入土中的压条是否露出地面，若露出则需重压；留在地上的枝条如果太长，可适当剪去部分顶梢。

（4）及时中耕除草。

第五节　分　株　繁　殖

一、分株方法及时间

（一）分株方法

1. 灌丛分株

将母株一侧或两侧土挖开，露出根系，将带有一定茎干（一般 1～3 个）和根系的萌株带根挖出，另行栽植。挖掘时注意不要对母株根系造成太大的损伤，以免影响母株的生长发育，减少以后的萌蘖。

2. 根蘖分株

将母株的根蘖挖开，露出根系，用利斧或利铲将根蘖株带根挖出，另行栽植许多花卉，尤其宿根花卉非常容易从根上生出根蘖或从地下茎生出萌蘖，特别是根部受伤后更易生根蘖。

3. 掘起分株

将母株全部带根挖起，用利斧或利刀将植株根部分分成有较好根系的几份，每份地上部分均应有 1～3 个茎干，这样有利于幼苗的生长。分株时先将母株挖起。用剪或锹将母株分割成数丛，使每一丛上有 2～3 个枝干，下面带有一部分根系，适当修剪枝、根，然后分别栽植，经 2～3 年又可重新分株，这种叫全分法。如果要求繁殖量不多，也可不将母体挖起，而在母株一侧挖出一部株丛，分别栽植，这种叫半分法。

4. 匍匐茎繁殖法

如草莓、虎耳草等的匍匐茎是一种特殊的茎，其由根颈的叶腋发生，沿地面生长，且在节上基部发根，上部发芽。可在春季萌芽前或秋后 8～9 月份，切离母株栽植，形成独立新植株。

（二）分株时间

主要在春、秋两季进行，由于分株法多用于花灌木的繁殖，因此要考虑到分株对开花的影响。一般春季开花植物宜在秋季落叶后进行，而秋季开花植物应在春季萌芽前进行。竹类在出笋前 1 个月进行。

二、分株后的管理

① 选择土层深厚、土壤肥沃、排水良好的背风向阳处。大苗移植要带土球，并适当修剪枝条，否则成活率较低。栽植穴内施腐熟有机肥作基肥，栽后浇透水，3 天后再浇 1 次。分株苗出芽较晚，正常情况下在 4 月中旬至 4 月底才展叶，新栽植株因根系受伤，发芽就更要延迟，因此不要误认为没有栽活而放弃管理。

② 成活后的植株管理比较粗放，对土壤要求不严，但栽种于深厚肥沃的沙质壤土中生长最好。性喜光，应栽种于背风向阳处或庭院的南墙根下，光照不足不仅植株花少或不开花，甚至会生长衰弱，枝细叶小。平时如不过于干旱，则不用浇水，一般在春旱时浇 1～3 次水，雨季要做好排涝工作，防止水大烂根。秋天不宜浇水。可在每年冬季落叶后和春季萌动前施肥，如施用人粪尿或麻酱渣则更好，可使植株来年生长旺盛，花大色艳。在修剪时要对一年生枝进行重剪回缩，使养分集中，发枝健壮，要将徒长枝、干枯枝、下垂枝、病虫枝、纤细枝和内生枝剪掉，幼树期还应及时将植株主干下部的侧生枝剪去，以使主干上部能得到充足的养分，形成良好的树冠。

复习思考题

1. 简述营养繁殖的主要类型和各自的优缺点。
2. 简述插穗生根的机理，并分析思考插穗生根的复杂性及其原因。
3. 促进扦插生根的技术措施有哪些？
4. 简述扦插后的管理措施。
5. 简述影响嫁接成活的各种内外因素及其相互作用。
6. 简述嫁接后的管理措施。
7. 简述扦插、压条、分株与嫁接等各种营养繁殖方法的区别。

第四章　大苗培育技术

知识目标

了解大苗培育过程中需要移植、整形修剪的意义；掌握大苗培育的基本方法和技术要点。

技能目标

学会苗木移植操作技术要点；掌握培育行道树、庭荫树、绿篱及花灌木等园林苗木的规范措施；掌握各类苗木整形修剪的操作技巧。

在现代城市的绿化美化建设中，根据城市园林绿化工作的特点，要求采用大规格苗木进行栽植。因为大苗不仅能尽快满足观赏和生态防护功能等要求，达到立竿见影的绿化效果，同时大苗有利于抵抗人为干扰破坏，土壤、空气、水源的严重污染，以及建筑密集拥挤等不良因素的影响。园林苗圃需培养出干形、树冠良好、生长健壮、根系发达、年龄较大的大规格园林苗木，此即为大苗培育。园林苗圃所培育的大苗，通常需要经过多年多次的移植、整形修剪等各种抚育管理措施，才能培育出符合规格要求的各种类型大苗。

第一节　苗 木 移 植

一、移植、定植的概念和作用

1. 移植、定植的概念

苗圃培育的苗木，随着苗龄的增长，对生长空间、营养物质和光照、水分的需求越来越高，为此，在生产上就通过移植来加以解决。

（1）移植　又叫换床，即将苗木从原育苗地移到另一个育苗地栽植的过程。

（2）定植　经过移栽后的株行距，如果预计其营养面积能满足生长需要，而不再需要移植时，称为定植。

所以，移植和定植是两个方法类同的工序，而性质上又有区别。这一环节是培育大苗的重要措施。只有通过不断扩大株行距的移植，苗木才能长大，才能培育出合格苗木。

2. 移植的作用

① 移植扩大了苗木地上、地下的营养面积，改变了通风透光条件，减少病虫害。使苗木地上、地下生长良好。同时使根系和树冠有扩大的空间，可按园林绿化用苗的要求发展。

② 移植切去了部分主、侧根，使根系减少。移植后，促进了须根的发展，有利于苗木生长，可提前达到苗木出圃的规格，同时，也有利于提高苗木移植成活率。

③ 移植中对根系、树冠进行必要、合理的整形修剪，人为调节了地上与地下生长的平衡，使培养的苗木规格整齐、枝叶繁茂、树姿优美。

二、移植成活的基本原理和技术措施

1. 移植成活的基本原理

移植成活的基本原理是如何维持苗木地上部分与地下部分的水和营养物质供给的平衡。移植苗木挖掘时，根系受到损伤，影响地下的养分与水的吸收，打破了地上与地下原有的平衡，这是造成移栽苗木死亡的主要原因。只有根系和叶片吸收的养分的收入大于蒸腾作用和供树体生长的养分的支出时，树体才能正常生长。因此，在实践中，要创造条件来正确调整地上部分与根系间的生理平衡。要根据树种习性，掌握适当的移植时期和移植方法；尽可能减少根系损伤，并促进根系的恢复与生长；适当剪去树冠部分枝叶，减少水分蒸腾和营养消耗，采取及时灌水、补充养分等措施。

2. 移植成活的技术措施

（1）落叶树移植成活的技术措施

① 选择适宜的移植时期　落叶树木以秋季落叶后到春季发芽前这段时间最为适宜，即从秋季（北方）至翌年春季 4 月份。此期，苗木处于生理休眠时期，其蒸腾量小，营养物质消耗少，移植成活率高。

② 合理修剪，减少水和营养物质消耗　落叶树在休眠期移植，对于发枝能力强的树种，对其地上部分和地下部分可同时进行适量修剪，既可保持地上部分与地下部分的平衡，又便于运输和栽植。

苗根修剪：将过长的主、侧根略加剪短，以促使其发生大量侧须根，将劈裂、损伤的根系剪掉，以免引起烂根。根系的保留长度：一般应在 18～25cm，太短影响苗木成活和生长；太长，易造成根系弯曲，影响侧须根发生。

苗干修剪：萌芽力强的阔叶树种，如皂角、刺槐等，可采用截去地上部分，即截干移植。但修剪要适度，过度修剪会对移植苗木的向上生长、横向生长以及根系发育产生不良影响。

落叶树在生长期移植，要对地上部分实行强修剪，少留枝叶，截去树枝伤口部分应用伤口涂补剂进行涂补，争取带大土球移植，或多带根系少带土，移植后经常给地上枝叶喷水，及时进行地下土壤灌溉。

（2）常绿树移植成活的技术措施

① 选择适宜的移植时期　常绿树在休眠期移植为佳，在春季新芽萌发前半月为好。常绿树种也可以在生长期移植。

② 采用适宜的移植方法　常绿树种移植时，为保持其冠形，一般地上部分枝叶尽量少修剪，致使地上的枝叶量远远大于地下根系量，从而导致地下的供给与地上的消耗不平衡。移植时为达到平衡，尽可能多带土和保留原有根系，起大土球并包装，保护好根系，并常往树冠上喷水和营养液。

在生长季移植时，采用在南、西方向搭遮荫网的方法来减少阳光直射，也可向枝叶喷洒蒸腾作用抑制剂，从而减少树冠水分蒸发量。另外，可安装移动喷头喷水，待苗木恢复到正常生长，再逐渐去掉遮荫网，减少喷水次数。

中、小常绿苗木成片移植可全部搭上遮荫网，浇足水，过渡一段时间后逐渐去掉，也可在阳光强的中午盖上，早晚撤去。

三、移植的时间与次数

1. 移植时间

适时移栽，是提高苗木移栽成活率的关键因素之一。适时的选择是指苗木在此期的生理代谢较易达到平衡。移植的最佳时间是在苗木休眠期进行，即从秋季（北方）至翌春 4 月份，落叶树木以落叶后到发芽前这段时间最为适宜。常绿树种可以在生长期移植，但最好在春季新芽萌发前半月为好。

（1）春季移植 北方地区，由于冬季寒冷，春季干旱，适于早春解冻后至发芽前移植。其具体时间，应根据树种发芽的早晚来安排，通常，发芽早者先移，晚者后移；落叶先移，常绿后移；木本先移，宿根草本后移；大苗先移，小苗后移。而南方在 2 月下旬至 3 月中旬为最佳时期，因此时温度、湿度条件均利于发根。

（2）秋季移植 秋季移植一般适于冬季气温不太低，无冻伤危害和春旱危害的地区，是苗木移植的第二个好季节。此时根系尚未停止活动，移植后有利于伤口愈合，但时间要晚，要避开高温和干旱季节。保证苗木不失水，是本季移植成活的关键所在。

（3）夏季移植 夏季雨水集中，此季节是移植常绿树种的最适宜时期。南方的常绿阔叶树种和北方的常绿针叶树种的苗木可在雨季初进行移植。

（4）冬季移植 冬季移植，虽然起苗和挖穴较费力，成本较高，但成活率较高。因为边起苗边冻土，苗木成冻土球移植，根系损伤少。

2. 移植的次数

移植的次数取决于某树种的生长速度和对苗木的规格要求。可按生长快慢安排移植株行距，生长快的可适当缩小移植间隔期；生长慢的可适当加长移植间隔期。移植的株行距通常为树冠加上株间、行间耕作量。例如，某树种移植 3 年后，树冠可生长到 60cm，要留出株间耕作量 20cm，行间耕作量 30cm，移植时的株行距应为 80cm×90cm。移植对苗木生长有利，但移植的次数不能过多，否则会对苗木生长产生阻滞作用，一般来说，移植的次数以 2～3 次为宜。

① 对于阔叶树种，在播种或扦插苗龄满一年时即进行第一次移植，以后根据生长快慢和株行距大小，每隔 2～3 年移植一次，并相应扩大株行距。

② 对于普通的行道树、庭荫树和花灌木，一般只移植两次，在大苗区内生长 2～3 年，苗龄达到 3～4 年即行出圃。

③ 对一些特殊要求的大规格苗木，常需培育 5～8 年甚至更多，则需要两次以上的移植。

④ 对生长缓慢、根系不发达和移植成活率低的树种，可在播种后第三年（即苗龄 2 年）开始移植，以后隔 3～5 年再移植一次，在大苗区培育 8～10 年以上，方能出圃。

四、移植的方法

（一）起苗（挖苗）

1. 裸根挖苗

此法适于根系萌发能力强的树种。一般落叶阔叶树种在休眠期移植时均采用裸根挖苗的办法。挖苗时，依苗木的大小，按一定的保留根系规格（2～3 年生苗木一般保留根系 30～40cm），在此之外下锹，锹稍向内斜切根下，沿保留根系规格要求，切断一圈根群多余部分，提取树干，起出苗木，抖去根部宿土，尽量保留完整的根系。

2. 带宿土挖根

此法适于根系萌发能力不强的树种，一般包括落叶针叶树小苗及移植成活力不高的落叶阔叶树种。苗木挖出后，保留根部护心土及根毛集中区的土块。

3. 带土球挖根

此法适于常绿树种及规格较大的或移植不易成活的树种。在苗木根际周围先铲除一部分表土至稍见部分须根为度（约5cm），然后按一定的土球规格顺次挖去规格以外的一部分土壤，并稍向内斜切根下，待四周挖通后，再将苗木主根（直根）切断，连土球一起提出。土球大小，因苗木大小、树种成活难易程度、根系分布情况、土壤质地以及运输条件而异。一般土球直径约为根颈直径的5～10倍，高度约为土球直径的2/3左右。

(二) 种植

种植方法，主要采取穴植法、沟植法和窄缝栽植法。

1. 穴植法

穴植法适于根系发达的树种。即按预定的株行距定出栽植点，种植穴的直径和深度要大于苗木根系。栽植时要扶正踩实，根系舒展，此法成活率高但效率低，适用于大苗移植。种植穴要利于根系舒展，圆形或方形为宜，周边要垂直，防止锅底形（见图4-1）。

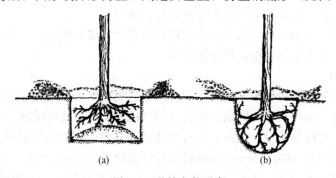

图 4-1 种植穴的要求

（a）正确（树穴上下一样，栽植浓度适宜，根系舒展）；（b）不正确（树穴呈锅底形，栽植过深，根系卷曲）

2. 沟植法

沟植法是按预定的行距开沟，将苗木按一定株距垂直放入沟内，再培土扶正踏实。此法适于移植小苗。放置苗木时，要注意根系舒展。栽植深度一般比原苗木土印略深，以免灌水下沉而露出苗根。

3. 窄缝栽植法

此法适于垄作移植育苗。对于一些主根细长、侧根不发达的针叶树种小苗适于此法。在垄面上开缝，将苗木栽入窄缝内，合缝踩实。

(三) 移植时须注意的事项

① 苗木移植时，最好选择阴天和晴天无风的清晨和傍晚。切忌在雨天或土壤过湿时移植，此时土壤泥泞，根系不能伸展，又会破坏圃地的土壤结构。

② 苗木移植时，一定要做好苗木根系保湿。移栽前2～3天要灌足底水，起苗后，可将根系蘸黄泥浆，以防根系失水。移栽后要及时灌溉，保持土壤湿润。

③ 栽苗时，苗根要舒展，不能弯曲和窝根，苗要扶正。栽苗深度比原来苗木地径（土痕）深2cm，以免灌水后土壤下沉，使苗根上部露出地面。

④ 起苗及修剪的工具要锋利，以免对树体损伤过大，而影响成活。

（四）大树（胸径15cm以上）移植方法

大树（大树胸径指离地1.3m处的树干直径）的移植，可使绿化尽快得以见效，因而是园林绿化施工中的一项重要工程。以落叶乔木为例。

1. 移植前的准备

大树在移植前1~2年，应采取断根或根部环状剥皮法等措施，促进树木的须根生长。起挖前10~15d内，对苗木进行浇灌，截去病虫枝、过密枝、徒长枝等，截口部分应用伤口涂补剂进行涂补，并对树干、树根进行灭菌消毒处理。树干应打好草绳，编号定向（标出南北方向），以满足对阳光及庇荫的要求。

2. 起挖

大树的移植，尽量少伤根并保证根部伤口的整齐性。要带土球移植，土球的大小应依据树干胸径的大小、土壤条件以及树种的易活成度而定，通常是大于树干胸径8倍的土球。例如，一棵直径15cm的苗木，它的土球应不低于1.2m，但对易成活的品种，如国槐，可以降低到80cm左右。挖掘前，树体要用3根支柱或风绳捆扎加固，以保证人员安全，树冠用草绳围拢，其松紧程度以既不折断树枝又不影响操作为宜（图4-2）。然后铲除树干周围的浮土，以树干为中心，比规定的土球大3~5cm划一圆圈，并依此圆圈往外挖沟，沟宽60~80cm，深度以到土球直径的60%~80%为止（图4-3）。细根可用利铲刀直接铲断，粗根可待吊车吊缚后再锯断。用根动力①号200倍喷施根切面及须根系，诱导大树快速生根，用"根灵"600倍喷施土球，消毒防根腐。土球要用草绳、木板或铁板等进行包装、固定。

图4-2 对树体拉绳或吊缚

图4-3 土球修整

3. 起运

应选择大于树木重量的起重机，可用吊装带缠绕树干基部以上50cm处直接吊装，树干吊装处要用草毡进行缠绕，以保护树干。树冠部分应拉好风绳，既保证起运方向不变，又利于苗木整齐摆放。对于较大土球的吊装，要用两根吊带，一根系于树干基部，另一根系于树干的重心，即约在树干的分枝点处，可使树体平稳，利于保护树皮（图4-4）。所有伤口都应用涂补剂涂补处理。树干向后、土球向前交叉装车，装车的重量应不大于运输车载重量要求的30%，对苗木进行篷布覆盖，防止风伤叶子。若长距离运输，应不断向树体喷水和插上树动力瓶输液，补充养分和水分，以保证苗木安全运抵目的地。卸车和装车一样，都要轻拿轻放，尽最大努力避免对苗木造成伤害。同时要注意人员安全。在大树移植中，不同类型的树木移植机也在广泛应用。

4. 栽植

在栽植的两周前将种植坑挖掘好并进行大水浇灌，种植坑应大于土球直径的1.5倍，深度应不低于土球的深度，或者种植完成后保持苗木原生长地的露地高度。将大树轻轻地斜吊放置到种植穴内，去除缠扎树冠的绳子，将树干立起扶正，初步支撑。树木立起后，应尽量地符合原来的朝向，撤除土球外包扎的绳包或箱板，分层填土分层筑实，把土球全埋入地下（图4-5）。在树干周围的地面上，也要做出拦水围堰。最后，要灌一次透水。对于降雨较少且干热风严重、水源供给困难地区，在栽植苗木时，可以选择施用聚水保，方法是将聚水保均匀洒于植物根部，然后充分浇水，以浇透为准，胸径15cm的树用150g的聚水保，可保30kg的水，对树枝水分的补充有着很大的帮助。

图4-4 树体起运

图4-5 树体栽植

对于反季节移植的落叶乔木和常绿乔木，应剪去树冠，或剪去树冠的末梢部分，剪去70％以上的叶子，以减少蒸腾。同时，移植前应对苗木进行蒸腾抑制剂叶面喷洒，喷湿完成不可再喷水，喷水则溶解蒸腾抑制剂，使其丧失功效。

5. 加固、保护、防寒

大树栽植完成后，易歪倒，应用木杆支撑加固（图4-6）。为了保持树干的湿度，减少树皮蒸腾的水分，在树冠周围搭荫棚或挂草帘，并对树干进行包裹。裹干时可用浸湿的草绳从树基往上密密地缠绕树干，一直缠裹到主干顶部，再将调制的黏土泥浆厚厚地糊满草绳子裹着的树干，以后可经常用喷雾器对树干喷水保湿。对于北方树木还应进行冬季防寒处理，如树干缠绕草绳、用加厚的无纺布或化纤篷布在苗木的西北方向超过苗木的高度作防风墙。另外，还可喷施防冻剂，其方法是用100至150倍液于霜降前进行喷施，因防冻剂是溶于水的，遇到雨天或大雪后应及时进行补喷。

图4-6 树体加固保护

五、移植后的管理

① 对于移植树木，采取松土、除草、覆土、覆沙等措施改善树根的通气、透水状况，

从而加强了根系的保护。对于北方的树木，特别是带冻土块移植的树木，移植后，定植穴内要进行土面保温，即先在穴面铺 20cm 厚的泥炭土，再在上面铺 50cm 的雪或 15cm 的腐殖土或 20～25cm 厚的树叶。早春，当土壤开始化冻时，必须把保温材料拨开，否则被掩盖的土层不易解冻，影响树木根系生长。对于大树，可采用打孔与换土的方法改善根部的生长环境，在树冠投影范围内打孔，孔的深度需要达到 50cm 以上，孔径在 2cm 以上为好，同时再往孔内施用通气性的固体颗粒缓释肥。

② 要做到适时、适量灌水，适期合理追肥。移植后第一年秋天应施一次追肥。第二年早春和秋季也至少要施肥 2～3 次。还可采用大树输液或强行注射法，将稀释好的激活素利用吊针的形式进行输液（图 4-7），也可采用新型树干注射机进行强行注射。要及时有效地防治病虫害，常采用广谱杀菌剂——菌无稀释 1500 倍喷施。

图 4-7 树体注射营养物质

③ 根据树种特性、园林绿化功能要求的规格进行整形修剪。如截干的苗木，待萌条长出后，选留一条健壮直立的萌条作为主干，摘除多余的萌条，以促进主干向上生长。

第二节 苗木整形修剪

绿化所用的苗木，要具有一定的冠形、干形、冠干比和其他特殊要求才能出圃，这就需要整形修剪工作来完成。整形一般是对幼树而言，是指对幼树实行一定的措施，使其形成一定的树体结构和形态。修剪一般是对大树而言，是指对植物的某些器官（如芽、干、枝、叶、花、果、根等）进行剪截或删除的操作。整形是目的，是完成树体的骨架；而修剪是手段，是在整形的基础上根据树形的要求而实行的技术措施。

整形修剪是一项技术性很强的工作，并且千变万化，各不相同，各种类型的树木其要求、措施也各不相同。

一、园林苗木的培育类型

园林苗木通常按园林绿化用途划分为以下类型。

1. 绿篱用苗

绿篱用苗要求树冠紧凑、耐阴，侧方有一定的生长能力，萌芽力强，从基部培养出大量分枝，形成灌丛。如黄杨、刺榆、大叶黄杨等绿篱，要求低处分枝，冠枝丛密。而圆柏、侧柏等针叶树类绿篱，不要主尖，出圃之前就要培育成平顶型。

2. 行道树用苗

行道树用苗一般要求树干高大通直，具有一定高度的分枝，树冠完整、紧凑、匀称，具浓荫，生长迅速，萌发力强。

3. 庭园树用苗

庭园树用苗要求树形美观、自然，具有一定的冠干比，但一般不要求有明显的主枝。白皮松、龙爪槐、鸡爪槭等都属此类。

4. 防护林用苗

防护林用苗为起防护作用，主要要求树干高大、枝叶繁茂，有强大根系。这种树木对整形的要求较低，限制较少，若与行道树等结合使用时，就需考虑外观要求，可按行道树用苗的要求处理。

5. 垂直绿化用苗

垂直绿化用苗要求能发挥其空间绿化的目的，一般需培养一至数条健壮的主蔓，良好的冠丛，强大的根系，能形成初步的风景图形。如紫藤、地锦、凌霄等都属此类。

6. 果树用苗

有些果树用于园林绿化时，为促使果树长势旺盛，果实丰富，常处理枝条，如形成三大主枝、杯状分层等。苹果、梨、柿都属此类。

二、整形的方法和干、枝的处理

1. 截干和养干

截干是在枝条基部截断的措施。适于树干长势软弱、弯曲扭转但具较强的萌芽、发枝能力的植物，如国槐、水曲柳、悬铃木、杜仲等。养干是培养树干的方法。截干和养干是培养基础干形的重要措施之一。截干方法如下。

① 在进行截干前先要进行养根措施。初春，先在原茎干1m处抹梢，控制其顶端生长，晚秋或入冬时根颈可达2cm左右，冬季可采取截干措施。

② 将地上部分在距地面2～5cm处截断，在行间施以底肥，为翌春根系的发育创造良好的条件。

③ 第二年新枝萌发后，采用摘叶、抹芽等方法选留主干，加强肥水管理，进入新干的养干阶段。

截干后的苗木在新梢养干阶段，若还发生主干、分枝向侧方生长、偏头、弯曲的现象，则不能再采取截干方法，可加大种植密度或间作高秆农作物等措施来抑制侧芽的发展，同样可起到养干的目的。密植和截干相结合效果更明显，但在此期必须加强肥水管理。

2. 抹芽和摘叶

抹芽是把多余的芽抹除。摘叶是将叶片剪除。二者是整枝的措施之一，目的在于培养苗木的正常分枝。

(1) 方法　在苗木生长初期，将分枝点以下的枝、芽先抹掉1/3左右，随着苗木的生长，再逐步去除，最后将分枝点以下的全部除去。在分枝点以上，要择留主干上相距有一定距离、分布均匀的芽或枝作为培养骨架枝的基础，并将过多、过密的芽、叶、枝用剪枝剪剪去或用手摘去，使将来树冠内部的枝条能均匀、平衡。

(2) 时间　以枝、叶基部未木质化之时进行为宜。此时操作方便，养分消耗少，利于苗木整体生长。一般在初夏进行。进入夏季后，要随时检查主干及留下的基础骨架上是否还有过密的枝、芽、叶，若有，要随时去除。盛夏期间，一般不进行抹芽和摘叶，以免造成过大的伤口，难以愈合，而影响苗木生长。

3. 骨架枝的培养和处理

骨架枝的培养和处理是培养苗木树冠的基础。每个树种都要有一定的骨架枝、一定的冠形、一定的冠干比。树形的形成和发展不仅与树干的高、粗相关，而且与骨架枝的分布密切相关。在培养骨架枝时，要根据树种的生长习性及其固有的树态来作不同的处理。

（1）不具有明显领导主枝的树种　指一些无顶芽或顶芽发育不好而侧芽发达的树种，如柳、国槐、合欢、栾树、梧桐、香樟等。这些树种在培养骨架枝时，要从骨架枝分布均匀角度来考虑。其培养方法如下。

① 在分枝点以上每隔20cm左右选留一个分枝角度好，对长势旺盛的枝条加以培养，一般保留3～4个，其余的进行疏剪。如果这些骨架枝长势较弱，可留30～40cm进行短截。

② 在骨架枝选定和处理完之后，再用同样方法在骨架枝上选留外侧的二级枝，逐步扩大树冠。经过几年的培育，即可达到出圃的要求。

（2）具有明显的领导主枝的树种　指一些具有顶芽或明显的顶端优势向上生长的树种，如白蜡、杨、银杏等。这些树种在其培养骨架枝时要注意培养其主干顶梢的生长优势。其培养方法如下。

① 将分枝点（其高度以出圃要求而定）以下的枝、芽去除。

② 在分枝点以上，每隔20～25cm留一个骨架枝，在骨架枝上也要保持其顶梢的生长优势，每隔25～30cm保留一个二级分枝，依此类推。

③ 分枝的角度保持在45°～60°，促使其形成端正而丰满的树冠。

④ 如果主枝的顶端生长尖碰到折损或发育不良时，可在疏剪时保留一个相近而健壮的侧芽或侧枝来代替，同时，要将其他侧芽或侧枝控制在这代替者的生长优势之下，以起到主枝的效果。

⑤ 在培养骨架枝的同时要删除徒长枝、下垂枝，经几年的培育，即可达到出圃的要求。

（3）小灌木树种　根据品种特性和观赏的需要将树冠培养成杯形、球形、伞形等。

① 具有主干的丛生灌木　如梅花、桃花、紫薇等，定干后可选留3～5个主枝，进行冠形的培养。

② 一些无主干的丛生灌木　如丁香、珍珠梅、黄刺梅、连翘、榆叶梅等，可采取多干疏枝整形培养，由基部选留3～5个主枝，各主枝上剪除部分枝梢，形成骨架枝条，经调整形成树冠，第二年即可出圃。

③ 株形矮小的树种　如珍珠花等，可在移植时2～3株成丛栽植，以迅速形成丰满的灌丛。

（4）常绿乔木树种　根据不同的习性采取不同的培养方法。

① 轮生枝明显的树种　轮生节间不再生有分枝，只是节上有分枝，如油松、华山松、红松、白皮松、云杉等。具有明显的主梢和主干，主梢每年向上长一节，同时分生一轮分枝。在培养的过程中，注意保护主梢，防止多头现象发生。长到一定高度后，每年从树干基部剪除一轮分枝，以促进高生长。

② 轮生枝不明显的树种　如圆柏、杜松、侧柏等，从观赏效果考虑，要求分枝较低，在培育时要注意剪除与主干竞争的枝梢，或摘除竞争枝的生长点。下部只露出30～40cm的树干（腿脚），上面再让各主枝均匀分布。

③ 多头开心的树种　如紫杉，可多留侧枝，促进侧枝生长来发展，扩大树冠。

（5）特殊树形的树种　根据不同的需求采取不同的培养方法。

① 绿篱及球形树种　如黄杨、胡颓子等，可按出圃要求控制高度，促使多发侧枝，并随时剪除徒长枝，枝叶丰富即可。其骨架枝的多少不受限制，让其自然形成。

② 垂枝类树种　如龙爪槐、垂枝榆、垂枝红碧桃、垂枝杏等，可对其砧木育干后于分枝点 2～2.5m 处截干，进行切接或皮下接，留 2～3 个接芽，发育成主枝，长成伞形骨架，并继续选留外芽扩大树冠，经 2～3 年的培育，即可成苗出圃。

三、修剪的方法和程度

修剪是在培育的过程中需每年反复进行的一项工作。在符合苗木整形要求的基础上，对各类枝条采取相应的修剪，调节各部分的营养分配，控制生长和发育的平衡。所以，修剪是整形的基本技术措施。

(一) 修剪的时期及原则

1. 修剪的时期

(1) 休眠期修剪（冬季修剪）　在秋季落叶后到春季萌芽前的时期进行。常采用短截、疏剪、缩剪等方法。

(2) 生长季修剪（夏季修剪）　在营养生长期修剪。常采用长放、折裂、扭梢和折梢、屈枝、摘心、抹芽、摘叶及剥蕾。在休眠期和生长季均可实行的修剪是剔除萌蘖、环剥、刻伤及断根。

2. 修剪的基本原则

根据树木在园林绿化中的用途、树种的生长发育和开花习性、树木生长地点的环境条件，在控制好干形的基础上，适当控制强枝生长，促进弱枝的生长，从而保证冠形的正常生长。

(二) 修剪的方法和程度

1. 短截

剪去一年生枝条的一部分，称为短截。短截对枝条有刺激作用，它能刺激剪口下侧芽的萌发，促进分枝，增加了局部生长量。但减少了树体的总生长量，故短截具有双重调节作用。在一定的范围内，短截越重，局部发芽越旺，见图 4-8。根据短截程度可分为以下几种。

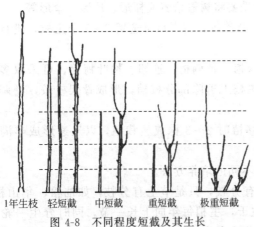

1年生枝　轻短截　中短截　重短截　极重短截

图 4-8　不同程度短截及其生长

引自：周兴元. 园林植物栽培，2006

(1) 轻短截　约剪去枝梢的 1/4～1/3，即轻打梢。主要用于花、果类苗木强壮枝修剪。其目的是剪去顶梢后刺激下部芽萌发，分散枝条养分，促发短枝，利于形成果枝，促进花芽分化。

(2) 中短截　在枝条饱满芽处剪截，一般剪去枝条长度的 1/2 左右。由于剪口处芽饱满充实，枝条养分充足，故剪截后能促进分枝，增强枝势，常用于弱树复壮和主枝延长枝的培养。但连续中短截能延缓花芽的形成。

(3) 重短截　在枝条饱满芽以下剪截，约剪去枝条 2/3 以上。几乎剪去枝条的 80% 左右。其刺激作用更强，一般都能萌发强旺的营养枝。主要用于弱树、弱枝的更新复壮修剪，并有缓和生长势的作用。育苗中，多用此法培育主干枝。

(4) 极重短截　只留枝条基部 2～3 个芽剪截。由于剪口芽在基部，芽质量较差，剪后只能抽出 1～3 个较弱枝条，可降低枝的位置，削弱旺枝、徒长枝、直立枝的生长，以缓和枝势，促进花芽的形成。

为了调节树势使其均衡地生长，多采用弱枝重剪、强枝轻剪的措施。短截应注意留下的芽，特别是剪口芽的质量和位置，以正确调整树势。

2. 回缩（缩剪）

回缩是对二年生或二年生以上的枝条进行剪截，见图4-9。一般修剪量大，刺激较重，有更新复壮的作用。多用于枝组或骨干枝更新以及控制树冠辅养枝等。其反应与缩剪程度、留枝强弱、伤口大小等有关。如果回缩后留强枝而且直立，伤口较小，缩剪的又适度，则可促进营养生长；反之，如缩剪后留弱的斜生枝或下垂枝，伤口又较大，则抑制生长的作用较重。

3. 疏枝

图 4-9　三种修剪枝条方法图示
1—短截；2—回缩；3—疏枝
引自：张秀英. 园林树木栽培养护学，2005

从枝条或枝组的基部将其全部剪去称为疏枝或疏剪。适用于萌芽力强的树种，如黄刺梅、玫瑰、连翘等。一般用于疏除枯枝、病虫枝、过密枝、徒长枝、竞争枝、衰弱枝、下垂枝、交叉枝、重叠枝及并生枝等，见图4-10。疏枝的作用是使留下来的枝条生长势增强，但整个树体的生长势减弱。疏剪后的枝条少了，改善了树冠的通风、透光条件，对于花果类树种，有利于形成花芽，促进提早开花结果；对于乔木树种，能促进主干生长。留枝的原则是宁稀勿密，枝条分布均匀，摆布合理，幼树不能修剪过量，枝条过密的植株应逐年进行。

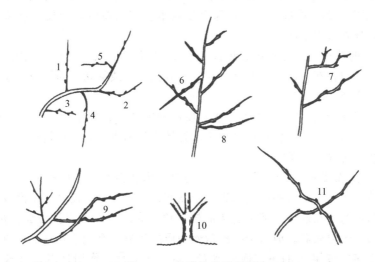

图 4-10　各类枝的示意图
1—直立枝；2—斜生枝；3—水平枝；4—下垂枝；5—内向枝；6—逆行枝；
7—平行枝；8—并生枝；9—重叠枝；10—轮生枝；11—交叉枝
引自：张秀英. 园林树木栽培养护学，2005

枝条的修剪量和树体修剪强度主要由以上三种措施控制，在同一主枝上可以采用三种方法，见图4-9。

4. 长放

营养枝不剪称长放、甩放。长放使树体保留大量的枝叶，利于营养物质的积累，能促进花芽的形成，使旺盛枝或幼树提早开花结果。一般应用于长势中等的枝条或增强生长弱的骨干枝的生长势，平衡树势，促使其形成花芽。丛生的灌木（如连翘）多采用此法。

5. 伤枝

损伤枝条的皮部、韧皮部、木质部，以达到削弱枝条的生长势、缓和树势的方法。伤枝多在生长季进行，对局部影响较大，而对整个树木的生长影响较小。

（1）环剥　用刀在枝干或枝条基部的适当部位环状剥去一定宽度的树皮，可在一段时间内阻止枝梢糖类向下运输，有利于环状剥皮上方枝条营养物质的积累和花芽分化。因此，抑制了营养生长，促进了生殖生长。适用于发育盛期开花结果量小的枝条，见图4-11。

图 4-11　环剥皮

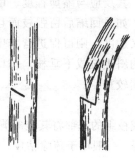

图 4-12　折裂

环剥措施应注意以下几点。

① 环剥宽度要根据枝条的粗细和树种的愈伤能力而定，一般约为枝直径的1/10（2～10mm），过宽，伤口不易愈合，对树木生长不利；过窄，愈合过早而不能达到环剥的目的。

② 环剥深度以达到木质部为宜，过深会伤及木质部而造成环剥枝梢折断或死亡；过浅则韧皮部残留，环剥效果不明显。

③ 实施环剥的枝条上方要留有足够的枝叶量，以供正常的光合作用之需。

（2）刻伤　用刀在芽（或枝）的上（或下）方横切（或纵切）而深及木质部的方法。常在休眠期施用。主要方法如下。

① 纵伤　指在枝干上用刀纵切而深达木质部的方法，目的是为了减小树皮的机械束缚力，促进枝条的加粗生长。纵伤宜在春季树木开始生长前进行，应选树皮硬化部分，小枝可行一条纵伤，粗枝可纵伤数条。

② 目伤　在芽或枝的上方或下方刻伤，伤口的形状似眼睛，故称之为目伤。在上方刻伤时，由于养分和水分受伤口的阻挡而集中于该芽或该枝，可促使其芽萌发或增强其枝的生长势。在整形时，为了在理想的部位萌芽抽枝，常在芽的上方采用目伤法。在下方刻伤时，则使该芽或该枝生长势减弱。但由于有机营养物质的积累，有利于花芽的形成。

③ 横伤　对树干或粗大的主枝横砍数刀，深及木质部。作用是阻止有机养分的向下运输，促进枝条充实，有利于花芽分化，能达到促进开花结实、丰产的目的。在春季发芽前，在芽上方刻伤，利于芽的萌发和抽新枝。

（3）折裂　屈折枝条使之形成各种艺术造型，见图4-12。常在早春芽萌动时进行。先用刀斜向切入，深达枝条直径的1/3～2/3处，小心地将枝条弯折，并利用木质部折裂处的斜面支撑定位。在伤口处进行包裹，以防伤口水分流失过多。

（4）扭梢和折梢（枝）　多用于生长期内生长过旺的枝条，特别是着生在枝背上的徒长枝。扭转弯曲而未折伤者称扭梢（见图4-13），折伤而未断者称折梢。扭梢和折梢均为部分损伤传导组织，阻碍水分、养分向生长点输送，达到削弱枝条长势、促生短花枝形成的目的。

（5）屈枝　屈枝是在生长期对枝梢实行屈曲、缚扎或扶立、支撑等技术手段，以变更枝条生长方向和角度，调整顶端优势为目的的整形措施，见图 4-14，有屈枝、弯枝、拉枝、抬枝等形式。在对观赏树木造型时经常应用。

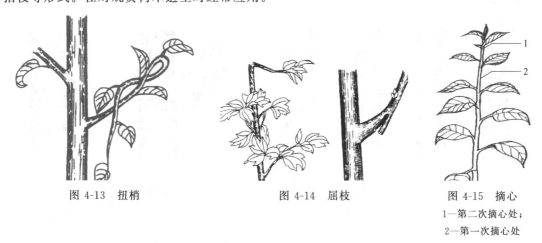

图 4-13　扭梢　　　　　　　　　图 4-14　屈枝　　　　　　图 4-15　摘心

1—第二次摘心处；

2—第一次摘心处

6. 摘心

摘心是摘去新梢顶端的生长点，见图 4-15。摘心以后，削弱了枝条的顶端优势，改变了营养物质的运输方向，利于花芽分化和结果，促使侧芽萌发，从而增加了分枝，促使树冠早日形成。针叶树种由于某种原因造成的双头、多头竞争，落叶树种枝条的夏剪促生分枝等，都可采用摘去生长点的办法来抑制它的生长，达到平衡枝势、控制枝条生长的目的。

7. 抹芽

抹芽是把多余的芽从基部抹除。此措施可改变留存芽的养分供应状况，增加其生长势。许多苗木移植定干后，或嫁接苗干上，会萌发很多萌芽，为了节省养分和整形上的需要，需抹掉多余的萌芽，使剩下的枝芽能正常生长。在苗木整形修剪过程中，在树体内部，枝干上萌生很多芽，枝条和芽的分布要相距一定的距离和具有一定空间位置，将位置不合适、多余的芽抹除。

8. 摘叶

带叶柄将叶片剪除，叫摘叶。它可改善树冠内的通风透光条件，可使果实充分见光，着色好，增加果实的美观程度；对枝叶过密的树冠，进行摘叶，有防止病虫害发生的作用。通过摘叶，还可以进行催花。

9. 去蘖（除萌）

对易生根蘖的树种及嫁接繁殖的树木，在生长期间应随时去除萌蘖，以免扰乱树形，并可减少树体养分的无效消耗。

10. 化学修剪

化学修剪是使用生长促进剂或生长抑制剂、延缓剂对植物的生长与发育进行调控的方法。促进植物生长时可用生长促进剂，即生长素类，如吲哚丁酸（IBA）、萘乙酸（NAA）、2,4-二氯苯氧乙酸（2,4-D）、赤霉素（GA）、细胞分裂素（BA）；抑制植物生长时可用生长抑制剂，如比久（B_9）、短壮素（CCC）。化学修剪大多抑制植物的生长，可使植物的生长势减弱，促进花芽分化，增强植物抗性，利于开花结果，常在培育矮化树木时使用。

(三)　修剪中需注意的技术问题

1. 剪口的状态

最合理的剪口是向侧芽对面微倾斜，使斜面上端与芽端基本平齐或略高于芽尖 0.6cm 左右，下端与芽的基部持平，这样的剪口创伤面小，易于愈合，芽的生长好；否则，不利于芽的正常生长（见图 4-16）。

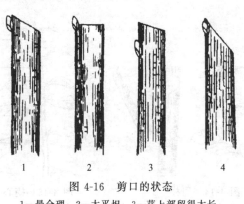
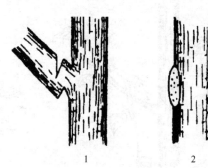

图 4-16　剪口的状态
1—最合理；2—太平坦；3—芽上部留得太长；
4—剪口斜面太大

图 4-17　大枝的修剪
1—先从下方浅锯，然后自上方锯下；
2—削平伤口，涂保护剂

引自：张秀英．园林树木栽培养护学，2005

2. 剪口芽的选择

剪口芽的强弱和选留位置不同，生长出来的枝条强弱和姿势也不一样。剪口留壮芽，则发壮枝；剪口留弱芽，则发弱枝。剪口芽在枝条外侧，可向外侧生长树冠，剪口芽在枝条内侧，则可向树膛内部生长，背上芽易发强旺枝，背下芽易发弱枝。

3. 大枝的剪除

将干枯枝、无用的老枝、伤残枝、病虫枝等全部剪除，尽量缩小伤口，对于大枝如图 4-17 所示进行剪除，并在剪口处涂保护剂，以防水分蒸发及病虫侵入而引起伤口腐烂。

4. 剪口保护

疏剪、回缩大枝时，伤口面积大，表面粗糙，常因雨淋、病菌侵入而腐烂。因此，伤口要利刃削平整，用 2% 硫酸铜溶液消毒，最后涂保护剂，起防腐和促进伤口愈合的作用。常用保护剂有固体保护剂和液体保护剂两种。固体保护剂（松香、蜂蜡、动物油按 4：2：1 的质量比例）用于较大的伤口；液体保护剂（松香、动物油、酒精、松节油按 10：2：6：1 的质量比例）用于小的伤口。

第三节　大苗地的土肥管理

一、大苗地的土壤管理

（一）大苗地的土壤耕作的目的和作用

① 可改良土壤物理状况，提高土壤孔隙度。

② 加强土壤氧化作用，促进土壤潜在肥力发挥作用。

③ 调节土壤中水、热、气、养的相互关系和作用。

④ 消灭杂草、病虫害等，给移植苗创造良好的生长条件。

（二）大苗地的土壤耕作

1. 移植前的耕地与耙地

（1）耕地（又叫犁地）　涉及整个耕作层，是土壤耕作环节中最重要的一步。耕地深度对土壤耕作的效果影响最大。农谚说："深耕细耙，旱涝不怕。"这说明深耕对保蓄土壤水分有很好的效果，并且深耕对促进根系生长有明显的效果，大苗移植区耕地深度以 30cm 左右为宜。大苗地的耕地要注意如下问题。

① 在一定耕地深度的范围内，可根据不同的气候和土壤条件有所变动。如在气候干旱的条件下宜深，沙土宜浅；对于盐碱地，为改良土壤、抑制盐碱上升、利于洗碱，耕地深度达40～50cm 的效果较好，但不能翻土；土层厚的圃地宜深，土层薄的圃地宜浅。

② 为了防止形成犁底层，每年耕地深度不尽相同。对耕作层较浅的圃地，可逐年加深2～3cm，以防生土翻到上层太多。

③ 要注意耕地的季节。在北方一般秋季起苗或在苗木挖掘后进行秋季耕地效果最好，秋耕宜深。秋耕的晒垡、冻垡时间长，能促进土壤风化，并利于冬季积雪。在无灌溉条件的山地和干旱地区的苗圃，在雨季前耕地的蓄水效果好，不宜在春季耕地。在秋季或早春风蚀较严重的地区及沙地不宜秋耕。春耕要早且宜浅。最好是当土壤刚解冻即耕。耕地后要及时耙地。在南方因土壤不冻结，一般可于冬季耕地。对土壤较黏的圃地，实行夏耕，耕后不立即耙地，可促进土壤风化，改良土壤效果明显。

（2）耙地　耙地是在耕地后进行的表土耕作措施。目的是耙碎垡块，覆盖肥料，平整地面，清除杂草，保蓄土壤水分，防止返盐碱等。农谚说："随耕随耙；贪耕不耙，满地坷垃。"说明耙地与耕地相结合，效果才好。但如果土壤太湿，耕后立即耙地效果也不好。耙地的具体时间要根据苗圃地的气候和土壤条件而定。

① 在北方有些地区，春季干旱，而冬季有降雪，为了积雪以保蓄土壤水分，秋耕后不耙地，待翌年春"顶凌耙地"。在冬季不能积雪的地区，应在秋季随耕随耙，以利保蓄土壤水分。

② 在春旱地区，春季当土壤刚解冻时，要及时耙地保墒。

③ 对于盐碱地，为防止返盐碱，春季耕地要随耕随耙。

2. 生长中的中耕与除草

（1）中耕与除草的意义　中耕即为松土，作用在于疏松表土层，减少水分蒸发，增加土壤保水蓄水能力，促进土壤空气流通，加速微生物的活动和根系的生长发育。故松土又称为无水的灌溉。在盐碱土上松土，还可以阻止盐分的上升。圃地的杂草，与苗木争夺养分，直接危害苗木的生长，因此，苗圃要及时除草，使苗木在整个生长期内不受杂草的危害。

（2）中耕、除草的方法　中耕、除草二者相结合进行，常在灌溉或雨后、干旱或盐碱地进行，但意义不同，操作上也有差异。

中耕深度依栽植树种、树龄及作用不同而不同。

① 浅根性大苗中耕宜浅，深根性大苗中耕宜深。

② 以除草为目的的中耕较浅，以能铲除杂草，切断草根为度。通常中耕深度为5cm 以上，如结合施肥则可加深中耕深度。

③ 以保墒为目的的中耕，宜浅不宜深。

④ 为改善低洼地的土壤结构，促使水分加速蒸发，改善土壤通气状况，中耕可适当加深。

⑤ 以提高地温为目的时，中耕时间宜早，且可适当增加深度。

中耕除草的次数，应根据土壤、气候、杂草蔓延程度和除草的方法而定。要遵循"除早、除小、除了"的除草原则。在苗木生长旺盛期，每隔15～30 天进行一次。在苗木生长后期，为使苗木充分木质化，利于越冬，应停止松土除草。

3. 苗木移走后的浅耕灭茬

浅耕灭茬是在挖掘苗木后，在圃地上进行浅耕土壤的耕作措施。其目的是为了防止土壤水分蒸发，消灭杂草和病虫害，减少耕地阻力，提高耕地质量，为后继大苗的栽植打下基础。在苗圃的农作物或绿肥作物收割后要及时进行浅耕，深度一般为 4～7cm，而在生荒地开辟苗圃时，由于杂草根的盘结度大，浅耕灭茬深度要达 10～15cm。

（三）大苗地的轮作

苗圃地的轮作是生物改良土壤的措施之一，安排合理，可增加土壤有机质，改善土壤结构，避免土壤逐年贫瘠变劣的现象。

1. 轮作的概念及意义

轮作是在同一块圃地轮换种植不同树种苗木或其他作物，如农作物或绿肥作物的栽培方法。轮作又称换茬或导茬。轮作可提高苗木的质量与产苗量，能充分利用土壤肥力，调节根系排泄的有毒物质的积累，预防病虫害，防除杂草。

2. 轮作的方法

（1）树种与树种轮作　这种轮作方法是在育苗树种较多的情况下，能充分利用土地，将没有共同病虫害的、对土壤肥力要求不同的乔灌木树种进行轮作。

（2）苗木与农作物轮作　苗圃适当地种植农作物等，对增加土壤有机质，提高肥力有一定作用，同时可开展多种经营。目前，采用苗木与豆类及其他粮谷作物进行轮作，效果很好。

（3）苗木与绿肥植物轮作或套种　为恢复土壤肥力，选用绿肥植物或牧草进行轮作或套种的效果好，既生产了理想的牧草饲料，又增加了苗圃的良好肥料。最适于土壤肥力较差的地区。因此，在苗圃中实行轮作，用苗木与绿肥植物或牧草实行轮作的效果最好。

二、合理施肥

1. 合理施肥的原则

要根据天气、土壤、苗木情况全面考虑，即"看天、看地、看树"。并要按比例地施用氮、磷、钾三要素和微量元素，以满足苗木对养分的需要，正确选定最适宜的施肥期、肥料种类和施肥量。

（1）看天施肥

① 气候炎热多雨时，少施、勤施，施分解慢的半腐熟的有机肥料，夏季大雨后，土壤中硝态氮大量流失，应追施速效氮肥。

② 降雨少，追肥次数可少，施肥量可增加。

③ 气候寒冷时，施用经过充分腐熟后的有机肥作为追肥。

④ 当气候较正常年份偏高时，第一次追肥时间可提前。

⑤ 根外追肥最好在清晨、傍晚或阴天进行，雨前或雨天根外追肥就无效。

（2）看地施肥

① 不同性质的土壤中所有的营养元素的种类和数量有所不同，故应测土施肥，缺什么肥施什么肥。如在红土壤和酸性沙土中，磷和钾的供应量不足，要增施磷、钾肥。褐色土中氮、磷不足，故应施以氮、磷肥为主，钾肥可以不施或少施。

② 土壤质地不同，施肥种类及施肥量不同。

a. 沙土有机质少，温度高，保肥力差，每次施用量宜少，但应增加施用次数，宜选用猪粪、牛粪等冷性有机肥料为主；黏土通气差，温度低，加大每次施肥量，减少施肥次数，施肥应以马粪、牛粪等热性有机肥料为主。施肥深度宜浅不宜深，以利于改良其物理性状。

b. 酸性土壤要选用碱性肥料，氮素肥料选用硝态氮较好，在酸性土壤中的磷更易被土壤固定，钾、钙和氧化镁等元素易流失，应施用钙镁磷肥和磷矿粉等肥料以及草木灰等可溶性钾盐或石灰等。碱性土壤要选用酸性肥料，氮素肥料以氨态氮肥为好，磷肥要选水溶性的，如过磷酸钙或磷酸铵等。对于中性或接近中性，物理性质也很好的土壤，适用肥料较多，但也要避免使用碱性肥料。

（3）看苗施肥

① 苗木种类不同，对各种营养元素的需求量也不相同。如针叶树比阔叶树需氮较多，需磷较少，花灌木比一般树种需磷量多。

② 苗木不同发育期，对养分需求不同。生长初期：需氮肥和磷肥较多。速生期：需大量氮肥、磷肥、钾肥。生长后期：以钾为主，磷为辅，以促进枝茎木质化，增强苗木对环境的抵抗能力，利于苗木的越冬。

③ 苗木的生长情况不同，对养分的需求也不同。生长旺盛不必施肥，缺肥则要具体分析缺哪种元素后及时进行追肥。对弱苗要重点施用速效性氮肥；对高生长旺盛的苗木可适当补充钾肥，对一些根系尚未恢复生长的移植苗，只宜施用有机肥料作为基肥，不宜过早追施速效化肥。

2. 施肥量与时期

施肥量与施肥时期受树种、土壤的贫瘠、肥料的种类以及各个物候期需肥情况等多方面的影响，可根据叶片的分析而定。

① 在一般苗圃土壤中施肥，应以氮肥为主，磷、钾肥适当配合。在一些缺磷或缺钾土壤中，施肥时要适当增加磷或钾肥所占比例。

② 大苗发育不同时期，施肥量不同。

a. 生长初期 以叶片全部展开为准，时间约在 5 月中、下旬，少量分次进行，以氮肥为主。如施入腐熟的稀粪，其用量为 $6000\sim7500kg/hm^2$，施时掺水。

b. 生长旺盛期 6～8 月份，一般每月至少施肥一次，可施较浓的粪水，施量同上，或用氮素化肥，其用量为 $150\sim187.5kg/hm^2$。

c. 加粗生长期 8～9 月份，大部分苗木进入加粗生长期，不应再施氮肥。为增加干粗，促进组织成熟，有利于苗木越冬，应以速效磷肥为主，用过磷酸钙 $75\sim150kg/hm^2$。

d. 生长后期 从 10 月中下旬到翌春 2 月份。如单独追肥，应以磷肥为主，配合少量的氮、钾肥，大苗生产上常与施用迟效肥料相结合，使苗木安全越冬，并为翌春的生长发育打下基础。

3. 施肥方法

大苗施肥以施基肥为主，追肥为辅。

（1）施基肥 施基肥的方法，一般是在耕地前将肥料全面撒于圃地，耕地时把肥料翻入耕作层中。施肥要达一定深度，施基肥的深度应在 15～17cm。

（2）追肥 追肥是在苗木生长发育期间施用的速效性肥料，目的在于及时地供应苗木生长发育旺盛时对养分的大量需要，以加强苗木的生长发育，达到提高合格苗产量和改进苗木质量的目的。

① 土壤追肥

a. 撒施 是将肥料均匀地撒在苗床面上或圃地上，浅耙 1～2 次并盖土。对于速效磷钾肥，由于它们在土壤中移动性很小，撒施的效果差。对于用尿素、碳酸氢铵等氮肥作追肥时，不应撒施。

b. 条施（沟施） 在苗木行间或行列附近开沟，把肥料施入后盖土。开沟的深度以达到吸收根最多的层次，即表土下 5～20cm 为宜。特别是追施磷、钾肥。

c. 浇施 是将肥料溶解在水中，全面浇在苗床上或行间后盖土。有时也可使肥料随灌溉施入土壤中。浇灌的缺点是施肥浅，肥料不能全部被土覆盖，因而肥效减低。对多数肥料而言，不如沟施法的效果好，更不适用于磷肥和挥发性较大的肥料。

② 根外追肥 根外追肥是在苗木生长期间将速效性肥料施于地上部分的叶子，使之吸收而立即供应苗木的需要。避免肥料被土壤固定或淋失，肥料用量少，见效快。适用情况：气温升高而地温尚低，苗木地上部分已开始生长而根系尚未正常活动；苗木刚栽植，根系受伤尚未恢复；苗木缺少某种微量元素，而该元素施入土壤会失效。根外追肥要注意如下问题。

a. 根外追肥浓度要适宜。过高会灼伤苗木，甚至会造成大量死亡。如磷、钾肥料浓度以 1% 为宜，最高不能超过 2%，磷、钾比例为 3：1。尿素浓度为 0.2%～0.5% 为宜。

b. 喷洒要均匀。为了使溶液能以极细的微粒分布在叶面上，应使用压力较大的喷雾器。

c. 喷溶液的时间宜在傍晚，以溶液不滴下为宜。

d. 根外追肥一般要喷 3～4 次，它只能作为一种补充施肥的方法，不能吸入迟效性肥料。

4. 大苗施肥应注意的事项

① 施肥要在须根部的四周，不要靠近树干。

② 根系强大，分布较深远的苗木，施肥宜深，范围宜大；根系浅的苗木施肥宜浅，范围宜小。

③ 有机肥料要充分发酵、腐熟，切忌用生粪；化肥必须完全粉碎成粉状，不宜成块施用。

④ 施肥后，要及时适量灌水，要浇透水，既可使肥料渗入土内，又可防止烧苗现象的发生。

⑤ 沙地、坡地等易造成养分流失，施肥要深些。

⑥ 应选在晴天、土壤干燥时施肥，不在阴雨天进行，以免造成浪费。

⑦ 氮肥在土壤中移动性较强，可浅施渗透到根系分布层内；钾肥的移动性较差，磷肥的移动性更差，宜深施至根系分布最深处。

⑧ 基肥因发挥肥效较慢，应深施；追肥肥效较快，宜浅施。

第四节　大苗地灌溉与排水

一、灌溉

1. 灌溉的重要性

有收无收在于水，收多收少在于肥。水是收获的基础，是植物生长和发育不可缺少的重要条件，土壤中的营养元素要溶于土壤水中，才能被苗木吸收，可见，土壤水分在苗木生长过程中具有重要作用。适宜水分是培育壮苗的重要条件之一。

2. 灌溉量及灌溉次数

水虽是苗木不可缺少的重要物质，但过量灌溉，妨碍其根系生长，不仅不利于苗木生长而且浪费水，还会引起土壤盐渍化，所以必须坚持合理的灌溉，其主要原则如下。

① 根据树种的生物学特性灌溉 有的树种需水较少，有的树种需水较多，如一些针

叶树种比阔叶、落叶树种耐旱，需水量相对少。花灌木等需水量大，灌水次数与灌水量较多。

② 根据树种的不同时期进行灌溉　苗木生长高峰需水量大，要多浇，秋后苗木木质化阶段要停止浇水。第 1 年灌水次数要多，灌水量要大。定植 2 年以后的较大苗木可逐渐减少灌水次数和灌水量。初次移植的苗木为了保证成活，需连续灌 3 次水。每次灌水要浇透，湿润土层的深度应达到主要吸收根系的分布深度。对临近出圃销售的大苗可少浇或不浇水。

③ 根据土壤的保水能力强弱进行灌溉　对于保水能力较好的土壤灌溉间隔期可较长，灌水量可适当减少。对于保水能力差的沙土、沙壤土，灌水间隔期要短，最好是采用喷灌或滴灌，控制每次的灌水量，以节约用水。

④ 根据气候特点灌溉　在气候干旱或干燥的地区灌溉的次数多，间隔期短。在降水量较大的南方灌溉的次数少，间隔期长。

3. 灌溉方法

(1) 侧方灌溉　一般应用于高床或高垄，水从侧方渗入床或垄中。其优点是水分由侧方浸润到土壤中，床面或垄面不易板结，灌水后土壤仍有良好的通气性能，但耗水量较大。

(2) 畦灌　它是低床育苗和大田育苗中最常用的灌溉方法。畦灌易破坏土壤结构，使土壤板结，灌溉效率低，用工多，耗水量大且不易控制灌水量，浪费水多。

(3) 其他节水灌溉　如喷灌、滴灌、地下灌溉、移动喷灌、微型喷灌等。

4. 灌溉要注意的问题

① 不要用含有有害盐类或被污染的水灌溉。

② 每次灌溉宜在早晨或傍晚进行，因此时蒸发量较小，而且水温与地温差异较小。不要在气温最高的中午进行地面灌溉。因为突然降温会影响根的生理活动。在北方如用井水或河水灌溉，应尽量准备蓄水池加温，以提高水温。

③ 停止灌溉时期对苗木的生长、木质化程度和抗性有直接影响。停灌过早不利于苗木生长，过晚会造成苗木徒长，寒流到来之前，仍没有木质化，降低苗木对低温、干旱的抵抗能力。适宜的停灌期：应在苗木速生期的生长高峰过后立即停止灌水，具体时间因地因苗而异，一般到雨季即可停止灌溉，雨季早的地区，应在结冻之前 6～8 周停止灌溉，寒冷地区还可以更早停灌。

二、排水

圃地如果有积水，容易造成涝灾或引起病虫害，必须及时排出。北方雨季降水量大而集中，特别容易造成短时期水涝灾害，因此在雨季到来之前应将排水系统疏通，将各育苗区的排水口打开，做到大雨过后地表不存水。在我国南方地区降雨量较大，要经常注意排水工作，尽早将排水系统和排水口打开，以便排除积水。

第五节　各类大苗培育技术

一、圃地大苗培育法

1. 落叶乔木大苗培育技术

大苗要求规格：具有高大通直的主干，干高达到 2.0～3.5m；胸径达到 5～15cm；具有完整紧凑、匀称的树冠；具有强大的须根系。此苗培育关键是培育具一定高度的主干。

① 落叶树种中干性生长不强的，可采用先养根后养干的办法，使树干通直无弯曲、节痕。可采用截干养干和密植养干相结合的方法。

② 落叶树种中干性比较强的，又不容易弯曲，有的树种生长速度较慢，每年向上长一节（段）很不容易，故采用逐年养干的方法。如银杏、柿树、水杉、落叶松、杨、柳、白蜡、青桐等乔木。采用逐年养干法，必须注意保护好主梢的绝对生长优势。当侧梢太强超过主梢，与主梢发生竞争时，要抑制侧梢的生长，可以采用摘心、拉枝或剪截等办法来进行抑制。乔木大苗 2m 以下的萌芽要全部抹除，要以主干为中心，竞争枝粗度超过主干一半时就要进行控制，短截或疏除竞争枝。要加强肥、水管理和病虫害的防治工作。

2. 落叶小乔木大苗培育技术

大苗要求规格：具有一定主干高度，一般主干高 60~80cm，定干部位直径 3~5cm，有丰满匀称的冠形和强大的根系是本类苗木培育的要点。

(1) 开心形树冠的培养　在苗木长至 80~100cm 时摘心定干。定干后只留向四处生长的 3~4 个主枝，交错选留，与主干呈 60°~70°开心角。各主枝长至 50cm 时摘心促生分枝，培养二级主枝，即培养成开心形树形。

(2) 疏散分层形树冠的培养　有中央主干，主枝分层分布在中干上，一般一层主枝 3~4 个，二层主枝 2~3 个，三层主枝 1~2 个。层与层之间主枝错落着生，夹角角度相同，层间距 80~100cm。要注意培养二级主枝。层间辅养枝要保持弱或中庸生长势，不能影响主枝生长，多余辅养枝全部清除。要修剪掉交叉枝、徒长枝、直立枝等。主枝角度过小要采用拉枝的办法开角。

3. 落叶灌木大苗培育技术

(1) 落叶丛生灌木大苗培育　大苗要求规格：每丛分枝 3~5 枝，每枝粗 1.5cm 以上，具有丰满的树冠丛和强大的须根系。如丁香、连翘、珍珠梅、玫瑰等。

在培育过程中，注意每丛所留主枝数量，不可留得太多，以免主枝达不到应有的粗度。多余的丛生枝要从基部全部删除。丛生灌木不能太高，一般 1.2~1.5m 即可。

(2) 丛生灌木单干苗的培育　大苗要求规格：培养成单干苗。如单干紫薇、丁香、木槿、连翘、金银木、太平花等。

培育的方法：选最健壮、直立的一枝作为主干，若有的主枝易弯曲下垂，可设立柱支撑，将枝干绑在支柱上，将其基部萌生的芽或其他枝条全部剪除。培养单干苗要在整个生长季经常剪除萌生的芽或多余枝条，以便集中养分供给单干或单枝生长发育。

4. 落叶垂枝类大苗培育技术

大苗要求规格：具有丰满匀称的圆头形树冠，主干胸径 5~10cm，树干通直，有强大的须根系。这类树种主要有龙爪槐、垂枝红碧桃、垂枝杏、垂枝榆等，为枝条全部下垂的高接繁殖苗木。

(1) 砧木繁殖与嫁接　垂枝类树种都是原树种的变种，要繁殖这些苗木，首先是繁殖嫁接的砧木，即原树种。原树采用播种繁殖，用实生苗作砧木，也可用扦插苗作砧木，先把砧木培养到一定粗度，然后才开始嫁接。接口粗度要达到直径 3cm 以上最为适宜，嫁接成活率高。由于砧木较粗，接穗生长势很强，接穗生长快，树冠形成迅速，嫁接后 2~3 年即可开始出圃。根据不同需要采取不同的嫁接接口高度。嫁接的方法可用插皮接、劈接，以插皮接操作方便、快捷、成活率高。培养多层冠形可采用腹接和插皮腹接。

(2) 养冠　嫁接成活后，要培养圆满匀称的树冠，必须对所有下垂枝进行整形修剪。垂枝类一般夏剪较少，夏剪培养的冠枝往往过于细弱，不能形成牢固树冠。生长季主要是积累养分阶段。培养树冠主要在冬季进行修剪。枝条的修剪方法是在接口位置划一水平面，沿水平面剪截各枝条，采用重短截，几乎剪掉枝条的90%，剪口芽要选留向外向上生长的芽，以便芽长出后向外向斜上方生长，逐渐扩大树冠，树冠内细弱枝条全部剪除，个别有空间的可留2～3个枝条，短截后所剩枝条都要呈向外放射状生长，要从基部剪掉交叉枝、直立枝、下垂枝、病虫枝、细弱小枝等。经2～3年培育即可形成圆头形树冠。生长季节注意清除接口处和砧木树干上的萌发条。

5. 常绿乔木大苗培育技术

大苗要求规格：具有该树种本来的冠形特征，如塔形、圆头形等；树高3～6m，无明显秃腿，有枝下高时，应为2m，不缺分枝，冠形匀称。

（1）轮生枝明显的　轮生枝明显主要是指轮生枝节间不再生有分枝，只是节上有分枝，有明显的中心主梢，顶端优势明显，易培养成主干。主梢每年向上长一节，分生一轮分枝，生长速度慢，这类树种要特别注意保护主梢，因一旦遭到损坏，整株苗木将失去培养价值。该类树种主要有油松、华山松、白皮松、红松、樟子松、黑松、云杉、辽东冷杉等。

此类苗木修剪主要是疏除过密枝和病虫害枝；对于有枝下高的苗木，一次修剪量最多不可超过整株的1/3，每轮主枝以留3～5个主枝为宜，在5年以后，每年提高分枝一轮，到分枝达2m时为止，提干时每轮枝应间隔修剪，分两年去除。

（2）轮生枝不明显的　此类树种生长速度快，但主梢顶端优势不明显，要注意剪除基部徒长枝及与主干竞争的枝梢，当竞争枝剪除后会破坏树形时，可剪去生长点，避免双干或多干现象发生，培育单干苗。同时还要加强肥水管理，防治病虫草害，促使苗木快速生长。主要树种有桧柏、侧柏、龙柏、铅笔柏、杜松、雪松等。

6. 常绿灌木大苗培育技术

大苗要求规格：株高1.5m以下。冠径50～100cm，具有一定造型、冠形或冠丛的大苗。种类多，主要有大叶黄杨、小叶黄杨、冬青、沙地柏、铺地柏、千头柏、桧柏、侧柏等。在培养造型植物时，播种幼苗往往出现形态分离现象，要选择枝叶浓密者作为造型植物，单株造型树冠形成比较慢，现采用多株合植在一起造型的方法。此类苗要采取短截修剪方式，以促生多分枝。

7. 攀缘植物大苗培育技术

（1）大苗要求规格　地径粗1.5cm以上，主蔓长1m以上，有强大的须根系。培养一至数条健壮主蔓及强大的根系，是本类植物培育的要点。如紫藤、地锦、凌霄、葡萄、猕猴桃、铁线莲、蔷薇、常春藤等。

（2）培育的方法　先做立架，按80cm行距栽水泥柱，栽深60cm，上露150cm，桩距300cm。桩之间横拉3道铁丝连接各水泥桩，每行两端用粗铁丝斜拉固定，把1年生苗栽于立架之下，株距15～20cm。当爬蔓能上架时，全部上架，随枝蔓生长，再向上放一层，直至第三层为止。培养3年即成大苗。利用圃地四周围栏作支架培养大苗，既节省架材，又不占好地。

二、野生大苗培育法

园林苗木中的有些品种，野生资源较为丰富，园林工程上常常直接采用野生苗进行绿化，但其成活率相对较低，且其效果不及圃地栽培过的苗木。采用大规格的野生苗进行圃地培育，是快速培育园林大苗的有效途径之一。

1. 苗木选择

选择野生苗培育须考虑以下几点。

① 选择移栽、运输成本较低，具有较大利润空间的树木。

② 选择移栽易成活或移植难度较大，但价值较高，采用特殊的技术处理后，能够移植成活的树种。

③ 选择市场需求量大但短期内市场缺口较大的品种，因这些品种采用常规培育大苗周期长，无法满足市场需要。

④ 选择规格较大而树龄较小的壮苗。

⑤ 选择树形相对较好，具有培养前途的苗木，移栽后较易培养成形，很快可以出售。树形稍差者，但经过特殊的整形及培养，可培育成独具特色的苗木。

2. 培育技术

（1）起苗　起苗时要尽可能保留较大且完好的根系，移植较难成活的树种可带土球。剪除病根、伤根、过长根；疏除过密枝，剪除或短剪影响树形的过长枝、徒长枝等，清除病虫枝。

（2）运输　运输时要采取保护措施，不要碰破树皮，防止苗木失水。要保护好土球，裸根苗的根系蘸泥浆或进行包装，常绿树可喷洒抗蒸腾剂。装车后，要覆盖苗木，气温较高时可选在早晨、傍晚或夜间运输。

（3）栽植　栽植要对根系进行修剪，剪去烂根及劈裂根等。栽植时要施足底肥，可将充分腐熟的有机肥与栽植土混合后填入种植穴。栽后，对有支撑必要的树木进行支撑。及时浇定植水，并结合浇水使用生根刺激剂，以促发新根生长。

（4）养护管理　及时抹除下部萌芽，控制冠部的萌芽生长，待树木生根后再让其生长。进行合理的修剪，培养良好的树冠，对于缺枝偏冠的苗木，可采用拉枝、嫁接补枝和修剪等方法调整培养树冠。

三、容器大苗培育法

容器大苗培育法，是将成苗、半成苗移入容器，经过缓苗成活后，或经过短期培育，将苗木推向市场。虽培育成本高，但市场需求潜力大，利用容器全年都可以对苗木移栽，因此被称为可以移动的森林，是园林大苗培育的发展方向之一。

1. 苗木选择

选择适于容器培育的苗木须考虑以下几点。

① 选择苗木价值较高的品种或名贵品种，其市场价格较高，容器大苗的成本相对提高幅度较小，易为施工单位采用。

② 选择地栽大苗栽植成活率较低的品种，施工单位为降低风险，更愿意出较高价格购买容器大苗进行施工。

③ 选择根系分布范围相对集中的树木或经过断根的树木。

④ 选择较大规格成苗、半成品苗。移入容器后，只需缓苗培养，完全成活后即可出售。

2. 栽植时间

应根据苗木生理特性和当地气候特点，在适合根系再生和枝叶蒸腾量最小的时期进行栽植。大多数苗木早春栽植最佳，秋季次之，部分树种可在雨季进行。春季栽植宜早，选在气温回升，土壤刚解冻，树木根系已开始生长而枝芽尚未萌动时进行。秋季则选在晚秋树叶落尽，枝干已开始休眠，根系尚能生长的时期进行。雨季则要选春梢停止生长的苗木，在连雨天进行移植。

3. 培育技术要点

① 修根：在移入容器之前，对苗木根系进行修剪，缩小根幅，锯掉不具营养吸收功能的过粗的老根，使其露出新茬，刺激发生新根。

② 修枝：剪去部分枝条，以维持树木地上部与地下部的平衡，有利于树木成活，剪枝时要遵循有利于树木较快培育成形的原则。

③ 种植土具有良好的土壤结构和肥力，具有良好的持水保肥能力。种植时应施入适量的长效性有机肥，供给树木生长需要。

④ 摆放在背风的场地，适当稍密、整齐，必要时对树木进行支撑，以利于苗木的成活和生长。

⑤ 加强水肥管理。一定要大水浇透，但不要长时间积水，干旱及高温季节可适当进行叶面喷水及地面洒水，创造良好的小环境。

⑥ 注意做好防寒工作，确保苗木安全越冬。

四、特大苗培育法

在园林应用上，一般将胸径 15cm 以上的乔木称之为特大苗。在生产实际中，常结合造林和绿地改造，将有利用价值的大树移入苗圃，进行培养和复壮，培育成特大苗。

1. 移植时间

常绿树以早春或雨季移植为宜。落叶树应秋季落叶后即开始移植，此时苗木根系仍处于活跃状态，有利于受伤根系的愈合，使树木地上部与地下部易建立新的平衡关系，以提高移植的成活率。

2. 修剪

落叶树移植时，为了提高移植成活率，常需对树木进行修剪，保留一级骨干枝，短截二级骨干枝，保留长度 30～50cm，去除其他枝条。对于不影响冠形的一、二级骨干枝可以疏除。修剪后，用保护剂涂抹，保护伤口。

3. 起苗

起苗时，要尽可能保留较大的根幅，多带须根。有条件的应先断根缩坨。通常根幅直径为树木胸径的 8～10 倍。裸根苗木起苗前，应进行浇水以渗透到根部的土壤，起苗时应带部分护心土，以利于保留较多的须根。挖掘苗木时，要用锋利的铁锹，粗大根应用快刀斩断或用锯锯断。操作过程中要避免过分振动而破坏土坨。起苗后，要采取措施保护好根系、枝叶及土球，及时运输，及时栽植。

4. 运输

运输中要注意保护好裸根苗木根系，可用加入生根剂的保水剂喷根。装车后，用浸透水的湿稻草覆盖保湿。带枝叶苗木要喷抗蒸腾剂，以减少水分损失。土球两边用席包裹固定，要轻装轻卸，勿伤土球。注意保护枝干与树皮，避免造成磨损。

5. 栽植

取种植土与稀释后的生根剂水溶液拌成泥浆，在土球（或根系）外涂 2～5cm 厚泥浆，放入备好的种植穴内，填入种植土踏实，做水堰，浇透水。

6. 栽后管理

（1）支撑　树干与支撑接触部分要加保护层，避免树皮受损伤。支撑要牢固，刮风下雨前要及时检查，若有松动要及时加固。

（2）保护树干　用草绳及稻草缠裹树干，可以保护树体水分，避免日光灼伤和低温冻害。保护物解除后，可对树干进行涂白保护。

（3）水肥管理　树木定植后应连续 3 次浇透水。此后，视土壤墒情进行浇水，勿使土壤过湿，以免烂根。在雨季中要注意排涝。土壤中水分过多时，可沿根幅外侧挖 3～5 个控水沟，沟宽 30cm 左右，深达树木栽植深度以下约 10cm，排除土壤中多余水分。栽植树木时要施入基肥。后期树木缺肥，可进行根外追肥。

（4）病虫害防治　树木通过锯截、移栽，伤口多，萌芽嫩，树体的抵抗力弱，容易受到病虫危害，所以要加强预防。

复习思考题

1. 为什么要对树木进行移植？移植成活的基本原理是什么？如何选择适宜的移植时期？移植时需注意哪些事项？

2. 落叶树移植成活的技术要点是什么？

3. 常绿树移植成活的技术要点是什么？

4. 大树移植的技术要点有哪些？

5. 在苗木移植时，常对根系、树冠部分枝叶进行适量的修剪，遮荫，喷灌水等处理，请说明其理论依据。

6. 常用的整形、修剪的方法有哪些？

7. 如何培育行道树大苗？

8. 农谚说："深耕细耙，旱涝不怕"，请说明其中的道理。

9. 如何看天、看地、看树施肥？

10. 如何做到科学合理地灌溉？

第五章　设施育苗技术

知识目标

了解设施条件下育苗的类型，掌握无土栽培、组织培养、容器育苗等先进的育苗技术原理；能正确认识育苗设施的特点和用途。

技能目标

熟悉主要设施育苗类型，掌握主要设施育苗的操作技术程序和要点。

第一节　育 苗 设 施

在人为提供的各种设施设备条件下进行育苗称为设施育苗。用于育苗的设施设备种类很多，大体可分为两类：一类称为保护设施，这类设施可以在一定程度上防止不良环境的影响，如温室、塑料棚、温床、阳畦、拱罩、风障以及防雨棚、地膜、防虫网、无纺布覆盖等；另一类可称为栽培设施，主要目的是为了方便管理，如灌溉设施、温控设施、栽培床、培养架、各类育苗容器等。二者常相互结合应用，也可单独应用，各类设施通常是相互结合应用的。

一、温室

温室是结构最完善的保护设施，采光、增温、保温性都比较好。其种类很多，可从不同角度进行分类。

1. 按透光材料分类

（1）玻璃温室　凡是用玻璃覆盖进行采光的温室，叫玻璃温室。

（2）塑料薄膜温室　凡是用塑料薄膜覆盖进行采光的温室，叫塑料薄膜温室，是目前生产中采用最多的类型。

以上两种通称普通月光温室

（3）现代化温室　一般用硬质塑料板材作为四周的透光覆盖材料。多为连栋温室，空间大，管理方便。内部各种设施比较齐全，保护能力强。

2. 按加温与否分类

（1）日光温室　完全利用太阳光能作为热源的温室，叫日光温室。这类温室只能用于冬季不很寒冷的地区。

（2）加温温室　除利用太阳光能外，还利用人工加热作为热源的温室，叫加温温室。一般利用炉火或水暖进行加温，也有的利用工厂热水或温泉地热水进行加热。我国北方冬季寒冷地区多用加温温室。

3. 按外观形状分类

图 5-1　半圆拱改良日光温室

（1）折面温室　透光面用玻璃、硬质塑料等做透光材料时，宜用折面形，塑料薄膜也可采用此形。其中包括平顶形、二折形、三折形、一斜一立形、一面坡形等。

（2）半圆拱式温室　前屋面为半圆拱式，采光好，空间较大，塑料薄膜容易压紧，这是目前生产上应用的主流温室，见图5-1。

（3）连栋温室　是将数个单体温室屋面相连，栋间不设隔断。其空间宽大，管理方便，一般用于现代化温室。

4. 按骨架结构分类

（1）竹木结构　骨架由竹竿、竹片、木杆构成。取材方便，造价低，但易腐烂，使用寿命短，且操作管理不便。

（2）钢铁结构　骨架由钢筋或钢管焊接或连接而成，坚固耐用且操作管理方便。

（3）水泥构件　其拱架由水泥预制而成，坚固耐用，造价较低。

（4）混合结构　骨架由钢铁、竹木、水泥构件中的两种以上混合构建而成。

5. 新型温室

温室在不断发展完善之中，除目前应用较多的以硬质塑料作透明覆盖材料的现代化温室（见图5-2）以外，新型温室还在不断涌现。如鸟巢温室，见图5-3。

图 5-2　现代化温室　　　　　　　　　　　图 5-3　鸟巢温室

鸟巢温室是一种能使空间利用最大化的现代新概念设计，它的运用使温室的使用范围得以拓展，由原来只限于花卉蔬菜种苗的培育利用，发展成为高大热带植物、经济景观植物及濒危待救植物大苗繁殖的最佳设施，还可作为生态餐厅的最为科学与美观的生态设计，在一定程度上解决了现代化温室投入大、维护成本高的问题。

鸟巢温室外表为半球形，属于大跨度大空间架构，与其他架构相比，它具有更强的力学优势，有很强的抗风、抗压、抗震性。

二、塑料拱棚

以塑料薄膜为覆盖材料，以竹木、水泥、钢管等材料作为骨架，没有保温墙体，能部分控制动、植物生长环境条件的栽培设施，也可看做一种简易温室。

1. 按拱架材料分类

按拱架材料不同，可分为竹木结构、钢筋结构、钢管结构、水泥结构、混合结构。

2. 按拱架下支柱有无或多少分类

（1）有柱大棚　棚内支柱较多，操作管理不便。

（2）悬梁吊柱大棚　棚内支柱较少，操作管理较方便。

（3）无柱大棚　棚内无支柱，操作管理方便。

3. 按棚体数量分类

（1）单栋大棚　每个大棚都有单独做成的骨架，整个棚体是单独的一栋大棚。

（2）连栋大棚　整个棚体由多个大棚连接而成，将两栋以上的拱圆棚连在一起，而形成连接式大棚，一般跨度为 4～12m，面积在 2～10 亩❶或更多。这类大棚管理方便，便于实行机械化操作和自动化控制，多用钢材作棚架。

4. 按棚体大小分

（1）大棚　肩高 1.8～2.0m，宽度 6m 以上，操作人员通行和管理方便。

（2）中棚　肩高 1.3～1.8m，宽度 2～6m 不等，操作人员通行和管理只能采用半蹲或蹲姿。

（3）小棚　肩高 1.3m 以下，宽度 2m 以下，人员不能进入操作。高度仅几十厘米者，通常称为拱罩。

三、荫棚

按使用时间长短和结构分可为临时性与永久性两类。

（1）临时性荫棚　也称简易荫棚，多用于北方，供植物繁殖和盆栽植物栽培，一般经生产一季后撤除。用竹木做骨架，庄稼秸秆做遮荫材料，现在则多用遮阳网作遮荫材料。

搭建临时荫棚时，先在苗木四周栽好木桩，再用铁丝或木棍、竹片等搭好横竿，用铁丝固定好，上面搭上密度适宜的遮荫材料。其高度依苗木高度而定，以方便管理。

（2）永久性荫棚　主要用于科学实验和花卉展览等用途，也可用于苗木繁殖。可连续使用多年，其骨架采用耐用材料，如水泥构件、钢筋、钢管、角钢及铝合金、塑钢等。形状和大小也有多种形式，有长方形、方形、圆形或多角形等。为了适应多种用途的需要，也可将几个不同形状和高度的单棚进行组合，形成回廊式荫棚组。

永久性荫棚有的还在遮荫物下铺设棚膜，起防雨作用。

四、光温控制设施

1. 光照控制设施

由于各种覆盖材料的影响，常常引起保护设施内光照不足，解决途径有两类：一类是充分利用自然光，如设计合理的温室结构、在日光温室后墙张挂反光幕、地面铺反光膜等；另一类则是人工补光。

人工补光所用的电灯有两类：一类是发生完全的连续光谱的光，如白炽灯和弧光灯，发生的长波较多，利于增温，但长期使用易引起植株徒长；另一类是发出间断光谱的日光灯和高压气体发光灯，其升温效果较差。

补光时灯泡应距薄膜和植株 50cm 左右，根据所需补光强度决定灯泡的个数和功率，例如 3 根 40W 的日光灯合在一起，离灯 45cm 远处光照强度为 3000～3500lx。

2. 温度控制设施

（1）保温设施　风障、防寒沟、各种覆盖材料等。

（2）加温设施　有炉灶、水暖、火盆、空调机、电热线等。

---

❶ 1 亩＝666.7m²。

（3）降温设施　不透明或半透明覆盖材料、排风扇、湿帘、弥雾机等。

五、喷灌设施

喷灌又可分普通喷灌、微喷灌和雾喷灌。普通喷灌射程远，用于大田露地育苗，后两种主要用于保护地育苗。

（一）普通喷灌

普通喷灌是把由水泵加压或自然落差形成的有压水通过压力管道送到田间，再经喷头喷射到空中，形成细小水滴，均匀地洒落，达到灌溉的目的。其优点是灌水均匀，少占耕地，节省人力，对地形的适应性强；主要缺点是受风影响大，设备投资高。

喷灌系统的形式很多，其优缺点也就有很大差别。在我国用得较多的有以下几种。

1. 固定式管道喷灌

干支管都埋在地下（也有的把支管铺在地面，但在整个灌溉季节都不移动），这样管理更省人力，可靠性高，使用寿命长，但设备投资大。

2. 半移动式管道喷灌

干管固定，支管移动，大大减少了支管用量，但是移动支管需要较多人力，并且如管理不善，支管容易损坏。为了避免或减少因支管移动带来的费工、易损等不足，近年发明了一些由机械移动支管的方式，可以部分或完全克服这一缺点。

3. 中心支轴式喷灌机

将支管支撑在高 2～3m 的支架上，全长可达 400m，支架可以自己行走，支管的一端固定在水源处，整个支管绕中心点绕行，像时针一样，边走边灌，可以使用低压喷头，灌溉质量好，自动化程度很高。适用于大面积的平原（或浅丘区），要求灌区内没有任何高的障碍（如电杆、树木等）。其缺点是只能灌溉圆形的面积，边角要设法用其他方法补灌。

4. 滚移式喷灌机

将喷灌支管（一般为金属管）用法兰连成一个整体，每隔一定距离以支管为轴安装一个大轮子。在移动支管时用一个小动力机推动，使支管滚到下一个喷位。每根支管最长可达 400m。这种机型我国已有产品，亦要求地形比较平坦之地。

5. 大型平移喷灌机

为了克服中心支轴式喷灌机只能灌圆形面积的缺点，研制出了支管作平行移动的喷灌系统，灌溉面积成矩形。但其缺点是当机组行走到田头时，要专门牵引到原来的出发地点，才能进行第二次灌溉。而且平移的准直技术要求高。因此，此种机型没有中心支轴式喷灌机使用得那么广泛。

6. 卷盘式喷灌机

用软管给一个大喷头供水，软管盘在一个大绞盘上，见图 5-4。灌溉时逐渐将软管收卷在绞盘上，喷头边走边喷，灌溉一个宽度为两倍射程的矩形田块。这种系统，田间工程少，机械设备比时针式简单，从而造价也低一些，工作可靠性高。一般要采用中高压喷头，能耗较高。也要求地形比较平坦，地面坡度不能太大，在一个喷头工作的范围内最好是一面坡。

图 5-4　牵引卷盘式喷灌机　　7. 中、小型喷灌机组

常见的形式是配有 1～8 个喷头，用水龙带连接到装有水泵和动力机（多为柴油机与电动机）的小车上，功率为 3～12 马力[1]居多。使用灵活，投资较少，但移动费力，管理要求高，只适用于中小型的苗圃和田块。

（二）微喷灌

微喷灌是通过低压管道系统，以小流量将水喷洒到土壤表面进行灌溉的方法。它是在滴灌和喷灌的基础上逐步形成的一种新的灌水技术，由于微喷头出流孔口直径和出流流速（或工作压力）都比滴灌滴头大，从而大大减少了灌水器的堵塞。微喷灌还可将可溶性肥料随水喷洒到作物叶面或根系周围的土壤表面，提高施肥效率，节省肥料。

1. 微喷灌系统的类型

根据微喷灌系统的可移动性，可将微喷灌系统分为固定式和移动式两种。固定式微喷灌系统的水源、水泵及动力机械、各级管道和微喷头均固定不动，管道埋入地下，其特点是操作管理方便，设备使用年限长。移动式微喷灌系统是指轻型机组配套的小型微喷灌系统，其机组、管道均可移动，具有体积小、重量轻、使用灵活、设备利用率高、投资省、便于综合利用等优点，但使用寿命较短、设备运行费用高。

2. 微喷灌设备

（1）微喷头　常用微喷头有折射式、射流式、离心式和缝隙式四种。常用的是折射式和射流式。

① 折射式微喷头　折射式没有运动部件，又称固定式喷头，有单向和双向喷水两种形式。其工作压力通常为 100～350kPa，射程为 1.0～7.0m，流量为 30～250L/h。其优点是结构简单，没有运动部件，工作可靠，价格便宜。

② 射流式喷头　射流式有运动部件，水流经旋转部件后喷出，所以也称旋转式喷头。其工作压力一般为 1000～1500kPa，喷洒半径为 1.5～7.0m，流量为 45～250L/h。

③ 离心式微喷头　水流从切线方向进入离心室，绕垂直轴旋转后，从离心室中心射出，在空气阻力作用下粉碎成水滴洒灌在微喷头四周。其特点是工作压力低，雾化程度高。

④ 缝隙式微喷头　这种喷头的特点是雾化好，扇形向上喷洒。特别适用于长条带状花坛微喷。

（2）过滤器具　微喷灌系统与滴灌系统比较，虽然发生堵塞的概率较小，但仍然无法完全避免，一旦发生堵塞，即降低系统的效率及灌水的均匀性，甚至造成漏喷。防止堵塞的方法主要是对水源进行过滤。微喷灌系统对水质净化处理的要求比滴灌系统低些，所用过滤器的微粒和滤网的目数应根据水质状况选择。一般过滤器的目径比滴灌系统的相对大些。

（3）管道　微喷灌采用的管道多数为塑料管，其材料有高压聚乙烯、聚乙烯、聚丙烯、聚氯乙烯等，其中高压聚乙烯和聚氯乙烯用得较多，这两种材质的管道具有较高的承压能力。聚氯乙烯多用作微喷灌系统的干管和支管，高压聚乙烯主要用于小直径的管道，如毛管、支管、连接管等，这些管道要求具有一定柔性。

（4）管件　管件是将管道连接成管网的部件。管道的种类与规格不同，所用的管件不尽相同。如干管与支管的连接需要等径或异径三通，还要设置阀门，以控制进入支管的流量；支管与毛管的连接需要异径三通、等径三通、异径接头等管件；毛管与微

---

[1] 1 马力＝735.499W。

喷头的连接需要旁通、变径管接头、弯头、堵头等管件。管件的材料多为塑料，也可用钢管加工。

（5）施肥装置　目前应用较多的施肥罐是旁通式，也有用文丘里泵、注射泵的。

旁通施肥罐由节制阀、进口阀、水表、肥料注入口、施肥罐、出口阀、压力表等组成。它由两根小管与主管道相连接，在主管道上两个连接点之间设置一个节制阀，靠阻力作用产生一个小压差水头（1～2m），足以使一部分水流流经施肥罐进水管直达罐底，从而掺混溶液，并由另一根管排进主管道，罐内的溶液越来越被稀释。这种施肥装置具有结构、组装和操作简单，价格较低；不需外界动力；对系统流量和压力变化不敏感等特点。施肥罐的容积一般为60～220L。在肥液排入系统输送管末端应安装一个抗腐蚀的过滤器，滤网规格以48目为宜。

（6）水泵　水泵是微喷灌系统的心脏，它从水源抽水并将无压水变成满足微喷灌要求的有压水。水泵的性能直接影响着微喷灌系统的正常运行及费用。应根据微喷灌系统的需要选用相应性能的高效率水泵。

（三）雾喷灌

雾喷灌又称弥雾灌溉，与微喷灌相似，也是用微喷头喷水，只是工作压力较高（可达200～400kPa）。因此，从微喷头喷出的水滴极细而形成水雾。雾喷灌具有较好的喷洒降温效果，可以增加作物湿度，调节土壤温度，且对作物打击强度小，用于嫩枝扦插以及花卉栽培等对温、湿度有特别要求的情况下效果更好。同时雾喷灌还具有独特景观。雾喷灌的适应性强，可在各种地形、土质下使用。

六、全光自动间歇喷雾扦插床

全光照自动间歇喷雾扦插，主要用于难生根树种的嫩枝扦插。是指在露地全光照的条件下，采用间歇喷雾的方法为插穗枝叶提供水分，调节插壤和空气的温、湿度，控制插穗枝叶的蒸腾，并使其正常进行光合作用，加上通气、清洁和排水良好的插壤，以及生长调节剂的应用，扦插成活率大为提高。

1. 选址

插床应建在背风向阳、地势较高、水电便利的地方。

2. 插床建造

由于设备的原因，目前生产上用的插床多为圆形，施工时，先在苗床中心打好高50cm的水泥基座，基座上固定好安放喷雾装置的螺丝。用砖以基座为圆心垒成高50cm、半径为12m的圆形矮墙，矮墙的基部每隔1m留一个半砖宽、两砖高的排水孔。插床底部整成中心高四周低的坡面，并踩实，以便排水。然后用砖从中心向外墙垒四堵高40cm的矮墙，将插床分成四等份，便于扦插和后期管理。喷雾装置一般用中国林业科学院生产的双长臂自压式扫描装置，自控仪为HL-Ⅲ型水分控制仪。

3. 铺设基质

苗床底部先铺一层15cm厚的河卵石或碎石子，再铺5cm厚的粗河沙或粗炉渣，上层铺20～25cm厚的细河沙（或蛭石或珍珠岩）作扦插基质。最后，将事先准备好的喷雾装置用螺丝固定在基座上，并与水源（水塔和蓄水池等）和电源连接好。

扦插前1～2天，用0.5%的高锰酸钾溶液对插床进行消毒，每平方米用药液4kg，2h后用清水冲洗干净即可使用。

第二节　无土栽培育苗

一、无土栽培

不用天然土壤种植作物的方法称为无土栽培，通常与保护设施相结合。

无土栽培可以将许多普通方法难以用于耕作的土地加以开发利用，所以使得不能再生的耕地资源得到了扩展和补充，这对于缓和及解决日益严重的耕地问题，有着深远的意义。无土栽培不但可使许多荒漠变成绿洲，而且在不久的将来，海洋、太空也将成为新的开发利用领域。美国已将无土栽培列为 21 世纪要发展的 10 大高科技。而在日本，无土栽培技术已被许多科学家作为研究"宇宙农场"的有力手段。

水资源的问题，也是世界上日益严重威胁人类生存发展的大问题。在干旱地区，以及发达的人口稠密的大城市，水资源紧缺问题越来越突出。所以，控制农业用水是节水的措施之一，而无土栽培，避免了水分大量的渗漏和流失，节约了难以再生的水资源，必将成为节水型农业、旱区农业的必由之路。

实践证明，对植物地上部分的环境条件的控制，相对比较容易做到，而对地下部分的控制（根系的控制），在常规土培条件下很困难。无土栽培技术的出现，使人类获得了包括无机营养条件在内的，对植物生长全部环境条件进行精密控制的能力，从而使得农林业生产有可能彻底摆脱自然条件的制约，完全按照人的愿望，向着自动化、机械化和工厂化的生产方式发展。这将会使作物的产量得以几倍、几十倍甚至成百倍地增长。

诚然，无土栽培技术在走向实用化的进程中也存在不少问题。突出的问题是成本高、一次性投资大；同时还要求较高的管理水平，管理人员必须具备一定的科学知识，这有赖于生产力发展水平和人们科学知识水平的不断提高。

我国无土栽培起步较晚，由于种种因素限制，使得栽培技术与农业工程技术还没有协调同步，致使无土栽培技术在我国发展的速度，不如发达国家那样迅速。但是这项新技术本身固有的种种优越性，已向人们显示了无限广阔的发展前景。

设施育苗更多的是采用无土栽培，严格来说，组培育苗、工厂化育苗和一些容器育苗多属无土栽培范畴。

无土栽培的方式方法多种多样，不同国家、不同地区由于科学技术发达水平不同，当地资源条件不同，自然环境也千差万别，所以采用的无土栽培类型和方式方法各异。常用的分类方法是根据基质（介质）类型和性质分为固体基质培和无固体基质培两大类。

固体基质又分为有机和无机两类，有机基质包括有机肥、草炭、锯末、树皮、秸秆、蔗渣、沼渣等；无机基质包括岩棉、珍珠岩、蛭石、沙、石砾、炉渣等。各种基质常配合使用。

无固体基质培又分水培和雾培。

二、沙培育苗

沙培可以看作是砾培的一种，但其基质粒径比砾培小，保水性比砾培高。沙培系统的特征是沙粒基质能保持足够湿度，满足作物生长需要，又能充分排水，保证根际通气。但如果沙粒粒径过小，保湿量过大，而又不循环流动，导致溶氧供应量减少，则会导致通气不良情况的发生。因此，如何把握沙培不过干、不过湿是管理技术的关键。

（一）基质

沙是无土栽培中应用最早的一种基质。其最大优点是取材广泛，价格便宜。沙的不同粒径组成，物理性质有着很大的差异，决定着栽培效果，粗沙透气好而持水力弱，细沙及粉沙相反。有研究结果表明，1.5～1.0mm 粒径的沙粒，保水力为 26.8%，1.0～0.5mm 的为 30.2%，0.5～0.32mm 的为 32.4%，0.23～0.25mm 的为 37.6%。

从沙的化学性质来看，由于沙的种类及来源不同，其 pH 值和微量元素含量都有较大的差别。有鉴于此，沙作为无土栽培的基质，使用中应注意以下几个方面。

① 沙粒不宜过细，可选用 0.6～2.0mm 粒径组成的为好。沙粒应均匀，不宜在大沙粒中加入土壤或细沙。还有人认为粒径小于 0.6mm 的沙粒应占 50% 左右，大于 0.6mm 的应占 50% 左右。王儒钧等试验沙培的粒径组成为：沙子粒径大于 2mm 的占 1.1%，2～1mm 占 6.9%，1～0.5mm 占 19.7%，小于 0.5mm 占 72.3%。

② 沙子在使用前应进行过筛，剔除大的砾石，用水冲洗以除去泥土及粉沙。

③ 用前进行化学分析，以确定有关成分含量，保持营养成分的合理用量和有效性。

④ 确定合理的供液量和供液时间，防止因供液不足而造成缺水。

（二）沙培的设施结构

沙培方式有多种，前述全光自动间歇喷雾扦插床即为一种，常用的还有以下两种。

1. 栽培槽

（1）固定式栽培槽　一般为多用砖或水泥板筑成的水泥槽，内侧涂以惰性涂料，以防止弱酸性营养液的腐蚀，也可用涂沥青的木板建造。槽的宽度为 80～100cm，两侧深 15cm，中央深 20cm，槽底多呈"V"形，底铺双层 0.2mm 厚黑色聚乙烯塑料薄膜。

由于沙培采用滴灌法供液，且不回收，因此槽底部应有 1∶400 的坡降，以利于排液。另外还应设置排液管，使多余的营养液排放到棚室外面。排液管依槽底形状不同而有不同设置。"V"字形的槽底，排液管可设置在槽底中央；中间高两边低的槽，则设在槽外，于道路边设一暗沟排液。设置槽中间的排液管可用多孔塑料管，管径 4～7.5cm，孔隙朝下，即排水孔朝槽底。也可以从排水管腹部每隔 40～50cm 切割一道深入管径 1/3 的缝隙作为排水通路，缝隙朝下，以防作物根系阻塞孔隙。

（2）全地面沙培床　这是另一种沙培形式，由美国亚利桑那州开发，非常适于在沙漠地区应用。在整个温室地面上全部铺上沙，建成一个大栽培床，为了利于排水，床底的坡降应稍大，通常为 1∶200，在床上铺两层 0.15～0.2mm 厚的黑色聚乙烯薄膜，薄膜上按 1.5～2.0m 的间隔，平行排列直径为 4.0～6.0cm 的多孔塑料排液管，排液管孔应向下。排出的营养液流到室外的贮液池中，可用于大田施肥。排液管放好后，铺上 30cm 厚的沙层，整平，沙的厚度要均匀，如深浅不一，将导致基质中湿度分布不匀，浅的地方作物根系可能会长入排水管中将其堵塞。

2. 供液系统

沙培通常可用滴灌、微喷灌、喷雾等方式供液。成苗培育多用滴灌，由供液主管道（ϕ32～50mm）、支管道（ϕ20～25mm）、毛管（ϕ13mm）、滴管和滴头组成。滴管和滴头接在毛管上，每一植株有一个滴头，务求每株滴液量相同。毛管在水平床面长度不能超过 15m，过长会造成末端植株的供液量小于进液口一端的供液量，导致作物生长不一致。

较为经济、方便的方式是选用多孔微灌软管代替上述滴灌系统，使毛管、滴管和滴头融为一体，出水口位于软管轴线的上方，管壁厚一般为 0.1～0.2mm，出水孔的孔径为 0.7～1.0mm，孔距为 250～400mm，对水源的要求也降低了许多，直接铺在行间，从微孔中流出营养液，湿润基质。微灌带的出水孔采用特殊的机械加工方法形成，流量均匀。软灌带的成本低，使用方便，但使用寿命较短。

灌溉系统用的营养液要经过一个装有 100 目纱网的过滤器，以防杂质堵塞滴头。

（三）沙培技术要点

1. 营养液管理

（1）对营养液的要求　从沙的化学性质看，pH 值一般为中性或偏酸，除 Ca 的含量较高，其他大量元素含量都偏低。各种微量元素在沙中都有一定的含量，很多沙中 Fe 的含量较高且可被植物利用，Mn 和 B 含量仅次于 Fe，有时可以满足作物需要。

另外，沙培基质的缓冲能力较差，且是采用开放式供液，在基质中贮液不多，致使基质中营养液的成分、浓度和 pH 反应变化较大。在选定营养液配方时，应根据所用沙的各种元素的含量对配方进行调整，以确保各种养分的平衡。如果配方的生理反应稳定，但剂量较高，则可用其 1/2 的剂量。

（2）供液量和供液方法　在正常情况下，可根据作物对水分的需要来确定供液次数。每天可滴灌 2～5 次，每次要灌足水分，允许有 8％～10％的水排出，并以此来判断是否灌足。

每周应对排水中的可溶盐总量测定 2 次（用电导率测定仪）。如可溶盐总量超过 2000mg/L，则应改用清水滴灌数天，让其溶盐，以降低浓度。当出现低于滴灌用的营养液浓度后，应重新改回用营养液滴灌。

如遇连续低温阴雨天气，植物蒸腾较少，可能不需要天天多次滴灌。但从养分需要来看，有可能是需要滴灌的。此时可继续滴进营养液，让新营养液替换掉已在沙中被苗木吸收了养分的旧营养液，以保证作物对养分的需要。如遇到滴量不多就有不少水排出时，可将营养液的浓度提高，但总营养盐浓度不要超过 2.5g/L。

2. 基质消毒

每年最少进行 1 次，也可以 1 茬 1 次。以消除包括线虫在内的土传病虫害为主。常用消毒剂为 1％福尔马林溶液、0.3％～1％次氯酸钙或次氯酸钠溶液。药剂在床上滞留 24h 后，用水清洗数次，直至完全将药剂洗干净。也可用溴甲烷等药剂消毒或其他方法消毒，方法可参照有关章节。

三、砾培育苗

砾培是无土栽培初期阶段的主要形式，是一种封闭循环系统，由于营养液循环使用，水和养分的利用都很经济。因此在当时，砾培被公认为是无土栽培技术上有实用效果的典型。后来，因惰性优质砾石来源困难，而且运输、清洁和消毒工作繁重，逐步被其他栽培形式所取代。但在火山岩等砾石资源丰富的地区，其仍不失为一种简便有效的无土栽培方式。

1. 基质

栽培所用的石砾以花岗岩碎石最为理想，粒径在 5～15mm，要求质硬而未风化，棱角较钝，不会因为摩擦对植株的根颈部造成伤害。尽量不选用石灰性的石砾，因为石灰性石砾中的 $CaCO_3$ 能与营养液中的不溶性磷酸盐作用，生成不溶性的 $Ca_3(PO_4)_2$ 和 $CaHPO_4$，严重降低营养液中有效磷的浓度。采用石灰性石砾时，要作专门的处理。可用浓度为 0.5～5.0g/L 的重过磷酸钙溶液浸泡石砾数小时，定时测定浸泡液中水溶磷的浓度，开始时会不断降低，当降到 P 10mg/L 以下时，需将旧浸泡液排去，换上新的，再浸泡、测定，直至浸泡液的水溶磷含量稳定在 30mg/L 和 pH6.8 左右时，将浸泡液排去，用清水清洗数次，即可使用。此时石砾的颗粒表面包上一层不溶性磷酸三钙，抑制了碳酸钙的溶出。当经过多次使用，石砾表层的磷酸三钙层被磨损掉，碳酸钙重新暴露再起作用时，应重新浸泡处理。

即使选用非石灰性的石砾，也具有一定的置换、吸附、溶出多种离子的性质，如果使用前不进行处理，会干扰营养液的稳定，引起作物缺素症的发生。处理方法是将石砾用清水洗净，首先除去混入的腐殖质和黏土，然后用营养液浸渍循环多次，并测定流出的营养液中的 P、K、Ca、Mg、Fe 等及 pH 的变化，如变化较大，则要再换新的营养液循环，直至营养液的组成趋于稳定时才可使用。

2. 砾培的设施结构

砾培装置主要包括种植槽、灌排液装置、贮液池、水泵、转换式供水阀和管道。关键部件是一组不漏水的种植槽，槽内装满石砾，石砾直径一般大于 3mm，种植槽定期灌营养液，然后排出回流至贮液池，循环利用。按灌液方式可分为美国系统和荷兰系统。美国系统使营养液从底部进入栽培床，再回流到贮液罐中，整个营养液都在一个封闭系统内，通过电泵强制循环供液，回流时间由时间继电器控制。荷兰系统采用让营养液悬空落入栽培床的方法，在栽培床末端底部设有营养液流出口，直径为注入管口径的一半，这样，整个循环系统形成一个节流状态，经流出口流入贮液罐的营养液与注入口一样采取悬空自由落入的方法，这样可以使营养液更好地溶解空气，提高营养液的溶氧浓度。供液时再将贮液罐中的营养液用电泵再次打入注入口，循环使用。其特点是每次灌液时，能将栽培床中的营养液全部更新。

我国多采用美国系统，这种系统的设备相对简单，无需频繁供液，耗电少。

四、水培育苗

水培是指使栽培植物的根系一部分生长在营养液中，另一部分裸露在空气中的一类无土栽培技术。由于各地条件不同，具体做法有多种，大体上可以根据所用营养液的深度、设施结构和供氧、供液等管理措施的不同分成以下三类。

（一）营养液膜技术

营养液膜技术（NFT）是指将植物种植在浅层流动的营养液中的水培方法。营养液在栽培床的底面做薄层循环流动，既能使根系不断地吸收养分和水分，又保证有充足的氧气供应。该技术以其造价低廉、易于实现生产管理自动化等特点，在世界各地推广。

1. NFT 设施的结构

主要由种植槽、贮液池、营养液循环流动装置和一些辅助设施组成。

（1）种植槽 大株型植物用的种植槽是用 0.1～0.2mm 厚的白面黑里的聚乙烯薄膜临时围起来的薄膜三角形槽，槽长 10～25m，槽底宽 25～30cm，槽高 20cm，为了改善植物的吸水和通气状况，可在槽内底部铺垫一层无纺布。小株型植物用的种植槽可采用多行并排的密植种植槽，玻璃钢制成的波纹瓦或水泥制成的波纹瓦作槽底，波纹瓦的谷深 2.5～5.0cm，峰距 13～18cm，宽度 100～120cm，可栽植 6～8 行，槽长 20m 左右，坡降 1∶（70～100）。一般波纹瓦种植槽都架设在木架或金属架上，槽上加盖厚 2cm 左右的有定植孔的硬泡膜塑料板作槽盖，使其不透光。

（2）贮液池 贮液池设于地平面以下，可用砖头、水泥砌成，里外涂以防水材料，也可用塑料制品、水缸等容器，其容量因植物和栽培数量而异，大株型植物按每株 3～5L、小株型植物按每株 1～1.5L 计算。加大贮液池、增大容量有利于营养液的稳定，但建设投资也同时增加。

（3）营养液循环流动装置 由水泵、管道及流量调节阀门等组成。将经水泵提取的营养液分流再返回贮液池中，以供再次使用。

（4）辅助设施　包括供液定时器、电导率的自控装置、pH自控装置、营养液的温度控制装置等设施。主要控制营养液的供应时间、流量、电导度、pH和液温等。

2. NFT栽培技术要点

（1）种植槽的准备　新制作的栽培槽要求槽底平展、无渗漏；换茬后重新使用的栽培槽，同样在使用前要检查有无破损、渗漏，并注意消毒。为使栽培床内的营养液能循环流动供液，必须使栽培床保持适宜的坡降。坡降的大小，以栽培作物后水流不发生障碍为度，一般认为1/80～1/100为好，即10m长的栽培床，两头高差10cm左右。但应注意，栽培床不能太长，床底应平整呈缓坡状，防止营养液在床内弯曲流动。

（2）育苗与定植　NFT栽培大株型植物时，因营养液层很浅，定植时植物的根系都置于槽底，故定植的苗需要带有固体基质或有多孔的塑料钵以锚定植株。育苗时就应用固体基质制成育苗块（一般用岩棉块）或用多孔塑料钵育苗，定植时连苗带固体基质或多孔塑料钵（块）一起置于槽底。另外，大株型植物的苗应有足够的高度（25cm以上）才能定植，以使苗的茎叶能伸出槽外。

小株型植物用海绵块或带孔育苗钵育苗，也可用无纺布卷成或岩棉切成方条块育苗。密集育成2～3叶的苗，然后移入板盖的定植孔中，定植后要使育苗条块触及槽底而幼叶伸出板面之上。

（3）营养液的管理

① 营养液的供应要及时　此法营养液的供应量少，根系又无基质的缓冲作用。因此，要做到及时，并经常补充，使其维持在规定的浓度范围内。依据槽长、栽培密度等的不同，NFT的供液方法有连续供液法和间歇供液法两种。连续供液是定植后在整个生长期内以2～4L/min流速向栽培槽连续供给营养液，在栽培槽长超过30m、栽培密度较大时，根垫未形成前采用连续供液，根垫形成后采取间歇供液的方法供液，具体供液与停液时间要结合作物生长季节和当地实际测试。例如，木本苗木在槽底垫有无纺布的条件下，夏季可采取供液15min、停供45min，冬季供液15min、停供105min，如此反复日夜供液。

② 注意根际温度的稳定　营养液温度的管理以夏季28℃以下、冬季15℃以上为宜。由于NFT种植槽简易，隔热性能差，再加上营养液层薄、量少，因此液温的稳定性较差，槽头与槽尾产生温差。在管理上NTF系统应配置营养液的加温、降温设备，在种植槽上使用一些泡沫塑料等增强槽的稳温性能，将管道尽可能埋于地下，贮液池应建于室内等，在气温变化剧烈的季节，应在容许的范围内尽可能增大供液量。

③ 注意pH的调整　在植物生长的过程中，常引起营养液的pH发生变化，从而破坏营养液的养分平衡和可溶性，影响根系的吸收，引起植物的营养失调，应及时检测并予以调整。

（二）深液流技术

深液流技术（DFT）1929年由美国加州农业试验站的格里克首先应用于商业生产，后在日本普遍使用，我国也有一定的栽培面积，主要集中在华南及华东地区。深液流技术现已成为一种管理方便、性能稳定、设施耐用、高效的无土栽培类型。

1. 深液流水培的特征

（1）深　指栽培营养液液层较深，营养液的浓度、温度以及水分存量都不易发生急剧变化，pH较稳定，为根系提供了一个较稳定的生长环境。

（2）悬　指植株悬挂于营养液的水平面上，使植株的根颈离开液面，部分裸露于空气中，部分浸没于营养液中。

（3）流 指营养液循环流动，增加溶氧量，消除根系有害代谢产物的积累，提高营养利用率。

2. 设施的结构

DFT 的设施主要包括种植槽、固定植株的定植板块、地下贮液池、营养液自动循环系统四部分。

它与 NFT 水培装置的不同点是：流动的营养液层深度 5～10cm，植物的根系大部分可浸入营养液中，吸收营养和氧气，同时装置可向营养液中补充氧气。该系统能较好地解决 NFT 装置在停电和水泵出现故障时而造成的被动困难局面，营养液层较深，可维持栽培正常进行。

（1）种植槽 可用水泥预制板或砖结构加塑料薄膜构成，一般宽度为 40～90cm，槽内深度为 12～15cm，槽长度为 10～20m。

（2）定植板 定植板用聚苯乙烯泡沫板制成，厚 2～3cm，宽度与栽培槽外沿宽度一致，以便架在栽培槽壁上。定植板面上按株行距要求开直径 5～6cm 的定植孔，定植孔内嵌一只定植杯，定植杯由塑料制成，高 7.5～8.0cm，杯口的直径与定植孔相同，杯口外沿有一宽约 5mm 的唇，以卡在定植孔上，杯的下半部及底部开有许多孔，孔径约 3mm。定植板一块接一块地将整条种植槽盖住，使营养液处于黑暗之中，这样就构成了悬杯定植板。悬杯定植板植株的重量由定植板和槽壁所承担，若定植板中部向下弯曲时，则需在槽的中间位置架设水泥墩等制成的支撑物以支持植株、定植杯和定植板的重量。

（3）地下贮液池 池的容积可按每个植株适宜的占液量来计算，一般大株型植物每株需 15～20L，小株型植物每株需 3L 左右，算出总液量后，按 1/2 存于种植槽中，1/2 存于地下贮液池，一般 1000m² 的温室需设 20～30m² 的地下贮液池，建筑材料应选用耐酸抗腐蚀型号的水泥为原料，池壁砌砖，池底为水泥混凝土结构，池面应有盖，保持池内黑暗以防藻类滋生。

（4）营养液循环供回液系统 由管道、水泵及定时控制器等组成，所有管道均应用硬质塑料管制成，每 1000m² 温室应用 1 台 50mm、22kW 的自吸泵，并配以定时控制器，以按需控制水泵的工作时间。

3. DFT 栽培技术要点

（1）种植槽的处理 新建成的水泥结构种植槽和贮液池，要用稀硫酸或磷酸浸渍中和碱性浸出物。换茬栽培时，使用过的定植板、定植杯、石砾、种植槽、贮液池及循环管道等要进行清洗和消毒处理，消毒液中含 0.3%～0.5% 有效氯的次氯酸钠或次氯酸钙溶液，石砾和定植杯用消毒液浸泡 1d，定植板、种植槽、贮液池、循环管道、池盖板等用消毒液湿润，并保持 30min 以上，消毒结束后用清水冲洗干净待用。

（2）栽培管理 幼苗定植初期，根系未伸出杯外，提高液面使其浸住杯底 1～2cm，与定植板底面离开 3～4cm 空间，既可保证吸水吸肥，又有良好的通气环境。当根系扩展伸出杯底进入营养液后，降低液面，使植株根颈露出液面，以解决通气问题。

（三）浮板毛管栽培技术

浮板毛管栽培（FCH）是浙江省农业科学院东南沿海地区蔬菜无土栽培研究中心与南京农业大学吸收日本 NFT 设施的优点，结合我国的国情及南方气候的特点设计的。它克服了 NFT 的缺点，减少了液温变化，增加了供氧量，使根系环境条件稳定，避免了停电、停泵对根系造成的不良影响。

该装置主要由贮液池、种植槽、循环系统和供液系统四部分组成。

除种植槽以外，其他三部分设施基本与 NFT 相同，种植槽由聚苯乙烯板做成长 1m、宽 40～50cm，高 10cm 的凹形槽，然后连接成长 15～20m 的长槽，槽内铺 0.8mm 厚无破损的聚乙烯薄膜，营养液深度为 3～6cm，液面漂浮 1.25cm 厚、10～20cm 宽的聚苯乙烯泡沫板，板上覆盖一层亲水性无纺布，两侧延伸入营养液内。通过毛细管作用，使浮板始终保持湿润。秧苗栽入定植杯内，然后悬挂在定植板的定植孔中，正好把槽内的浮板夹在中间。根系从定植杯的孔中伸出后，一部分根爬伸生长到浮板上，产生根毛吸收氧气；一部分根伸到营养液内吸收水分和营养。定植板用 2.5cm 厚、40～50cm 宽的聚苯乙烯泡沫板覆盖于种植槽上，定植板上开两排定植孔，孔径与育苗杯外径一致，孔间距为 40cm×20cm。种植槽坡降 1:100，上端安装进水管，下端安装排液装置，进水管处同时安装空气混入器，增加营养液的溶氧量。排液管道与贮液池相通，种植槽内营养液的深度通过垫板或液层控制装置来调节。一般在刚定植时，种植槽内营养液的深度保持 6cm 左右，定植杯的下半部浸入营养液内，以后随着植株生长，逐渐下降到 3cm。此种方法简单易行，设备造价低廉，适合我国目前的生产水平，宜大面积推广。

五、鹅掌柴的无土栽培技术

鹅掌柴可以用水培，也可以用固体基质培，做法比较简单。

1. 水培

水培可采用深液流技术，将其幼苗用陶粒或小石子固定在定植杯中，按照上述培养技术进行培养，当植株生长较大时，更换定植杯，可培养成冠径 80cm 左右的大苗。水培所用营养液可采用 Hoagland 配方，或园试配方 1/2 剂量。

2. 固体基质培

可在夏季（5～8 月份）进行带叶扦插，用全光弥雾扦插法进行扦插即可，大约 20～30d 可以生根。还可以在花盆中用无土基质栽培。

在管理方面需要注意两点：一是防寒，保持温度不低于 8℃，否则会出现寒害，先是叶片变黄，然后茎干干枯死亡；二是空气湿度不能过小，空气过于干燥时，叶片也会退绿变黄。

第三节 组培育苗

一、组培技术在育苗上应用状况

植物组织培养育苗简称组培育苗，是指在无菌操作条件下，利用植物体某个器官（如根、茎、茎尖、芽、叶、花、果实等）的组织（如表皮、皮层、髓部细胞、胚乳等）以至单个细胞（如孢子、体细胞）及原生质体等各种活体，给予适合生长发育的条件，使之分生出完整植株的育苗方法。组培育苗是工厂化育苗的重要形式。

组培育苗技术不断成熟，已逐渐成为生产上重要的育苗手段，但是由于组培育苗投入高、成本高，尚不是主流育苗方法，目前主要在以下几种情况下应用。

① 繁育良种。例如通过花粉培育、胚珠离体培养、胚胎培养等培育新品种，为林木良种繁育开辟了新的、更加简洁的途径。

② 新品种快速推广。组培技术通过工厂化育苗，比扦插、嫁接等方法繁殖速度快得多，有利于新品种的迅速推广应用。

③ 培育无病毒苗。可以利用未染病毒的茎尖分生组织培育无病毒健康植株。

④ 名贵作物的繁殖、种质资源保存等。

二、组培设施与设备

1. 设施

专门的组培生产和研究场所称为组培实验室，包括以下几个部分。

(1) 洗涤室　洗涤各种器皿。

(2) 药品贮存室　贮存药剂的场所，也可用药品柜存放在称量室。

(3) 称量室　配有精密天平，用于称量各种药剂。

(4) 培养基配制室　培养基的配制场所。

(5) 培养基灭菌室　最好独立设置，规模小的以上几个室可以合并使用。

(6) 无菌操作室（接种室）　它是进行植物材料的分离接种及培养体转移的一个重要操作室，它的好坏对组织培养成功与否起重要作用。

室内有操作台和超净工作台，安装紫外灯，以便灭菌；配有照明装置及灯座。要求室内密闭、安装移动门以便空气流动，墙壁光滑平整，地面平坦无缝，便于清洗工作。不可存取与工作无关的东西，也不要造成死角，以免紫外灯无法照射。

为避免出入时把杂菌带入无菌室，无菌室外最好设置缓冲间，缓冲室与无菌室以玻璃隔开。缓冲间内可放置工作服、鞋、帽等。

(7) 培养室　室内摆放培养架，是接种后的培养材料进行培养生长的场所。培养架的大小、数目及其他附属设备依设定的生产规模而定，以充分利用空间和节省能源为原则。要求周围墙壁有绝缘、防火的性能，温度（25±2）℃、湿度50%左右，配置有控温、控湿设备。

初次使用要用大量福尔马林熏蒸消毒。培养期间定期喷洒70%酒精、0.5%甲醛和高锰酸钾熏蒸防止污染，杀灭空气中的杂菌，光照强度可控制在1000～5000lx，每天10～16h。

(8) 温室、大棚等。

2. 常用设备

(1) 玻璃器皿　锥形瓶、试管、培养皿、试剂瓶、吸管、量筒、量杯、称量瓶、容量瓶、烧杯、培养基分注器、蒸馏器等。

(2) 仪器与设备

① 超净工作台，有单人、双人、三人等不同类型。主要是通过风机，送入的空气经过细菌过滤装置，再流过工作台面，配有紫外灯。

② 精密天平。

③ 冰箱。

④ 空调。

⑤ 人工气候箱。

⑥ 培养架：用于放置培养器皿。

⑦ 其他：各种镊子、剪刀、解剖刀、手术室、解剖针、酸度计、照度计、显微镜、解剖镜、过滤灭菌器等。

三、组培育苗基本程序

1. 玻璃器皿洗涤和消毒

新购置的玻璃器皿常有游离碱性物质，使用前用1%稀盐酸浸泡12h，再用热洗衣粉水洗净，清水冲洗，最后用蒸馏水冲 1～2 遍；或用洗液（重铬酸钾与浓 H_2SO_4 混合液）浸泡 4h，然后用自来水彻底冲洗直到不留任何酸的残迹。已用过的玻璃器皿，最好置于高压灭菌锅中在较低的温度下先使黏着在管壁上的琼脂融化，再行清洗；然后用热的肥皂水或合成洗涤剂洗净，清水冲洗干净，蒸馏水冲洗 1～2 遍。重新利用曾装有污染组织或培养基的器皿，必须不开盖放入高压灭菌锅中灭菌，这样做可以把所有污染微生物杀死。即便带有污染物的培养基容器是一次性消耗品，在把它们丢弃之前也应该进行高压灭菌，以尽量减少细菌和真菌在实验室中的扩散。洗净的瓶子应透明发亮，内外壁水膜均一，不挂水珠。对于由于口小难以清洗的滴管，在经重铬酸钾洗液泡后再洗；将洗干净的器皿放在烘箱约 75℃ 干燥，干燥时，各种玻璃容器都应口朝下放置，以便里面的水能很快流尽。

2. 培养基的制备

按照成功的配方配制分生培养基和生根培养基。培养基通常有两个水平：一是基本培养基，包括大量元素和微量元素（无机盐类）、维生素和生长调节剂、糖和水；基本培养基的配方很多，常用的有 10 多种，如 MS、MT、White、改良 White、N6、B5、NT 等；二是完全培养基，在基本培养基的基础上，根据不同试验要求，加入一些物质，如各种植物生长调节物质［ZT（玉米素）、KT（激动素）、6-BA、NAA、IAA、IBA、GA_3、2-IP］以及其他的复杂有机附加物，包括有些成分尚未完全清楚的天然提取物，如椰丝、香蕉汁、番茄汁、酵母提取液、麦芽汁等。

培养基的成分中，若加入适量的凝固剂（琼脂、明胶等），则构成固体培养基；若未加入凝固剂，即为液体培养基。二者各有特点。固体培养基设备简单，使用方便，但对营养利用不充分，而且容易积累大量有害物质，造成自我毒害，必须及时转移；液体培养基对营养利用充分，植体生长速度快，但需要转床、摇床之类设备。

培养基对药品、糖、水质要求均很高。药品和糖一般用分析纯和化学纯，以防有毒物质混入。

对于常用基本培养基的配制，可以先配制成较浓的混合母液，10～100 倍或 100～200 倍，低温保存，使用时再按比例稀释混合，取一定量的母液，按配方称一定量的糖和琼脂连同母液混入沸水中，搅匀，使琼脂完全溶化。调节 pH 值（用 0.1mol/L HCl 和 0.1mol/L NaOH 调节），然后要趁热（40℃ 以前）分装，培养基以占试管或锥形瓶的 1/4～1/3 左右为宜。不要将培养基沾到管壁上，以免引起污染。分装后立即盖上盖子，进行封口；最后再行灭菌。

3. 环境消毒

每次接种前应进行地面的清洁卫生工作，并用 70% 酒精喷雾使空气中的灰尘沉降。工作台面用 70% 酒精（或新洁尔灭）擦洗，并用紫外灯照射 20min，以保证各环节无污染，做到无菌操作。

4. 提取外植体

采来的植物材料除去不用的部分，将需要的部分用适当的软毛刷、毛笔等在流水下刷洗干净，也可蘸少量洗衣粉刷洗。然后把材料切割成适当大小，置于烧杯中，用流水冲洗几分钟至数小时，再用自来水冲洗干净。然后进行表面灭菌，将一干净烧杯置于超净台内，将材料沥水后放入无菌杯中，看好时间，倒入灭菌剂，在灭菌时间内轻轻摇动无菌杯，以促进植物材料各部分与灭菌剂充分接触，驱除气泡，提高灭菌效果。在预定时间之前 1～2min，把灭菌剂倒入另一烧杯中（溶液要弃去），注意勿使材料倒出；倾净后立即倒入无菌水，轻轻摇动 3min 左右。表面灭菌的时间是从倒入灭菌剂开始到倒入无菌水为止，无菌水冲洗每次

3min 左右，冲洗次数视灭菌剂种类而不同，一般 3~10 次。常用的消毒剂有漂白粉（1%~10%的滤液）、次氯酸钠液（0.5%~10%）、升汞（$HgCl_2$，0.1%~1%）、酒精 70%、双氧水（3%~10%）等。

5. 接种

接种是把经过表面灭菌的植物材料转接到无菌的培养基上的过程。接种时操作人员洗干净手，并在超净台内用 70%酒精擦洗双手。操作时左手拿锥形瓶，解开并拿走封口膜，将试管几乎水平拿着，靠近酒精火焰，将管口外部在火焰上燎数秒钟，然后用右手拿镊子夹一块外植体送入瓶内，轻轻插入培养基上，再轻轻盖上封口膜，绑好瓶口。

6. 分生培养

接种后放在培养架或人工气候箱中培养，待长到一定大小后，切成带一芽的小段，接种后进行继代培养，有的长出很多丛生芽，也可用于继代培养。掌握好温度和湿度，保持无菌状态，防止感染。

7. 生根培养

继代培养的苗中，部分继续分生培养，其余准备培养成苗的，转入生根培养基进行生根培养，使之成为完整植株。多数使用低浓度 MS 培养基（1/2MS 或 1/4MS），生根培养时通常使用的是蔗糖，其浓度一般在 1%~3%。IBA、IAA、AA 单独使用或配合使用。使用方法也可能对生根产生影响：一是激素事先加入培养基中；二是事先将材料置入激素中浸泡或培养一段时间，之后再转入无激素的培养基中培养。增加活性炭，给予黑暗条件，也有利生长。

8. 炼苗与移栽

在生根培养基中经过若干天生根培养，将生根状态理想者从培养室取出，置于较强的光照下进行一段时间光照适应性锻炼，再开口适应外界大气环境数天，称为"瓶炼"。瓶炼时间长短、光照强度、具体做法，因植物而异。

经过炼苗对自然环境有一定的适应能力后，将其移栽到先保湿后敞开的空间。移栽后一般是在保护设施中进行培养。移栽方式有：试管苗出瓶移栽，容器移栽和大田移栽。

四、香花槐组织培养育苗

香花槐不结种子，采用埋根、扦插方法繁殖速度慢，而组培则可快速获得整齐一致的苗木。

1. 材料

从健壮母株上采取幼嫩枝条作为外植体，但不要过嫩者。

2. 培养条件

（1）启动培养基　MS+6-BA 0.3mg/L+NAA 0.1mg/L。

（2）继代增殖培养基　MS+6-BA 0.1~0.2mg/L+NAA 0.05mg/L。

（3）生根培养基　MS+IBA 0.1mg/L+NAA 0.5mg/L。

以上培养基附加 0.7%琼脂、2.5%蔗糖，pH 5.5~5.8，培养温度（25±2）℃，光照时间 10~12h/d，光照度 2000~5000lx。

3. 启动培养

将田间采回的生长健壮、无病虫害的幼嫩枝条用流水冲去表面的脏物，剪去叶片（留叶柄），用 0.1%洗衣粉溶液浸泡 5min，用棉球仔细清洗后，流水漂洗干净。在无菌条件下，用70%酒精浸泡 1min，无菌水冲洗 2~3 次，再用 0.1%升汞浸泡 3~4min，无菌水冲洗 3~4 次，切成带一个腋芽的茎段，迅速接入启动培养基，每瓶接种一个外植体。如果材料极其细嫩，则可不用 70％的酒精，而直接用升汞加洗衣粉的方法浸泡 2.5～3.5min，将消毒后的带芽茎段接种在启动培养基中，7～10d 后腋芽开始萌动，20～25d 后长成 2cm 左右的嫩梢。

4. 诱导分化培养

待芽长到 4～5cm，将其从原茎段切下，分切成带 1～2 个芽的茎段，转入增殖培养基中进行继代增殖培养，使其分化出丛生芽；基部丛生芽直接转入增殖培养基进行培养。

5. 根的诱导

当芽苗长至 2.5～3.5cm 时，即可将其转入生根培养基，1 周后开始生根，生根正常，且侧根多，3 周以后生根率达 90％以上。大量元素由 1MS 降至 1/2MS 生根率高。采用低浓度 NAA 和 IBA 效果最好。

6. 定植

大约 1 个月后将生根的试管苗移入温室，在自然光下封口炼苗 1 周，再打开瓶口炼苗 3～5d，然后，将植株取出放入清水中（温度同室温），将其根部的琼脂洗干净，移栽到经过消毒的、以蛭石为基质的容器中，栽好浇一次透水，用塑料膜覆盖保湿。温度控制在 23～28℃，湿度控制在 90％以上，应尽量接近培养瓶中的条件，使小苗始终保持挺拔的姿态。经过 2～3 周，将苗栽于营养钵中。4 月底至 6 月初移栽最好。

第四节　容器育苗

一、容器育苗的概况

容器育苗是在 20 世纪 60 年代发展起来的一种新的育苗技术。在发达国家容器育苗已形成了相当先进的生产技术体系，在容器的研究及基质的利用上有丰富的经验，如：可溶解的一次性容器，复合营养型基质，以及结合菌根技术形成菌根根群的容器苗。并且还结合了现代化的环控手段，实现周年育苗周年移栽，在农林业生产上都得到广泛的运用。不管是播种苗还是无性苗，都一改传统的裸根苗移栽方式，大大提高了移苗的成活率与苗木的生长势。在植物快繁的技术体系中与容器育苗结合，使快繁的效率及快繁苗的质量都得到较大的改观。

在园林方面，我国各地也开始大力发展容器苗，不仅节省种子，而且提高了苗木质量和成活率。在园林植物的繁殖上，除利用容器播种育苗外，还利用容器进行扦插繁殖，如北京西南郊苗圃，用容器进行雪松及其他松柏类植物的扦插，也用于迎春、木槿等花木类的扦插繁殖，都获得良好效果。

因此，容器育苗是工厂化育苗的前提和主要方式。

二、容器种类

育苗容器种类繁多，可从不同角度进行分类。

1. 按照容器材质分类

有塑料容器、无纺布容器、陶瓷容器、竹木容器、纸质容器以及用营养土压制而成的营养钵和营养砖等。国外单个塑料容器的容积一般在 7gal❶ 以内，而美植袋、木箱的容器可以达到 50gal 以上。美植袋以及小规格的塑料钵，因为是软质的，又叫做软质容器。在基质上盆时，其没有其他硬质容器方便。

---

❶ 1gal（加仑）＝4.54609L。

2. 按照生产阶段和用途分类

一般可分为育苗用容器、周转用容器、成品苗容器、水培用容器等。国外的花灌木容器栽培一般出售的规格是 3gal，之前要在 1gal 容器中生长 9 个月，因此 1gal 的容器被称为周转用容器。根据需要定制这类容器，可以做成不同的颜色和形状，如美植袋可以选用各种颜色的无纺布，还可以根据客户的要求印上企业的品牌和设计容器的各种形状。

3. 按照形状分类

按形状分，有筒形、杯形、六角形、三角形、方形、箱形等，还有多个容器集合而成的蜂窝状穴盘、育苗穴盘等（图 5-5）。塑料穴盘多为塑料制成，大小实行标准化，但每个穴盘中的孔穴数不同，根据所育苗木种类加以选择。

图 5-5　育苗穴盘

4. 其他类型的容器

目前育苗容器层出不穷，种类极多，常见的有以下类型。

（1）控根容器　用于大苗培育。盆壁有很多小孔，可以防止根系在盆壁缠绕，见图5-6。

图 5-6　控根容器（火箭盆）

控根快速育苗技术为大苗的培育和移栽提供了成功技术。目前国内需要大量大苗，但现有苗圃大苗供应能力不足 1/3，由于大苗移栽工序复杂、成活率低，急需开发新的技术。该技术适应了大苗培育与移栽的需求，育苗周期短，移栽时不伤根，不用截头剪枝，成活率高。控根快速育苗容器由底盘、侧壁和扣杆 3 个部件组成。底盘为筛状构造，独特的设计形式对防止根腐病和主根的盘绕起到独特的功能。侧壁为凸凹相间形状，外侧顶端有小孔。当苗木根系向外和向下生长，接触到空气（小孔处）时，根尖就停止生长，这称为"气剪"（空气修剪），促使根尖后部萌发很多新根继续向外向下生长，极大地增加了短而粗的侧根数量。

（2）轻基质网袋育苗容器　中国林业科学院研究的轻质网袋育苗容器不仅具有控根容器的特点，而且有基质结构好、成活高、生长快、成本低、应用广、利环保等特点，是获得国家专利的一项重大科技成果，被列为国家科技成果重点推广项目和我国西部生态环境建设科技支撑项目。其常用的一种规格是直径 40mm、高度 80mm，外表网袋状包被纤维重 0.3g，内装无土轻型育苗基质，基质干重 50g 左右。适用于幼苗培育。

（3）盆套盆　国外在寒冷地区有一种盆套盆系统，具有防风、防冻等很多优点，目前在我国一些地区已有小规模的应用。

三、容器育苗基质的配制及施肥

1. 基质要求

一般应具备以下条件：来源广、成本低；保水、通气、排水好；没有病原菌和其他植物种子；重量较轻。

2．配制基质的原料

（1）土壤类　如黄心土、火烧土、泥炭土、腐殖土。一般不用自然土壤。

（2）有机类　如锯末、秸秆、玉米芯、枯枝落叶、醋糟、苔藓。

（3）无机类　如蛭石、珍珠岩、陶粒。

3．配方

容器育苗基质分为营养土、无土基质和混合基质。普通容器育苗多用营养土，配方很多，应因地制宜，就地取材。下面介绍几种配方。

① 火烧土 67%、堆肥 33%。

② 泥炭土 67%、蛭石 33%。

③ 泥炭土、火烧土、黄心土各 1/3。

④ 黄心土 50%、火烧土 48%、过磷酸钙 2%。

4．基质配制

首先将按配方准备好的材料粉碎，有的还需要过筛；然后按比例将各种材料混合均匀；配制好的基质放置一段时间，使其中的有机物进一步腐熟；最后进行基质消毒，消毒方法参见有关章节。

四、普通容器育苗的程序

1．选地整地

普通容器育苗可在露地进行，应选择地势平坦、排水通畅和通风、光照条件好的地块，事先整平地面建成宽 1m 左右、长 10m 左右的苗床。如果结合保护地进行育苗则多用培养床架进行育苗。

2．装基质和置床

根据容器种类的不同，分为先置床后装基质和先装基质后置床两种方式。基质要边填边震实，不要装得太满，单个容器按品字形排列成行，并靠紧。摆好后要四周用土、砖等固定好，以防倾倒。

3．播种、扦插

在播种前要对种子进行浸种、催芽和消毒处理，方法同常规育苗。根据种子的质量确定好每个容器的播种量，覆土厚度视种粒大小而定，一般以不见种子为度。扦插方法基本同常规育苗。

4．浇水

播种后立即浇透水，对微小种子先浇足底水后再播种、覆土，最好用细喷壶浇少量水，湿润种子即可，以免冲掉种子。出苗和幼苗期浇水要多次少量喷水，保持基质湿润；以后随着苗龄增加，逐渐减少浇水次数，增加浇水量。

5．控制温、湿度

容器育苗能否成功，能否有效控制温、湿度是关键。温度太高，会造成苗木灼伤；温度太低，会导致苗木长势差。基质湿度不适宜，会引起根系缺氧而导致根系腐烂或枯萎、死亡。苗木生长适宜的温度为 18～28℃，相对湿度为 80%～95%，土壤水分保持在田间持水量的 80% 左右为宜。

6．施肥

一般在针叶树出现初生叶、阔叶树出现真叶，进入速生期前开始进行根外追肥。将氮、磷、钾养分按一定比例混合，配制成水溶液，进行喷施，氮肥的浓度为 $0.1\%\sim0.2\%$，不要干施化肥。追肥后及时用清水冲洗幼苗叶面。追肥时间、次数、肥料种类、营养元素比例和施肥量根据树种、苗木发育时期和基质肥力而定。

7. 间苗补苗

幼苗出齐后，分次间除过多的幼苗，结合间苗对缺株的容器进行补苗，每个容器一般保留一株健壮苗。

五、油松容器育苗

油松是北方常见的园林绿化树种，其幼苗培育常采用容器育苗。下面介绍其露地容器育苗。

1. 育苗容器

生产上应用的容器主要有营养钵、塑料薄膜袋、蜂窝状薄膜容器。单个容器多为圆柱形，组合容器六棱柱形。规格一般直径 $5cm$，高度 $7\sim10cm$。

2. 基质配制

常用的材料有黄心土、腐殖土、山坡土、火烧土、泥炭土、风化煤、沙子、锯末等。

(1) 西北地区　黄心土 56%、火烧土 33%、沙子 11%。

(2) 华北地区　风化煤 30%、锯末 30%、黄心土 20%、泥炭土 20%。

将各种材料去掉大的夹杂物后，分别粉碎过筛，按配方混合均匀。用 0.5% 高锰酸钾或 2% 硫酸亚铁溶液消毒，每 $100kg$ 基质用高锰酸钾 $5kg$ 或硫酸亚铁 $10kg$。消毒时边翻动基质边喷药，保证消毒均匀。

3. 育苗地选择和整理

选择地势平坦、排灌水方便、通风良好的地块。根据灌溉条件整成高床、低床或平床。床面整平，为了防止根系扎入下面土中，可以在床面铺塑料薄膜，薄膜上面再铺一层细沙。

4. 装基质和置床

用营养钵育苗时，将打好的钵直接扣在苗床上，按品字形排放整齐即可；用育苗袋(筒)育苗时先装好营养土，再按"品"字形摆放好。用蜂窝状容器时，将容器在苗床上展开拉紧，然后装基质。摆好后周围垒砖或堆土加以固定。

5. 播种

山西、河北等地一般在 4 月中旬播种。用经过消毒、催芽处理的种子(方法参见有关章节)，每个容器播 $3\sim5$ 粒，用细沙覆盖 $1cm$ 深，并用刮板刮平，然后喷水。

为了保温、保湿，也可在苗床上再覆盖塑料薄膜。

6. 苗期管理

(1) 灌水　幼苗出土前每天上午 $10:00$ 前和下午 $4:00$ 后各喷水一次，采用侧方灌溉时，大约每周灌水一次，幼苗出齐后逐渐减少灌水次数。

(2) 追肥　幼苗出齐后喷施一次 0.1% 磷酸二氢钾，相隔 $7d$ 再喷一次。大约一个半月后再喷 0.5% 尿素 $2\sim3$ 次，相隔 $7\sim10$ 天。

(3) 清沙　当幼苗出齐，大部分种壳脱落后，去除容器中覆盖的沙子，以防日灼，然后喷一次药。

(4) 病害防治　重点是防立枯病，在幼苗出齐后 1 周开始喷，相隔 $5\sim7$ 天 1 次，共喷 $2\sim3$ 次，注意不要在中午进行。所用药剂有 200 倍等量式波尔多液、2% 硫酸亚铁、500 倍敌克松等，已经发病的幼苗最好用敌克松。病株要及时清除。

另外，还要注意防日灼。

第五节 工厂化育苗

一、工厂化育苗概述

工厂化育苗是指在人工创造的最佳环境条件下，运用规范化的技术措施，采用工厂化生产手段，进行批量优质苗生产的一种先进育苗方式。工厂化育苗多属于容器育苗范畴。

工厂化容器育苗具有育苗周期短、苗木规格和质量易于控制、苗木出圃率高、节约种子、起苗运苗过程中根系不易损伤、苗木失水少、造林成活率高、造林季节长、无缓苗期、便于育苗造林机械化等优点，但往往成本较高。随着育苗技术的研究和生产的发展，育苗成本也在逐渐降低。所以自20世纪80年代以来，世界各国工厂化容器苗生产得到迅速发展，其中以高纬度地区研究和应用最为成功，如加拿大、瑞典、挪威等，芬兰、南非、巴西容器苗比例也较大。培育苗木的容器类型十分多样，且逐渐使用容器苗装播作业线生产容器苗。工厂化育苗容器主要是穴盘。

二、工厂化育苗设施和工艺流程

工厂化育苗的设施，根据育苗流程的要求和作业性质可分为：基质处理车间，填盘、装钵及播种车间，发芽、幼苗培育车间和嫁接车间等，见图5-7。机器设备包括自动基质混拌系统、穴盘播种系统及自动搬运系统等。并可利用感应器、控制电路及输送带将所有系统联机，成自动线型作业生产线，作业效率可达人工30～50倍。播种机是育苗作业中最基本、用得最普遍的机器。试管育苗法还需植物组织培养（室）设施。

1. 基质处理车间

配置有基质混合搅拌机或消毒机等。工厂化育苗一般为批量生产，基质用量较大，所以，基质处理车间不但要存放一定量的育苗基质，而且还要能容纳各种机械设备，并留有作业空间。基质的存放，一般可搭天棚，周围既能通风，又利于搬运，还不易受雨淋。基质最好不要露天存放，风吹日晒，包装袋易破碎，不利搬运，雨淋易使营养成分损失，而且容易被污染。基质混合或消毒，视情况可在天棚或通风良好的车间进行，尤其是经消毒后的基质存放时要避免与未消毒的基质接触，保证不再被污染。

2. 填盘、装钵及播种车间

混合、消毒后的基质，转入填盘、装钵车间。具有工厂化育苗设备的，容器填土、刮平、振实、播种、覆土至喷灌浇水已从手工操作发展为机械化、连续化、光电控制的自动生产线，称之为育苗生产线。在育苗生产线中，精量播种装置尤为重要，它不但能够节约种子用量，而且决定了所育苗木的质量，可以说它是整个工厂化育苗环节中的最重要一环，要严加选择。但我国生产实践中也有用手工装盘或钵的情况。由于从基质混合搅拌机和装盘、装钵机到播种，两个流程中的机械是连接在一起的，所以，需要的作业场所要宽敞，至少要有(14～18)m×(6～8)m的作业面积，使基质搅拌、填盘（钵）、播种、覆土、洒水等全过程能流畅进行。作业场所空气流通要好。

3. 催芽室

工厂化穴盘育苗，最好采用丸粒化种子播种或包衣种子干播，播种覆土后将穴盘基质洒透水，然后将穴盘一同放进催芽室内，空间要有一定大小，而且室内的温度和湿度条件要能

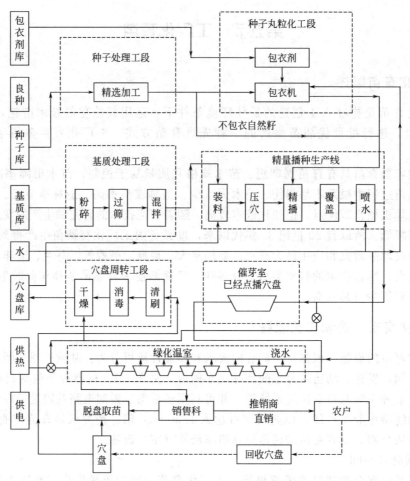

图 5-7　工厂化育苗生产工艺流程示意图

调控，以便根据各种作物发芽的最适温、湿度条件进行调节。数量少时，也可用恒温培养箱或光照培养箱。种子量稍大时，还可用市售电热毯催芽，效果也很好。

催芽室可以自行设计建造，在我国北方寒冷地区应建在育苗用的温室或大棚内，由于温室或大棚内温度较高，可以减少加温能耗，效果更佳。也可建专用房子或用旧房改造。催芽室的规格容积可根据供苗量自行设计，按每平方米可摆放 30cm×60cm 的穴盘 5 个、摆放育苗穴盘的层架每层按 15cm 计算，再根据每张穴盘的可育苗数和每一批需要育苗的总数，就可以计算出所需的催芽室的容积。建在温室或大棚内的催芽室可采用钢筋骨架，双层塑料薄膜密封，两层薄膜间有 7～10cm 空间。因为能透光，既能增加室内温度，又可使幼苗出土后见到阳光，避免出现黄化。为避免阴雨低温天气的影响，催芽室内应设加温装置。建造专用催芽室可砌双层砖墙，中间填满隔热材料或用一层 5cm 泡沫塑料板保温，出入口的门应采用双重保温结构，内设加温空调或空气电加热线加温。采用空气电加热线加温时，布线间距应大于 2cm 以上，离开墙壁 5～10cm。若外界温度 0℃、催芽室温度需 30℃，用线功率应按 100～110W/m³ 计算。电器设备开关、控温仪（感温探头应放在室内）、电表、交流接触器等都应设在室外，室内不能有暴露的电源线或接头，以免漏电造成事故。摆放育苗盘的层架的规格要与建造的催芽室相匹配，每层间距 10～15cm。层架下面应装设多向轮，以便于推运。

也有直接将穴盘置于温室栽培床上的，但会因光线直晒、高低温变化而使基质中的水分快速蒸发散失，种子发芽环境过于干燥会降低出苗率和延长出苗时间，较简易做法是播种后将穴盘上覆盖报纸、遮阳网或薄膜。

催芽时间随温度而不同，于夏季时置于室温约 28℃ 下即可，冬季则因低温而延长 24h 以上不等。有时也可将种子浸种后置于湿度高但无积水盘中完成催芽后播种，特别是手工操作时更为适用。

4. 幼苗培育设施

在专门催芽室催芽的种子萌动出土后，要立即放在有光并能保持一定温、湿度条件的保护设施内，使幼芽变成绿色。否则，幼芽会黄化，影响幼苗的生长和质量。穴盘苗可直接摆放在栽培床上，营养钵育苗时，经过播种的营养钵就摆放在光照、温度和湿度条件都很适宜的设施内的地面上。穴盘、营养钵培育的嫁接苗或试管培育的试管苗移出试管后，都要经过一段驯化过程，即促进嫁接伤口愈合或使试管苗适应环境的过程。因此，工厂化育苗一般要求具备性能良好，而且环境条件能够调控的现代化温室或加温塑料大棚。经济实力较差时，亦可采用结构性能较好的日光温室，但要配备加温或补温设备，以防极端条件的出现。为防地温过低，亦可在日光温室内铺设电热温床用以补温，有的还需要有补光设施。

幼苗培育期间注意保持适宜的温度，白天 25℃，夜间 15℃ 左右。必要时进行根外追肥，并注意病虫害防治。

幼苗长到一定大小时，经降温、通风炼苗后即可移出室外。

三、红叶石楠工厂化扦插育苗

红叶石楠是蔷薇科石楠属红叶杂交品种群统称，有许多品种，应用较多的有红罗宾和鲁宾斯，红罗宾适宜淮河以南地区栽培，鲁宾斯较耐寒，可在黄河以南地区栽培。其叶色可随季节变化，生长快，耐修剪，易造型，现在我国已大量用做园林绿化树种。

江苏农林职业技术学院邱国金等人，从 1998 年开始，对红叶石楠红罗宾进行工厂化育苗实验，经过数年努力，总结出了一套适合淮河以南采用的工厂化育苗技术，取得良好效果。

1. 主要设施设备

(1) 连栋大棚　肩高 2.2m，脊高 4m，夏季用外遮阳方式进行遮光降温。

(2) 育苗床　高 0.6m，宽 1.1m。

(3) 灌溉系统　采用悬吊式弥雾喷灌，喷头悬挂高度 2m，用微电脑控制喷淋时间和喷淋量。

(4) 加温系统　冬季生产时，将育苗床用电热线铺设成温床进行加温。

(5) 容器　128 穴标准穴盘，每平方米苗床可摆放 6 只。

2. 育苗基质

(1) 基质配制　基质可就地取材，选用经济适用材料。推荐的有两种：①蛭石：珍珠岩：粉碎的泥炭＝1：0.5：0.5；②农田表土 9 份加 1 份腐熟的农家肥，打碎混合后，与沙按 1：1 的比例混合均匀。

(2) 基质消毒　将配制好的基质装入穴盘，用代森锰锌或多菌灵 800 倍液喷淋消毒。

3. 插穗处理

(1) 选取种条　选用当年生长健壮、无病虫害的半木质化或木质化枝条。

(2) 剪取插穗　将种条剪取成长度 7～8cm 的插穗，去掉基部 1/3 叶片，其余叶片剪掉

1/3面积。

（3）催根　将剪好的插穗下部在1000mg/kg的ABT生根粉1号溶液中速蘸3s。

4.扦插与管理

（1）扦插　处理好的插穗直接插入穴盘中，深度为穗长的1/3，插后浇足水，然后盖上幅宽为1.3m的白色无纺布，根据需要，可选用30～80cm无纺布。

（2）温度调节　生根最适宜温度为25℃左右，最低不低天15℃。夏季采用外遮阳、间歇喷雾、通风等方法进行降温，冬季用电热线进行加温。

（3）湿度调节　扦插后20d通过喷雾保证室内空气相对湿度85％以上，无纺布不可揭开；20d后晚上或阴雨天揭开无纺布，白天再行盖住，并适当减少喷雾次数，特别是30d后喷水次数不可过多，但白天还需保持无纺布湿润，基质过湿不利生根。

5.移植

60d后苗木新梢长度可达30～40cm，即可移入室处进行大苗培养，或进行出售定植。

6.繁殖时间

采用此法，红罗宾石楠只要有新梢，一年四季均可进行扦插。为了获得种条，可在大棚中建立专门的采穗圃。

复习思考题

1. 温室有哪些分类方法？
2. 全光自动间歇喷雾扦插床如何建造？
3. 水培的类型有哪些？
4. 温床的类型有哪些？各自有何特点？
5. 育苗容器有哪些类型？
6. 工厂化育苗的工艺流程是什么？

第六章 苗木出圃

知识目标

了解园林苗木出圃的要求与方法；掌握苗木质量调查方法、苗木检疫、消毒以及苗木包装和运输。

技能目标

熟悉出圃苗木的质量标准与评价方法、起苗和分级；掌握苗木挖掘、包装运输和假植的技术操作规程。

苗木出圃就是将在苗圃中培育至一定规格的苗木从生长地挖起，用于绿化栽植。苗木出圃是育苗工作中的最后一个重要环节，这项工作直接关系到苗圃的苗木产量、质量和经济效益。苗木出圃的工作流程包括苗木调查、起苗、分级、包装和运输。

第一节 苗木调查

一、调查的目的

苗木调查主要是按树（品）种、苗木种类、苗龄分别调查苗木质量、产量，得到精确的数据，以便做好苗木出圃的各项准备工作，有计划地供应栽植地所需苗木。通过调查能为苗木的出圃、分配和销售提供数据和质量依据，也为下一阶段合理调整、安排生产任务提供科学准确的依据。同时也可进一步掌握各种苗木生长发育状况，科学地总结育苗技术经验，提高生产、管理、经营效益。

二、调查的时期

苗木调查时间通常在苗木地上部分停止生长后，落叶树种落叶前到出圃以前进行。一般春季出圃要在秋末苗木停止生长后进行。

三、调查的方法

苗木调查要求有90%的可靠性，产量精度要达到90%以上，质量精度要达到95%以上。调查时需按树种（品种）、育苗方法、苗木年龄、育苗技术措施等划分调查区。条件都相同的育苗地，划为一个调查区，同一调查区的苗木要统一编号。

苗木调查常采用的抽样方法有机械抽样法、随机抽样法和分层抽样法。机械抽样法即先随机确定起始点，然后以等距离均匀分布各样地；随机抽样法是自始至终利用随机数表决定样地的位置；分层抽样法是将调查区根据苗木粗细、高矮、密度等分层因子，分成几个类型组，再分别抽样调查。三种苗木调查抽样方法中最常用的是机械抽样法。

调查时，按照划分调查区、确定样地形状和大小、确定样地块数、布设样地、样地内苗木调查、精度计算、苗木产量质量计算的步骤进行。

1. 划分调查区

凡是树种、育苗方式、苗木种类及年龄都相同的地块划为一个调查区。

2. 确定样地形状和大小

在调查区内选苗木密度均匀的地段中 20～50 株苗木的占用面积作为样地面积进行调查。样地形状一般为长方形。

3. 确定样地块数

粗估样地块数 n 按下式计算：

$$n = \left(\frac{tc}{E}\right)^2$$

式中　t——可靠性指标（粗估时可靠性定为 95％，则 $T=1.96$）；

　　c——变动系数；

　　E——允许误差百分比（精度为 95％时，$E=5％$）。

式中 t、E 是已知数，c 是未知数，但可借用过去的数据。如没有经验数据，也可根据各样地内株数极差来确定。根据正态分布的概率，一般以 5 倍标准差来估计极差。则粗估标准差 S 和变动系数 c 可按下两式求得：

$$S = \frac{x_{max} - x_{min}}{5}$$

$$c = \frac{S}{\bar{x}} \times 100％$$

式中　S——粗估标准差；

　　X_{max}——单位面积内最大密度（以株数表示）；

　　X_{min}——单位面积内最小密度（以株数表示）；

　　$\bar{X}$——单位面积内平均密度（以株数表示）。

4. 布设样地、样地内苗木调查、精度计算

将初步确定的样地块数在调查区内客观地均匀放置。苗床的长度和宽度由包括 20～50 株苗木所占的面积来决定，样地面积等于样地长度乘以宽度。调查时，先统计样地的全部苗木数量，同时将有病虫害、机械损伤、畸形、双顶芽等苗木都分别记载。然后用游标卡尺、直尺、钢卷尺逐株测量样地内苗木的地径、苗高、冠幅、枝下高，根系需挖取若干样株，抽查其根幅、长于 5cm 的Ⅰ级侧根数。然后填入苗木调查统计表 6-1，并将苗木的病虫害、机械损伤情况及干形状况填入备注栏中。

表 6-1　苗木调查统计表

作业区号	树种	苗龄	面积	质量						株数	备注
				苗高/cm	主干高/cm	胸径/地径/cm	冠幅/cm	主根长/cm	侧根数		

调查人：　　　　　　　　　　　　　　　　　　调查日期：　　年　　月　　日

外出作业结束后，按下式计算出调查的精度。

$$S = \sqrt{\frac{\sum_{i=1}^{n} X_i^2 - n\bar{X}^2}{n-1}}$$

$$S_{\overline{x}} = \frac{S}{\sqrt{n}}$$

$$E = \frac{ts_{\overline{x}}}{x} \times 100\%$$

$$P = 1 - E$$

式中 X_i^2——第 i 个样本单元观察值；

　　　$\overline{x}$——样本平均数；

　　　S——平均数标准差；

　　　$S_{\overline{x}}$——标准误差；

　　　n——样本数；

　　　E——误差率；

　　　P——精度。

按照国家标准《育苗技术规章》要求，产量精度达 90% 以上，质量精度达 95% 以上。如果调查精度没有达到要求，立即按如下公式计算出需要补测的样地数。

$$c = \frac{S}{\overline{x}} \times 100\%$$

$$n = \left(\frac{tc}{E}\right)^2$$

5. 计算苗木产量、质量

首先计算育苗面积，再根据样地调查的结果，结合国家标准《主要造林树种苗木》所规定的各级苗木的分级标准对调查苗木进行分级，分级后计算各级苗木产量、质量。

第二节 起 苗

起苗又叫"掘苗"，就是把已达出圃规格或需移植扩大株行距的苗木从苗圃地上挖起来。起苗工作进行得好坏，对苗木成活影响很大，因此，起苗必须严格掌握技术要点，保证苗木质量。

一、起苗的季节

起苗时间要与植树季节相配合。冬季土壤冻结地区，除雨季植树用苗，随起随栽外，一般起苗掌握在苗木的休眠期或半休眠期进行。落叶树种的起苗可在秋季和春季进行，秋季起苗在立冬前后进行，春季起苗须在苗木萌动前进行；常绿树种的起苗北方以春季为宜，时间多在雨水和春分之间，南方则在秋季气温转凉后的 10 月份或春季转暖后的 3～4 月份及梅雨季节进行。

二、起苗的方法

1. 人工起苗

根据树种差异和苗木大小，分裸根起苗、带土球起苗两种形式。

（1）裸根起苗　绝大多数落叶树和容易成活的针叶树小苗以及落叶灌木苗，在休眠期均可采用裸根起苗。

① 裸根小苗起苗　苗木根系的根幅大小一般为苗木地径的 5～8 倍，起苗前 1 周内灌足

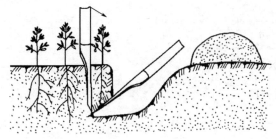

图 6-1　人工起苗

引自：苏金乐．园林苗圃，2003

水补充树体水分，起苗时，在苗木株行间一侧，先挖一沟槽，再在沟槽壁下侧挖一斜槽（图 6-1）。根据根系的深度，先用锯或利斧切断主根，再切断侧根，尽量保留须根，然后即可取出苗木，用刀将伤口修平，以利生根。这样比单个挖掘的根系相对完整，须根多，并随根带少量原土，便于成活，也节省人力和包装材料。由于小须根容易受到损伤，必要时可用稻草等材料对裸根进行包扎。

② 裸根大苗起苗　裸根挖掘大苗应保证有一定的幅度和深度。乔木树种的根幅可按胸径 8～12 倍，灌木树种可按灌木丛高度的 1/3 确定；根深应按其垂直分布密集深度而定，对于大多数乔木树种深度一般为 60～90cm。挖掘开始时，先以树干中心为圆心，以胸径的 4～6 倍为半径画圆，在圆外绕树垂直向下挖掘，并切断侧根，挖至一定深度后，于一侧向内深挖，适当摇动树干，查找深层粗根的方位，并将其切断。如遇难以切断的粗根，应把四周土壤掏空后，用手锯锯断，切忌生拉硬切，造成根系劈裂。根系全部切断后，放倒苗木，轻轻拍打外围土块，对已劈裂的根应及时修剪。如不能及时运走，应在原穴用湿土将根覆盖好，进行短期假植。如较长时间不能运走，应集中假植；干旱季节还应设法保持覆土的湿度。

（2）带土球起苗　一般针叶树和多数常绿阔叶树、名贵树种、较大的花灌木和少数落叶树，因有大量的枝叶，蒸腾量大，起苗时会损伤根系，容易使植株体内的水分失去平衡以致死亡，需采用带土球方法起苗。

① 带土球起苗　土球的大小，按树木胸径来确定。一般土球的直径约为树木胸径的 7～10 倍，高度约为土球直径的 2/3，灌木的土球大小以其冠幅的 1/4～1/2 为标准。起苗前先用草绳将树冠束起，将枝叶捆好（图

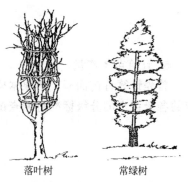

落叶树　　　　常绿树

图 6-2　树冠绑缚

引自：郭学望，包满珠．
园林树木栽植养护学，2004

6-2）。对少数珍稀大苗，还应把根颈以上主干用草绳或稻草包扎，以免树干受到损伤。开挖前，以树木为中心，按比土球直径大 3～5cm 为尺寸划一圆圈，沿着圆圈挖一宽 60～80cm 的操作沟向下挖掘，挖到底部应尽可能向中心刨圆。一般土球的底径不小于球径的 1/4，形成上部塌肩形，底部锅底形，便于草绳包扎心土。起挖时如遇到粗根或主根要用手锯锯断，切不可用锹断根，以免将土球震散。

土球起运前需准备好草绳、蒲包等土球包扎材料，具体包扎方法见本章第四节。

② 断根缩土球起苗　对于根系延伸较远的大苗或未经移植的苗，吸收根群多在树冠投影范围以外，因而起土球时带不到大量须根，必须断根缩土球。方法是在起苗前 1～2 年，在树干周围开沟。沟离干基的距离，落叶树种约为树木胸径的 5 倍，常绿树种须根较落叶树种集中，围根半径可小些。沟可围成方形或圆形，但需将其周长分成 4～6 等份，沟宽应便于操作，一般为 30～40cm，沟深视根的深度而定，一般为 50～70cm（图 6-3）。沟内露出的根系用利剪（锯）切断，与沟的内壁相平，伤口要平整光滑，大伤口要涂抹防腐剂。将挖出的土壤打碎并清除石块、杂物，拌入腐叶土、有机肥或化肥后分层回填踩实，待接近原土面时，浇一次透水，渗完后覆盖一层稍高于地面的松土。第二年同样方法处理剩余的部分。第

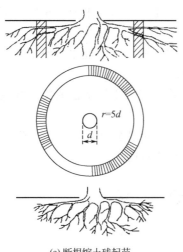

(a) 断根缩土球起苗
（仿 A.Bernatzky,1978）

(b) 断根缩土球操作

图 6-3　断根缩土球

三年断处萌发大量新根，在土圈外起土球包扎。

2. 机械起苗

机械起苗，工作效率大幅提高，劳动强度轻，起苗质量好。生产中可用的起苗机械有手持式起苗机、便携式断根机、联合起苗机、振动式起苗机、螺旋弧形起苗机等。例如手持式起苗机在园林苗木移植过程可以带土球连根挖取苗木，它可轻松地切入泥土，锯断泥土中的树根及泥土中杂夹的石块，并可同时进行苗木整枝修剪，提高人工挖苗的效率及苗木的成活率（图6-4）。便携式断根机在带土球起苗中可以轻而易举地锯断苗木根系，避免了意外伤害导致成活率的降低，成功挖取土球（图6-5）。

图 6-4　手持式起苗机

图 6-5　便携式断根机

三、起苗注意事项

① 掌握起苗深度。为保证起苗质量，应注意苗根的长度和数量，尽量保证苗根的完整。

② 选择适宜天气。为了保证成活率，起苗应避开大风、干燥、霜冻或雨天，以防苗木失水风干或沾上泥土影响包装和运输。

③ 起苗前灌水。起苗前若圃地干旱，应在起苗前 2～3d 灌水，使土壤湿润，以便苗木吸收充足的水分，利于成活，并可减少根系损伤。

④ 为提高栽植成活率，应随起、随运、随栽，当天不能栽植的要立即进行假植，以防苗木失水风干。

⑤ 针叶树在起苗过程中应特别注意保护好顶芽和根系的完整，防止苗木失水。

⑥ 起苗操作要细致，工具要锋利，以保证起苗质量。

第三节 分 级

一、苗木出圃的质量要求

园林苗木质量不仅体现育苗工作的成就，而且直接影响园林绿化质量和艺术观感效果。反映苗木质量的指标包括生理指标、形态指标和艺术指标，评价苗木质量就是依据生理、形态和观赏价值的整体水平和综合表现。

1. 园林苗木质量指标

① 根系发达，侧根和须根多而分布均匀，主根短而直，根系要有一定长度，大根无劈裂。根系的大小根据苗龄、规格而定，一般由苗木的高度和地径来决定。各地对出圃苗木根系长度的有相应规定和要求，以南京市为例，见表 6-2。

表 6-2 不同规格苗木对根系的要求

苗木规格	苗木高度/cm	根径/cm	直根长/cm	侧根长/cm
幼苗	30 以内		15	12
	30～100		20	17
	100～150		20	20
中号苗		1.0	20	20
		2.0	25	25
		3.0	30	30
		4.5	35	35
		5.0	40	40
大号苗		5～10	40～70	40～70
		10 以上	40～70	60～70

② 苗木粗壮，匀称通直（藤本除外），有与粗度相称的高度，树冠匀称、丰满，其中常绿针叶树，特别是柏类、罗汉松及雪松等下部的枝条不枯落或成裸干状，充分木质化，枝叶繁茂，色泽正常。

③ 苗木的径根比小、高径比适宜、重量大。径根比是指苗木地上部分鲜重与根系鲜重之比。径根比大的苗木，根系少，根系与地上部分比例失调，苗木质量差；径根比小的苗木，根系多，质量好。但径根比过小的苗木，地上部分生长小而弱，质量也不好。各树种径根比依树种而异，如一年生播种苗的径根比，落叶松多在 1.4～3.0，柳杉多在 1.5～2.5；二年生油松以不超过 3 为好。高径比指苗高与地际直径之比，反映苗木高度与苗粗之间的关系。高径比适宜的苗木生长匀称，质量好。高径比过大或过小，表明苗木过于细高或过于粗矮，质量差。如二年生油松苗以（30～40）：1 为好。苗木重量指全株重量。同一种苗木，

在相同的栽培条件下，重量大的苗木一般生长健壮，根系发达，品质优良。

④ 无病虫害和机械损伤。

⑤ 对于萌芽力弱的针叶树种，应具有健壮饱满的顶芽，且顶芽无二次生长现象。

在苗木质量评估中，形态指标反应苗木外部特征，具有直观、操作性强的特点，在生产中应用较多。为了反映苗木内在的生命力强弱，还应结合生理指标加以评估，目前国外主要根据苗木的含水量、根系的再生能力、苗木的抗逆性等生理指标综合评估。对于园林苗木，其观赏价值也被作为质量评价指标。

2. 露地栽培花卉商品苗质量指标

① 一二年生花卉　株高 10～40cm，冠径 15～35cm，分枝不少于 3～4 个，叶簇健壮，色泽明亮。

② 宿根花卉　根系必须完整，无腐烂变质现象。

③ 球根花卉　根茎应苗壮、无损伤，幼芽饱满。

④ 观叶植物　叶色应鲜艳，叶簇丰满。

二、出圃苗的规格要求

1. 苗木出圃的规格要求

由于苗木种类繁多，目前国家尚没有统一的规格标准。苗木的出圃规格，应根据绿化任务的要求不同来确定。行道树、庭院树或重点绿化的地区，苗木规格要大些，而一般绿化或花灌木的定植规格就可小些。随着城市建设的发展，对苗木的规格要求越来越高。各地管理部门可根据当地自然条件和绿化要求，制定相应的园林苗木出圃标准。现提供北京市园林局对园林苗木出圃的规格标准作为参考（表 6-3）。

表 6-3　苗木出圃规格标准

苗木类别		代表树种	出圃苗木的最低标准	备　注
大中型落叶树木		合欢、槐树、毛白杨、元宝枫	要求树形良好，干直立，胸径在 3cm 以上（行道树在 4cm 以上），分枝点在 2～3m	干径每增加 0.5cm 提高一个规格级
常绿乔木			要求树形良好，主枝顶芽苗壮、明显，保持各树种特有的冠形，苗木下部枝叶无脱落现象。胸径在 5cm 以上，苗木高度在 1.5m 以上	高度每增加 50cm 提高一个规格级
有主干的果树，单干式灌木，小型落叶乔木		苹果、柿树、榆叶梅、紫叶李、碧桃、西府海棠	要求主干上端树冠丰满，地际直径在 2.5cm 以上	地际直径每增加 0.5cm 提高一个规格级
多干式灌木	大型灌木类	丁香、黄刺玫、珍珠梅	要求地径分枝处有 3 个以上的分布均匀的主枝，出圃高度 80cm 以上	高度每增加 30cm 提高一个规格级
	中型乔木类	紫薇、木香、玫瑰、棣棠	要求地径分枝处有 3 个以上的分布均匀的主枝，出圃高度 50cm 以上	高度每增加 20cm 提高一个规格级
	小型灌木类	月季、郁李、小檗	要求地径分枝处有 3 个以上的分布均匀的主枝，出圃高度 30cm 以上	高度每增加 10cm 提高一个规格级
绿篱苗木		黄杨、侧柏	要求树势旺盛，全球成丛，基部丰满，灌丛直径 20 以上，高 50cm 以上	高度每增加 20cm 提高一个规格级
攀缘类苗木		地锦、凌霄、葡萄	要求生长旺盛，枝蔓发育充实，腋芽饱满，根系发达，每株苗木必须带 2～3 个主蔓	以苗龄为出圃标准，每增加一年提高一级
人工造型苗		黄杨球、龙柏球	出圃规格不统一，应按不同要求和不同使用目的而定	

2. 苗木年龄表示方法

苗木年龄是指从播种、插条或埋根到出圃，苗木的实际生长年龄。

（1）苗木年龄计算方法　一般以经历一个年生长周期作为一个苗龄单位。即每年以地上部分开始生长到生长结束为止，完成一个生长周期为1龄，称1年生。

（2）苗木年龄表示方法　苗龄用阿拉伯数字表示。第一个数字表示播种苗或营养繁殖苗在原地生长的年龄，第二个数字表示第一次移植后培育的时间（年），第三个数字表示第二次移植后培育的时间（年）。数字用短横线间隔，即有几条横线就是移栽了几次。各数之和为苗木的年龄，即几年生苗。如：

1-0　　　表示没有移植过的1年生播种苗

2-1　　　表示移植1次后培育一年的3年生移植苗

2-1-1　　表示经两次移植，每次移植后培育1年的4年生移植苗

$1_{(2)}$-0　　表示1年干2年根未移植过的插条苗、插根苗或嫁接苗

$1_{(2)}$-1　　表示2年干3年根移植过一次的插条苗、插根苗或嫁接苗

三、苗木的分级和统计

苗木分级又叫选苗，即按苗木质量标准把苗木分成不同等级。分级后的苗木，栽植后生长整齐一致，成活率提高，并能更好地满足设计和施工的要求，同时也便于苗木包装、运输和出售标准的统一。

苗木质量分级根据苗木形态指标进行判定。国家标准规定，合格苗以综合控制条件、根系、地径和苗高来确定。综合控制条件指无检疫对象病虫害、苗干通直、色泽正常、充分木质化、无机械损伤、无失水现象。萌芽力弱的针叶树种顶芽发育饱满、健壮。达不到条件者为不合格苗，达到条件者以根系、地径和苗高为指标进行分级。根据标准苗木可分为合格苗、不合格苗和废苗三类。其中不合格苗未达出圃规格，需继续培育；废苗应销毁处理；合格苗是符合出圃最低要求以上的苗木，可以出圃。合格苗可以分为Ⅰ、Ⅱ两个级别。分级时首先看苗木根系，以根系所达到的级别确定苗木的级别。在根系达到要求后，以地径为主要指标、苗高为次要指标进行分级。生产上采用的根系指标主要是根系的长度、根幅、大于5cm的Ⅰ级侧根数（这是苗木成活的关键）。地径指主根基部靠近地表处的直径，播种苗、扦插苗为苗干基部土痕处的粗度，嫁接苗为接口以上正常粗度处的直径（地径粗壮则苗木根系发达）。苗高指自地径到顶芽基部的苗干长度，是最直观、最易测定的苗木指标（反应苗木的生长量）。

出圃苗木的统计，一般结合分级进行。大苗以株为单位逐株清点；小苗可以分株清点，为了提高工作效率，小苗也可以采用称重法，即称一定重量的苗木，再折算出该重量苗木的株数，最后推算出苗木的总株数。统计最简便易行的办法是计数法。统计好后，按50株或100株捆成捆。

分级统计工作，应在背阴背风的地方进行，最好做到边起苗、边分级、边栽植或边贮藏，以减少苗木水分的损失。

第四节　包装、运输

一、苗木包装的目的

在运输过程中，苗木暴露于阳光之下，长时间被风吹袭，会造成苗木失水过多，质量下

降，甚至死亡。为了防止苗木失水过多影响栽植成活率，苗木出圃运输时，必须进行苗木包装，做好保湿工作。

二、小苗木包装方法

裸根苗木长途运输或贮藏时，必须将苗根进行保水处理并仔细包装。常用的包装材料有：草包、蒲包、聚乙烯袋、涂沥青不透水的麻袋和纸袋等。近年来，各地试用高分子吸水剂浸蘸苗根（1 份吸水剂加 400 倍水），其水分大部分能被苗根吸收，又不会蒸发散失，可使长途运输苗木免受干燥的危害。此外，还可以用抑制蒸腾的物质如石蜡乳剂及一些脂肪酸、高碳酸、环氧酸等喷洒苗木干和根系，以保持苗木体内的水分。

包装要在背风、避阴处进行，有条件的可以在室内、棚内进行。包装时可用包装机或手工包装。现代化苗圃多具有一个温度低、相对湿度较高的苗木包装车间。在传送带上去除废苗，将合格苗按重量经验系数计数包装。手工包装时，先把包装材料铺于地上，上面放些湿润物，如苔藓、湿锯末、湿稻草等，或者把苗根蘸上泥浆或用吸水剂加水配成水凝胶蘸根，把苗木根对根放在上面，如此放苗到适宜的重量后，将苗木卷成捆，用绳子捆紧。注意封口要扎紧，以减少水分蒸发，防止包装材料脱落。包装以后，每包附上标签，注明树种、苗龄、数量、等级和苗圃名称等。

三、带土球苗包装

针叶树和大部分常绿阔叶树种因有大量枝叶，蒸腾量较大，而且起苗时容易损伤较多的根系，起苗后和定植初期，苗木体内的水分容易失去平衡，以致死亡。因此这类树木的大苗起苗时要求带上土球，为了防止土球碎散，以减少根系水分损失，挖出土球后要立即用塑料膜、草包、麻袋和草绳等进行包装；对特殊需要的珍贵树种的包装有时用木箱。

传统的土球包装方法，以橘子包、井字包和五角包等三种为主要包装方法。为增强包装材料的韧性和拉力，打包之前可将草绳等用水浸湿。土球直径在 30cm 以下，可用麻袋或稻草捆扎。土球直径在 50cm 以上，起挖时应留中心土柱，便于包扎。土球直径达 1m 以上者，还应以韧性及拉力强的棕绳打上外腰箍，以保证土球完好和树木成活。打腰箍应在土球挖掘到所需深度并修好土柱后进行（见图 6-6）。开始时，先将草绳一端压在土柱横箍下面，然后一圈一圈地横扎。包扎时用力拉紧草绳，边拉边用木锤慢慢敲打草绳，使草绳嵌入土球而不致松脱，每圈草绳应紧接相连，不留空隙，至最后一圈时，将绳头压在该圈的下面，收紧后切除多余的部分。腰箍包扎的宽度依土球大小而定，一般从土球上部 1/3 处开始，围扎土球全高 1/3。如果开始挖掘之前没有将表层浮土铲去，则在腰箍打好后铲去土球顶部浮土，再在腰箍以下向土球底部中心掏土，直至留下 1/4～1/3 的土柱为止，然后再打花箍。土球底部的土柱越小越好，一般只留土球直径的 1/4，不应超过 1/3。这样树体倒下时，土球不易崩碎，且易切断树木的垂直根。花箍打好后再切断主根，完成土球的挖掘与包扎。打花箍的形式分井字包（又叫古钱包）、五角包和橘子包（又叫网格包）三种。运输距离较近，土壤又较黏重，常采用井字包或五角包的形式；比较贵重的树木，运输距离较远而土壤的沙性又较强时，则常用橘子包的形式。

1. 井字包的包扎法

先将草绳一端结在腰箍上或主干上，然后按照图 6-5 左所示的顺序包扎。先由 1 拉到 2，绕过土球底部拉到 3，再拉到 4，又绕过土球底部拉到 5，如此顺序打下去，最后成图 6-7 右的样子。

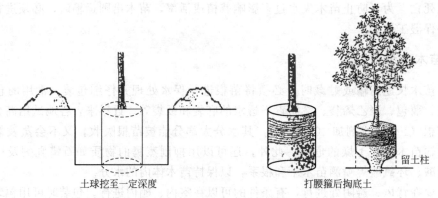

图 6-6　土球挖掘与打腰箍
引自：郭学望，包满珠.园林树木栽植养护学，2004

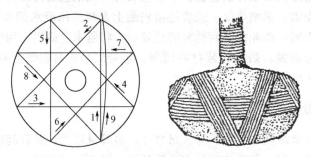

图 6-7　井字包打包顺序及形状
引自：郭学望，包满珠.园林树木栽植养护学，2004

2. 五角包的包扎法

先将草绳一端结在腰箍上或主干上，然后按照图 6-8 左所示的顺序包扎。先由 1 拉到 2，绕过土球底部，由 3 拉至土球上面到 4，再绕过土球底，由 5 拉到 6。如此包扎拉紧，最后包扎成图 6-8 的样子。

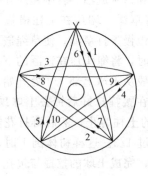

图 6-8　五角包打包顺序及形状
引自：郭学望，包满珠.园林树木栽植养护学，2004

3. 橘子包的包扎法

先将草绳一端结在主干上，再拉到土球边，依图 6-9 左的顺序由土球面拉到土球底。如此继续包扎拉紧，直至整个土球被草绳包裹为止（图 6-9 右）。橘子包通常只要扎上 1 层就可以了。有时对名贵树种或规格特大的树木可以用同样的方法包 2～3 层。中间层还可选用

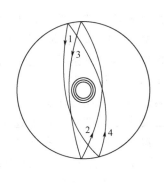

图 6-9　橘子包打包顺序及形状

引自：郭学望，包满珠. 园林树木栽植养护学，2004

强度较大的麻绳，以防起吊时绳子松断造成土球破碎。

在实际生产中，一般土球较小、土质紧实、运输距离近的苗木可以不包扎或进行简易包扎。如把蒲包片或草片铺平，将土球放入正中，然后将把蒲包片从四周向树干包起，最后在树干基部扎牢。也可在土球纵向缠绕几道草绳后，再在土球中部横向扎几道即可。

四、苗木装车与卸车

苗木装运时，先按所需树种、规格、质量、数量进行认真核对，发现问题及时解决。

1. 苗木装车

（1）裸根苗的装车方法及要求　裸根苗木长距离运输时，应将苗木根向前，树梢向后，顺序码放整齐。在后车厢处垫上湿润草包或麻袋，以免擦伤树皮，碰坏树根；注意装车不宜过高过重，压得不宜太紧，以免压伤树枝和树根；树梢不准拖地，必要时用绳子围拦吊拢起来，绳子与树身接触部分，要用草包垫好，以防伤损干皮。长途运苗最好用苫布将树根盖严捆好，这样可以防止苗根失水干燥而影响成活率和苗根再生能力。也可用聚乙烯袋将裸根苗木根部套住。裸根苗短距离运输时，只需在根与根之间加些湿润物，如湿稻草、麦秸等，对树梢及树干相应加以保护即可。

（2）带土球苗装车方法与要求　带土球苗装车时，树高在2m以下的苗木，可以直立码放，2m以上的苗木，则必须斜放或完全放倒，土球向前，树梢向后，并立支架将树冠支稳，以免行车时树冠摇晃，造成散坨。土球规格较大，直径超过60cm的苗木只能码1层；小土球则可码放2～3层，注意土球之间要码紧，还须用木块、砖头支垫，以防止土球晃动。土球上不准站人或压放重物，以防压伤土球。装车时，质量重的土球要用吊车装卸，土球吊装时，用双股麻绳，一头留出一定长度结扣固定，将双股分升，捆在土球下半部的位置上（绳与土球之间垫上草包、麻袋等物），绑紧，然后将大绳两头扣在吊钩上，轻吊起来（图6-10）。或者也可用尼龙网绳或帆布、橡胶带兜好起吊。

2. 苗木卸车

苗木运到目的地卸车时，裸根苗要顺拿，不可乱抽。带土球苗不得提拉树干，应用双手将土球抱下轻放。大土球可用长而厚的木板斜搭于车厢，然后将土球移到板上，顺势慢慢滑动卸下，或用吊车卸苗，先将土球托好，轻吊轻放，保持土球完好。

图 6-10　土球吊运

五、苗木运输

苗木运输无论距离远近，都应选用速度快的运输工具，以便缩短运输时间；最好使用封闭货车，一般货车要用苫布覆盖苗木，有条件的还可用特制的冷藏车来运输。运输途中尽量保证行车平稳，提倡迅速及时，短途运苗中途不应停车休息，要直达施工现场。长途运苗要有专人押车，运输途中要经常检查包内的湿度和温度，以免湿度和温度不符合植物运输。如包内温度高，要将包打开，适当通风，并要换湿润物以免发热，若发现湿度不够，应及时向苗木泼些清水，以保持湿润和降低温度。遇到苫布不严、树梢碰触电线等障碍物或树梢拖地等情况应及时停车处理；中途停车应停在有遮阴的场所。

苗木运到目的地后要立即将苗包打开进行临时假植或栽植。但若运输时间长，苗木根系失水严重，应先将根部用水浸泡若干小时再进行。

第五节　苗木的假植与贮藏

苗木的贮藏是在苗木定植前为防止苗木失水干枯、发生发霉和冻害等现象，而采取的最大限度地保持苗木质量和生命力的方法。苗木贮藏的方法有假植和低温贮藏两种。

一、苗木的假植

假植是将苗木的根系用潮湿的土壤进行暂时的埋植处理。根据假植的时间长短，可分为临时假植和越冬假植两种。

1. 临时假植

临时假植又称短期假植。是对起苗后不能及时运出或种植，或卸车后不能马上定植的苗木进行保护，防止苗木根系脱水，以保证苗木栽植后能成活。这种方法操作简单，可就近选择地势较高、土壤湿润的地方，挖一条浅沟，沟一侧用土培一斜坡，将苗木沿斜坡逐个码放，树干靠在斜坡上，把根系放在沟内，将根系埋土踏实。临时假植的时间不能过长，一般为5～10天。如遇大风或日照强，空气干燥，应适当喷水。一旦栽植条件具备，应立即栽植。大规格苗木假植时，株距以树干侧枝互不干扰、便于假植期间养护管理、取用及装车方便为准。在土球下部培土，培至土球高度1/3处左右，并用铁锹拍实，切不可将土球全部埋住，以免包装材料腐烂。还要设立支柱，防止树木歪斜。

2. 越冬假植

苗木秋季起苗后，当年不栽植，需要经过一个冬季。在入冬前将苗木全部埋入假植沟内使之安全越冬的方法称为越冬假植或长期假植。在交通便利、地势高燥、避风的疏松地段开挖假植沟，沟的方向与当地冬季主风方向垂直，沟的深度一般是苗木高度的1/2，长度视苗木多少而定。沟的一端做成斜坡，将苗木靠在斜坡上，逐个码放，码一排苗木盖一层土，盖土深度一般达苗高的1/2～2/3处，至少要将根系全部埋入土内，盖土要实，疏松的地方要踩实、压紧。侧根坚硬的树苗或根盘扩张的大苗，可以直立假植，假植后应立即浇水，保持树根湿润。带土球苗木，应排列整齐，树冠靠紧，直立假植于沟中，覆土厚度以刚好盖住土球为度，并在覆土后浇水。如冬季寒冷风大时，要用草袋、秸秆等覆盖假植苗的地上部分。幼苗茎干易受冻害者，可在入冬前将茎干全部埋入土内。

假植应注意以下事项。

① 假植时，苗木按用苗先后顺序反向依次排列，便于起用。

② 一条假植沟最好假植同一树种、同一规格的苗木。若苗木较多时，应按树种和规格分门别类，集中排放。

③ 假植期间要定期检查，土壤要保持湿润。根据季节气候和树木需水情况进行浇水，风大或天气炎热时，每天还应进行1~2次喷水，保持土球和叶面湿润；早春气温回升、沟内温度上升，若苗木不能及时运走栽植，应采取遮阴、降温措施，推迟苗木萌发期。

④ 苗木入沟假植时，不能带树叶，以免发热造成苗木腐烂。

⑤ 苗木假植后，要标明树种、等级、数量，以便提取栽植苗木和统计数据。在风沙危害较重的地方，还应在迎风面设置防风障。

⑥ 假植期间应注意经常进行检查，发现覆土下沉，出现空隙，说明填土不实，应及时培土，以防透风。

⑦ 假植期间要注意检查土球包装材料情况，发现腐烂损坏的应及时解决，必要时应重新包装。

⑧ 经常检查病虫害危害情况，严重时要进行防治；要注意维护看管，防止人为破坏；雨季应注意排水。

⑨ 带土球苗栽植前1周应停止对土球浇水。

二、苗木的低温贮藏

人工控制环境条件对苗木进行低温贮藏，可推迟苗木的萌发，延长栽植时间，为苗木的长期供应创造条件。低温贮藏条件一般为温度0~3℃，空气湿度80%~90%，而且要通气。一般在冷库、冷藏室、冰窖、地下室贮藏。在条件好的场所，低温贮藏苗木可达6个月左右。

第六节　苗木检疫与消毒

一、苗木检疫

为防止病虫害随苗木的销售和交流而传播蔓延，起苗后至包装运输之前，应对苗木进行检疫。按照《植物检疫条例》的有关规定，向植物检疫部门申请对苗木进行产地检疫。运往外地的苗木应按照国家和地区的规定对病虫害进行检疫，如发现检疫对象（指危害严重、难以防治、通过人为传播、在一定区域发生，并由国家权威部门发布的危险性病虫及杂草），应停止调运，及时划出疫区，并及时采取措施就地进行消毒、熏蒸、灭菌或销毁，以扑灭检疫对象，不使本地区的病虫害扩散到其他地区。引进苗木的地区，还应将本地区没有的严重病虫害列入检疫对象，如发现本地区或国家规定的检疫对象，应立即消毒或销毁，以免扩散造成后患。对于未发现检疫对象的苗木，应发放检疫证书，准予运输。

检疫方法有筛选法、解剖法、灯光透视法、染色法、比较法、洗涤法、切片法、分离培养法等多种。检疫时，应严格操作规程，勿使任何检疫对象漏检。

二、苗木消毒

常用的苗木消毒方法如下。

1. 石硫合剂消毒

用 4～5°Bé❶ 石灰硫黄合剂水溶液浸苗木 10～20min，再用清水冲洗根部一次。

2. 波尔多液消毒

用 1∶1∶100 波尔多液❷浸苗木 10～20min，再用清水冲洗根部一次。对李属植物要慎重应用，尤其是早春萌芽季节更应慎重，以防药害。

3. 升汞水消毒

用 0.1% 的升汞水溶液浸苗木 20min，再用清水冲洗 1～2 次。在升汞水中加用醋酸、盐酸，杀菌的效力更大。同时加酸可以减低升汞在每次浸渍中的消耗。

4. 硫酸铜水消毒

用 0.1%～1.0% 的硫酸铜溶液，处理 5min，然后再将其浸在清水中洗净。此药主要用于休眠期苗木根系的消毒，不宜用作全株苗木消毒。

5. 氰酸气熏蒸

苗木放入熏蒸室，注意一定要严格密封，防漏气中毒。先将硫酸倒入水中，再倒入氰酸钾，密封熏蒸室，45～60min 后打开门窗，散尽毒气。熏蒸时间和药剂用量依树种不同而异。每熏蒸 100m² 常绿树需硫酸 450g、氰酸钾 250g、水 700mL，熏蒸 45min；落叶树需硫酸 450g、氰酸钾 300g、水 900mL，熏蒸 60min。

消毒可在起苗后立即进行，消毒完毕后，可进行根系蘸泥浆、包装或假植工作。

复习思考题

1. 试述起苗的方法及注意事项。
2. 园林苗木质量指标有哪些？
3. 试述带土球苗木起苗技术。
4. 苗木包装的方法有哪些？
5. 苗木运输应注意哪些问题？
6. 什么是苗木假植？试述苗木假植的方法及注意事项。
7. 苗木在运输途中，有哪些注意事项？

---

❶ 采用玻璃管式浮计中的一种特殊分度方式的波美计所给出的值称为波美度，符号为°Bé。用于间接地给出液体的密度。

❷ 1∶1∶100 是波尔多液配制成分比例：硫酸铜∶生石灰∶清水（质量比）=1∶1∶100。

第七章 圃地养护技术及经营管理

知识目标

掌握园林苗圃地土、水、肥的日常养护管理技术措施；掌握园林苗圃植物病虫草害以及其他自然灾害的防治、防护技术措施；了解苗圃经营管理基本理论和方法。

技能目标

掌握圃地松土、除草、施肥、灌水、防护措施的基本内容和操作要求，能分析实际问题，采取切实可行的办法解决。

第一节 圃地松土、施肥

一、土壤状况测评

土壤是植物生长的基地，是植物生命活动所需的水分和养分的供应库和贮存库，土壤状况的好坏直接关系到苗木的生长状况和质量标准。最能反映土壤状况好坏的是土壤质地，即土壤中各粒级土粒所占的比例及其表现的物理性质。一般将土壤质地分为沙土、壤土和黏土三个基本等级。沙土类排水通气能力强，但保水、保肥能力差，植物往往前期生长相对较快，但后期易"脱肥"，故有"发小苗不发老苗"之说；另外，因其昼夜温差大，常称为"冷性土"。黏土类的特性与沙土类正好相反，称"热性土"，特点是"发老苗不发小苗"。壤土类的特性介于前两者之间，兼有沙土和黏土的优点，却没有二者的不足，是一种比较优良的、理想的土壤，适合大多数植物生长。判断土壤质地的方法有简易比重计法和手测法。

简易比重计法准确性较好，适用于生产上大量土壤样本的质地测定。其原理是用物理和化学方法，将土壤样本制成一定容积的悬浊液，根据各粒径土粒在悬浮液中自由沉降的速度，来确定土壤质地。手测法是以手指对土壤的感觉为主，结合视觉和听觉来确定土壤质地，方法最简便，熟练后也较准确，广泛应用于野外、田间土壤质地的测定，其测定标准见表7-1。当土壤质地不适合苗木生长时，要么更换苗木种类，要么进行土壤改良。常用的改良方法有增施有机肥、深翻和客土法。

表 7-1 土壤质地手测法判断标准

质地名称	在干燥状态下手指间挤压、摩擦的感觉	在湿润下揉搓时的表现
沙土	几乎由沙粒组成，粗糙，研磨之"沙沙"作响	不能成球形，用手捏成团，但一触即散，不能成片
沙壤土	沙粒占优势，混夹有少许黏粒，粗糙，研磨时有响声，干土块用小力即可捏碎	勉强可成厚而极短的片状，能搓成表面不光滑的小球，但搓不成细条
轻壤土	干土块用力稍加挤压可碎，手捻有粗糙感	可成较薄的短片，片长不超过1cm，片面较平整，可成直径约3mm条，但提起后容易断裂
中壤土	干土块稍加大力量才能压碎，成粗细不一的粉末，沙和黏粒含量大致相同，稍感粗糙	可成较长薄片，片面平整，但无反光，可搓成直径约3mm小土条，但弯成周长为2～3cm小圆环即断裂
重壤土	干土块用大力挤压可破碎成粗细不一的粉末，粉沙和黏粒土占多，略有粗糙感	可成较长薄片，片面光滑，有弱的反光，可搓成直径2mm的土条，能弯成周长为2～3cm圆形，但压扁时有缝
黏土	干土块很硬，用手不能压碎成细而均一的粉末，有滑腻感	可成较长薄片，片面光滑有强反光，不断裂，可搓成直径2mm细条，亦能弯成周长为2cm的圆环，压扁时无裂缝

二、松土除草

松土就是在苗木生长期间对土壤进行浅层耕作，因此又称中耕。中耕可以切断土壤表层的毛细管，减小水分蒸发；可以疏松表土层，改善土壤通气情况，也有利于微生物活动，促使难溶物质分解，因而生产上有"锄头有肥"、"地湿锄干"、"地干锄湿"之说。中耕常常与除草结合进行，是清除杂草的有效办法，减少杂草对水分、养分的争夺，也阻止了病虫害的滋生蔓延。

中耕应在灌溉或降雨后，表层土壤稍干时进行，深度一般小苗 2~3cm，大苗 6~10cm。松土应全面松匀，不伤苗、压苗，对生长在土壤表层的须根可适当切断，不可过深伤根，同时注意不要碰伤树皮。

三、根部施肥

1. 根部施肥要求

根部施肥也叫土壤施肥，就是将肥料直接施入土壤中，然后通过根系吸收进入树体内。因此，根部施肥应与苗木根系的分布特点相适应，将肥料施在距根系集中分布层稍远、稍深处，这不仅有利于肥的吸收，而且还可引导根向深、远处扩展，形成强大的根系。树木根系水平分布范围与其冠幅大小相一致（经过造型修剪的，冠幅大大缩小，施肥范围应适当缩小）。根部施肥深度一般追肥以 8~12cm、基肥以 15~20cm 为宜。另外，根部施肥所施肥料的种类和量与树种、土壤性质以及苗木的生长时期有关。如喜酸性花木杜鹃、山茶、栀子花、桂花应施堆肥、针叶土等酸性肥料，避免施用草木灰等碱性肥；幼龄针叶树不宜施化肥；山地、瘠薄地应多施有机肥。近年来国外在园艺作物生产中已开始应用计算机技术、营养诊断技术来确定土壤及植物的营养状况，通过分析综合来确定植物的施肥。

2. 根部施肥的方法

根部施肥常见的方法有以下几种。

（1）撒施　将肥料均匀撒在苗圃地，然后再翻入土中。此法简单方便，但施肥较浅，肥效差，用肥量大，并且不利于根系向下扩展。

（2）沟施　即在树冠周围挖沟施肥的方法（见图 7-1）。根据所挖沟的不同，又可分为以下几种。

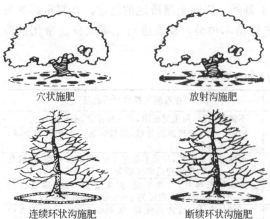

穴状施肥　　　　放射沟施肥

连续环状沟施肥　　　断续环状沟施肥

图 7-1　常见土壤施肥方法

引自：吴泽民.园林树木栽培学，2007

① 环状沟施肥　在树冠外围稍远处挖环状沟，宽多为 30~40cm、深达根系集中分布层。具体可根据需要采用连续环状沟施肥和断续环状沟施肥。

② 放射沟施肥　在树冠周围放射状挖沟施肥。由于是顺水平根系生长的方向挖沟，所以此法伤根较少，但施肥范围有限。

③ 条状沟施肥　在树木行间或株间开沟施肥。

（3）穴施　在树冠周围挖穴施肥的方法（见图 7-1）。穴的多少与深度可根据树木的种类、大小而定，可以排列成一环或交错排列成 2～3 环。

（4）液施　将肥与水按要求混合后进行灌根或用喷雾的方法均匀喷施于苗床上，然后用清水喷洒苗株。

任何方式的根部施肥，在施肥时都要注意不要将浓肥直接沾在苗木的嫩梢上，施后都要随即覆土、灌水。

四、叶面施肥

叶面施肥又叫根外追肥，用机械的方法将按一定浓度要求配制好的肥料溶液，直接喷雾到叶面上，营养主要通过叶片上的气孔和角质层吸收，而后运送到各器官。一般喷后15min～2h即可被叶片吸收利用。此法用肥量小，见效快，避免了某些肥料元素在土壤中产生化学和生物固定现象，在缺水地区或缺水季节非常适用。叶面施肥效果与叶龄、叶面结构、肥料性质、气温、湿度、风速等密切相关。一般来说，幼叶较老叶生理机能旺盛，吸收也较老叶快；有些树种叶背较叶面气孔多，且叶背表皮下为疏松的海绵组织，有利于渗透和吸收，所以叶背较叶面吸收快；高温、干燥、大风的天气会加快溶液的浓缩，影响吸收效果导致药害。由于以上原因，叶面施肥应选择在无风晴天进行，最好在上午 10 点以前和下午4 点以后。要坚持宁淡勿浓，正面、反面都要喷施。喷前应先做小型试验，确定不能引起药害，方可大面积喷施。

第二节　圃地浇水、防涝

一、幼苗灌溉

幼苗灌水应按其不同时期发育特点进行。幼苗初期地上部分生长缓慢，主要促进根系生长，且此时的根系分布较浅，抵抗不良环境的能力差，易受害而死亡。所以灌水应少量多次，保持土壤湿润，但又不能太湿，以免引起烂根或徒长。以后随着幼苗的长大，要坚持"重点浇透，时干时湿"原则，灌水应少次多量，每次灌透。幼苗灌水还要随苗木的种类、生长时期、降雨情况、土壤情况、育苗方式的不同而不同。如肉质根的苗木应适当减少灌水量，喜湿苗木应增加灌水量；幼苗正处于旺盛生长期，需水量较多，灌水次数多；生长缓慢期，减少灌水次数；黏重土壤保水性强，应减少灌水；沙质土壤保水力差，应适当增加灌水次数。

二、新植苗木浇水

新植苗木在栽植时根系被截断，水分吸收受到了影响，灌水是保证其成活的重要措施，特别是春季干旱少雨地区，栽后必须连续浇灌三次水，以后视情况而定。第一次应于栽后立即浇水，水量不宜过大，主要目的是通过灌水使土壤缝隙填实，保证树根与土壤紧密结合。第二次是在第一次灌水后的 3～5d，水量和目的同第一次灌水。第三次是第二次灌水后的7～10d，此次要浇透灌足，即水分渗透到全坑土壤和坑周围土壤内。三次浇水后其水分管理与一般苗木相同。

三、成苗浇水

成苗灌水要适时适量，合理灌溉，这是保证苗木正常生长发育的前提。灌溉量与灌溉次数需根据下列情况而定。

1. 不同气候、不同时期灌水要求不同

春夏之交 4～6 月份，苗木正处于旺盛生长期，需水量较多，而此时南方降雨量较大，灌溉 3～4 次，北方属于干旱季节，需灌水 7～8 次。盛夏 7、8 月份，北方常逢雨季，可不灌水；南方一般高温干旱，需增加灌水次数。秋末，为使苗木组织充分成熟，利于越冬，一般不灌水。冬季北方需在土地封冻前灌一次冬水，特别是越冬困难的边缘树种一定要灌冬水，以利树木安全越冬。

2. 不同树种、不同年龄灌水要求不同

喜湿的园林树种，如柳树、泡桐、水杉、枫杨、池杉等应多次灌溉；而白蜡、五针松、油松、刺槐等耐旱树种，灌水可减少。新移植的乔木和正常生长的苗木相比，要增加灌水次数。和大苗相比，对小苗可适当增加灌水次数。

3. 不同的土壤情况灌水要求不同

土壤情况主要是指土壤墒情、土壤质地、地下水位高低。黏重土、低洼地、地下水位较高的土壤，应适当减少灌水次数和灌水量；沙质土、地下水位较低的土壤，可增加灌水次数和灌水量。

四、排水防涝

排水是苗圃雨季防涝保苗的主要措施，与灌水同等重要。因为土壤水分过多，氧气不足，抑制根的呼吸，减弱根的吸收能力，甚至导致根进行无氧呼吸，积累酒精等有毒物质，引起根系死亡。在盐碱严重地区，还会造成地下水位升高，加重土壤盐碱。苗圃排水的方法主要采用地面排水和明沟排水、暗沟排水。苗圃地在建设规划时就要求有一定的坡度，坡度一般为 0.1%～0.3%（即 1°～3°），且整个苗圃地必须建立一套完整的排水系统，每个作业区都有排水沟，使沟沟相连，一直通到总排水沟。另外对一些不耐湿的树种可以采用高垄或高床育苗，也可以在田间增设排水沟。

第三节 圃 地 除 草

一、园林苗圃杂草

1. 杂草的特性与危害

杂草普遍具有旺盛的生命力，如荠菜、车前草、藜等杂草的种子被动物采食消化后随粪便排出，仍具有发芽力。杂草普遍具有抗盐碱、抗高低温、抗旱涝等较强的抗逆性，其吸收养分和水分的能力比园林幼苗强。杂草的滋生会大量夺取苗木生长所需的养分、水分、光和空间，严重影响苗木正常生长，同时杂草还是许多病原菌、害虫的越冬寄主或中间寄主，其蔓延易引起苗木病虫害的暴发，所以苗圃中的杂草对苗木生长非常不利，必须清除。由于苗圃地土、水、肥条件优越，适宜绝大部分杂草生长，所以苗圃地中杂草种类多繁多，是圃地管理中不可忽视的重要工作之一。

2. 杂草的分类

（1）依据生育期长短分类

① 一年生杂草 该类杂草在春、夏发芽出苗，夏、秋一开花、结籽，冬季死亡，整个生命周期在当年完成。它们种类繁多，是苗圃中的主要杂草，常见的有藜、稗、反枝苋、狗

尾草、马齿苋、牛筋草、天蓝苜蓿等。

② 越年生杂草　在夏末或秋初发芽，植株以未成熟状态度过冬季，来年春天再进一步进行营养生长，春末或夏初开花、结籽，整个生命周期虽不足两年，但跨过两个年度。常见的有独行菜、看麦娘、猪殃殃等。

③ 多年生杂草　可连续生存两年以上，多在春季萌发，夏秋开花结籽，冬季地上部分枯死，依靠地下器官越冬，次年又长出新的植株，所以多年生杂草除能以种子繁殖外，还能利用地下根、茎进行营养繁殖。常见的有荠菜、白茅、箭叶旋花、车前草、狗牙根、香附子、刺儿菜等。

④ 寄生杂草　不能进行或不能独立进行光合作用制造养分的杂草，靠吸取寄主养分而生活，如菟丝子、列当等。

（2）依据形态特征分类

① 阔叶草　包括双子叶的杂草和部分单子叶杂草。主要特征是叶宽大有柄；茎常为实心。如藜、马齿苋、荠菜、反枝苋等。

② 禾草　属于禾本科，主要特征是叶狭长无柄，平行脉；茎扁或圆形，分节、中空。如稗草、狗尾草、狗牙根、牛筋草等。

③ 莎草　属于莎草科，叶片也是狭长无柄，平行脉，但表面有蜡质层，较光滑；茎三棱、不分节、实心，常见的有香附子、异型莎草。

二、除草剂的杀草原理和种类

除草剂是指能够杀死杂草的无机或有机化学农药，所以除草剂除草又叫化学除草，其特点是省工、投入少、效果好。目前苗圃在播前或播后萌芽前使用除草剂除草，已是常用的技术措施。

1. 杀草原理

除草剂杀草的原理是主要对杂草生理代谢活动某一个环节进行干扰或破坏，引起代谢活动生理平衡失调而最终导致死亡。其作用方式大致可归纳为以下四种。

（1）抑制光合作用　光合作用是植物维持生命活动和生长发育的物质基础。部分除草剂是通过干扰杂草的光合作用，使杂草把储存的养分消耗枯竭，又得不到新营养，最后导致杂草"饥饿"而死亡。常见的有绿麦隆、敌草隆、西玛津等。

（2）干扰呼吸作用　线粒体是植物进行呼吸的细胞部位，所产生的能量是植物生长活动的动力源泉。某些除草剂可以改变线粒体的机能，干扰破坏 ATP 合成的解偶联反应和电子传递。其结果使 ATP 的浓度减少，最终使植物体出现能量亏缺，体内各种生理代谢活动无法正常进行而死亡。如五氯酸钠、二硝基酚和砷酸盐等。

（3）抑制蛋白质、核酸等物质合成　不同类型除草剂对植物体内核酸、蛋白质等物质合成的影响是不同的。例如燕麦畏、毒草胺等除草剂进入杂草体内后，抑制蛋白质、淀粉酶、核酸的合成。敌稗被杂草吸收后，直接抑制核糖核酸（RNA）与蛋白质的合成；氟乐灵则干扰激素和脂肪的合成，从而造成杂草死亡。

（4）干扰植物激素的作用　植物体内含有多种激素，是调节植物生长、发育的重要物质。有些除草剂被杂草吸收后，使杂草体内激素异常，产生生理紊乱，植物生长停止或畸形，导致死亡。如 2,4-D 类除草剂可以破坏植物体内原有的激素代谢平衡，造成根部生长点、形成层等分生组织停止生长或畸形生长，甚至形成瘤状物，阻碍各种营养物质的吸收与运输，使杂草得不到养分、水分而造成死亡。

2. 除草剂的类型

除草剂不仅杀灭杂草，对苗木幼苗也有较大的毒副作用，因而在除草前，必须弄清除草剂的类型，使用时有所选择。除草剂种类很多，分类方法不尽相同。

（1）按化学结构分类

① 无机除草剂　有氯化钠、氰酸钠、硫酸、矿物油等。其特点是绝大部分属于灭生性除草剂，易对植物产生药害，有的甚至对人、畜产生剧毒，且用药量大，除草效能低，所以多已被淘汰，为人工合成的有机除草剂所代替。

② 有机除草剂　具有选择性强，除草效能高、用量少、种类多，易推广使用等特点，占我国目前生产的除草剂的绝大部分。如苯氧羧酸类（2,4-D、2,4-D 钠盐、二甲四氯）、酰胺类（丁草胺、乙草胺）、有机磷类（草甘磷、草特磷、哌草磷）等 13 类。

（2）按作用方式分类

① 触杀型除草剂　仅作用于与杂草接触的部位，在植物体内传导很少。如除草醚、百草枯、敌稗等，对一年生杂草可以灭除，对多年生杂草来说因地下部分没有杀死，来年还可继续生长。

② 传导型（内吸型）除草剂　被杂草吸收后可由输导组织运送到各个部位，导致整个植株死亡。如 2,4-D 丁酯、扑草净、敌草隆等。

（3）按杀灭特性分类

① 选择性除草剂　在一定剂量范围内能有选择地杀死某些植物，而对另外一些植物毒害很小或无害，如西玛津、盖草能等。

② 灭生性（非选择性）除草剂　能杀死一切绿色植物，因此使用时不能直接喷到长有苗木的地上，可在休闲地或播种前使用，如百草枯、五氯酚钠等。

另外，按使用方法分类可分为：茎叶处理剂，即在杂草出苗后作用于杂草的茎叶的除草剂，如乙草胺、西玛津；土壤处理剂，用于土表或混土使用，主要作用于杂草的根、芽鞘或下胚轴等部位，如草甘膦、2,4-D 丁酯、百草枯等。

三、除草剂的使用技术

1. 施药时期

在杂草种子发芽和刚刚出芽时使用除草剂杀草效果最佳，一般苗圃用除草剂一年两次即可。第一次用药的时间安排为：播种圃地是在播种后出苗前；移植地、扦插地可在缓苗后；留床苗在杂草种子开始萌动或刚出土时施药最为适宜。第二次施药期应根据上次药剂有效期长短和圃地杂草情况而定，一般在 7 月上中旬。

2. 处理方法

（1）茎叶处理　即把药剂直接喷在茎叶上，触杀或通过叶面渗入植物体内传导杀死杂草。喷药应选择晴朗无风的天气进行，药剂要均匀喷洒到叶片、茎秆上。喷药高度要尽量放低，以免随风漂移造成其他植物的伤害或环境污染。可湿性粉剂配成的药剂在喷洒时要边搅拌边喷洒，否则会发生沉淀，堵塞喷头。对于叶片表面有蜡质的杂草，可加入 0.1％ 左右的中性洗衣粉或加入乳化剂、增效剂等增加除草效果。

（2）土壤处理　将除草剂通过不同的方法施入土壤中，被杂草种子或幼苗根系吸收而杀死杂草。土壤处理可采用喷雾法、泼浇法和毒土法。喷雾法、泼浇法就是用喷雾器或喷壶将药剂均匀喷洒到土壤表面或较深层，深层除草效果更好，但用水量大。毒土法是将除草剂与一定量的细土或细沙按比例均匀混合后撒施。毒土拌好后应放置一定时间，待药剂被土粒完全吸收后再施放。

第四节　病虫害防治

一、病害防治

（一）病害定义及分类

病害是苗木在生长发育或运输、贮藏过程中，受到生物或非生物因素的侵害，使植株在生理、解剖结构和形态上产生局部或整体的反常变化，导致苗木生长不良、质量下降甚至死亡。园林苗木的病害种类很多，按其病原可分两类：一类是侵染性病害，由真菌、细菌、病毒等病原物侵染引起，如立枯病、茎腐病、根腐病、褐斑病、锈病等，在环境条件适宜时可进行传染，造成更大的损失，发病时既有病症又有病状，根据其发病部位，可分为根部病害、叶部病害、枝干部病害等；另一类是非侵染性病害，是由于土壤、肥料、水分、温度、光照以及有毒物质等，在量上超过最高限度或低于最低限度而造成植物生理失常，如日灼病、缺素症、寒害等，这类病害不进行传染，发病时只有病状，没有病症。由于每一种园林植物病害在一定的发病阶段都有一定的症状出现，如病害部位、病斑形状和颜色、病原物的特征等，所以苗木病害诊断的主要依据是病症和病状。

（二）常见病害的防治

1. 根部病害

（1）立枯病

① 症状　多在幼苗出土后的初期发生。带菌土壤是主要侵染来源，病菌多从表土侵入幼苗的幼根或茎基部，受害部位下陷缢缩，呈黑褐色腐烂，病株叶片发黄、萎蔫、枯死。出土幼苗组织尚未木质化时，幼苗会倒伏，称猝倒型；木质化后幼苗逐渐枯死，但不倒伏，称立枯型。土壤湿度大时病害严重，多年连作发病也较重。

② 防治方法

a. 播前必须进行土壤消毒，实行轮作倒茬，严禁连作。及时清除病株并进行土壤消毒。

b. 控制浇水，加强通风。

c. 幼苗期间每隔15～20d用0.3%的硫酸亚铁喷洒一次。如发现已有被感染发病的苗木，可用800倍的退菌特药液喷雾防治。

（2）根腐病

① 症状　主要侵害出苗3个月以上的苗木，在苗床常常是点状或片状发生，然后向四周蔓延。染病幼苗根部逐渐腐烂变黑、猝倒；大苗则叶变黄、变小、早落、顶部枯萎，严重时根部从边材到心材腐烂，以致全株枯死。针叶类特别是松类根部会出现大量流脂现象。此病在高温、高湿条件下发病严重。

② 防治方法

a. 选择高燥地方作圃地。

b. 田间发现此类病苗时，应立即带土挖除，并在周围1m的范围内进行土壤消毒。

c. 用500～1000倍的恶霉灵药液灌根。

2. 叶部病害

（1）白粉病

① 症状　侵染叶片、新枝、花芽、花柄等。叶片发病初期出现褪绿斑，并产生白粉状物（菌丝体和粉孢子形成，见图 7-2、图 7-3），叶片凹凸不平、卷曲。幼嫩枝梢发育畸形、生长停滞，严重时花小而少，枝叶干枯，甚至可造成全株死亡。此病主要发生在春、秋季节干燥、温暖的气候条件下。

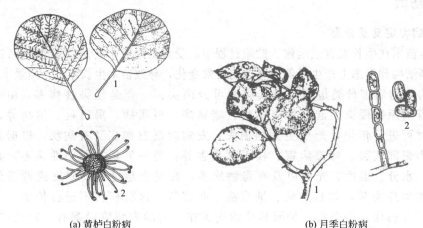

(a) 黄栌白粉病　　　　　　　　　　　　(b) 月季白粉病
1— 症状；2— 闭囊壳　　　　　　　　　　1— 症状；2— 粉孢子

图 7-2　白粉病

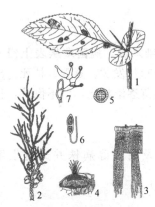

图 7-3　海棠锈病
引自：张中社，江世宏.
园林病虫害防治，2005
1—海棠上症状；2—松柏上症状；
3—性孢子器和锈孢子器；
4—放大的性孢子器；5—锈孢子；
6—冬孢子；7—担子和担孢子

② 防治方法

a. 及时清扫病株残体并烧毁。

b. 合理密植、增施有机肥，加强通风透光，提高植株抗病能力。

c. 用 25% 粉锈宁 2000 倍液喷洒，连喷 2～3 次（间隔 15～20d），或用 50% 本来特可湿性粉剂 1500～2000 倍液喷洒。

（2）锈病

① 症状　大多数锈病侵害叶，有些还侵害嫩梢、枝干或果实。发病时病症先于病状出现，叶上产生大量锈色、橙色或黄色的斑点是典型病症（见图 7-3、图 7-4）。该病虽不能造成植株死亡，但严重时会使叶片枯黄、死亡，削弱植株生长势和观赏性。多发生于温暖湿润的季节，在雨水多、通风差的苗圃发生严重。

② 防治方法

a. 清除带病残体，苗木发芽前喷洒 0.3°Bé 的石硫合剂，减少病原。

b. 合理密植、增施有机肥，加强通风透光，提高植株抗病能力。

c. 发病时喷 25% 粉锈宁可湿性粉剂 1500 倍液、敌锈钠250～300 倍液或喷洒 0.2～0.3°Bé的石硫合剂。

（3）黄化病

① 症状　主要是由于缺铁、镁、铜等微量元素或缺乏养分所造成的一种生理性病害。苗木发生黄化后，缺少叶绿素，不能进行正常光合作用，所以又称失绿病，严重时叶片出现

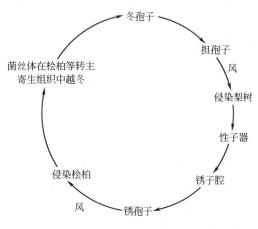

图 7-4　梨锈病侵染循环

叶缘枯焦甚至死亡，影响苗木生长发育。此病宜早治，严重后不易治疗。

② 防治方法

a. 多施有机肥，降低土壤 pH 值。

b. 发病初期喷 $0.2\%\sim0.5\%$ 的硫酸亚铁或喷镁、锌等微量元素，每隔 $7\sim10d$ 喷一次，连续喷 3 次，一般叶片可恢复正常。

3. 枝干部病害

（1）溃疡病

① 症状　此病主要侵染大苗，病菌多自皮孔和叶痕侵入，也可从断枝或修剪伤口侵入。病菌侵染枝干部后出现褐色、圆形或椭圆形病斑，用手压之有褐色的臭水流出，有时病斑水泡状，泡内有略带腥臭的黏液。当病斑环绕树干时，病斑以上部分枯死。如果未环绕树干，通常能在当年愈合。病菌有潜伏侵染的特性，能终年潜伏于树皮内，当树皮失水时，病菌扩展蔓延引起病害。

② 防治方法

a. 加强养护管理，提高苗木抗病能力，尽量避免苗木失水。修剪伤口要涂保护剂，剪下的枝干及时运走。

b. 刮除病斑或砍除病枝并烧毁。

c. 用刀划痕涂抹药剂，常用药剂有 1% 波尔多液或多菌灵等。

（2）枯萎病

① 症状　又称导管病或维管束病。此病可由病原物侵染致病，也可因长期干旱、水浸、污染物等原因造成输导系统堵塞而引起病害。感病植株叶色无光泽并逐渐变黄，随后凋萎下垂，脱落或不脱落，最后枝条甚至全株枯萎而死。在苗木或幼树阶段常常会突然萎蔫，枝叶还是绿的，称为青枯病。侵染性枯萎病（如月季枯萎病），病害主要发生在茎部，发病部位出现白色、黄色或红色小点，后扩大为椭圆形或不规则形状的病斑，中央浅褐色或灰白色，边缘紫色，后期病斑下陷，表皮纵向开裂。病菌主要从休眠芽或伤口侵入，以菌丝体和分生孢子器在枝条内越冬。

② 防治方法

a. 首先严格检疫，严防带病及传播媒介昆虫的苗木、木材及其制品外流及传入。枯萎病发展快，防治困难，感病后的植株很难救治。

b. 减少初侵染来源，及时修剪病枝并销毁，剪口可用1‰硫酸铜消毒，再涂波尔多液保护。

c. 发病初期可用50％多菌灵可湿性粉剂800～1000、70％甲基硫菌灵可湿性粉剂1000倍液喷洒。

d. 选用抗枯萎病的品种，以提高抗病能力为基础。

二、虫害防治

（一）害虫种类

园林苗圃的害虫大致分为地下害虫和地上害虫两类。地下害虫主要有地老虎、蝼蛄、蛴螬等，它们生活在土壤中，主要咬食幼苗、幼树根部或近地面部分，造成大量缺苗、死苗，严重影响苗木生产；地上害虫主要有尺蠖、蚜虫、粉虱等，它们蚕食树叶，刺吸汁液，破坏新梢顶芽，影响苗木生长。依据危害部位可以划分为食叶害虫、蛀干害虫、枝梢害虫、种实害虫。

（二）常见虫害的防治

1. 地下害虫

（1）蛴螬

① 危害　蛴螬为铜绿金龟子、白星金龟子、小青花金龟子等各种金龟子的幼虫（见图7-5），属鞘翅目金龟子科，可危害樱花、梅花、桃、月季、海棠等树木根或近地面部分。在我国大部分地区均有发生，一年发生一代，一般4月下旬开始为害，6～7月份为害最重。其成虫主要夜晚活动，有趋光性，为害苗木叶片和花朵，严重时可将叶片和花朵吃光。

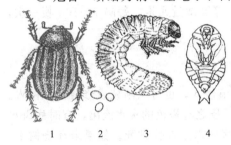

图7-5　蛴螬
1—成虫；2—卵；3—幼虫；4—蛹

② 防治方法

a. 利用黑光灯诱杀成虫。

b. 利用成虫假死性，用榆树或杨树枝叶浸于40％氧化乐果乳剂30倍液，傍晚放在苗圃田中诱杀成虫。

c. 用40％氧化乐果乳油800倍液喷洒，防治效果较好。

d. 加强田间管理，深耕与合理灌溉。

（2）小地老虎

① 危害　小地老虎又名地蚕、土蚕（见图7-6），属鳞翅目、夜蛾科。分布于全国各地，尤其在北方各地危害十分严重。在华北地区一年3～4代，长江流域一年4代，华南地区一年5～6代。以蛹或老熟幼虫在土中越冬，每年4月上旬至5月初成虫羽化。幼虫在5月中、下旬为害最重。具有趋光性、昼伏夜出习性，对糖、醋、酒的气味敏感。一般土壤湿度大，杂草多，为害就重。

② 防治方法

a. 加强苗圃管理，及时进行中耕和清除杂草，以减少苗圃中地老虎。

b. 利用黑光灯诱杀成虫；用糖醋液（白糖6份，米醋3份，白酒1份，水2份，少许敌百虫）在天黑前放置在幼苗繁殖地诱杀成虫；将嫩草拌90％敌百虫原药做成毒饵，傍晚时堆放在圃地，诱杀幼虫。

c. 用50％辛硫磷乳油2000倍液，或25％亚胺硫磷可湿性粉剂250倍液，在小地老虎幼

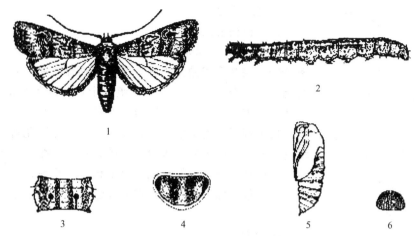

图 7-6 小地老虎

1—成虫；2—幼虫；3—幼虫第 4 腹节背面；4—幼虫末节背板；5—蛹；6—卵

虫开始扩散为害前泼浇苗木根际周围。

（3）蝼蛄

① 危害 蝼蛄属直翅目蝼蛄科，常见的有华北蝼蛄和东方蝼蛄（见图 7-7）。前者多发生在北方，大约 3 年完成 1 代。以成虫和若虫在土层中（30～100cm）越冬。第二年 3～4月份随着气温的回升，开始慢慢上升到表土层活动，形成一个长 10cm 左右的虚土隧道，4～5月份地面隧道大增即为为害盛期，这是春季挖洞灭虫和调查虫口密度的最好时机。东方蝼蛄前足为开掘足，后足胫节背面内侧有 4 个距，有别于华北蝼蛄。在长江流域及以南各地每年发生 1 代，在华北、东北和西北地区约 2 年完成 1 代，有较强的趋光性和趋粪肥性。它们以若虫和成虫咬食幼苗的根和嫩茎及刚发芽的种子，把土壤表层钻成许多隧道，常使苗的根与土分离，幼苗失水枯死。具有趋光性、趋粪肥性。

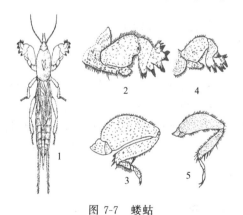

图 7-7 蝼蛄

1—华北蝼蛄；2,3—华北蝼蛄的前足和后足；
4,5—东方蝼蛄的前足和后足

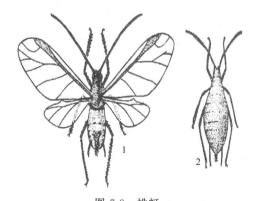

图 7-8 桃蚜

1—有翅胎生雌蚜；2—无翅胎生雌蚜

② 防治方法

a. 冬春深翻园土，适时中耕，清除圃内杂草。

b. 用灯光诱杀成虫；用 40％乐果乳油、90％晶体敌百虫 10 倍液，拌炒香的麦麸、谷壳制成毒饵，于傍晚撒在苗床或根际周围毒杀。

c. 用 5％辛硫磷乳剂 1000～1500 倍液进行泼根，毒杀成、幼虫。

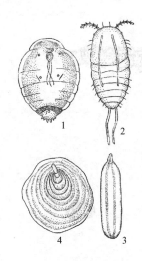

图 7-9　桑白蚧虫

1—雌成虫（去介壳）；2—幼虫；
3—雄介壳；4—雌介壳

2. 地上害虫

（1）枝梢害虫

① 蚜虫类　同翅目、蚜虫科。种类很多，个体细小（见图 7-8），飞翔和繁殖能力强，能进行孤雌生殖，在夏季 4～5d 就能繁殖一个世代，一年可繁殖几十代。以刺吸苗木根、茎、叶汁液为主，受害叶片叶缘向背面卷成长形瘤状，常使苗势减弱，枝梢畸形。蚜虫常常积聚在新叶、嫩芽及花蕾上，刺吸组织内汁液，使受害叶片皱曲、脱落，花蕾萎缩或畸形生长，严重时可使植株死亡。蚜虫能分泌蜜露，招致细菌生长，诱发煤烟病。一般以卵（或若虫）在树枝缝中过冬，次年 4 月初冬卵开始孵化。

防治方法：

a. 通过清除附近杂草，冬季在寄主植物上喷 3～5°Bé 的石硫合剂消灭越冬虫卵，或萌芽时喷 0.3～0.5°Bé 石硫合剂杀灭幼虫。

b. 喷施乐果或氧化乐果 1000～1500 倍液，或喷 2.5% 的澳氰菊酯乳油 2000 倍液。

c. 注意保护瓢虫、食蚜蝇及草蛉等蚜虫天敌。

② 介壳虫类　介壳虫有数十种之多。体型较小，体长一般 1～7mm，最小的只有 0.5mm（图 7-9）。大多数虫体上被有蜡质分泌物，繁殖迅速，常群聚于枝叶及花蕾上吸取汁液，造成枝叶枯萎甚至死亡。

防治方法：

a. 少量的可用棉花球蘸水抹去或用刷子刷除，剪除虫枝虫叶集中烧毁。

b. 注意保护寄生蜂和捕食性瓢虫等介壳虫的寄生天敌。

c. 在产卵期、孵化盛期（约 4～6 月份），用 40% 氧化乐果乳油 1000～2000 倍或 50% 杀螟松乳油 1000 倍液喷雾 1～2 次。

（2）食叶害虫

① 尺蠖类（图 7-10）　鳞翅目尺蛾科，是我国北方地区杨、柳、苹果、梨、榆、沙枣等阔叶树种主要食叶害虫之一，其繁殖快，危害重，幼虫常把树叶蚕食光。常以蛹在树干周围 10～30cm 深的土层中越夏、越冬，翌年 3 月份成虫开始羽化出土并交尾产卵，羽化后即在树干周围寻找枯枝落叶或树干裂缝疤痕处隐蔽。4～5 月份幼虫孵化进入危害高峰期。一年可繁殖一代或两代。

防治方法：

a. 加强中耕或翻耕，可杀死大量长期在地下越夏和越冬的虫蛹。

b. 粘虫胶防治，于成虫羽化前在树干 1.5m 左右的地方涂刷两道粘虫胶，胶环宽度为 5～10cm，两胶环之间的距离宜为 20～40cm，可有效粘杀上树的雌成虫和幼虫。

c. 可在幼虫期喷洒 20% 灭扫利乳油 4000 倍液。

d. 保护和利用天敌，在虫口密度较小、危害较轻的地方，应严格控制化学药剂的使用，保护寄生姬蜂、蚂蚁、鸟类等害虫天敌。

② 叶蜂类（图 7-11）　浙江黑松叶蜂幼虫主要危害五针松、黑松、油松、马尾松等；蔷薇三节叶蜂幼虫主要危害月季、蔷薇、黄刺玫、十姐妹、玫瑰等花卉，常以幼虫在土中结茧

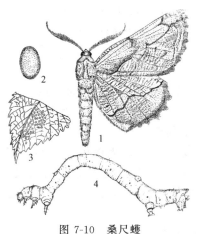

图 7-10　桑尺蠖
1—成虫；2—卵；3—产卵叶；4—幼虫

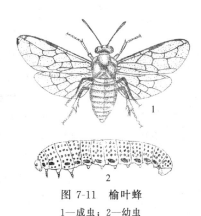

图 7-11　榆叶蜂
1—成虫；2—幼虫

越冬。有群集习性，常数十头群集于叶上取食，严重时可将叶片吃光，仅留粗叶脉。雌虫产卵于枝梢，可使枝梢枯死。

防治方法：

a. 人工连叶摘除孵化幼虫。

b. 冬、春季挖土掐茧消灭越冬幼虫。

c. 可喷施 80％敌敌畏乳油 1000 倍液、90％敌百虫 800 倍液、50％杀螟松乳油 1000～1500 倍液、2.5％溴氰菊酯乳油 2000～3000 倍液。

（3）蛀干害虫

① 天牛类（见图 7-12）　以幼虫或成虫在根部或树干蛀道内越冬，卵多产在主干、主枝的树皮缝隙中，幼虫孵化后蛀入树木木质部，使受害枝条枯萎或折断。1 年或 2～3 年发生一代。

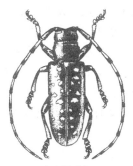

光肩星天牛

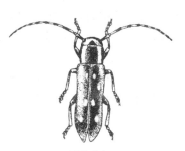

青杨天牛

图 7-12　光肩星天牛和青杨天牛成虫
引自：张中社，江世宏．园林植物病虫害防治，2005

防治方法：

a. 人工捕杀成虫。成虫发生盛期也可喷 5％西维因粉剂或 90％敌百虫 800 倍液。

b. 成虫发生前将树干和主枝上涂白，防止产卵；产卵期经常检查树体枝条，发现虫卵及时刮除。

c. 用铁丝钩杀幼虫或用棉球蘸敌敌畏药液塞入洞内毒杀幼虫。

② 木蠹蛾类（见图 7-13）　以幼虫危害阔叶树种主干或根部的主要害虫。幼虫活动期为

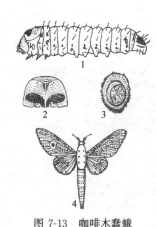

图 7-13　咖啡木蠹蛾
的幼虫和成虫

1—幼虫；2—幼虫前胸硬皮板；

3—蛹的末端；4—成虫

3～10 月份，成虫多在 4～7 月份出现，最晚可至 10 月份。卵多产在树皮裂缝、伤口或腐烂的树洞边沿以及天牛为害后留下的坑道口边沿。

防治方法：

a. 可利用成虫的趋光性，以黑光灯诱杀成虫。

b. 孵化期喷施 40％氧化乐果、80％敌敌畏乳油 1000 倍液或 50％杀螟松乳油 1000 倍液。

c. 用久效磷、哒嗪硫磷及磷化铝等杀虫剂，于 4～9 月份分别将药液注射虫孔以毒杀已蛀入干部的幼虫；在干基钻孔，灌药毒杀干内幼虫；用磷化铝片剂堵塞虫孔熏杀根、干部的幼虫等。

d. 同时要注意保护啄木鸟及其他天敌。

三、清园

清园就是在冬季苗圃管理中，结合整形修剪等技术措施，清除圃地内的残枝败叶、病斑虫枝及烂果等废弃物，集中销毁。同时选用石硫合剂、松碱合剂、清园保等清园剂全园喷布。如果在初春气温开始回升，越冬的害虫开始出蛰，此时清园效果更佳。由于冬季大部分病虫的病原菌或越冬卵均进入越冬状态，它们以各种方式蛰伏在圃内的枯枝落叶或杂草中越冬，待来年条件适宜时再出来活动。因此，冬季是进行病虫防治的好季节，将苗圃内的枯枝落叶和杂草彻底清除销毁，改善卫生状况，可以保护苗木安全越冬，减少来年病菌和害虫的虫口基数，减轻和杜绝各种病虫害，提高苗木产量和品质。

四、涂白

涂白就是在日照强烈、温度变化剧烈的大陆性气候地区，用涂白剂将树干涂成白色。目的是白色可以反射阳光，减少树木地上部分吸收太阳辐射热，使树体温度升高较慢，延迟芽的萌动期；避免枝干温度局部增高，预防日灼危害，另外对防寒和防治病虫害也有很好的效果，特别对在树皮内越冬的螨类和蚧类等作用尤佳。树干涂白在全国各地都普遍应用，但涂白剂的配制成分各地不一，常用的配方是：水 10 份、生石灰 3 份、石硫合剂原液 0.5 份、食盐 0.5 份、油脂（动植物油均可）少许。配制时要用水化开生石灰和盐，否则涂到树干上易造成烧伤。再把油脂和石硫合剂倒入后充分搅拌，也可以加黏着剂，以延长涂白的期限。

五、综合防治

"预防为主，综合防治"是病虫害防治的基本原则。综合防治就是将各种防治方法协调起来，取长补短，组成一个比较完整的防治体系。其防治方法可以概括为以下几方面。

1. 生产技术防治法

生产技术防治法是指在园林苗木的生产过程中，通过改进圃地耕作、苗木种植与养护等方面的技术，使环境条件有利于苗木生长而不利于病虫害蔓延发生的防治方法。它是防治苗圃病虫害的最基本方法。具体的技术措施包括：选择或培育适于当地栽培的抗病虫品种，是防治苗木病虫害最经济有效的重要途径；在育苗上注意培育无病状、健康强壮的种苗；实行轮作，使病原菌和害虫得不到合适的寄主；提早或推迟播种时期，避开病虫害容易发生的旺季；加强肥水管理，增施有机肥、磷肥、钾肥，使植株生长健壮，提高抗病虫能力；合理灌溉与排水，避免土壤过湿过干，因为土壤过湿或过干不但对植物根系生长不利，而且容易诱发一些根部病害；适时中耕除草，为树木创造良好的生长条件，也可以消灭地下害虫。

2. 物理防治法

物理防治法是指通过简单的机械和加热、降温、射线、覆盖等物理方法来达到预防控制病虫害的方法。这类方法防治效率较低，只能用作辅助防治。具体方法有：用人工或简单机械的方法捕杀、诱杀害虫和清除染病枝叶，如人工捕杀小地老虎幼虫，黑光灯可诱杀夜蛾类、螟蛾类、毒蛾类等700多种昆虫，人工摘除病叶或剪除病枝等；晒种、温水浸种；熏蒸或火烧土壤等。

3. 生物防治法

生物防治法是指用生物或生物制剂来防治病虫害的方法。此法经济、安全、效果持久但缓慢。就目前来说，生物防治法在生产实践中应用有较大局限性，主要原因是防治效果缓慢，在短期内达不到理想的效果，同时生物制剂种类比化学农药少。但随着生物科学技术的发展和可持续发展的社会需求，生物防治法必将发挥越来越重要的作用。现在常用的防治方法有：以菌治病，如"五四零六"菌肥，能防治某些真菌病、细菌病及花叶型病毒病；以菌治虫，如白僵菌可以寄生于鳞翅目、鞘翅目昆虫体内，最后使虫体僵硬而死，青虫菌能有效防治柑橘凤蝶、尺蠖、刺蛾等；以虫治虫，如瓢虫、赤眼蜂、管氏肿腿蜂等。

4. 化学防治法

化学防治法即是利用各种杀虫剂、杀菌剂等化学药剂的毒性来防治病虫害的方法。其特点是使用方便，防治效果快且明显，适用范围广，不受地区和季节的限制，所以在生产实践中应用较广。但化学防治的安全性问题和耐药性问题也非常突出，如使用不当会引起苗木药害和天敌、人畜中毒。长期使用不仅会对环境造成污染，还易引起病原物和害虫的耐药性。所以在采用化学药剂进行病虫防治时，必须根据防治对象和环境条件，选择适宜的药剂种类和浓度，运用恰当的方法和时间进行科学、合理的防治，才能收到理想的效果。药剂使用浓度以最低的有效浓度获得最好的防治效果为原则，不可盲目增加浓度以免植物产生药害。应对准病虫害发生和分布的部位进行喷药，阴雨天气和中午前后一般不进行喷药，喷药后如遇雨必须在晴天补喷。

5. 植物检疫措施

植物检疫是指国家或地区的检疫机构，根据国家及各省市颁布的检疫对象名单，对引进和输出的植物材料及其产品或包装材料进行全面检疫，如发现有病虫害的材料及产品，要采取就地销毁、消毒处理、限制使用等相应的措施。苗圃应严格遵守相关检疫制度，可以有效地防止病虫害随种子、植株或其产品在国际或国内不同地区造成人为的传播。当发现危险性病虫害已经传入到新的地区时，应采取措施将其封闭在一定范围内，并在病区积极防治、彻底消灭，限制病区扩大。

第五节　抗灾与防护

一、防寒

1. 低温对树木的危害

低温对树木的危害程度可从树木和温度两方面来看。从树木方面来看，不同树种的耐寒能力不同，同一树种在不同的生长发育阶段耐寒力也不同。如许多南方树种移植到北方，常常受冬季低温的限制而不能露地自然生长，需要进行越冬保护，特别是小苗期和新栽的苗木，冬季必须培土包草或搭风障。从气温变化来看，降温和升温的速度、降温的程度以及持续时间长短的不同，对树木造成的伤害也不同。突然的降温和升温、交错的降温和持久的降温，往往对树木的危害较重，甚至引起死亡。低温对树木的危害主要表现为：芽变褐色、干缩不萌发（花芽比叶芽抗冻力差，顶花芽比腋花芽易受冻）；干径树皮裂开和脱落；枝的皮部变褐色下陷，枝叶逐渐干枯死亡等冻害现象。

2. 防寒措施

（1）合理规划生产用地，贯彻适地适树的原则 将当地抗寒力强与较强的树种品种，安排种植在背阴、风口等冬季温度较低的地方，边缘树种种植在局部气候条件好的地方，这是防寒最根本而有效的途径，可以大大减轻越冬防寒的工作量。同时注意在多风地区或风口处设置防风林带或风障，改善小气候条件，预防和减轻冻害。

（2）加强养护管理，提高树木抗寒性 经验证明，春、夏季节树木生长量大、速度快，合理运用施肥与灌、排措施，肥水供应及时，做好病虫害的防治工作，可以促使新梢生长和叶片增大，提高光合效能，有利于营养积累，提高树木抵抗力。秋季树木生长量减小或停止，此时控制肥水，及时排涝，有助于树木适时停长并按时进行抗寒锻炼，避免枝条贪青徒长。适量施用磷、钾肥，勤锄深耕，可以促使枝条及早成熟，使组织充实，非常有利于树木的抗寒越冬。此外，采用人工提前摘叶，可促使提早休眠，避免早期低温的危害。

（3）加强树体保护，减小低温伤害 灌"冬水"和浇"春水"是北方每年普遍采用的措施，这是很传统的做法，对防冻害与霜害很有效果。特别是给常绿树灌"冬水"，保证冬季有足够水分供应，防止冻害十分有效。另外，对容易受冻的树种、边缘树种在冬季低温到来之前，可采用根颈培土（高约30cm）、全株埋土、西北面培半月形土埂、树干包草或搭风障等防寒措施，如月季、葡萄、牡丹等培土，防寒土堆内不仅温度较高，而且温差变化较小，土壤湿润，因此能保护树木安全越冬。

（4）做好引种驯化和育种工作 引种驯化或培育抗寒树种、品种不仅可以调整苗木生产结构，提高苗圃市场竞争力，也是解决树木低温伤害最根本的办法。苗圃应根据当地气候条件培育抗寒树种和品种。

3. 受冻树木的护理

受冻后恢复生长的树木，一般均表现出生长不良，因此首先要加强水肥养护管理，保证前期肥水供应，可以早期追肥和根外追肥，补足养分。其次要做好树体养护管理，对树木受害部位采取晚剪或轻剪，给枝条一定的恢复时间。对于明显受冻的，枯死部分可及时剪除，以利伤口愈合。对于一时看不准受冻部位的树木，不要急于修剪，待春天发芽后，受冻部位看得很清楚了再剪。同时对受冻伤害部位要及时治疗，应喷白防止日灼，还要注意防治病虫害和保叶的工作；对于根颈受冻的树木要及时用桥接或根寄接恢复树势，树皮受冻后成块脱离木质部的要用钉子钉住或桥接补救。

二、抗旱

干旱对苗木生长发育影响很大，会造成苗木生长迟缓、早衰。早春干旱会延迟树木的萌芽与开花的时间，严重时发生抽条、日灼、落花、落果、新梢过早停止生长以及早期落叶等现象，严重地影响了苗木的生长与质量。防止树木发生旱害的主要途径如下。

1. 合理灌溉，及时满足苗木对水分的要求

早春是树木芽萌动时期，需要水分不多，但若水分不足，会推迟萌芽或萌芽不整齐，并影响新梢生长。所以如果冬春水分不足，尤其是北方地区早春往往干旱多风，初春应灌水。春夏季节是苗木的速生期，新梢进入旺盛生长期，需水量最多，若供水不足，会削弱生长或早期停长。但夏季是雨水较多季节，往往会出现先干后汛或先阴后干等不稳定天气，因此灌溉要采取多量少次的方法，旱时及时灌，每次灌溉要灌透、灌匀，涝时及时排。秋末冬初是苗木的生长后期，生长减缓或停止，此期需水量不多，除特别干旱外，一般不需要灌溉。如果秋季雨水过多，还要及时排涝，防止水分充足，苗木贪青徒长，枝条成熟度差，冬季易受冻害。

2. 选育抗旱性强的树种、品种和砧木

一般来说，深根性树种大多较耐旱，如松类、柏类、壳斗类、樟树、臭椿等。浅根性树种大多不耐旱，如杉木、柳杉、刺槐等。阔叶树中耐淹力强的树种，其耐旱力也很强，例如杨柳类、桑、梨树、紫藤、夹竹桃、乌桕、楝树等。在针叶树类中，自然分布较广，属于大科、大属的树木比较耐旱，如松科、柏科的树种；自然分布较狭，属于小科、小属的树木耐旱力多较弱，如三尖杉科、红豆杉科及杉科等。

3. 加强其他养护管理

如营造防护林，及时采取中耕、除草，秋冬季节按时培土、覆盖等技术措施，既有利于保持土壤水分，又有利于树木生长。

三、防日灼

日灼又称日烧，是由太阳辐射热引起的生理病害，在我国各地均有发生，有冬春日灼和夏秋日灼两种。冬春日灼现象出现在寒冷地区的隆冬或早春，树木主干和大枝的向阳面白天受到阳光直射，温度上升很快，原来处于休眠状态的细胞解冻。但到夜间温度急剧降到0℃以下，细胞内又发生结冰现象。冻融交替的结果使树干皮层细胞死亡，在树皮表面呈现浅紫红色，横裂成块斑状或长条状，严重时日灼部位树皮逐渐干枯、裂开或脱落，枝条死亡，进而导致病害寄生和树干朽心。老树或树皮厚的树木几乎不发生冬季日灼。防治措施主要有：可在树干涂白以缓和树皮温度骤变；覆盖土壤，它能有效保持土壤持水量的相对稳定，不使树体发生干旱。

夏秋日灼与夏秋持续的干旱、高温天气有关，特别是中午危害更重。其表现为：在幼苗根颈部形成一个浅紫红色圈，灼伤形成层和输导组织，造成苗木死亡；大苗常常在树冠外围及西南面发生日灼，受日灼伤害的树皮严重时引起局部组织死亡脱落或干枯开裂。这是由于持续高温、干旱引起树木水分供应不足、蒸腾减弱，致使树体温度难以调节，日光直射裸露的枝干造成表面局部温度过高，蛋白质凝固而灼伤。桃、苹果、梨及葡萄、石榴的枝条和果实易灼伤，病弱树日灼更为严重；合欢、泡桐、七叶树皮层薄，幼树如果修枝过重，主干暴露，很易发生夏季日灼。防治措施主要有：及时喷水、喷雾提高土壤的含水量和空气湿度，改善局部小气候，保证水分的充分供应；幼苗期涂白，用草绳缠干，或搭遮阴棚、遮阴网，都能起到保湿防晒的效果；修剪时应注意在向阳面多保留枝叶，有叶遮阴，则降低日晒强度，可以避免日灼发生；深翻园土，它能促进苗木根系健壮，增加根系的吸水范围和能力，保持地上部和地下部生长的平衡。另外，幼苗期进行合理密植也是有效方法。

四、防涝

1. 涝灾对树木的危害

苗圃涝灾主要发生在每年的雨季，即北方地区 7、8 月份，南方为 6～8 月份。梅雨季节降雨多较集中，一些低洼地或地下水位高的地段排水不良，遇大雨极易积水成灾。树木被水淹后，早期会出现黄叶、落叶、落果、裂果，有的发生二次枝、二次花，细根因窒息而死亡。如果水淹时间过长，会出现朽根现象，皮层易脱落，木质变色，树冠出现枯枝或叶片失绿等现象，树势严重下降，甚至全株枯死。

2. 防治措施

首先加强检修，必须在雨季到来之前对苗圃中各类排水设施进行检查疏通，确保雨季圃地平整、沟渠排水畅通。雨季加强防涝管理，要有专人负责排水工作，一旦受到洪涝灾害后，能够及早发现并排除圃地积水，疏通、修补被雨水侵蚀破坏的沟渠、地段，以免影响下次雨水排除。另外就是要整理好苗木和苗土，冲歪、冲倒的苗木要扶正，进行松土除草，平整圃地，以促进苗木根系的生长发育，做到明水直流，暗水直落。

3. 涝害发生后的养护管理

树木受涝后如果受涝时间较短，除耐淹力最弱的少数树种外，大多数树木能逐渐恢复，因此应积极采取保护措施，促进树势恢复。主要措施有：首先及时排除积水、疏通水道，并扶正冲倒树木，设立支柱，铲除根际周围的压沙淤泥，对于裸露根系要培土，及早使树木恢复原状，将涝害损失减小到最低程度；其次翻土晾晒，以利土壤中的水分很快散发，加强通气促进新根生长；第三要修剪、遮阴，根据受害程度和树木本身生长状况进行修剪，一般采用短截或疏剪的方法，目的是减少地上部分水分蒸腾作用，维护地下部分和地上部分的供水、需水平衡，促进根系的恢复。需要注意的是，树木受淹后造成的危害，短期的养护管理效果一般不十分明显，需要连续多年进行综合防治，才能逐渐排除，促进树木的生长发育，恢复其原有的长势。

五、高温

夏季持续高温会使呼吸作用强度增加高于光合作用，营养物质的消耗大于积累，从而使苗木因缺少营养物质而受害；高温使苗木蒸腾作用加强，而根部因土温过高活动减弱，势必造成苗木缺水而枯萎；另外还可使苗木干皮灼伤和开裂，引起病虫害的感染。所以，在炎热的盛夏苗圃应注意采取一定的降温措施，防止高温对苗木的伤害。主要措施有：用草绳对苗木干茎缠干，能起到保湿防晒的效果，防止树干灼伤；对少数不耐高温的小苗、灌木及色块植物，采取搭建遮阴棚或遮阴网的措施，遮阳率可达到 70%，能起到很好的降温作用；每天早晚对叶面喷水、喷雾，使树木在雾气中受到很好滋润，起到降温、保湿效果。

六、其他灾害的防护

1. 防风

（1）风对苗木的危害 风对苗木的培育既有利又有弊。如风有利于传粉，可以促进气体交换，增强蒸腾和光合作用，降低地面高温，减少病害发生；但大风会吹落苗木嫩枝、折断大枝，甚至使苗木倒伏或连根拔起；在多风地区树木因经常被大风吹刮会出现变矮、偏冠和偏心现象，偏冠会给树木整形修剪带来困难，影响苗木的质量，偏心的苗木易遭受冻害和日灼，影响正常生长发育；冬春寒风可引起苗木失水抽梢等。不同的树种抗风力不同，一般高大茂密、根浅、生长迅速而机械组织又不发达的树种，如雪松、刺槐、悬铃木等，抗风力较弱，易遭受风害；矮小、根深、枝叶稀疏而干径坚韧的树种，如垂柳、乌桕等，抗风力较强，遭受风害相对要小。

（2）防风措施

① 合理规划　苗圃在规划建设时要要根据当地特点，建立防护林或风障，在种植设计时要注意在风口、风道等易遭风害的地方选择深根性、耐水湿、抗风力强的树种，如枫杨、柳树、乌桕等。

② 合理移植　移栽时必须按规定尺寸起苗、挖穴，如果根盘、种植穴过小，树木会因根系不舒展，生长发育不好，重心不稳。移栽的株行距不可过小，由于树木栽植过密，留给树木根系生长发育的空间很小，致使根系生长发育不好，不仅难以培育出壮根良苗，而且风害会显著增加。移植较大的苗木还要立支柱，以免苗木被风吹歪。

③ 合理修剪　虽然苗圃可以根据苗木的特性和用途，修剪整形培育出各种树形，但必须使苗木的高度、冠幅与根系分布均衡适应，避免头重脚轻，否则很容易遭受风害。

④ 合理养护管理　风害的产生与圃地的养护管理有密切关系。土层薄，土质偏沙或煤灰土、石砾土等圃地，因土质结构差，抗风力差，容易发生风害；地势低洼，排水不畅，雨后积水，造成土壤松软的圃地，如遇大风，风害会显著增加。苗圃在养护管理措施上应根据当地实际情况采取相应的防风措施，如改良栽植地的土壤质地；雨后及时排除积水；合理施肥，促使苗木根系生长，增强树木的抗风能力。

对于遭受大风危害，折枝、损坏树冠或被风刮倒的苗木，应根据受害情况及时维护。首先对被风刮倒的苗木及时顺势扶正，折断的根加以修剪填土压实，修去部分或大部分枝条，并立支柱，对裂枝要顶起或吊起，捆紧基部伤面，涂药膏促其愈合，并加强肥水管理，促进树势的恢复。

2. 防霜

（1）霜及其对苗木的危害　霜是由于急剧降温，空气中的水汽凝结而成。常常发生在早春或秋末的夜晚，可使苗木枝条幼嫩部分受冻，称为霜害。根据霜发生的时间可分为早霜与晚霜。早霜又称秋霜，其实就是秋末的异常寒潮，此时如果由于某种原因使苗木枝条还不能及时成熟和停止生长，其木质化程度低，会遭受严重的早霜危害。晚霜又称春霜，在早春树木萌动以后，气温突然下降而形成。在北方晚霜较早霜具有更大的危害性，因为苗木从萌芽至开花期，其抗低温的能力越来越弱，甚至极短暂的低温也会给幼嫩组织带来致命的伤害。由于霜冻发生时的气温逆转现象，越近地面气温越低，所以往往小苗、幼苗和大苗木下部受害较重。发生霜冻时，阔叶树的嫩枝、叶片萎蔫、变黑甚至死亡；针叶树的叶片则变红和脱落。

（2）防霜措施　一方面是推迟苗木的萌芽与开花物候期，延长植株的休眠期，躲避早春回寒的霜冻。具体方法有：用 B_9、乙烯利、青鲜素等激素和药剂，在萌芽前或秋末喷洒抑制芽萌动；早春在芽萌动后至开花前灌 2～3 次返浆水，可以降低地温，推迟开花；树干涂白可减少树木吸收太阳辐射热，树体温度升高较慢，延迟芽的萌动期。据实验，桃树树干涂白后较对照树花期推迟 5d，一般的树木可延迟萌芽开花 2～3d。另一方面是根据天气预报，在霜冻来临时增加或保持树木周围的热量，促使上下层空气对流，避免冷空气积聚。具体方法如下。

① 喷水法　利用人工降雨与喷雾设备在将发生霜冻的黎明，向树冠上喷水。实验证明，$1m^3$ 的水温度降低 $1℃$，可使 $3300m^3$ 的空气温度升高 $1℃$。

② 熏烟法　我国早在 1400 年前就发明了熏烟防霜法，此法简单而有效，至今仍在国内各地广为应用。

③ 吹风法　在欧美国家，有些果园隔一定距离放一个旋风机，在霜冻前开动吹风，增加空气流动，将冷空气吹散，可以起到一定防霜效果。

④ 加热法　是现代防霜先进而有效的方法。美国、前苏联等许多国家在果园每隔一定距离放置加热器，在霜将来临时通电加温，在果园周围形成一个暖气层，避免冷空气集聚成霜。

3. 抗雪

（1）雪对苗木的影响　在寒冷北方冬季的一般降雪对苗木生长并无害处，相反降雪覆盖大地，防止土温过低，避免冻结过深，有利于植物越冬，融化后还可增加土壤水分。但如果降雪量过大或持续时间过长，将对苗木造成较大伤害，常常因为树冠上积雪过多受到雪压较大，而使大枝被压裂或压断，持续降温和融雪期的时融时冻交替变化，冷热不均易引起冻害。一般而言，常绿树比落叶树受害严重，单层纯林比复层混交林受害严重。如 2008 年初长江流域的冰雪灾害给南方林业造成的损失极为惨重，湿地松、杉木、马尾松、毛竹危害最严重，湿地松几乎全部倒伏，70％以上楠竹爆裂折断，大面积的杉木和马尾松断梢、折断，苗圃大棚等设施坍塌。

（2）抗雪灾措施

① 在大雪到来之前给树木大枝设立支柱，枝条过密者应进行适当修剪；对苗圃内新育的一年生苗木，采用竹片弯曲做拱、覆盖塑料薄膜，以达到保温目的，也可用遮阳网遮挡积雪；对珍贵绿化大苗可采用草绳缠绕主干主枝，用稻草包裹树干或采取罩塑料薄膜等办法防止树干树枝冻伤冻裂。

② 在大雪到来之后，及时组织劳力，在保证苗木不受损的情况下人工振落积雪，减轻雪压，并将受压的枝条提起扶正；冰雪融化后要及时对弯曲、倒伏的苗木培土、踩实、扶正或重新栽植，对已断梢、断枝的苗木，要及时修枝、整形，尽量减少损失，防止灾情扩散。对大棚育苗，可采取棚内人工升温，棚顶及时除雪，内外加固的措施。另外，要注意水肥管理和病虫害防治，避免次生灾害的发生。

第六节　园林苗圃的经营管理

所谓经营是指苗圃的经济运营，是为实现既定的发展目标而进行运筹、谋划、决策。经营解决的是苗圃的战略问题，如苗圃的发展规划、苗木产品计划、营销策略等。经营的目标是效益，经营状况直接影响着苗圃的效益高低。经营者首先能够对苗木市场需求及其变化有正确认识，在知识经济、信息社会的今天，苗圃的经营管理就是信息的管理，只有进行很好的信息开发与管理，才能超越你的竞争对手。其次能够充分认识苗圃自身内部的优势，并将优势与市场较好地协调发展，使其生产的苗木产品符合市场需求，做到适销对路，才能取得良好的经济效益。

所谓管理是指管辖治理，是对苗圃经营过程中的人、财、物、供、产、销，进行计划、组织、指挥、协调、监督等各项工作。管理者要能够在现有的资源条件下，合理组织和安排生产，合理配置和使用各种生产要素，提高产品质量和劳动效率，降低生产成本。管理的目标是效率，管理水平直接影响着苗圃发展的快慢。

经营和管理虽然是两种企业活动，有着不同的职能，但两者又有着密切联系，互相影响。随着国家、民众对环境的担忧和重视以及经济、社会的快速发展，园林业得到了迅速发展，园林苗木的市场需求大增，园林苗圃和园林企业如雨后春笋般成长起来，苗圃企业的竞争会日趋激烈，如何在竞争中扬己所长，避人所短，把握现实市场变化趋势，科学合理的经营管理就显得更为重要。

一、苗木市场分析

（一）市场调查

1. 调查内容

苗木市场调查即运用科学的方法和手段，有目的地收集、分析和研究市场对苗木的产、供、需的数据和资料，如实反映的市场情况，提出结论和建议，为苗木营销决策的提供依据。其调查主要内容如下。

（1）苗木市场宏观营销环境调查　宏观营销环境调查包括与苗木营销活动相关的国家和地方政策法规、经济环境、自然环境、技术环境（如：产品质量检验标准、新材料、新产品的研发）以及社会文化环境（如人们的价值观、风俗习惯、生活方式、文化素养、购买心理、购买行为）等方面的调查。任何企业均处在上述环境之中，不可避免地受影响和制约。通过调查分析宏观环境的现状与发展趋势，预测其对苗木营销活动可能产生的影响，抓住时机，规避风险。

（2）行业及竞争状况调查　行业是企业最直接的外部环境，因此企业要对行业的整体水平及竞争状况有一定程度的了解，主要包括现有竞争者、潜在进入者、替代品、购买者、供应商五种竞争力。

（3）市场需求现状调查　市场需求状况调查主要包括以下三方面：第一，主要调查市场对各种类和各规格苗木的需求总量，包括现实需求量和市场潜量，并重点分析市场潜量，明确各细分市场及目标市场的需求量、销售量；第二，研究市场领导者、竞争对手以及本企业的市场占有率、市场地位，明确本企业的发展目标及方向；第三，掌握消费者的需求结构及消费行为，明确不同地域消费者对同类苗木不同规格、不同冠形等的需求状况，分析影响消费者购买购买决策的主要因素。尤其要关注基本用户（是指大宗和传统购买本企业产品的用户）的现实需求和潜在需求。

（4）市场供给调查　市场供给调查主要包括以下三方面：第一，调查市场上同类商品的供应企业的数量、分布、规模、供应能力以及提供商品的质量，并与本企业的目前供应情况相比；第二，分析商品供应结构，即市场同种苗木不同规格的供应比例，调查企业当前目标顾客的需求结构是否能够被有效满足；第三，评价企业目前供货商的供应能力及与企业的合作态度、诚意、可靠性，明确判断企业所需的资源是否具有长期稳定的供应保障。

（5）企业内部环境调查　市场营销策划必须根据企业自身情况制定。首先明确企业的发展战略、终极目标、主体业务以及为顾客和利益团体创造价值的方式。其次了解企业内部的资源状况，包括人力资源、物力资源、财力资源、信息情报资源。第三了解企业现有的业务情况，并判断每项业务所属类型，即属于问题类（相对市场占有率低，业务增长率高）、明星类（相对市场占有率高，业务增长率高）、金牛类（相对市场占有率高，业务增长率低）或瘦狗类（相对市场占有率低，业务增长率低），以便进行资源分配。第四了解企业既往业绩与成功关键要素，这些都能暗示企业自身发展的优势及劣势。

（6）销售渠道调查　主要明确企业现有的销售网络覆盖范围、建设情况，掌握各渠道环节的价格折扣及促销情况，明确企业各种苗木的销售业绩以及消费者的态度和认知情况。

（7）促销调查　主要考虑以下方面：第一，调研推销人员的素质、能力、技巧、业绩情况，分析企业人员推销的效果及适合的策略；第二，调研企业公共活动的内容、宣传措施和策略对产品销售量及企业形象的影响程度，并衡量公共关系的效果。

2. 调查方法

（1）访问法　根据调查事项，采用座谈、走访、书信、电话、网络等手段与消费者进行交流、沟通，获取相关的信息。

（2）观察法　调查者依据调查事项，直接到苗圃或苗木市场进行现场观察，或进行拍摄记录，以搜集所需资料的方法。

（3）试验法　就是向市场投入少量某苗木新品种，进行试销，根据销售情况来分析决定生产。

（二）市场预测

苗木市场预测是在市场调查的基础上，运用科学的方法，对苗木的供求趋势、影响因素和变化状态作出推断和估计，有效地规避可能存在的经济风险，这对园林苗圃的市场营销活动起着重要的作用。市场预测方法主要分为以下两类。

1. 定量预测

定量预测是依据市场调查所得的比较完备的统计资料，运用数学特别是数理统计方法，建立数学模型，对市场的未来用具体数量来表示。

2. 定性预测

定性预测是通过社会调查，采用少量的数据和直观材料，结合人们的经验加以综合分析，作出判断和预测。定性预测的结果取决于人们的经验分析，因而不易提供准确的数据，由于苗木市场预测总是受到诸如经济形势、政府政策、用户心理、时尚爱好等许多非定量因素变动的影响，所以苗木市场预测用定性预测方法比较适宜。常用的定性预测方法有：集合意见法，即将购买者意向、销售人员意见、专家意见、市场试销情况等信息集中起来，预测市场变化的方法；市场综合调查法，就是通过典型调查、抽样调查、专题调查、市场试销等信息进行综合分析研究，推断未来市场趋势的方法。

二、苗木生产与营销

（一）苗木的生产

1. 圃地的区划与布局

即对圃地进行功能分区，其目的在于合理利用圃地面积，便于生产管理和作业实施，美化圃容圃貌。在对圃地进行区划与布局时，首先要把生产区和辅助区按一定比例放样于图纸上，要标明栽培床、台、棚室的平面轮廓，为计算有效栽培面积提供数据；其次要根据苗圃的地形地势、土壤气候条件和建设目标等因素作出合理安排，并注明生产区中各种植区的面积、栽培植物种类、数量等；同时要考虑苗木的移、检、包、贮、运等各个环节安排。

2. 育苗规划

首先要做好调研工作。包括多方收集外部的市场信息；准确把握苗圃自身的栽培技术水平、种源、设备、人力、物力、财力、自身的产品质量在市场中的地位等背景资料；要依据不同地区的土壤状况、气温和降雨变化规律、社会经济发展水平等条件，因地制宜，发展适宜的园林苗木，并确立合适的生产方式。其次要根据资金周转和土地情况以及园林绿化需求等方面进行统筹规划，合理搭配。小苗或速生苗木的出圃周期短，资金回收快，土地利用率高；大苗或慢生苗木的出圃周期长，资金回收慢，土地利用率低。所以苗圃经营者要注意将生长周期长与短、快与慢苗木结合生产。另外，园林绿化有多方面功能要求，注意选用乡土树种作为骨干树种，将常绿树与落叶树、观赏树与经济树、一般树与名贵树兼顾搭配，合理安排生产茬口和产品上市，提高生产经济效益。第三要注重特色领先，随着景观规划设计水平的提高，各城市都在寻求独具特色的景观风格，苗木特色品种亦随之走俏绿化市场。"没有特色就没有市场"逐渐成为人们的共识。苗圃要根据市场需求不断调整产品结构，生产特色苗木。

3. 生产组织与管理

（1）制订合理的生产计划 包括生产进度安排、时间安排以及一系列技术规范与要求，其中合理的时间安排是保证计划完成的有效因素。因为一旦有了有效的时间和进度要求，每个员工就会分析采用什么作业方法才能完成工作任务，提高生产效能。这需要管理者具有丰富的实践经验和较高的专业技术水平，同时要考虑采用的生产程序、可能存在的干扰因素等。

（2）计划的执行实施 编制计划后，重要的是执行和组织实施。要把计划任务层层落实，要求苗圃各基层组织编好日、旬、月的作业计划。同时要对计划执行情况进行检查分析，其目的是掌握计划执行的进度，正确评价计划执行情况，并及时发现和消除计划执行过程中的不利因素，对计划及时补充和调整，最终提高生产经营水平。

（3）生产记录 苗木生产过程中应有专人负责生产记录，记录要及时准确，这有助于积累经验。记录内容主要有以下几方面。

① 栽培记录 包括各项操作工序记录和栽培环境记录。

各项操作工序记录主要内容包括：栽植、摘心、修剪、施肥、打药、生长调节剂的使用、各项工序的时间、操作要求、生产效果、劳动力预算等。

栽培环境记录包括栽培地温度、光照、湿度、土壤、基质、病虫害发生等自然条件，尤其保护地促成和抑制栽培中的环境因素调节对产品的影响至关重要，进行阶段式连续记录非常有利于分析环境调控的效果和设备的质量，为第二年制订栽培计划和分析成本提供依据。

② 产品记录 主要记录园林苗木的生长表现和物候特征，如苗高、胸径、萌芽、抽枝、开花、结果等。至少每周评估一次苗木生长发育情况（包括数量、日期、等级或质量）并作记录。

③ 产投记录 指投入和产出（收入）的记录。通过产投记录分析，可以发现、评估并纠正栽培失误，也可严格实施经营的程序。

投入分为可变投入和固定投入，前者如苗木繁殖、养护、销售、运输等费用，它随植株的体量和种类不同而变动。后者如学术活动、有关的设备、工资、电、燃料等费用。

收入可根据苗木类型和种类分门别类地记载，也可按销售日期、销路和产品等级记录，这种分类有助于比较相关的季节营利、市场销售渠道和产品级别。

（二）营销

1. 产品组合的调整和优化方法

我国植物资源十分丰富，随着苗木新型种类和育苗新方法的出现，苗木市场环境随之不同，产品组合策略也应当随之发生变化。因此，苗圃企业要经常分析产品中各个产品系列和产品项目的销售、利润和市场占有状况及其发展趋向，根据自身生产经营能力，及时进行必要的调整，不断优化产品组合。调整和优化产品组合的方法很多，现介绍以下两种常用的方法。

（1）产品系列平衡法 根据企业实力、市场需求两方面，对企业产品做出综合平衡，从而做出最佳产品组合（表7-2）。分四个步骤：分析各类产品的市场需求状况，包括市场需求量、利润率及增长率等；评定企业实力，包括生产能力、技术能力、销售能力、市场占有率等；做产品系列平衡象限图；分析决策。

表 7-2　产品系列平衡法策略表

企业实力 市场需要	强	中	弱
大	发挥优势，加大投资	甘冒风险，加强扩大	提高占有率，选择性投资
中	维持现状，争取多盈利	平衡稳定	选择性投资或淘汰
小	回笼资金，选优少投资	选择性投资或不投	淘汰，减少损失

（2）环境分析法　企业经常保持产品组合的最佳状态，美国学者杜拉克提出了六个层次产品环境分析法，这六种类型产品是：①试销产品，即新产品和改进产品，是企业未来赖以生存的产品；②畅销产品，即目前销量最大、盈利最多，是企业现在赖以生存的产品；③盈利产品，目前激烈的市场竞争中能使企业获得最大利润的产品；④饱和产品，即还有一定销路的产品，但销量已经不大，是企业过去赖以生存的产品；⑤滞销产品，即销售量日趋减少，效益甚微，不久将被市场淘汰的产品；⑥完全失去销路的过时产品和未打开销路的失败产品。企业应在上述六种产品之间不断进行平衡，使整个企业总的利润在充分利用企业生产经营能力的情况下达到最大，同时也要考虑企业未来的发展方向和发展规模。

2. 苗木销售定价方法

产品的定价，既是一门科学，也是一门艺术。合适的定价方法是任何一个企业在激烈的市场竞争中取得主动地位关键因素之一。影响产品定价因素很多，最主要的因素是产品成本、市场需求和市场竞争，在实际的定价工作中，往往只能侧重于某一方面的主要因素。企业定价的方法可分为三大类，即成本导向定价法、需求导向定价法和竞争导向定价法。

（1）成本导向定价　即以产品的全部成本价为定价基础，加上企业的目标利润。这种定价原则单纯，管理简单方便，但它没有考虑市场需求的强度、季节周期、市场寿命周期、竞争势态等因素。根据这一原则实施的具体定价方法有以下几种。

① 成本加成定价　成本加成定价是指单位产品成本加上规定的利润比例所制定的价格。对于不同的产品，应根据产品的性质和特点不同，分别规定不同的加成比例。加成定价法的主要优点是：简化定价手续；同行各家企业如果都采用此法，则售价相差不大，可缓和价格竞争；以成本加成定价对买卖双方公平合理，卖方"将本求利"可保持合理收益，买方也不致因需求强烈而付出高价。但加成的比例应考虑需求弹性，否则定价效果不佳。需求弹性随季节、产品的市场寿命周期而异，加成率也随之改变。

② 变动成本定价　若市场竞争激烈，或产品已进入成熟期；或者是产品的市场寿命周期较长，固定成本的补偿期比较长；或产品线较多，固定成本已在其他产品中得到补偿，在上述情况下，为了提高产品的竞争能力，可以以变动成本为定价依据，产品的售价只要能赚回变动成本，或稍高于变动成本即可。

③ 目标收益率定价　根据估算的某一批产量的总成本，定出一个目标收益率，以此来定价。例如，某企业估算本期可达到的最高产量为80万单位（假定销量同），在此产量下的总成本为1000万元，企业确定目标收益率为20%，即期望获利200万元，则总收入为1200万元，单位产品目标价格为：（1000万元＋200万元）÷80万单位＝15元/单位。但这种定价

方法定出的价格是根据预计销售量算出来的，而价格又影响销量。如上述15元的价格也可能因太高而达不到预期的80万单位的销量，因此，还需要估算需求情况，使价格与销售相协调，避免所定价格实现不了预期的销售目标。

④ 盈亏平衡定价　是在预测市场需求的基础上，以总成本为基础制定价格。企业销售量达到预测需求量，可实现盈亏平衡，超过此数就可获得盈利，不足此数就要出现亏损。这一预测需求量即为盈亏平衡点。以产品的盈亏平衡点作为定价的依据，称为盈亏平衡定价法。

（2）需求导向定价　企业在定价时，不仅要考虑成本，而且要注意到市场需求的强度和消费者对价格的认知程度，根据市场和用户能接受的价格来定价。即在市场需求强度较强时，可以适当提高价格；而在需求强度较弱时，则适当降价。这种定价原则综合考虑了成本、市场寿命周期、市场购买能力、销售地区、消费者心理等多种因素。

（3）竞争导向定价　是指企业可以依据竞争对手的价格，制定出高于、低于或相同的价格以实施企业的竞争策略。企业通过研究竞争对手的生产条件、服务状况、价格水平等因素，依据自身的竞争实力，参考成本和供求状况来确定商品价格。这是以市场上竞争者的类似产品的价格作为本企业产品定价的参照系的一种定价方法。此种定价方法过分关注在价格上的竞争，容易忽略其他营销组合可能造成产品差异化的竞争优势，容易引起竞争者报复，导致恶性地降价竞争，使公司毫无利润可言。实际上竞争者的价格变化并不能被精确地估算。竞争导向定价主要包括随行就市定价法、产品差别定价法和密封投标定价法。

通常苗木的价格是根据其生产成本和预先设定的目标利润及税率等因素决定，计算公式为：

园林花木价格＝（园林花木生产成本＋目标利润)/(1－应缴税率）

本单位应缴税金金额＝销售收入总额×适应税率。

3. 苗木销售渠道

销售渠道是指苗木产品由生产者到消费者所经过的渠道。主要有如下几点。

（1）直接销售与间接销售

① 直接销售由苗圃将自己生产的苗木直接出售给用户，其间不经过任何中间商，实行产销合一的经营方式。其优点是生产者与消费者直接见面，能及时了解市场行情，根据反馈的信息，改进产品和服务，提高市场竞争能力，也可以节约流通费用。其缺点是企业苗圃承担繁重的销售任务，要投放一定的人力、物力和财力，如经营不善，会造成产销之间失衡。

② 间接销售则在销售渠道有中间商参与，商品所有权至少要转移两次或两次以上。其优点是运用遍布各地的众多中间商，有利于开拓市场；苗圃不从事产品经销，能集中人力、物力和财力组织好产品生产。其缺点是销售渠道较长，商品流转时间长，对有生命的苗木产品来说，势必要增加流通费用，提高苗木价格；生产者与消费者没有直接沟通、联系，市场信息反馈较慢，易造成产销脱节。

（2）长渠道销售和短渠道销售　短渠道销售是指苗圃不使用或只使用一种类型中间商的销售。长渠道销售是指苗圃使用两种或两种以上不同类型中间商的销售。相比较而言，前者中间环节少，商品流转时间短，流通费用低；也便于与消费者沟通，比较适宜于销售园林花木等鲜活商品。

4. 苗木促销

促销就是造势，是苗圃企业通过各种方法和手段，向消费者宣传苗木产品、树立苗圃形象和文化，促使其产生购买的动机和行为。促销的主要方式有以下几种。

（1）广告　广告是指企业通过一定媒介向广大客户传播产品和服务信息，并刺激客户购买的一种有效促销方法。目的是为了影响目标消费者的思想意识和实际行动，使消费者对企业和产品形成良好认识，产生购买动机。具体的方法包括利用杂志、报刊、电台、电视、电话、网络传播广告，发放宣传小册子、宣传单，制作广告牌，进行售点陈列等。

（2）公共关系　公共关系是从公共宣传发展而来的。通常指不以企业自己的身份，而是以第三者的身份，通过大众媒体对企业及产品或服务进行转达、赞誉，直接效果是使产品或企业能形成良好的客户印象和公共形象，最终仍以提高销售量为目的。企业进行公共关系活动的具体方法有很多，比如，密切与新闻界的关系，吸引公共对某人、某产品或某服务的注意；通过新闻媒体对产品或企业进行宣传报道；开展企业联谊活动，加强企业与相关群体的关系；游说立法机关与政府官员；支持相关团体，赞助相关活动；安排电视现场砍价、爱心捐助等特别活动，宣传企业或产品。

（3）人员推销　人员推销是通过销售人员，与一个或多个可能成为购买者的人交谈，作口头陈述，以推销商品，促进和扩大销售。推销人员要通过交流确认购买者的需求，并通过自己的努力去吸引和满足购买者的各种需求，使双方能从公平交易中获取各自的利益。人员的推销形式很多，如营业（网点、门市、柜台）推销、展示推销、服务推销、样品推销、会议（订货会、商务洽谈会、研究会）推销、电话推销、上门（走访、逐户）推销、个人推销、集体推销等。

（4）销售促进　是指企业运用各种短期诱因，鼓励购买或销售产品的促销活动。销售促进可以有效地推进新产品进入市场，有效地抵制和击败竞争者的促销活动，有效地刺激购买者购买。

苗圃向消费者作销售促进的方式主要有以下几种。

① 展览会、博览会：通过产品的展览陈列、示范操作等形式，吸引企业用户购买。展销会上可以直接洽谈业务。比如 1997 年和 2001 年两届中国花卉博览会、99 世博会以及全国各地的花卉展览和交易会，在社会上都造成了很大的声势，为苗木产品起到了很好的促销作用。

② 订货会、业务会：在订购会直接就产品的价格、数量、性能、技术及送货条件与企业用户洽谈，也可在业务招待会上联络与企业用户的感情。

③ 退款协定、免费试用。

向销售人员作销售促进的方式主要有以下几种。

① 销售红利：企业规定按销售额提成，或按所获利润不同提成，以鼓励推销员多推销商品。

② 推销竞赛：企业确定一些推销奖励的办法，对成绩优良的销售人员给予奖励。奖励可以是先进称号，也可以是物品或者旅游等。

③ 推销回扣。回扣是推销额中提取出来的作为销售人员销售商品的奖励或酬劳。利用回扣方式把销售业绩和报酬结合起来，有利于推销员积极工作，努力推销。

④ 职位提拔。对业务做得出色的推销员进行职务提拔，鼓励他将好的经验传授给一般推销员，有利于培养优秀推销员。

（5）网络营销　在高度信息化社会的今天，网络与人们的生活越来越密切相关，网络虚拟市场的出现，将所有的企业推向了一个世界统一的市场，网络营销日益成为商品营销的一种主要方式，迫使每个企业必须学会在全球统一的大市场上做生意，否则就会被淘汰。与传统促销一样，网上促销的核心问题仍然是如何吸引消费者，并为其提供具有价值诱因的商品信息。由于互联网积聚了广泛的人口，融合了多种文化成分，所以从事网络销售的人员必须跳出实体市场的局限性，深入了解在网络上传播产品信息的特点，分析网络信息接收对象的特点，设定合理的网络促销内容，网络促销过程中综合管理和信息沟通协调。

对于园林苗木产品，目前的应用范围仍集中在城市公共园林绿地、企事业单位庭院和居民区等场合。对于千家万户来说，则对花卉盆景的需求较多，苗圃企业可以将各种促销形式根据营销目标的要求进行搭配、调整，形成一套针对选定的目标市场的促销策略。

三、苗木成本核算

成本大小是衡量生产经营好坏的一个综合性指标。实行成本核算对于计算补偿生产费用、计算盈利、确定产品价格和考核自己的经营水平具有重要意义。

1. 成本项目

主要包括人工费用（即员工的工资及附加费用）和物质资料费用（即种子种苗费、农药和肥料费、基质费、燃料水电费、残次品折损费、设备折旧费、路费等）。

2. 成本的计算

（1）产品总成本

产品总成本（或某种苗木的总成本）＝总人工费用＋总物质资料费用

（2）产品单位面积成本

$$产品单位面积成本 = \frac{产品总成本}{产品种植面积}$$

① 多年生苗木产品的单位面积成本计算

$$一次性收获的多年生苗木产品的单位面积成本 = \frac{往年费用 + 收获年份的全部费用}{产品种植面积}$$

$$多次性收获的多年生苗木产品的单位面积成本 = \frac{往年费用本年摊销额 + 收获年份的全部费用}{产品种植面积}$$

② 间作、套作、混种生产方式的苗木产品成本计算

$$某苗木产品总成本 = \frac{各种苗木产品总成本之和}{各种苗木产品种植面积之和} \times 某种苗木产品种植面积$$

四、苗圃效益优化管理

1. 技术管理

技术管理是指对苗木生产、包装、贮存等各项技术的科学组织与管理，而不是技术本身。加强技术管理有利于建立良好的生产秩序，提高技术水平，扩大苗木品种，提高产量和质量，节约消耗，降低产品成本等。苗圃技术管理工作的主要内容有以下两方面。

（1）建立健全技术管理体系 技术管理体系包括技术规范和技术规程，这是进行技术管理、安全管理和质量管理的依据和基础，是标准化生产的重要内容。技术规范是对质量、规格及其检验方法等作出的技术规定，是人们在生产经营活动中行动统一的技术准则，可分为国家标准、地区标准、部门标准及企业标准。技术规程是为了保证达到技术规范，对生产过程、操作方法以及工具设备的使用、维修、技术安全等方面所作的技术规定，苗圃可以根据自身的具体条件，自行制定和执行。制定技术规范和技术规程应注意以下三方面：首先以国家的技术政策、技术标准为依据，同时要因地制宜，密切结合地方特点和地区操作方法、操作习惯；其次对国内外先进技术的成就和经验，要结合自身的现有条件合理利用，防止盲目拔高；同时还要广泛征求多方面意见，并在生产实践中多次试行、总结修改后方可批准执

行。在执行过程中应随着技术经济的发展及时进行修订，使之不断完善，确保技术规范、规程既严格又具可操作性。

（2）做好科技情报和技术档案工作 科技情报工作的内容主要包括以下几方面。

① 及时搜集、整理、检索、储存国内外本行业或相关行业的科技资料、信息，为生产、科研、技术改革提供有价值的资料及信息。

② 组织学习本单位、本系统、国内外的科研成果、先进经验，在本系统内进行科技资料交流，互相借鉴学习。

③ 针对生产经营中出现的关键性、普遍性问题，组织小型报告会、专题讲座，进行经验交流，以解决当务之急。

园林苗圃技术档案工作是对苗圃生产和经营活动真实记录的整理与保管。目的是通过不断地记录，整理分析苗圃的使用、苗木生长发育、育苗技术措施的实施情况，以及人力、物力、财力的投入及组合效果等，掌握苗木生产规律，总结育苗技术经验，探索苗圃经营管理方法，不断提高苗圃的管理水平。

2. 质量管理

苗木的质量如何不仅会影响苗圃经济效益，更决定着苗圃的生存与发展。苗木的生产需要经过种实的采收、调制、选地、整地作床、播种、扦插、嫁接、压条、分株繁殖、圃地排灌水、中耕除草、制肥施肥、移栽、修剪整形、病虫害防治、掘苗出圃等多个生产程序。苗木的质量标准仅用一个特征来评价是不够科学的，往往需要用几个特征来共同体现。例如：评价一棵树的优劣，要通过它的根系状况、年生长量、枝干健壮与否、叶片及花果的表现、病虫害的多少、树形是否合理美观等各方面情况来共同评价，才能得出对该树更科学、更全面的质量评价。所以苗木的质量管理要实行综合质量管理，控制好每一个生产阶段和环节的质量关。生产实践中园林苗木行业的质量管理主要有以下几个方面：①依据国家标准和行业标准执行苗木产品质量检验，进行质量调查分析评价，建立各类苗木科学合理的生产程序和操作要求，制定各类苗木的质量评价与检验标准。②建立并执行各项质量管理制度和组织机构，实行质量责任制，要设专人负责质量管理工作。③对苗圃员工进行全面质量教育，树立质量第一意识，办好技术培训、技术考核、技术竞赛等多种活动，鼓励职工钻研技术，提高技术水平。④要做好质量信息反馈工作，听取消费者意见，反馈市场信息，改进质量管理措施。

3. 人事行政管理

（1）人力管理 人力管理是企业为了保证一定技术设备和资源条件下的劳动生产率，并使之有所提高所进行的程序制定、执行和调节。主要包括技能管理和知能管理两个方面。

技能管理是针对从事具体苗木栽培养护劳动任务的操作技术工人而言，与其相关的人文变量主要是：体质、特长、经验和个人能力覆盖度。苗木生产过程中有不少人力操作工具，是一种有一定强度的体力劳动，并且在许多情况下是露天作业，以及在不同的气候条件下作业，所以对工人体质的要求应与对智商的要求同等重视，在录用之前必须对其进行体格检查和面试，对其年龄有一定限制，有时甚至也对性别加以限制。"特长"通常是针对特定的工具或设备而言，要求操作人员的有关随机变量取值应超出社会中的平均值。一般情况下，操作人员都要通过培训和考核才能做到有特长，并且随着经验的积累而更加突出。个人能力覆盖度是指操作人员胜任多方面工作的能力，为了鼓励操作人员提高个人能力覆盖度，通常采用升级、调配以及相应的工资、奖惩制度。升级通常有一定的年资要求，并附以功绩或考试考察。调配则是为了开发某些人的经验优势，将其从一个工种调配到另一个工种。如从设备安装调试人员调配为设备维修人员，从花卉生产人员调配为树木花卉的管养人员等。一个操作人员所掌握的特长越多越精，其个人覆盖度就可能愈大。

知能管理主要是针对管理人员的管理，为了保证并提高管理人员的工作效率，或为了保证并提高工艺和流程的质量、调度水平及进度水平而进行的程序制定、执行与调节。与其相关的人文变量主要是：学历、资历、实绩、应变能力等。一定的学历只是管理人员的基本条件，正如一定的体质只是操作人员的基本条件一样，这并不能代表有较强的管理能力。管理人员重要的是要有好的应变能力和丰富的资历、实绩。因为园林苗圃的生产与施工会受到内外环境因素影响，尤其是植物自身因素的影响很大，需要管理人员根据情况的变化随时做出任务调整。一般来讲，大多数管理人员会随着经验的积累而在管理水平方面有所提高。一个管理人员的应变能力愈强，其知识经验愈可能发挥更大的作用。另一方面，其知识愈多、愈合理，经验愈丰富，则其应变能力有可能愈强。因此，正如操作人员要经过培训考核之后才能正式任用一样，管理人员也要经过试用考察之后方可正式任用。为调动管理人员的积极性，提高其工作效率，必须制定完善、科学合理的员工选拔、任用考评等规章制度。对管理人员的升级、调配以及相应的工资、奖惩，要做到"公开、公平、公正"。

（2）人才管理　人才管理是为了使单位时间的有效生产量大幅增长，或为了大幅减少无效消耗量，提高实现效益量，而对特殊人员即人才所进行的程序制定、执行和调节。对人才的管理主要包括人才的发现、使用和控制。当今社会人才选拔是靠一种动态的人才选拔机制，即通过"赛马"而非"相马"来实现。在企业内部创造一种人才竞争的机制，使其在"公开"、"公平"、"公正"的环境下竞争并得到选拔。与人才的发现、选拔相比，人才的使用能更好地发挥人才的作用，在人才管理中具有更为重要的意义。对已经"脱颖而出"的人才，要安排合适的工作岗位和任务，做到人尽其才，才尽其用，为其创造较好的工作环境，提供考察、交流、进修的机会和较为充足的科研经费，同时要为其提供各种有利的条件，在生活、住房、工资待遇等方面给予照顾，使其在较少的干扰中专注于科研、生产或经营。对人才的控制包括制度约束和鼓励竞争。由于人才具有开拓与创新意识，往往不愿"循规蹈矩"、"依附于人"，又由于人才的智力较高，知识较多，所以对人才的控制是一件即重要又困难的事情。要制定完善、科学合理的用人制度或与其签定相关的合同，对其行为进行约束，防止人才外流，杜绝经济犯罪现象发生；建立人才竞争机制，使能者上、庸者下。要建立人才梯队，减少对个别人的依赖，使人才在公平竞争的环境下发挥其更大的作用。

4. 物质管理

包括对所需生产资料的管理和所生产出的产品管理。所需生产资料的采购一般每年定期根据生产所需制定计划，并详细列出所需物质的品种、数量、规格、使用日期及最迟到货日期等，要尽可能做到计划合理，保证定额储备，就是要把库存物质控制在最高储备与最低储备量之间，防止超储备积压和停工待料。采购方式可采用招标、竞争性谈判等形式，至少要有两人参加，并且事前做好市场调查，采购手续合理。

生产资料的储备管理主要是由仓库来进行管理，包括验收入库、登账立卡、定位摆放、防变质、防火、防盗及定期清仓盘点等。验收时要核查采购手续及单据是否合理，物资数量与质量是否正确。登账立卡及定位摆放通常采用"分类分区"法，即相同的品种或规格的物品分为一类，放在一区，顺序编号，以保证物、位、卡、账相符。仓库管理要制定有合理的仓库管理制度，对有一定防变质、防火或保养要求的物质，要制定相应的技术规程和措施，最大限度地延长物质的使用寿命。如油锯、割灌机、草坪修剪机、草坪打孔机等园林机械设备的选购和调试安装，应有专业技术人员负责，在设备的使用过程中要杜绝超载超负荷运行，制定相应的安全规程，确保操作人员的人身安全和设备的安全运行。使用后要加强设备的维修与保养。每年要进行清仓盘点，目的是为了查明库存情况，分析盘赢盘亏的原因，追究责任，堵塞漏洞，减少无效消耗。

苗圃产品的储存管理也是园林苗圃物质管理的重要组成部分。园林苗圃的产品多为有生命的"活产品"，如种实、苗木、插穗、接穗等，因而在园林苗圃产品储存中，采用相应的技术措施保持产品的生命力和新鲜度是最突出的问题，同时注意将储存中发现的问题及时反馈到生产和科研部门，以便改进生产和储存工艺。

5. 财务管理

园林苗圃因其产品或服务受需求影响而周转较快，盈亏幅度也受经营水平而起伏较大，因而苗圃的财务管理一般实行企业财务管理，即资金收入与支出全部来自单位自身，不含上级财政的预算拨款。企业的财务管理包括资金筹集管理、资金投放管理、收益分配管理、成本管理等，是一项综合性强的经济管理活动。

因为苗圃生产经营的产品是有生命的园林植物，其资金的预算编制是一个十分复杂而又欠缺经验和依据的工作，需要逐步地积累。仅园林苗圃养护管理支出项目主要就有：工资、福利补贴、环卫费、引种费、苗木费、水电费、肥料费、维修费、工具材料费、机械费以及其他费用，可将这些项目按劳动定额及物资消耗定额加以汇总，制定出"经常养护支出定额"。具体可参照国家或地方的市政工程预算定额执行。

园林苗圃的收入和支出管理要建立苗圃收支管理制度，对每一项收入和支出都要有相关的票据、凭证。收入管理的关键是对每一项收入都要做到开出凭据的人员接纳货币，交出产品或提供服务的人员核收等值票据，二者在财务部门汇总核对。如果收入与票据不等值，就要追查原因，堵塞漏洞。票据本身应连续编号，要防止伪造和涂改。支出管理的关键是每一项支出都要有收款人签章，除稳定性的支出（如工资）外，还要有票据凭证以及主管人签章和付款人签章。支出汇总后与财务依据相符。支出管理人员要熟练掌握重要的开支标准，如差旅费报销标准、现金支付标准等都要按照国家和地方制定的标准严格执行。支出管理人员有权拒绝支付违反财务规定的资金，同时有义务向行政、业务主管部门提出建设性的"节流"建议和举报有关财务违纪违法行为。

决算是苗圃对过去年度的实际收入和支出所列出的完整、详尽、准确的数据构成。决算与预算的差异源于实际收入支出环节出现的各种条件变化以及预算外收支。决算结果比预算方案具有更强的实践性，可成为后续预算的重要参照。对受季节影响较强的苗圃来说，做好季度收支计划也非常重要，利于及时扬长避短，争取全年平衡收支。

财务监督是堵塞财务漏洞、打击违法犯罪行为、促进货币正常周转的主要措施之一。财务监督的主要方式是定期清点对账，检查是否每一笔资金都有据可依、有人可证、有档可查。另外，财务管理部门还要配合审计机构做好财务的监督或审查。审计的主要内容是：审查核算会计资料的正确性和真实性，审查计划和预算的制定与执行、经济事项的合法性与合理性，揭露经济违法乱纪行为，检查财务机构内部监控制度的建立和执行情况。

复习思考题

1. 最理想的土壤是什么？改良土壤的方法有哪些？
2. 什么是中耕？中耕的目的有哪些？
3. 比较根部施肥和叶面施肥的不同。
4. 简述用除草剂除草的方法和要求。

5. 苗木防寒的措施主要有哪些？

6. 苗圃排水的方法主要有哪些？如何预防苗圃涝害的发生？

7. 对苗木灌水应注意哪些方面？

8. 何谓日灼？如何预防日灼的发生？

9. 何谓清园？苗圃清园一般应安排在什么时间？

10. 大风对苗木的危害有哪些？苗圃如何预防其发生？

11. 雪灾对树木的危害有哪些？如何预防雪灾的发生？

12. 苗木促销的方式一般有哪些？

13. 苗木成本包括哪些项目？如何计算苗木价格？

第八章 园林苗木新品种选育及良种繁育

知识目标

了解园林苗木新品种的前景和特点，掌握新优品种的选育与扩繁技术。

技能目标

掌握园林苗圃新品种选育的基本流程和技术要点；掌握保持良种品质的技术要求。

第一节 园林苗木新品种选育

一、园林苗木新品种选育的意义

① 培育园林苗木新品种，可以丰富园林植物种类（品种），满足人们对园林植物多样性的要求。环境绿化、美化必须以丰富多彩的园林植物作基础。评价一个园林作品的档次、质量，首先要评价其应用的园林植物材料的优劣，包括所用植物的生长习性，对环境的适应能力、观赏价值、环保价值，以及美学、人文内涵、配置艺术等，如果选用的植物生长迅速、成型快，树形和花色新颖，观赏价值和环保价值高，植物配置恰到好处，形式新颖、内涵丰富，这样一个作品一定会受到人们的喜爱。这就需要园林工作者收集、培育出尽可能多的适应当地环境的优良园林植物新品种，以满足现代园林绿地对园林植物品种多样化的要求。

② 数量丰富的苗木品种，反过来又为人们不断更新改良园林植物提供育种的素材与机遇。

③ 对苗圃经营者而言，在日益严酷的市场竞争中，只要有了丰富多彩的观赏植物品种和新品种，就能掌握竞争的主动权，创造更高、更稳定的经济效益。

二、园林苗木新品种选育的目标

1. 观赏性

以改进株型（含叶型、树姿、枝干、枝叶茂密程度）、花色、花型、重瓣性、花香、开花繁茂程度和花期长短、花朵大小及果实形态、颜色等观赏特性为主要目标，并与园林植物的美化功能紧密联系。一般而言，乔木性园林树木以生长快、枝干强健、叶片茂密者为好；灌木或绿篱以生长快、叶小、枝叶浓密、耐修剪、萌芽率高、成型者为好；草花类则以花朵大或开花多、花期长、色彩艳丽者为好。

2. 适应性

对环境适应性强的园林苗木有更有利于在不同生态类型园林绿化中的应用，且植后生长迅速、成型快，尽早发挥绿化美化环境的效果。近代，耐粗放管理的性状也受到关注，这可以方便管理、降低绿化成本。

3. 抗逆性

抗逆性包括抗病虫害性、抗寒性（耐热性）、抗旱性、抗污染性等，已成为园林苗木选择育种的目标。

4. 生态功能与环保效益

能改善环境、吸收有毒有害气体、驱蚊蝇、净化空气、水体的园林植物日益受到人们的重视。

三、园林苗木新品选育的方法

（一）本地野生资源调查，收集良种，驯化，推广应用

近年，南方的重阳木、高山榕、琼棕、龙船花、马樱丹和一些热带兰都是从本地野生资源引种驯化、繁殖开发利用而得到的。

（二）从本地已有的种类中选择优良的变异单株

从本地已有的种类中选择优良的变异单株（包括天然杂交种、自然突变、芽变等单株），经研究观察和繁殖、推广利用。

（三）育种

1. 杂交育种

利用两个具有不同优良性状的种类，通过人工授粉，经过 F1 代的观察、筛选，获得我们需要的子代，经过大量繁殖（快繁）获得大量的种植材料，供园林绿化应用。

2. 理化诱变育种

（1）化学诱变　用化学药剂（如烷化剂、核酸碱基类似物等）处理种子以获得优良的变异个体。

（2）辐射诱变　用 γ 射线、X 射线、紫外线、β 粒子和中子等处理种子以获得优良的变异个体。

（3）太空诱变　随着我国航天事业的发展，一些科研单位把观赏植物种子带上宇宙飞船，遨游太空，再拿到地球播种，也可获得性状发生变异的种类。

3. 生物工程育种（包括基因重组、细胞融合、细胞培养等）

1986 年，沙何（D. M. Shah）等将抗除草剂基因转入矮牵牛细胞，在紫色矮牵牛植株基因中引入类黄酮酶基因，使紫花矮牵牛开白花和紫白条纹花的新品种。

（1）分子育种　随着 DNA 的内部结构和遗传机制秘密的揭开，生物学家开始设想在分子的水平上去干预生物的遗传物质。分子育种，就是将基因工程应用于育种工作中，通过基因导入，从而培育出一定要求的新品种的育种方法，是按照人们的愿望进行严密的设计，通过体外 DNA 重组技术和 DNA 转移技术，有目的地改造生物种性，使现有物种在短时间内趋于完善，以创造出新的生物类型的技术体系，亦即基因工程。

基因组学研究成果在育种中应用后，将拓展野生种质资源中优异等位基因挖掘的广度和深度，显著提高复杂性状改良的可操作性和新品种选育的效率，对于保障我国森林资源可持续发展有十分重要的意义。

（2）体细胞杂交育种（细胞融合）　即利用细胞的全能性的原理进行育种的方法，基本程序为：植物细胞去壁→诱导融合→组织培养（脱分化愈伤组织再分化植物体）。特点是克服了远缘杂交不亲和障碍，可培育作物新品种；但技术复杂，工作量大，操作烦琐。如白菜-甘蓝植株等。

（3）离体培养育种　即广义的植物组织培养育种，是指通过无菌操作，将植物的组织、器官、细胞以及原生质体等接种于人工配制的培养基上，在人工控制的环境条件下进行培养，以获得再生的完整植株和生产具有经济价值的其他生物产品的一种技术，是现代生物技术的一个重要组成部分。它具有取材少、培养周期短、繁殖率高、便于自动化管理的特点；

但技术复杂，工作量大，操作烦琐。主要用于快速繁殖、培育无病毒植株、制人工种子、生产药物等。

4. 倍性育种（多倍体育种）

用染色体加倍的方法进行染色体变异，抑制细胞分裂中纺锤体的形成，使染色体加倍后不能分到两个细胞中去。通常植物体细胞含有 2 组染色体（$2n$）为二倍体，含三个以上的染色体组的植株称为三倍体。常见的方法是用秋水仙素等处理萌发的种子或幼苗。如无籽西瓜就是利用倍性育种获得的。先将普通西瓜（二倍体）用秋水仙碱处理得四倍体西瓜，再用四倍体西瓜与普通西瓜杂交而获得三倍体西瓜，三倍体西瓜是无籽的。

多倍体育种的特点是植株形态大，植物茎秆粗壮，叶片、果实、种子都比较大，营养丰富；但发育延缓、结实率低，技术操作复杂。

（四）引种选育

引种是把植物从原分布地区迁移到新的地区种植的方法。引种含两方面内容：一是从外地或外国引入本地区所没有的植物；二是野生植物的驯化栽培。引种是新品种培育用得最多的方法。如蝴蝶兰、卡特兰、文心兰、大花蕙兰、众多的草花品种、加拿利海枣等都是从国外引进的。引种与其他育种方法相比，所需要的时间短，投入的人力、物力少，见效快，所以是最经济的丰富本地植物种类的方法。

1. 引种成败的条件

引种成功的关键，在于正确掌握植物与环境关系的客观规律，全面分析和比较原产地和引种地的生态条件，了解树木本身的生物学特性和系统发育历史，初步估计引种成功的可能性，并找出可能影响引种成功的主要因子，指定切实措施。

（1）温度

① 年平均温度　在植物引种工作中，首先考虑原产地与引种地的年平均温度。若年平均温度相差大，引种就难以成功。以我国为例，根据月平均气温＞10℃的稳定期积温为热量标准，将全国划成 6 个气候带。不同的气候带，植物生长发育规律有不同的特点，见表8-1。

表8-1　气候与树木生长和休眠的关系

气候带	积温/℃	平均气温或极端气温/℃	季节变化	生长的植物及反应	北界地点
赤道季风气候带	9000 左右	平均 26	四季不明显，局部有明显旱季	分布着热带常绿植物，如椰子、菠萝、番木瓜等。树木全年生长，旱季休眠	
热带季风气候带	＞8000	极端最低年均温 5 以上	终年无霜	以樟科植物为主，橡胶、咖啡都能生长，旱季休眠	湛江
亚热带季风气候带	8000～4500	最冷时间的气温 0～15	1～4 月份气温较低	樟科、山毛榉科、马尾松、杉木、茶、毛竹等常绿植物。树木有休眠期。夏季,热带植物生长;冬季,温带植物生长	秦岭、淮河一线
暖温带季风气候带	4500～3400	最冷时间的气温 0～10	四季明显,冬寒夏热	无常绿阔叶树,树木有明显的休眠期,植物只在夏季生长	北京、沈阳之间
寒温带季风气候带	1600 以下	最冷时间的气温 -10～-30	四季明显,冬寒夏暖	针叶树和落叶阔叶树,植物夏季生长,休眠期较长	
高原气候带	2000 以下	最热时间的气温低于 5 或 0	冬夏分明,日温差较大,年温差较小,光照充足	高山植物和草地,植物休眠期长,只能在夏季生长,很多地方不适于树木生长	

②　最高、最低温度　有的树种从原产地与引种地的平均温度来看是有希望引种成功的，但最高、最低温度有时就成为限制因子。江苏省引种柑橘，辽宁省以北引种苹果都因受到最低气温的影响而未成功。低温的持续时间也很重要，如蓝桉具有一定的抗寒能力，可忍受－7.3℃的短暂低温，但不能忍受持续低温。以种植蓝桉较多的云南省陆良县为例，1975 年 12 月持续低温 5 天，日平均温－4.6℃，蓝桉遭受严重冻害。高温对树木的损害不如低温显著，干旱会加重对植物的危害。

③　季节交替　中纬度地区的树种，通常具有较长的冬季休眠，这是对该地区初春气温反复变化的一种特殊适应性，而且不会因气温暂时转暖而萌动。高纬度地区的树种，虽有对更低气温的适应性，但如果引种到中纬度地区，初春气候不稳定转暖，经常会引起冬眠的中断而开始萌动，一旦寒流袭来就会造成冻害。如香杨等高纬度地区的树种引种到北京，主要由于这个原因而生长不良。

有些树种要求一定的低温，否则第二年不能正常生长，如油松需 15℃ 以下的低温 90～120 天，毛白杨需 75 天。

温度因素与经度的变化关系不明显，因此如纬度相同、海拔相近，从东向西或从西向东引种较易获得成功。

（2）光照　当低纬度地区的植物引种到高纬度地区后，由于受长日照影响，秋季生长期延长，延时封顶，减少了养分的积累，妨碍了组织木质化，冬季来临之时，无休眠准备而冻死。这是南树北移常见的实例。如江西省的香椿引种到山东省泰安，南方的苦楝、乌桕引种到北方，由于不能适时停止生长，而不能安全越冬。

植物从高纬度向低纬度引种，即北树南移，由于日照由长变短，会出现两种情况：一是枝条提前封顶，生长期缩短，生长缓慢，如杭州植物园引种的红松就表现封顶早，生长缓慢，形如灌木，易遭病虫危害；另一种情况是出现二次生长，延长生长期。

不同海拔高度之间引种，存在着光质及光照强度影响不同的问题。高山植物能适应丰富的紫外线，所以低山植物往高山引种难以忍受。

（3）降水和湿度　水分是维持植物生存的必要条件，有时降水和湿度比温度和光照更为重要。我国降水分布很不均匀，规律是年降水量自东南向西北逐渐减少，自沿海地区向内陆地区逐渐减少。南方的树种不能抵抗北方冬季低温以及春季的干旱，水分成为南树北移的一个限制因子。我国的珙桐又称中国鸽子树，在欧洲引种获得成功，而在北京则因冬季干旱而难以成功。

降水对植物的影响，首先是降雨量。如北京引种的梅花，不是在最冷时冻死，而是在初春干风袭击下因生理干旱脱水而死。在降雨多的地方，引种旱生植物类型也会生长不良。如新疆的巴旦杏引种到华北及华南地区，由于夏季雨水过多，空气湿度过大而不能适应。

四季的降水分布也影响植物生长。如广东湛江地区引种原产热带、亚热带的夏雨型加勒比松、湿地松生长良好，而引种冬雨型的辐射松、海岸松则生长不良。

（4）土壤　影响植物引种成功的重要因子还有土壤的酸碱度（pH 值）和含盐量。引种时，当土壤的酸碱度不适应引种植物的生物学特性时，植物常生长不良，甚至死亡。如庐山植物园土壤的 pH 值在 4.8～5.0，20 世纪 50 年代初引种了大批喜中性和偏碱性的树种，如白皮松、日本黑松、华北赤松等，经过 10 多年，这些树逐渐死亡。

（5）引种植物的生态型　同一种植物处在不同的生态环境条件下，分化成为不同的种群类型，即生态型。一般情况下，地理分布广泛的植物，所产生的生态型较多；分布范围小的植物，产生的生态型就少。每个生态型都能适应一定的生态环境。

在引种时，如将一种植物的许多生态型同时引种到一个地点进行栽培和选择，从中选出适应的生态型，那么这一植物在引种地区就有更多的机会互相杂交，形成更多的生态型，以适应环境。一般来讲，地理上距离较近，生态条件的总体差异也较小。所以，在引种时常采用"近区采种"的方法，即从离引种地最近的分布边缘区采种。如苦楝是南方普遍栽植的树种，分布的最北界是河南省及河北省的邯郸。分布于河北省邯郸和河南省的苦楝种子在北京生长最好，抗寒性强；分布于四川、广东等地的苦楝在北京表现抗寒性最差。

（6）引种植物的生态历史 植物适应性大小与系统发育过程中历史生态条件有关。生态历史愈复杂，植物的适应性愈广泛。如水杉，在冰川时期以前广泛分布在北美洲和欧洲。由于冰川的袭击，那里的水杉因受寒害而灭绝了。到20世纪40年代在我国四川和湖北交界处人们又发现了幸存的水杉，它的分布范围很小。当我国发现这一活化石植物后，先后被欧洲、亚洲、非洲、美洲50多个国家和地区进行引种，大多获得成功。与此相反，华北地区广泛分布的油松，因历史上分布范围狭窄，引种到欧洲各国都屡遭失败。

此外，进化程度较高的植物较之原始的植物的适应性潜力更大。乔木类型比灌木类型更为原始、木本植物比草本植物更为原始、针叶树比阔叶树更为原始，以上对比的前者较后者适应性狭窄，一般引种也较难成功。

2. 引种程序与成功的标准

（1）收集资料 包括引种地区和本地的气候、土壤、植被繁茂的有关资料，要求资料齐全、细致、有参考价值。

（2）制订方案 方案的内容包括确定引什么树种，引种时间，引种数量，引种地域，观察哪些项目，采取哪些栽培措施等。方案要求具体，可行性强。

（3）引种试验 对引进的植物材料必须在引进地区的种植条件进行系统的比较观察鉴定，以确定其优劣及适应性。试验应以当地具有代表性的良种植物作为对照。试验的一般程序如下。

① 种源试验 是指对同一种植物分布区不同地理种源提供的种子或苗木进行的对比栽培试验。通过种源试验可以了解植物不同生态类型在引进地区的适应情况，以便从中选出参加进一步引种试验的植物。种源试验的特点是规模小，同一圃地试验的植物种类多。圃地要求多样化。

② 品种比较试验 对有希望的种子，可进行初次系比，每8～10株或更多，设置对照与重复比较试验，选出最优的种子资源。

③ 区域化试验 在不同生态区进行比较试验，种植种类可少些，每种数量可多些，以选择适应性更强的品种。

④ 栽培推广 经过对比比较及区域化试验后得到的优良品种即可进行生产性试验，每亩百种以上，经过栽培试验后即可进行推广。

（4）繁殖试验 研究快速繁殖苗木的方法，如播种、扦插、嫁接、压条、组织培养等，以期得到繁殖最快、系数最大的方法。

（5）引种成功的标准及中试、示范推广 引种成功的标准有3条：一是和原产地比较，不需特殊的养护管理即能越夏、越冬，并且生长发育正常；二是达到了经济效益和观赏效果的要求；三是在当地可以通过常规繁殖手段向社会推出批量产品。

为了进一步试验考察，应扩大中试，进行绿地栽培示范，使更多人认识了解这个新、优品种。

3. 引种的具体措施

(1) 引种要结合选择

① 地理种源的选择　在引种实验时，通过地理种源的比较试验，找出各个种源差异，从而进行选择。如沈阳地区通过地理种源试验，认为引种秦岭东部和热河山地生态型的油松较好。

② 变异类型的选择　在相同立地条件下的同一类型，个体间也存在差异，因此可以从健壮的母株上采集种子或剪取枝条。杭州植物园从四川引进一批油樟种子，出苗万余株，冬季绝大部分冻死，小部分严重冻伤，仅有一株完好。这说明同一群体内的个体，虽然在相同的环境条件下，个体遗传性仍有产生分离的可能性。用幸存植株作母本，进行无性繁殖，获得了具有抗寒"种性"的群体。

(2) 引种要结合有性杂交　在引种过程中，由于原产地与引种地之间生态差异过大，使得有的植物在引种地较难生长，或者虽能生长却失去经济价值。若把这种植物作为杂交材料与本地植物杂交，就有可能从中培育出具有经济价值，又能很好适应本地生态环境条件的类型。如银白杨是原产于我国北部和西部一带的大乔木，引到南京、武汉、杭州等地时，因环境不适应而变为灌木状的小乔木。1959 年，南京林业大学以银白杨作为母本，分别用南京毛白杨与河南民权、甘肃天水等地的毛白杨杂交，杂交第一代的生长量较同龄的银白杨大。

(3) 选择多种立地条件试验　在同一地区，要选择不同的立地条件做试验，充分利用各种小气候的差异使引种成功。如我国青岛崂山，由于近海，温度高、湿度大，生长着不少亚热带边缘地植物，如茶树不但生长好，而且品质也好，为同纬度其他地区所不及。

(4) 阶段驯化与多代连续培育　20 世纪 80 年代末，上海等地首先从南方或国外直接引进加那利海枣、银海枣及华盛顿葵等大树，但因引进的都是大树，所以效果略差，有的甚至在遇到寒害等极端天气时苗木遭遇死亡，造成极大经济损失。而早在 70 多年前加那利海枣就被国外传教士引入我国，现生长在四川南充天爱园的一株海枣树高 10m 有余，树径近 70cm，自成一景，气势非凡。无独有偶，在成都平安桥天主教堂院内，也有同样一株，尽管植株次于前者，但其伟岸、挺拔、飘逸，也尽显大家之气，为棕榈、蒲葵、铁树所望尘莫及。因此，能在当地大树上采集种子，再在当地播种育苗，耐寒能力就将明显提高，并经过多代连续培育可获得适应当地气候的苗木，即为驯化。通过驯化，往往能增加许多当地较少的植物种类，这对丰富物种多样性方面，有着极其重要的意义。

① 阶段驯化　当两地生态条件相差较大，一次引种不易成功时，可以分地区、分阶段逐步进行引种。如杭州引种云南大叶茶树，先引到浙江南部，再从那里采集种子到浙江种植，获得了成功。

② 多代连续培养　植物的定向培育往往不是在短期内或在一两个世代中就能完成的，因此需要连续多代培育。如辽宁省抚顺市的抗寒板栗就是以多代积累的方式培育而成的。

(5) 栽培技术研究

① 播种期　对南树北移的树木来说，适当延期播种，能减少生长量，增加组织充实度，使枝条成熟较早，具有较强的越冬性。北京植物园在水杉引种中证实了这一观点。北树南移则采用早播的办法增加植株在短日照下的生长期和生长量。

② 栽植密度　适当密植也可在一定程度上提高南树北移植物的越冬性。对北树南移的植物应相反，即适当增加株行距是有利的。

③ 肥水管理　适当节制肥水有助于提高南树北移植物的越冬性，使枝条较为充实，封顶期也有所提前。相反，对北树南移的植物，为了延迟封顶时间，应该多施氮肥和追肥，增

加灌溉次数。这对延迟和减少炎热也有一定意义。

④ 光照处理　在南树北移的幼苗期间进行 8～10h 的短日照处理，遮去早晚光，能提前形成顶芽，缩短生长期，减少生长，使枝条组织充实，植株内积累的糖分增多，有利于越冬。北树南移的植物，可以采用长日照处理，延长植物的生长期，以增加生长量。足够的生长量是抵抗夏季炎热的物质基础。

⑤ 防寒遮阴　对于南树北移的苗木，要在第一二年冬季适当进行防寒保护，根据其抗寒性的强弱分别采用暖棚、风障、培土、覆土等措施。北树南移或引种高山和阴生植物的幼苗越夏，需要适当遮阴，并自夏末起逐渐缩短遮阴时间，以便其逐步适应。

⑥ 播种育苗和种子处理　引种以引进种子播种育苗为好。在种子萌动时，给予特殊剧烈变动外界环境条件处理，有时能在一定程度上动摇植物的遗传性。如种子萌动后的干燥处理，有利于增加其抗旱性能；萌动种子的脱盐处理，能增加抗盐处理。

第二节　良种繁育

良种是在一定的土壤、气候条件下能显示出优越性的品种。在园林生产上，从 20 世纪 50 年代以来，各国都开始重视选用良种。

一、良种繁育的任务

1. 在保证质量的情况下迅速扩大良种数量

新选育的优良品种一般数量是比较少的，良种繁育的工作跟不上就会推迟良种投入生产的年限。所以，良种繁育的首要任务就是大量繁殖专业机构或个人选育出来的、通过品种比较试验并经过有关部门鉴定过的优良品种的种苗。

2. 保持并不断提高良种种性，恢复已退化的良种

优良品种投入生产后，在一般的栽培管理条件下，经常发生优良品种种性逐渐降低的现象，有的可能完全丧失了栽培利用价值，被生产淘汰。例如，北京林业大学栽培的三色堇品种，最初具有花大、色鲜而纯、花瓣质地厚并有金丝绒光泽等优良品质，经栽培一段时间后逐步退化，表现出花小、色泽晦暗、花瓣变薄等不良性状。所以，良种繁育的第二个任务就是要经常保持并不断提高良种的优良种性，这对天然异花授粉的草本花卉更为重要。对已经退化的优良品种，特别是对一些名贵品种和类型，要通过一定的措施恢复良种种性。

3. 保持并不断提高良种的生活能力

许多自花授粉和营养繁殖的良种，经常发生生活力逐步降低的现象，表现为抗性和产量的降低。例如，北京林业大学从荷兰引种的郁金香、风信子、唐菖蒲等球根花卉，在栽培的当年表现出株高、花大、花序长、花序上小花多等优良特性，但在以后几年中逐步退化，出现植株变矮、花朵变小、花序变短、花朵稀疏等缺点。生活力降低是良种退化的重要表现之一，对已经发生生活力退化的优良品种采取一定措施使其复壮是良种繁育的重要任务。

二、品种退化的原因

品种退化指的是园林植物在长期栽培过程中，由于人为或其他因素的影响，种性或生活力逐渐降低，发生不符合要求的变劣现象。

1. 机械混杂

机械混杂是指在采种、种子处理、储藏、播种育苗和移栽定植的繁殖过程中，将一个品

种的种子或苗木机械混入另一个品种中，从而降低了前一个品种的纯度。由于纯度的降低，其丰产性、物候期的一致性以及观赏性都降低，同时又不便于栽培管理，所以失去了栽培利用的价值。

2. 生物学混杂

生物学混杂是指由于品种间或种间发生了一定程度的天然杂交，使一个品种的遗传混入另一个品种的遗传基础中去，促使典型的品种发生分化变异，降低了品种的纯度。在园林植物中发生生物学混杂后，常常表现出花型紊乱、花期不一、花色混杂、高度不整齐等缺点。

3. 不适宜的环境条件和栽培技术

栽培品种都直接或间接地来自野生种，因此遗传基础中都会不例外地包含有野生性状。这种野生性状在优良的栽培条件下处于隐性状态。但是生态条件与栽培方法不适合品种种性要求时，品种的优良栽培性状就会向着对自然繁衍有益的野生性状变异。

此外，在不良的栽培条件下，某些花卉品种美丽的花色将逐渐减少，以致最后消失；许多园林花木品种具有复色花、叶，在缺乏良好的栽培条件下，往往单一颜色的枝条在全株所占的比重越来越大，最后可能完全丧失了品种的特点。不利的条件也会导致植株变小，花小，花色变浅。

4. 生活力衰退

造成生活力衰退主要有两个原因。

（1）长期营养繁殖　因长期营养繁殖使繁殖材料的阶段发育越来越衰老，生命力越来越弱。得不到有性复壮的机会使内部矛盾（异质性）逐步削弱，致使生活力降低。

（2）长期自花授粉　植物长期自花授粉，内部矛盾也会不断减少，生活力不断降低，最后品种的产量、生长势和其他特性也要退化。

5. 病毒感染

许多花卉品种退化是由病毒传播感染引起的。

三、保持和提高优良品种种性措施

1. 防止混杂

（1）防止机械混杂　严格遵守良种繁育制度就可以有效地避免机械混杂。防止机械混杂应注意以下各个环节。

① 采种　应有专人负责，做到及时采收，并按品种分别包装，现场标记品种名称。

② 晒种　晒种时各品种应间隔一定距离，防止受风吹动混到一起。

③ 播种育苗　播种要选无风天气，相似品种最好不在同一畦内育苗，或以显著不同品种间隔一定距离。播种后立即插牌标明品种名称，并画上田间布局图。

④ 移植　移苗过程中最容易混杂，必须按品种分别移植，并插木牌标记，同时绘制移植图，防止以后混杂。

⑤ 去杂　在移苗时、定植时、初花期、盛花期和末花期分别进行一次去杂工作，剔除其他品种幼苗。

（2）防止生物学混杂　防止生物学混杂的基本方法是隔离与选择。隔离分时间隔离与空间隔离两种。

① 空间隔离　生物学混杂的媒介是昆虫和风。因此，隔离的方法和距离随风力大小、风向，花粉数量、质量、易飞散程度，花瓣的重瓣程度，天然杂交百分率以及播种面积而不

同。一般风力大又在同一风向上，花粉数，质量轻，重瓣程度小，天然杂交率高。播种面积大时，在缺乏天然障碍物的情况下，隔离距离较大；反之，隔离距离较小（见表8-2）。

表8-2 部分园林花卉的隔离距离 单位：m

植物名称	最小隔离距离	植物名称	最小隔离距离	植物名称	最小隔离距离
三色堇	30	矮牵牛	200	万寿菊	400
飞燕草	30	石竹属	350	波斯菊	400
百日草	200	桂竹香	350	金盏菊	400
金鱼草	200	蜀葵	350	金莲花	400

如果受土地面积限制不能达到上述要求时，可采用分区保管品种资源的方法，或者采用时间隔离的方法。

木本植物的隔离以空间隔离为主。可建立隔离林带，或利用地形、高层建筑达到隔离的目的。

② 时间隔离 时间隔离是防止生物学混杂最为有效的方法，可以分为跨年度隔离和不跨年度隔离。跨年度隔离是把全部品种分成两组或三组，每组内品种间杂交率不高，每年只播一组。采收的种子妥善保存，供2～3年使用，这种方法对种子有效储存期长的植物适用。不跨年度隔离是指在同一年进行分月播种，分期定植，将花期错开。这种方法对某些光周期不敏感的植物适用。

2. 加强栽培管理措施

优良的栽培条件，是良种优良性状发育必要的外界因素。如改良土壤结构，合理施肥，合理轮作，扩大植株的营养面积，加大株行距，适时播种和扦插。对无性繁殖植物应选择良好的插条、接穗、砧木，进行病虫害防治等，这样才能使品种特性得以充分表现，从而提高生活力，增强抗逆能力。

3. 经常进行选择

在植物生长发育的不同时期，如幼苗期、移植期、定植期、初花期、盛花期、结果期等时期分次进行选择。把具有优良花色或其他优良性状的单株加以标记，或移置他处（花盆）单独栽种，并淘汰不良性状的单株。如果品种退化严重的应当舍弃。

四、提高良种生活能力的技术措施

1. 改变良种的生活条件

（1）改变播种时期 可在一定年份改春播为秋播，或改秋播为春播。使植株幼苗时期和其他发育期遇到与原来不同的生活条件，以增加内部矛盾，提高生活力。

（2）换种 将长期在一个地区栽培的良种定期地换到另一地区栽培，经1～2年后再拿回原地栽培，或直接将两地的相同品种互换栽培。也可将同一品种分成两份，拿到另外两个地区栽培1～2年后，拿回原地混合栽培。这些处理方法都能充分利用两地气候、土壤等方面的差异，提高良种生活力。

（3）特殊农业技术处理 如用低温锻炼幼苗和种子，高温或盐水处理种子，或用干燥处理萌动种子，都能在一定程度上提高植物的抗性和生活力。

（4）进行杂交和人工辅助授粉 在保持品种性状一致的条件下，利用有性杂交能增加植物内部的矛盾。

2. 选择是保持与提高良种生活力的有效措施

在已经发生品种退化的种属中，由于单株之间存在差异，通过选择也能有效保持良种的生活力。

3. 创造有利于生活力复壮的客观条件

(1) 选择益于生活力复壮的部分作繁殖材料　同一植株不同部位发育阶段是异质的。选择扦插和嫁接材料时应选择发育阶段年轻的。

(2) 创造有利于生活力复壮的栽培条件　优良的栽培方式，有利于优良性状的发挥，有利于提高良种的生活力。如许多球根花卉采用"高垄"栽培，因土壤昼夜温差大，透气排水性能好，对花卉地下储藏器官的产量和质量有显著的影响。

五、提高良种繁殖系数的措施

1. 提高种子繁殖系数

在良种繁殖过程中，适当加大株行距，增施有机肥和磷钾肥，促进植株营养体充分生长，可以充分发挥每一粒种子的作用，提高单株产量，生产更多的种子。

对定植较早、花期较早的留种母株，可在生长初期进行摘心，促进多分枝、多开花、多结籽。

抗寒性强的一年生植物，可以适当早播以延长营养生长期，提高单株生产量。

2. 提高球茎、鳞茎类的繁殖系数

园林植物利用地下变态器官，如球茎、鳞茎、块茎、块根等进行繁殖的，其繁殖方法是利用自然形成的子球。可以采取一定措施，如分割球茎、珠芽以及特殊的培育方法，来提高繁殖系数。

3. 提高一般营养繁殖器官的繁殖系数

(1) 充分利用园林植物的巨大再生能力　利用园林植物的根、茎、叶、腋芽、萌蘖等营养器官的再生能力扩大繁殖系数。许多园林植物（如秋海棠、大岩桐菊花等）扦插叶子可以产生植株。

(2) 延长繁殖时间　在有温室的条件下，几乎可全年进行扦插、嫁接、分株、压条等，有的植物一年可繁殖几次。这样便增加了繁殖世代。

(3) 节约繁殖材料　在原种数量较少的情况下，可以利用短穗、单芽扦插、芽接，增加繁殖系数。有条件的地方可以利用组织培养的方法，生产大量种苗，使种苗繁殖工厂化。

第三节　采穗圃建立与管理

采穗圃是提供优良种条（插穗或接穗）的繁殖圃。它可以依据无性系的确定与否，分为普通采穗圃和经过鉴定的采穗圃。后者经过鉴定，能够提供遗传品种优良的健壮种条，所以又称为改良采穗圃。对能够大量无性繁殖的树种来说，采穗圃和种子园一样，是良种的繁殖基地。

采穗圃的优点为：穗条产量高，成本低；由于采取修剪、施肥等措施，种条生长健壮、充实、粗细适中，发根率可以提高；种条的遗传品质能够有保证；经营管理方便，病虫害防治容易，操作安全；采穗圃如设置在苗圃附近，劳力安排容易，采条适时，且可以避免种条的长途运输和保管，既可以提高种条的成活率，又可节省劳力。

由于优树直接提供的种条数量有限，所以，在实际工作中往往先建立优树采穗圃，然后建立无性系种子园，有时，收集圃也兼起提供种条的作用。

一、采穗圃的建立

采穗圃应选在气候适宜、土壤肥沃、地势平坦、便于排灌、交通方便的地方，尽可能设置在苗圃地附近。采穗圃如在山地设置，坡度不宜太大，选择的坡向日照不要太强，冬季不会受寒风侵袭。

采穗圃无需隔离，但要注意防止品种混杂，并便于操作管理，可按品种或无性系分区，使同一个品种栽植在一个小区内。

采穗圃栽植密度既要充分利用土地，又要适于树木生长与管理。栽植密度因品种特性、整形修枝状况以及立地条件而异。配置不当，也影响种条的产量和品质。

二、采穗圃的生产管理

采穗圃的管理工作，包括深翻、施肥、中耕除草、排水、灌溉及病虫害防治等。

1. 适时灌水

采穗圃内要挖好排灌沟渠，能灌能排，防洪排涝。灌水要适时，第一年扦插或定植后立即灌溉，全年灌水 8~10 次。头遍水饱灌，2~3 遍水浅灌少灌，6 月份、7 月份、8 月份要灌透、灌足，苗木生长后期要停止灌水。第 2 年以后每年可根据苗条的生长状况和当地的气候、土壤条件，适当减少灌水次数，增加灌溉量，一般每年可灌水 6~8 次。同时种植绿肥也是克服杂草丛生的办法之一，也是增加肥源的措施，应予以重视。

2. 中耕除草

中耕除草可改良土壤，消灭杂草，促进苗条生长和根系发育。第一年扦插或定植初期以除草保墒为目的，采取浅耕除草，深度 3~5cm；6 月中、下旬以后根系已木质化，降雨和灌溉易引起土壤板结，杂草易滋生，因此要深耕勤除草，深度 6~8cm。全年中耕除草 6~9 次，要求做到见草除净，无草浅松土，雨后松土，灌水必中耕，达到圃地土壤舒松无杂草。第 2 年以后除草可适当加深，次数可适当减少，全年 5~6 次即可。

3. 合理施肥

采穗圃每年要割取大量种条，养分消耗过多、土壤肥力降低，为保证采穗圃能提供大量的优质种条，特别是为了提高枝条的发根率，要根据采穗圃地力，通过合理追施化肥和农家肥来改善苗木的营养条件。

日本对柳杉采穗圃提出分三个阶段施肥。

① 促进发育期施肥　由栽植到定干修枝期前，为促进采穗树发育，尽早达到一定高度，栽植坑直径至少要 40~50cm，深 30~40cm，坑中施堆肥 1kg。植苗后，再按氮 10g、磷 6g、钾 6g 的比例施化肥。施肥量随地力而异。如定植时扦插苗按高 30~40cm、嫁接苗按 50~60cm 计，则第 1 年应生长 50~80cm。第 2 年按氮 15g、磷 8g、钾 8g 的比例施肥，年生长量应达 1m。栽植 2 年后，树高应达 2m 左右。这时可进入整形修枝期。

② 整形修枝期的施肥　在第 3 年春天，截干前后进行。其目的是补充整形修枝中损失的营养，初级萌芽条的发生，扩大树体；提高插穗的发根率，追肥以磷肥为主。如前述，10cm 圆筒形修枝树及圆锥形修枝树，每株平均剪掉枝叶鲜重 1kg，合干重 300g 计，约损失氮 3g。当年末，枝叶损失量约为前者的 3 倍，即氮的损失为 9g。两者合计为 12g。按氮的吸收率以 59% 计，则需施氮肥 24g。为此，春季每株按氮 20g、磷 10g、钾 10g 施肥；8 月中、下旬至 9 月上旬，每株按氮 3~4g、磷 10g 的比例追肥。第 2 年按枝叶的生长状况及采条、修枝量的大小，相应增减施肥量。

③ 采穗期的施肥　已达预定树形，每年采条。施肥目的是补充采条和修枝的营养损失；

提高发根率；为防止土壤恶化，适当施用有机肥，特别是堆肥。每株采穗树以采穗 100 根计算，损失枝叶鲜重 3kg，合干重 1kg。每株施氮、磷、钾约 20g、10g、10g，每 1000m² 隔年施堆肥 1800kg；于 8 月下旬至 9 月上旬施追肥氮 7g、磷 20g。

4. 留芽与摘芽

每墩留条数量多少，直接关系到种条产量和质量。留条过多，由于营养不足，光照条件差，种条生长细弱，达不到插穗要求标准。留条过少，产条量少，而且由于养分集中，种条长得过粗，又易生长侧枝，降低种条质量，消耗营养物质。留条数量的多少应根据采穗圃栽培年限、品种、密度及水肥条件而定。一般一年生留 2～5 根，二年生留 5～10 根，三年生以上留 10～15 根。留条应去强、剔弱、留中等，确保留条均匀地分布在根桩上，以达到种条生长均匀一致，减少条穗的分化。

摘芽是保证种条质量、提高种条利用率的重要措施，特别是在苗木生长旺盛时期，在侧芽长出后未木质化之前，一定要及时摘芽。应本着"摘早、摘小、摘了"的原则，及时摘除侧芽。摘芽次数可根据品种的不同而定，分枝早、分枝力强，摘芽次数可相应增加，全年可摘 3～5 次，一般的全年摘芽 2～3 次即可。摘芽时切勿撕破表皮，以防病虫侵染；要从芽的基部摘除，以免影响二次叶芽形成。

5. 采条

采条最好在秋季苗木落叶后处于休眠期进行。嫩枝种条可在生长期采集。采条时要注意防止劈裂根桩和斜面太大，不要损伤表皮和休眠芽。采条时根桩高度要留得适当，不宜过高或过低，根桩留得过低，休眠芽少，而不定芽抽条过晚，影响生长；留根桩过高，条穗发育不良，基部弯曲且容易感染病害。一般第 1 年留根桩 5～7cm（保留 2～3 个休眠芽），以后每年向上递增 5cm 左右。采条时要按种条粗细分级，捆成条捆及时运出或储藏。采条时要分品种、产地，防止品种混杂。每次采条后根桩要覆盖细土，确保安全越冬。

6. 病虫害防治

由于每年大量萌芽、抽条，大量采条，容易招致病虫害的发生，所以，每年应喷洒波尔多液等杀虫杀菌剂，对枯枝残叶要及时处理。

此外，采穗圃要建立各项技术档案，如采穗圃的基本情况，区划图，优树和优树品种名称，来源和性状，采取的经营措施，种条品种和产量的变化情况等。

三、采穗圃的更新复壮

采穗圃由于连年采条，树龄老化，长势衰退，加之留桩腐烂病渐重，影响条（穗）的产量和质量。如发现采穗圃的母树退化或病虫害严重时，要进行母树复壮更新。采穗圃复壮更新的年限因树种不同而异，如群众杨、小黑杨、北京杨等速生树种只能连续采 5～6 年。更新的方法：可在秋末冬初进行平茬，使其从根基部重新萌发形成根桩，再生产条（穗）。对木本植物而言，一般情况下，通过截干，促进基部休眠芽萌发、生长，生产条（穗），进行更新。此外加强肥水管理也能在短期更新复壮植株。有时要另选择新的圃地，重新建立新的采穗圃。

第四节　试验圃地建立与管理

一、试验圃地建立

对表现优异的材料再进行品种对比试验或送到服务地区的不同地进行较大面积的生产试

验，以使新品系经受不同地点和不同生产条件的考验的圃地称为试验圃。试验圃在良种繁育中能起到示范繁殖的作用。

试验圃地的建立应选择地形平坦、光照充足、土壤 pH 适应当地苗木生长、土壤肥沃疏松、水源充足、交通便利的场地，并且同一地点的试验圃的栽培条件要一致。

二、试验圃地管理

试验圃地必须深翻 30～50cm，将土块充分打碎，细细耙平，撒入少量腐熟马粪，耙匀。做适合试验材料的畦。试验材料栽植后保证充足的水肥供应，并定期修剪。进行正常的田间管理，根据试验设计划分小区，记录操作内容和效果，为选育新品种保留基础资料。

第五节　个人建立苗圃必要的科技手段

园林苗圃是专供城市绿化、美化，为改善生态环境繁育各种植物材料的生产基地。集体、个体均可依据自身条件及资金规模建立各具特色的苗圃。个人苗圃尽管多生产中小规格苗木及特色苗木，但也应该重视对苗圃必要的科技手段的建设，如必要的育种场地，包括苗木生产基地，种苗试验基地等；引进用于苗木生产、销售的新设备，包括生产设备、移植设备和运输设备；苗木繁育尽可能采用最新技术，如轻基质网袋育苗技术，一次性完成扦插（播种）、装袋、成苗，加上育苗环境的电脑自动控制；掌握常规育种技术；掌握名贵大规格苗木的移植与越冬技术等。

个人建立的苗圃通过对苗木繁育技术开发与创新，能使花卉苗木产品质量与技术含量不断提高，同时依据新技术尽可能进行新品种的良种繁育，或在引进推广国内外园林植物方面作出成果，以适应当前对植物新品种的品牌、自主知识产权的保护等。

繁育出的新品种经反复试验及专家鉴定后及时申报新品种品牌进行品种保护。品种保护是新品种保护审批机关对经过人工培育的或对发现并加以开发的野生植物新品种，依据授权条件，按照规定程序进行审查，决定该品种能否被授权。品种保护的目的是保护植物新品种权，鼓励培育和使用植物新品种。品种权是知识产权的重要组成部分，是植物新品种保护的核心，整个植物新品种保护都是围绕品种权的取得和保护而展开的。

《中华人民共和国种子法》规定：国家实行植物新品种保护制度，对主要农作物和主要林木品种在推广前应当通过国家级、省级审批。新品种的年限：自授权之日起，藤本植物、林木、果树和观赏树木为 20 年，其他植物为 15 年。

复习思考题

1. 引种与驯化的含义有什么区别与联系？
2. 引种驯化对我国的园艺生产产生了哪些影响？
3. 何为良种繁育？良种繁育的任务是什么？
4. 如何建立采穗圃？请举例说明。

第九章 主要园林绿化树种育苗技术

知识目标

了解主要园林树木的形态特征及生态习性，掌握幼苗培育基本方法及大苗养护管理技术环节。

技能目标

了解当地适宜树种特点，学会常用绿化苗木的培育措施。

第一节 常绿乔木类

一、圆柏

圆柏 *Sabina chinensis* （L.）Ant.，别名桧、桧柏、刺柏、柏树，柏科、圆柏属（见图 9-1）。

【形态特征】常绿乔木，高 20m，胸径达 3.5m。树冠尖塔形，老时树冠呈广卵形。树皮灰褐色，裂成长条片。幼树枝条斜上展，老树枝条扭曲状，大枝近平展；小枝圆柱形或微呈四棱；冬芽不显著。叶两型，鳞叶交互对生，多见于老树或老枝上；刺形叶披针形，三叶轮生，上面微凹，有两条白色气孔带。雌雄异株，少同株。球果近圆球形，2 年成熟，径 6～8mm，暗褐色，外有白粉，有 1～4 种子。种子卵形，扁。子叶 2，出土。花期 4 月份下旬，果多次年 10～11 月份成熟。

【生态习性】喜光树种，较耐阴。喜凉爽温暖气候，耐寒、耐热。喜湿润肥沃、排水良好的土壤，对土壤要求不严，钙质土、中性土、微酸性土壤都能生长。耐旱亦稍耐湿，深根性树种，忌积水。耐修剪，易整形。对二氧化硫、氯气和氟化氢抗性较强。

图 9-1 圆柏

【幼苗繁殖】

（1）播种繁殖 12 月份以后种子陆续成熟，即可采集、晾晒、碾压，经风选和水选得净种，净种率为 20％～25％，每千克有种子 60000 粒左右。由于圆柏种子有隔年发芽的习性，未经处理的种子春播往往不能发芽，因此播种前，需要作促芽处理。通常采用的方法，是在 5～6 月份用温水浸种 1～2h 后，捞出用 2～3 倍湿沙搅拌均匀，置于背阴处，堆置厚度一般在 30cm 左右，表面再铺湿沙 2～4cm，并用蒲包、草袋等物覆盖，以保持种子湿润，每隔 10～15d 翻倒 1 次，翻倒时要注意补充水分。

当年 9～10 月份即可进行秋播，用种量 30～40g/m²。播种时可采用床播或垄播，但为便于管理，一般多用床播方法。在作床或作垄前应施足底肥，基肥为腐熟的有机肥，每亩施肥量 5000～10000kg。土地要整平整细，灌好底水，为防治金龟子幼虫等地下害虫危害，可在耕地前，施用辛硫磷或呋喃丹颗粒剂进行土壤处理，而后作床或作垄，开沟播种。播幅宽度一般在 10cm 以上为宜，覆土厚度在 1～2cm，镇压后床面铺盖蒲包片并压土防寒，冬季亦应保持湿润。如土壤干燥可进行灌水，于第 2 年 3 月下旬可撤除覆盖物，同时罩以塑料薄膜，以增加土温，促使种子早日发芽，10 数天后小苗出齐，即可去掉塑料薄膜。如不具备秋播条件，而需要春播时，可于 2 月下旬将去年沙藏的种子移于背风向阳处催芽，到 3 月下旬或 4 月上旬种子即可发芽，而后进行床播或垄播。

圆柏小苗出土后，需加强管理，以促其生长。圆柏性喜湿润，但幼苗期易患立枯病，为防治病害发生，早期可减少灌水次数进行控制，等幼茎近木质化后再加强肥水管理。施肥时注意肥量，不可过大，可施用稀薄的人粪尿或少量的化学肥料，如每亩可施用硫酸铵 5kg。进入 9 月份后要停止追肥并控制灌水，以促进木质化。

圆柏生长速度与苗木密度关系很大，在苗木生长至 4～5cm 时应进行第一次间苗，全年间苗 2～3 次，最后留苗 50～80 株/m^2，至秋季苗木生长高度一般为 15～20cm。

第一年小苗越冬可行覆土防寒，第二年留床保养。亦可进行小苗移植，到秋季可进行埋土防寒或架设风障防寒越冬。

（2）无性繁殖　圆柏变种很多，如欲繁殖优良变种时，可采用无性繁殖方法。其具体做法一般多用绿枝扦插，即于 5～6 月份采生长健壮的 1～2 年生枝条，扦插于粗沙插床内，上覆盖塑料薄膜，并设遮阴棚遮阴，每天喷水，一般 1～2 个月即可生根，而后撤去覆盖物，在插床内再培育 1 个月即可出床，移于露地栽培。也可采用嫁接方法，将优良品系嫁接在一般圆柏苗上，而后培育成大苗。

【大苗培育】一般采用逐年培育法进行圆柏大苗培育。也可用"改型法"利用废弃苗培育造型圆柏。在选苗时一定要选择冠形好的优良品种栽植，最好在春季或雨季带土球移栽，根系恢复较快，不影响生长。最好选择远离苹果、梨等果园的地方栽植，以免发生梨锈病。栽植时株行距宜大，要留有足够 2～3 年的生长空间，采用"米"字形栽植。当生长空间变小时要进行移植，切勿使苗木拥挤造成烧苗。苗期管理简单，只要适量浇水和施肥，及时中耕除草，雨季注意排水即可。在苗期主要防止锈病和圆柏毒蛾危害。

二、红皮云杉

红皮云杉 *Picea koraiensis* Nakai.，别名白松、红皮臭，松科、云杉属（见图 9-2）。

【形态特征】常绿乔木，树高可达 35m，树冠塔形，树形优美；小枝细，淡红褐色至淡黄褐色，无白粉，基部宿存的芽鳞先端反曲。针叶无柄，长 1.2～2.2cm，叶落后小枝上留有叶枕，叶先端尖，横断面四棱形。球果 9 月份成熟，种子细小，千粒重5～7g。

【生态习性】产于我国东北地区，在小兴安岭、长白山区习见；喜空气湿度大、土壤肥厚排水良好的环境，较耐阴，耐寒，也耐干旱；浅根性，侧根发达，生长较快，是东北地区优良的景观树种。

【幼苗繁殖】红皮云杉在自然条件下靠种子繁殖，人工条件下也可以采用嫩枝扦插育苗。常规幼苗繁殖采用播种法。

图 9-2　红皮云杉

（1）种子处理　在 9 月下旬，红皮云杉球果呈褐色或黄绿色，进入成熟期，即可采收整果。采收回来的无病虫害的果实，放在散射光下阴干脱粒，1 周后，风选去除果鳞、瘪粒等杂质；稍阴干后进行水选，剔除不饱满的种子，把沉下的种子用清水冲洗干净，0.5%高锰酸钾溶液浸泡 3～5min，用清水冲洗后再与种子体积 2 倍的湿沙混拌，盛入瓦盆、编织袋、竹篓等容器中，放在室外背风向阳、地下水位较低的层积坑内；设置好通气孔，上部封盖严实，防止人畜翻动或雨雪积水进入。待春季播种前 7～10d 取出层积的种子，放到约 18℃的温室内堆积，厚度 10cm，上面覆盖湿麻袋，保持湿度，每天翻动 2～4 次，检查湿度，及时喷水，当发现种子中有 1/3 裂嘴露白后，即可播种。

(2) 播种操作　提前整地作床，一般采用低平床撒播或条播，床面疏松平整细腻，播种前用磙子轻压一遍。一般按种子场圃发芽率 60％计算，播种量在 5～7g/m²。播种时用适量的干沙与催芽处理的种子混拌，采用撒播方式播种，覆土 3～5mm，上面再用遮阳网或稻草帘覆盖，保湿及防水冲刷。

(3) 苗期管理　播种后及时喷水保湿，防止大水冲刷，每天检查播床表面的干湿度，每天要喷水 1～2 次，1 周后开始发芽拱土，及时撤去草帘，防止强光直射。苗出齐后可施叶面肥 1 次，及时拔除杂草。8 月份后，施磷钾肥 1 次，促进生长及抗寒能力。冬季来临前浇透防冻水，用草炭或稻草覆盖幼苗；在原床培育 2 年后，可以再进行分栽，扩大营养面积。

【大苗培育】红皮云杉幼苗留床培育 1～2 年，第三年开始移植，留床两年再移植一次，5 年生苗可进行大苗培育管理。5 年后苗高生长逐年加快，7 年生苗可达 50cm/年，因此要留出营养生长空间，栽植过密，或多年不分栽管理，后期下部枝叶自然整枝，出现下部秃裸现象。因此，红皮云杉大苗培育要严格控制好株行距，培育优美树形非常重要。

三、紫杉

紫杉 *Taxus cuspidate* Sieb. et Zucc.，别名东北红豆杉，红豆杉科、红豆杉属（见图 9-3）。

【形态特征】常绿乔木，高达 20m；树皮红褐色，有浅裂纹。枝条密生，小枝基部有宿存芽鳞。叶较短而密，暗绿色，成不规则上翘二列着生于小枝上。

【生态习性】分布于东北东部山地，喜阴，耐寒性强，喜冷凉湿润的气候，适生于肥沃湿润排水良好的酸性土壤；生长慢，枝叶繁茂，耐修剪，适宜作园林绿化树种。

【幼苗繁殖】可采用播种或扦插繁殖，由于种子难采集，且种子深度休眠，发芽难，因此快繁以扦插为主。

(1) 插穗选取　在树液流动前，一般在 4 月中下旬，选幼龄树树冠外围的 1～2 年生有顶芽的枝条，剪 8～10cm 作插穗，采后保鲜处理，防止日晒或失水。

(2) 插床准备　提前在温室或大棚内建插床，宽 1.0m，基质用细沙或珍珠岩、蛭石等无土材料为好，先过筛、清洗、消毒处理，基质厚度在 15cm 左右，用清水浇透、沉实，刮平床面，准备扦插。

图 9-3　紫杉

(3) 扦插操作　扦插前用 0.1％的高锰酸钾液浸泡插穗 5min，消毒后用清水冲洗干净；将插穗 50 支或 100 支扎成一捆，下部切口剪成斜面，切口对齐，用 50mg/L 的 NAA 浸泡插穗基部 2h；在插床上用铁钉做成打孔器，株行距 5cm×5cm，孔深 5cm，把插穗均匀扦插到打孔的床面，深度 5cm，压实插孔，及时喷水沉实孔隙，支拱棚覆盖塑料薄膜保温保湿。

(4) 插后管理　室温保持在 25～28℃，遮光 70％，相对湿度控制在 90％以上，每天早晚通风一次，检查病虫害发生情况及生根情况，约 45d 可生根。生根后，每天白天保湿培养，晚上可揭开拱棚，顶芽生长后可去掉塑料膜，每天喷水保湿，结合浇水施复合肥，8 月份后追施磷酸二氢钾，促进木质化。

(5) 幼苗管理　第二年春季化冻后，在苗圃地整地作床，以低平床为好，土质疏松，无病虫害，将沙床苗起出，按株距 20cm 栽植，比原来深 1～2cm，压实四周土壤，及时浇水，苗床上部支遮阳网，50% 透光。根据绿化需要，决定留床时间和修剪方式，一般留床 2 年后移植。作灌木培养的按需要定期短截促发侧枝。

【大苗培育】紫杉自然分枝能力较强，适宜的环境条件下，年生长可达 50cm 以上，乔木类培育大苗应选留一个主干，逐步剪除下部的拖地侧枝以及上部的过多腋芽，移入大苗圃后 2～3 年换床 1 次，前两年株距在 35cm 左右，培养主干，苗高达 1.5m 后，株距扩大到 1.0m 进行放量生长，加快成苗，及时矫正树形。灌木类大苗培育主要进行修剪造型，控制过高生长，促发侧枝，保持树形圆整，枝条分布疏密得当。

四、油松

油松 *Pinus tabulaeformis* Carr.，别名东北黑松、短叶马尾松，松科、松属（见图 9-4）。

图 9-4　油松

【形态特征】常绿乔木，高可达 25m，胸径 1m 左右。幼树树冠圆锥形，壮年期树冠呈塔形或广卵形，而老年时呈盘状或伞形。树皮灰褐色，常呈鳞片状开裂。叶 2 针 1 束，罕 3 针 1 束。雄球花橙黄色，生于当年生枝的基部，雌球花绿紫色，生于当年生枝的顶端或侧面。球果卵圆形，成熟时淡褐色。种鳞肥厚，鳞脐有刺。种子具黄白色翅。花期 4～5 月份，球果翌年 10 月份成熟。

【生态习性】油松属强阳性树，但 1 年生幼苗能在 0.4 郁闭度的林冠下正常生长，随着苗龄的增长而需光性增强。深根性树种，在深厚土层中主根可达 4m 以上。喜暖凉气候，能耐 -30℃ 的低温，在 -40℃ 以下则会有枝条冻死。较耐干旱，在年雨量 300mm 处亦能正常生长。对土壤适应性较广，但不宜栽于季节性积水之处。生长较快，寿命长。

【幼苗繁殖】油松在自然条件下可天然飞籽成林，常规育苗常采用播种繁殖法。

(1) 种子处理　在 10 月下旬，油松球果呈淡褐色时进入成熟期，即可采收整果，放在散射光下阴干脱粒，10 天左右，风选去除果鳞、瘪粒等杂质后干燥贮存。在 3 月中下旬播种前 4～5 天将种子用 0.5% 福尔马林溶液消毒 20min 后，浸入 50～70℃ 温水中一昼夜，然后取出放在温暖处，保持湿润状态；每天用 25℃ 左右温水淘洗 1 次，约经 3～4 天即可萌动，马上播种。

(2) 播种操作　一般采用高床撒播或条播，床面疏松平整，播种前用碾子轻压一遍。一般按种子发芽率 70% 计算，播种量在 5～6g/m^2。播种时用适量的干沙与催芽处理的种子混拌，采用撒播或条播方式播种，覆土 1～2cm，上面再用遮阳网或稻草帘覆盖保湿。

(3) 苗期管理　播种后注意保湿，约经 7～10d 后开始发芽拱土，及时撤去草帘，防止强光直射。苗出齐后及时间苗，拔除杂草，并施叶面肥 1 次。幼苗在 5～6 月时最易得立枯病，可每周喷波尔多液 1 次，连喷 4 次。幼苗怕水涝，应注意排水措施。8～9 月份，施磷钾肥 1 次，促进生长及增强抗寒能力。冬季来临前浇透防冻水，并注意防寒保护幼苗；在原床培育 2 年后可以进行分栽，扩大营养面积。

【大苗培育】油松幼苗留床培育 1～2 年，第 3 年开始移植，移植时应带土团，并注意勿伤顶芽。留床 2 年再移植一次，5 年生苗可进行大苗培育，油松可粗放管理，欲加速生长，应在 5 月底前注意灌溉、施肥。同时要留出营养生长空间，栽植过密，后期下部枝叶自然整枝，会出现下部秃裸现象。因此，油松大苗培育要严格控制好株行距，培养优美的树形。

五、雪松

雪松 *Cedrus deodara*（Roxb.）G. Don，别名塔松、喜马拉雅山松，松科、雪松属（见图 9-5）。

【形态特征】常绿乔木。高可达 50m 以上，胸径达 3m，树冠圆锥形。树皮深褐色，鳞片状开裂。大枝不规则轮生，平展；一年生长枝淡黄褐色，有毛，短枝灰色。叶针状，灰绿色，长 2.5～5cm，宽与厚相等，在短枝顶端聚生 20～60 枚。雌雄异株，少数同株，雌雄球花异枝；雄球花椭圆状卵形，长 2～3cm；雌球花卵圆形，长约 0.8cm。球果椭圆状卵形，长 7～12cm，径 5～9cm，顶端圆钝，熟时红褐色；种鳞阔扇状倒三角形，背面密被锈色短绒毛；种子三角状，种翅宽大。花期 10～11 月份；球果翌年 9～10 月份成熟。

图 9-5　雪松

【生态习性】雪松为阳性树，幼年稍耐庇荫。喜温凉气候，有一定耐寒能力，大苗可耐短期的 -25℃ 低温。耐旱力较强，年雨量达 600～1200mm 左右最好。喜土层深厚而排水良好的土壤，能生长于微酸性及微碱性土壤上，亦能生于瘠薄地和黏土地，但忌积水。性畏烟，含二氧化硫气体会使嫩叶迅速枯萎。雪松为浅根性树种，侧根系大体在土壤 40～60cm 深处为多。生长速度较快，寿命长，属速生长寿树种。

【幼苗繁殖】生产育苗常采用播种法和扦插法繁殖。

（1）播种育苗　球果翌年 10 月份变棕色时即成熟，可以采下脱粒。于 3～4 月份播种前，用冷水浸种 1～2 日，捞出阴干后播种。常行条状点播，行距 15cm，播后覆土，并应注意中耕、除草、灌水，并酌施追肥；夏季应搭遮阴棚，冬季应防寒，当年苗高约 20cm。

（2）扦插繁殖　扦插植株成活率的高低与采条母株的年龄和插穗本身的状况关系密切。扦插时以在早春发芽前行之为好，亦可行雨季扦插，一般选 1 年生枝，切成 15cm 长，将下部叶除掉，插条基部在 500mg/kg α-萘乙酸水溶液中浸 5～6s，然后插入苗床中。在雨季，则可选当年生粗壮嫩枝作插穗。插后的管理方法，同一般的嫩枝扦插法。自实生小苗上采取插穗的，插后 1 个多月可开始生根，若自成年母树上采的插穗，常需 3 个月以上才能开始生根。

【大苗培育】雪松幼苗留床培育 2～3 年后，于春季 3～4 月份进行移植，注意保持土团完整，播种苗勿伤主根，扦插苗多带须根，否则会影响发育。第 5 年再带土团移栽 1 次，保持一定的株行距，进行大苗培育。雪松生长迅速，中央领导枝质地较软，常呈弯垂状，最易被风吹折而破坏树形，故应及时用细竹竿缚直为妥。雪松树冠下部的大枝、小枝均应保留。使之自然地贴近地面才显整齐美观，万万不可剪除下部枝条，移栽时应将其向上绑起，否则从园林观赏角度而言是弄巧成拙的。

六、华山松

华山松 *Pinus armandii* Franch.，别名白松、五须松、果松、葫芦松等，松科、松属（见图 9-6）。

图 9-6 华山松

【形态特征】常绿针叶乔木，高达 30m 以上；树冠广圆锥形。小枝平滑无毛，冬芽圆柱形，栗褐色。幼树树皮灰绿色，老树皮块状裂着着树上。叶 5 针 1 束，长约 8～15cm，边有细锯齿，质地较软，叶鞘早落。球果圆锥状长卵形，长 10～20cm，柄长 2～5cm，成熟时种鳞张开，种子脱落。种子无翅或近无翅，花期 4～5 月份，球果次年 9～10 月份成熟。

【生态习性】主要分布于秦岭淮河以南地区，以西南各省区分布较多，垂直分布有向西南方向逐渐增高的趋势。喜光树种，但幼苗期耐阴，喜温和、凉爽、湿润的气候，较耐寒，对土壤适应性较强，在深厚、湿润疏松、微酸性的森林棕壤及草甸土上生长最好。对二氧化硫和氟化氢等抗性较强。

【幼苗繁殖】华山松采用播种育苗。

（1）采种　选壮龄期健壮母树，于 9 月中下旬球果由绿色转为绿褐色或黄褐色，先端鳞片微裂时采收。采回后的球果先堆放 5～7d，再摊开晒 3～4d，待鳞片张开后敲打翻动脱出种子。脱出的种子经水选去掉空粒和杂物，这时的种子不可曝晒，阴干后装入麻袋放阴凉处干藏。当年种子发芽率在 85％以上，隔年后下降为 40％以下。如需长期保存则应采用密封贮藏。

（2）种子处理　各地催芽方法略有不同，催芽前最好用高锰酸钾消毒，通常采用温水浸种法，用 50～60℃温水浸种至自然冷却，再浸种 5～7d，每天换水，或在流水中浸至个别种子裂口；也可浸种后混沙高温层积 7～10d；也可采用常湿催芽法，即生豆芽法。

（3）播种　一般采用床作，条播、撒播均可，以条播为主，行距 20cm 左右，播幅 5～7cm，覆土厚度 2～3cm，播后镇压并覆草保墒。播种量视种子质量及成苗规格而定。北方一年生苗按每公顷 20 万株产量为目标，每公顷播种量约 1500kg 左右。华山松种皮厚，发芽慢，春季宜早播。

（4）管理　出苗前注意保持土壤湿润，出苗后及时撤除覆盖物，种壳脱落前防鸟兽害，一般不必遮阴。生长前期可适当追肥；幼苗出土 1～2 个月内要注意预防猝倒病，可每 10d 喷 1 次 1‰等量式波尔多液或 0.5％～1.5％高锰酸钾，药要喷在苗床和苗木根颈部位。冬季在寒冷地区要覆土或覆草防寒。

【大苗培育】多培育成有中心干形，主要用作行道树、园景配置树等，由于干性和顶端优势强，任其自然生成即可，只是要特别注意保护顶芽和中心干，如果顶芽破坏后可以选一侧生枝扶正，以代替中心干。

七、白皮松

白皮松 *Pinus bungeana* zucc. ex Endl.，又称虎皮松、白骨松、蛇皮松，松科、松属（见图 9-7）。

【形态特征】常绿乔木，高达 30m；树冠阔圆锥形或圆头形。树皮淡灰绿色或粉白色，呈不规则鳞片状剥落。1 年生小枝灰绿色，光滑。针叶 3 针 1 束，长 5～7cm，质地较硬，鲜绿色。雄球花序长约 10cm；球果圆锥状卵形。花期 4～5 月份；果次年 9～11 月份成熟。

【生态习性】分布于山西、陕西、甘肃、河南、四川、湖北等省份的中海拔地区。树姿优美，苍翠挺秀，树皮白色雅静，孤植片植均可，是园林绿化的优良树种。白皮松喜光而好凉爽，幼苗稍耐阴，在土层深厚、湿润、肥沃的钙质土、黄土以及半阴条件下生长最好，能适应轻微盐碱，pH 值 7.5～8；不耐水湿，育苗地必须排水良好。耐寒能力较强，可耐－30℃低温。抗二氧化硫和烟尘能力强。

图 9-7　白皮松

【幼苗繁殖】育苗上采用实生繁殖为主。

（1）采种　采种母树宜选取 20～60 年生、干形好、抗性强的健壮植株。秋季 9 月上旬前后球果由绿变黄绿色及时采种。采回的球果经晾晒、翻动，果鳞开裂后敲打脱粒，去除杂质，阴干后装袋干藏。千粒重约 120～160g。

（2）种子处理　白皮松种子具深休眠习性，未经贮藏的种子难发芽，其实经干藏一年后即可自然解除休眠。新种子计划翌年春季播种时，必须进行层积催芽，最好采用混雪层积，也可混湿沙层积，层积时间 2 个月以上，经低温层积的种子在播种前 10 天取出接着高温层积，当有 40％种子裂口时播种。经一年贮藏的种子用始温 60℃温水浸泡 24h，接着浸泡 3d，每天换水，然后高温层积至有 40％种子裂口。无论采用哪种催芽方法，事先均应用 1％高锰酸钾消毒。

（3）播种　选择排水良好，有灌溉条件，土层深厚的沙壤土作为育苗地。施足基肥，用硫酸亚铁（30～50kg/亩）和五氯硝基苯（10kg/亩）消毒。做成高床或高垄。采用纵床条播，行距 30cm，播幅 6cm 左右，播种后覆以细土或细沙。覆土厚度 1.5～2cm，播种量 50～60kg/亩。

（4）苗期管理　幼苗出土前保持土壤湿润，出苗后防鸟害，及时进行遮阴，经常喷水保持床面湿润，并注意松土除草。每隔 7～10d 喷 1 次等量式波尔多液，连续用药 2 个月以上，浓度 1％～2％，也可用代森锌 1000 倍液或五氯硝基苯、赛力散等，以防猝倒病。必要时可适当追肥。幼苗培育 3 年后才可出圃。

也可用 2～3 年生黑松作砧木，于春季进行嫁接繁殖。

【大苗培育】培育大苗时连续多次移栽。白皮松主枝长势强，易形成多主枝树形。如果要培养单干形应注意去除主干上的分枝，或加大密度，以抑制侧生分枝的生成。

八、桂花

图 9-8　桂花

桂花 *Osmanthus fragrans* （Thunb.）Lour.，别名木犀、岩桂，木犀科、木犀属（见图 9-8）。

【形态特征】桂花为常绿阔叶灌木至小乔木。株高可达 12m，分枝性强，分枝点低。树皮粗糙，灰褐色或灰色。芽叠生，芽被鳞片，绿色，有的为暗紫红色。单叶对生，革质，叶面有光泽或稍具光泽，叶表呈绿色或深绿色，叶背颜色较淡，叶长椭圆形、全缘、波状全缘、具锯齿或仅顶端有齿。密伞形花序，簇生叶腋，每花序有小花 3～9 朵，花具有芳香。花色因品种而异，有浅黄白、浅黄、橙黄和橙红等。花期9～10月份，核果成熟期4～5月份。

【生态习性】桂花属于喜光树种，但也有一定的耐阴能力。幼苗期要有一定的庇荫，成年后要求有相对充足的光照。桂花耐高温，不很耐寒。桂花在富含腐殖质的微酸性沙质壤土中生长良好，土壤不宜过湿，尤忌积水，在黏重土上也能正常生长，但不耐干旱。桂花对空气湿度有一定的要求，开花前夕要有一定的雨湿天气。革质叶有一定的耐烟尘污染的能力，但污染严重时常出现只长叶不开花的现象。花芽多于当年6～8月份形成，有二次开花的习性。花期9～10月份，通常分两次在中秋节前后开放，相隔2周左右，最佳观赏期5～6d。

【幼苗繁殖】生产上桂花育苗常采用扦插、嫁接和压条的方法。

（1）扦插育苗 桂花扦插可分为硬枝扦插和嫩枝扦插。硬枝扦插通常在11月上旬至翌年1月下旬进行。嫩枝扦插在5～6月下旬进行，取插穗12cm长，留上部5～6片叶，用50mg/kg萘乙酸浸泡8～10h后扦插，气温保持25～27℃，有一定的湿度，60d即可生根。

（2）嫁接繁殖 桂花嫁接通常用枝接而不用芽接，多行靠接与切接。常用的砧木有女贞、小叶女贞、水蜡、小蜡、流苏树和小叶白蜡等。小叶女贞栽培广泛，接后成活率高，生长快，但寿命短；小叶白蜡根系较弱，稍受损伤，就会引起死亡。嫁接后25d左右，苗木即可成活发芽。

（3）压条繁殖 桂花的压条，一般有地面压条法和空中压条法两种。地面压条法在每年3～5月份进行，选母株下部2～3年生枝条压入土中，半年后压条生根。空中压条法在春季3～4月份进行，选2～3年生枝，环割后包以苔藓等保湿材料。通常3个月后发根，10月份与母株分离。

【大苗培育】桂花幼苗留床培育2～3年后，于春季3月中旬至4月下旬就可按照一定的株行距定植，进行大苗培育。注意需带土球移栽，尽量保持根系完好，否则会影响发育。切忌冬季移栽，冬季移栽来年常大量落叶，严重影响生长发育。若想培育成小乔木，应及时对侧枝摘心，并疏除过密的侧枝，保持主枝的生长优势。若要培育成圆球状的灌木，应加强对主梢的修剪，控制高生长优势，对侧枝进行合理修剪，培育优美的树形。

九、乐昌含笑

乐昌含笑 *Michelia chapensis* Dandy，别名南方含笑、广东含笑，木兰科、含笑属（见图9-9）。

图9-9 乐昌含笑

【形态特征】常绿乔木。树高15～30m，胸径1～1.3m。树皮灰褐色，平滑。小枝无毛，但幼芽及节上被灰褐色平伏细柔毛。叶薄革质，倒卵形或长椭圆形，长6.5～16cm，宽3.6～6.5cm，先端渐尖，尖头钝，基部楔形，表面深绿色，有光泽，背面黄绿色，无托叶痕。花被片2轮，6枚，长约3～4cm。花期3～4月份，果熟8～9月份。

【生态习性】喜温暖湿润气候。适应性强，在红壤、红黄壤、黄棕壤、黏黄壤、冲积土和pH值7.5～8.1的碱性土壤中中均能正常生长。有一定的耐寒性，冬季能抗−12℃的最低气温，小苗偶见少数枝梢叶片受冻现象，夏季能抗41℃的高温。生长迅速，一年胸径生长量可达1cm以上。原产于赣南、湘南、桂东、粤西北等地，生长于海拔 500～1500m 的山地常绿阔叶林中。我国华东、华南、西南地区广为栽培。有较强的吸尘功能，适宜作为城市行道绿化树种。

【幼苗繁殖】乐昌含笑的繁殖方法以播种较为普遍。选择抗旱、抗寒性强，树龄 25～50 年，胸径 20～50cm，干形通直，健壮无病虫害，生长在林内稀疏地段或靠近河岸的植株作为采种母树，在 9～10 月份采集质量好的新鲜种子，果实开裂后取出种子，在沙中擦洗，去掉假种皮。用清水冲净，堆放在通风处晾干。将晾干的种子与湿沙以 1∶3 的比例混合贮藏或层积贮藏催芽。到翌年 3 月份种子裂口露白时开沟播种。选择土壤疏松、肥沃、透气良好的酸性沙质壤土苗圃地，精细整地、作床。将沙藏种子筛出，均匀撒播在苗床上，播种后要覆草保湿。播种后 40d 左右种子发芽出土，撤除地膜和稻草，改用竹拱地膜覆盖。50d 左右开始长真叶，苗木基本出齐要及时搭棚遮阴。当芽苗长至两叶一心时，撤除竹拱地膜，"炼苗" 1 周后芽苗即可移栽。生长季节适当给予追肥，入秋后应控制水肥。同时做好松土、除草、抗旱间苗等工作。冬季注意防寒。当年生苗高可达 20～30cm。

【大苗培育】一般在苗圃中精心培育 2～3 年，细弱苗木在二年生苗的春季作摘心处理，促进茎干粗壮，当苗高达 2～2.5m，干径达 2.5～3cm 时，可移植用于园林绿化。

十、大王椰子

大王椰子 *Roystonea regia* (Kunth) O. F. Cook，棕榈科、王棕属（见图 9-10）。

【形态特征】常绿乔木，高 10～20m。茎幼时基部明显膨大，老时中部膨大。叶聚生茎顶，羽状全裂，长达 3.5m，裂片条状披针形，长 60～90cm，通常排成四列；叶鞘长，紧包杆顶。肉穗花序生于叶鞘下，多分枝，排成圆锥花序式，花小，白色雌雄同株；果实近球形，红褐色至淡紫色；种子 1 枚，卵形。树形雄伟壮观，干茎高大，单干通直，造型优美独特，姿态优雅，在华南地区园林绿化中被广泛采用，作行道树或丛植、群植作绿地风景树，是展示热带壮丽风光的典型而著名的树种。

【生态习性】喜高温、多湿，充足阳光和疏松肥沃土壤；20 年生以上开始开花结果，花期 4～5 月份，果期 7～8 月份。原产于古巴与美国佛罗里达州，现产于各热带与亚热带地区。

【幼苗繁殖】采用播种繁殖育苗。

（1）种子处理　6～7 月份待果实由青绿色变为紫黑色时采种，采后用麻袋包裹，放于室内某角落处，每天充分淋水，保持潮湿，使细菌性腐蚀发生作用。待果皮变软开始腐烂，腐烂种皮接近 50% 时从麻袋中取出种子倒入箩筐中，用手揉搓（戴手套防过敏）并用清水冲洗，去杂后晾干待用。种子千粒重为 200～250g，出种率 50%。

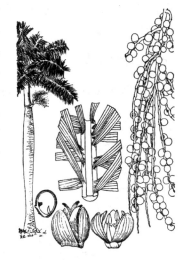

图 9-10　大王椰子
引自：卓丽环，陈龙清主编.
园林树木学，2003

（2）催芽-全光照苗床催芽法　大王椰子的种皮呈革质，种壳厚而又坚硬，同时又含有脂肪，种子吸水透气相当困难，造成种子发芽困难。目前生产中，大王椰子的种子催芽大多采用普通的混沙催芽法，但效果很不理想。其他催芽法还有加温催芽法，即将种子在日光下曝晒，待其种皮破裂再浸种育苗，但由于导致种子过度失水，部分种子实际含水量低于安全含水而死亡，影响了发芽率；也有用机械损伤法，即用大头针挑穿种子芽孔内硬质隔膜及软质隔膜来打破休眠，但非常费工；全光照苗床催芽法效果良好。具体做法如下。

① 选地　选择无遮蔽，能全天有日照，土壤质地疏松，结构良好，排水容易的圃地。

② 整地　首先应彻底清除杂草，翻耕土壤，深度为 20～25cm，细致整地，最大土粒一般应小于 0.3～0.4cm，再用 2%～3% 的硫酸亚铁进行土壤消毒，用量为 9g/m²。

③ 作床　床面宽 1.2m，高 20cm，南北走向。

④ 播种　种子均匀撒于床面，密度以间距 0.5～1cm 为宜。

⑤ 覆土　盖土的厚度要适宜，且均匀，否则影响发芽，用于盖土的土壤应选择黄心土或火烧土与黄心土（3：7）的混合土，厚度为 1cm 为宜，既使种子能充分接受阳光，又使种子保持一定湿度。

⑥ 管理措施　在周围设置镀锌的铁皮，将苗床全部围住，或放置杀鼠药，以防鼠害。水分管理方面，白天任由日光照射，以使土壤、种子尽可能吸收太阳能，提高温度，每到傍晚太阳下山时对苗床充分淋水，最好使用天然水源。

经过这样处理的种子 29d 开始发芽，79d 发芽完毕，发芽率达 81%，远远高于其他常用催芽方法。

（3）播种　可地播或沙床播，播距 8～10cm，深 2～3cm。

【大苗培育】在 1～4 片真叶时移栽；4～5 月份为好，开始需遮阴。大王椰子的病害主要有炭疽病、叶腐病、干腐病，常用多菌灵、百菌清、甲基托布津等药剂防治。虫害主要有椰心叶甲，用椰甲清挂包防治；蔗扁蛾、小袋蛾等用菊酯类农药；介壳虫类用乐斯本或机油乳剂等。营养与施肥方面，混配配方为 N：P：K：Mg＝3：1：2：1 的肥料，每 3 个月 1 次（1kg/10m²）。

十一、滇润楠

滇润楠（*Machilus yunnanensis* Lecomte.），别称小果润楠，樟科润楠属。见图 9-11。

【形态特征】常绿乔木，树冠圆整丰满，高达 30m，胸径达 80cm。枝条圆柱形，具纵向条纹，幼时绿色，老时灰褐色，无毛。叶互生，疏离，倒卵形或倒卵状椭圆形，间或椭圆形，基部楔形或宽楔形，两侧有时不对称，革质，上面绿色或黄绿色，光亮，下面淡绿或粉绿色。圆锥花序由 1～3 花聚伞花序组成，有时圆锥花序上部或全部的聚伞花序仅具 1 花，后种情况花序呈假总状花序。花淡绿、黄绿或黄至白色，柱头小，头状。果卵球形，熟时黑蓝色，具白粉，无毛；宿存花被片不增大，反折。花期 4～5 月份，果期 6～10 月份。

图 9-11　滇润楠
1—果枝；2—花被萼片；3—雄蕊；
4—退化雄蕊；5—雌蕊

【生态习性】稍耐阴，喜肥沃、湿润土壤，深根性，寿命长，对各钟有害气体有较强的抗性。

【幼苗繁殖】播种繁殖。

种子可随采随播，也可沙藏处理。随采随播应在 7 月中下旬完成，采用条播，行间距离 25cm，播种沟深 2.5～3cm，播后用黄心土或火烧土覆盖 1.5～2cm，每亩播种量 15～18kg。播种后 15～20d，种子开始发芽出土，此时正值高温干旱季节，要及时搭建荫棚，高度 1.2～1.5m，用透光度 30% 的遮阳网遮盖。8～9 月份幼苗生长初期，灌溉是最重要的管理措施，应使苗床经常处于湿润疏松状态，防止幼苗干旱死亡。9 月下旬撤除荫棚，增加幼苗光照，提高木质化程度。冬天在寒潮、霜冻、下雪之前用稻草、茅草覆盖小苗，防止受冻。

【大苗培育】用于城市绿化的滇润楠苗木，一般要经移植培育5～6年，苗高达3～4m，胸径4～5cm，主干通直，枝下高1.5～2m，有完整匀称的树冠，枝条分布均匀，才可出圃。可用1.5年生播种苗进行移植。移植圃地应选择土层深厚肥沃、排灌方便的壤土或轻黏土。幼树较耐阴，移植圃地可设在阴坡或半阴坡。滇润楠小苗分化现象严重，大小不匀，在栽植前要进行苗木分级，将不同规格的苗木分别栽植，使同一作业区苗木大小整齐，生长均匀，便于管理。对生长势弱、苗木受损、无培养前途的小苗可淘汰。裸根苗移植，栽前要适当修剪部分枝条，摘除全部叶子，以减少苗木水分消耗。移植时间以2月中、下旬，苗木未萌动前为好，一旦萌动抽梢，会降低移植成活率。栽植宜选择阴天或小雨天，利于提高栽植成活率。自移植到大苗出圃前，每年要进行3～4次除草松土，干旱季节要进行灌溉，4～5月份结合扩穴松土抚育，每株施复合肥0.15kg，以促进幼树生长。移植的前二年生长较慢，可在移植地套种花生、黄豆等农作物，以耕代抚，以短养长。移植培育5～6年后可用于城市绿化。

十二、广玉兰

广玉兰 *Magnolia grandiflora* Linn.，别名洋玉兰、荷花玉兰、大花玉兰，木兰科、木兰属（见图9-12）。

【形态特征】常绿乔木，树皮黑褐色，树冠圆形或椭圆形，芽及小枝有锈色绒毛，叶倒卵状长椭圆形，革质，叶端钝，叶表深绿色有光泽，叶背锈褐色或灰色绒毛，花白色，有芳香，花丝紫色，聚合果圆筒状，红色至淡红褐色，果成熟后裂开，种子具鲜红色肉质状外种皮。花期5～8月份，果期10月份。

【生态习性】喜阳光，喜温暖湿润气候。耐寒性较强，喜肥沃、排水良好的酸性土和中性土，不耐干燥及石灰质土。不耐修剪。根系发达，对各种自然灾害以及各种有毒的气体如二氧化硫、氯气、氟化氢、二氧化氮等抗性强，亦能抗烟尘。

图9-12　广玉兰
1—花枝；2—聚合果；3—种子

【幼苗繁殖】常用播种、嫁接、扦插、组织培养等法繁殖。但以嫁接为主，播种次之，扦插少用。

（1）嫁接繁殖　通常砧木用紫玉兰、山玉兰、天目玉兰等木兰属植物，方法有切接、劈接、腹接、芽接等，劈接成活率高，生长迅速。晚秋嫁接较之早春嫁接成活率更有保障。

3～4月份采取广玉兰一年生带有顶芽的健壮枝条作接穗，接穗长5～7cm，具1～2个腋芽，剪去叶片。用切接法进行，接后培土微露接穗顶端，接活后及时除去砧芽。当年苗高可达60～80cm。

（2）播种繁殖

① 采种　必须掌握种子的成熟期，当蓇葖果转红微裂时即采，早采不发芽，迟采易脱落。

采下蓇葖果后经薄摊处理，将带红色假种皮的果实放在冷水中浸泡1～2d，搓洗，洗净外种皮，除去瘪粒；也可拌以草木灰搓洗，除去外种皮，即可播种。不立即播种的，取出种子晾干，层积沙藏，于翌年2～3月份播种。千粒重66～86g，发芽率85%。

② 播种　广玉兰种子较大，常采用点播，每穴3～4粒，也可采用高床条播。条播地块需要土壤肥沃，土层深厚的沙质土。条距20～25cm左右，条深5cm，条宽5cm。播后覆土

2～3cm，覆土后稍加镇压。一般每亩播种量为 5kg 左右。

春播、秋播均可，春播在 3 月份进行，需搭荫棚。

（3）压条繁殖　这是一种传统的繁殖方法，适用于保存与发展名优品种。广玉兰的压条繁殖常采用空中压条法。以春季 3～4 月份选择生长充实，树高 160～200cm 的 2～3 年生、粗 0.8～1cm、树冠分枝较密的枝条，用利刀刻伤并环剥树皮，宽度 2～3cm，并刮去形成层。将生根粉液（按说明稀释）涂在刻伤部位上方 3cm 左右，待干后用筒状塑料袋套在刻伤处，装满疏松培养土或苔藓进行包扎。约半个月就可发根，凡成活的苗木可在薄膜外看到根系。6～9 月剥离母枝，带土团或苔藓移植，浇足定根水。以后注意防旱灌水，同时追施稀薄有机肥，10 月下旬即可定植。

【大苗培育】其关键是培育出挺拔通直的主干和冠形，因此，要注意修剪方式，同时因其对水分要求较严，不能过干过湿。广玉兰枝易折断，抗风力弱，应注意防风。要经常松土除草，防止长势衰弱及病虫害的发生。移植时均应带土球，移栽应在春末或秋初进行，天气干旱时不得移栽，栽植时根际多加肥土，入夏各施粪水 1～2 次，可使次年开花繁多。

广玉兰的病害主要有广玉兰叶斑病，可通过定期喷洒 50％多菌灵可湿粉剂 600 倍液或 50％甲基托布津可湿粉剂 1000 倍液防治。虫害主要有草履蚧、吹绵蚧、龟蜡蚧、角蜡蚧、水木坚蚧等，可喷施 2.5％高氟氯氰菊酯 1000～2000 倍液、80％敌敌畏 600～800 倍液喷雾防治。

十三、宫粉羊蹄甲

宫粉羊蹄甲 *Bauhinia variegate*，别名红花紫荆、艳紫荆、洋紫荆，苏木科、羊蹄甲属（见图 9-13）。

图 9-13　宫粉羊蹄甲

【形态特征】常绿乔木，树高 5～8m，幅约 6m，树皮灰褐色有明显不规则的裂纹。枝条开展，下垂；小枝圆形，叶片近圆形或圆心形，深裂达叶长的 1/4 或稍多，先端浑圆，革质；表面暗绿色而平滑，背面淡灰绿色，微有毛，掌状脉清晰。顶生总状花序，花朵形大，花瓣倒卵状矩形，玫瑰红或玫瑰紫色，有时具紫色和白色的条纹；花 5 瓣，其中 4 瓣分列两侧，两两相对，而另一瓣则翘首于上方，形如兰花状，又有近似兰花的清香气味，故亦有"兰花树"的别称。荚果。花期主要在冬、春季。

【生态习性】喜温暖、湿润和阳光充足的环境。要求肥沃、疏松、排水良好的沙壤土。生长期需施液肥 1～2 次。春、夏季宜水分充足、湿度大。秋、冬季稍干燥，能耐−6℃低温。我国华南各地可露地栽培，其他地区均作盆栽，冬季移入室内。

【幼苗繁殖】主要方式为种子繁殖，亦可扦插。

9～10 月份收集成熟荚果，取出种子即可播种，或将种子埋入干沙中置阴凉处越冬，于翌年春季播种。播前用温水浸泡种子，水凉后继续泡 3～5d。每天需换水一次，种子吸水膨胀后，放在 10～20℃环境中催芽，待有 30％左右的露白后播于苗床，齐苗后可浇少量稀薄液肥，宜淡不宜浓。当株高 20cm 左右时分床移植，株行距 20cm×25cm，一般株高达 3m

或胸径 3～4cm 时便可出圃定植。或按 20～25cm 的株行距植于肥沃的土壤中，定植成活后 2～3 年即可开花。

【大苗培育】宫粉羊蹄甲管理粗放，应注意树形的美观，如出现偏长，应及时立柱加以扶正，幼树时期要作修剪整形。宫粉羊蹄甲的常见病害为炭疽病和叶斑病，可用 50％克菌丹 500 倍液，70％代森锰可湿性粉剂 800 倍液防治。虫害有白蛾蜡蝉、蜡彩袋蛾、茶蓑蛾、棉蚜等，可喷施 90％敌百虫或 50％马拉松乳剂 1000 倍液杀灭。

十四、中国无忧树

中国无忧树 *Saraca dives* Pierre，苏木科、无忧花属（见图 9-14）。

【形态特征】中国无忧树为常绿乔木，高 10～25m。树冠广圆形，小枝有棱，近四方形，主干黑褐色，叶片为大型偶数羽状复叶，互生，长 30～41cm，小叶 5～6 对，长椭圆披针形，最长达 43cm，宽 12.5cm。叶革质，墨绿色，全缘；嫩叶柔软下垂，古铜色至浅绿色；大型顶生或茎生圆锥花序，具 2～3 个分枝，长 20cm，宽 15cm，苞片橙红色，花橙黄色，无花瓣，花丝长而发达，花期 3～5 月份；荚果扁平，长 20～30cm，宽 5～6cm，黑褐色，熟时爆裂，果荚卷曲。果期 7～8 月份；种子长椭圆形微扁，棕褐色。

【生态习性】喜光，喜排水良好、富含有机质土壤，不耐寒。原产于我国云南东南部、广东和广西南部以及越南、老挝。我国南方有栽培。用作庭荫树、孤植树或行道树。

【幼苗繁殖】中国无忧树常用播种法繁殖，亦可扦插。

图 9-14　中国无忧树

（1）播种繁殖　于 8 月下旬至 9 月中旬的果熟盛期，果荚尚未开裂时将果荚采下，阴干脱出种子；随采随播或湿沙贮藏。种子消毒用敌百虫液 2mL/L 浸种 2h，在消毒前后用清水洗净。催芽用湿沙层积的方法，把种子均匀平铺在 30cm 厚的湿沙上，压实，覆沙以不见种子为度，用塑料薄膜覆盖沙基以保证温度在 25～32℃，每天雾状喷水 1 次。苗床整地宜深，以 30cm 左右为宜，基质用 50％的黄心土＋50％的河沙，用福尔马林 100～200 倍或硫酸亚铁 2％～3％消毒。播种宜浅，把种子均匀地平铺在苗床上，压实，覆土以不见种子为宜。9 月上中旬播种，10 月上旬开始发芽，10 月中旬发芽进入盛期，11 月份后发芽速度减慢，延至次年 3～4 月份，发芽终止。发芽 30d 左右把嫩叶由淡红转绿的苗木移至小苗区，用 90％的黄心土＋10％的火烧土，晴天每天浇水 1 次，遮阴至第 2 年的 2 月中旬，不施肥。揭去荫网后，加强水肥管理，半个月 1 次，混配配方 N∶P∶K＝14∶16∶15 的肥料，浓度为 1～10g/L，每株 100mL。

（2）扦插育苗　无忧树的扦插在 5～7 月份生长旺盛期进行。选择 2～3 年生、直径约 1cm 的成熟枝条作插穗。穗长约 20cm，上部留少量叶片，将枝条下部浸入 50mg/L 的吲哚乙酸或萘乙酸中 6h 后，插入湿沙或蛭石床内。适当遮阴，并经常喷雾保湿，成活率可达

60%左右。

【大苗培育】在播种后的第 3 年春季苗高 60cm 左右时，移植到大苗区。株行距 1.0m×1.0m，穴规格以 50cm×40cm×40cm 为宜。苗木抽出新芽后，进行第一次施肥，每株施 25g 复合肥，以后逐渐增加施肥量。每年生长期铲草、松土、追肥 3 次。在苗期可能出现立枯病、根腐病等，可用 50%的代森锌铵水溶液 300~400 倍液或 70%甲基托布津可湿性粉剂 1000 倍液喷施，交替用药，连续 2~3 次。

十五、白兰

白兰 *Michelia alba* DC.，别名白缅桂，木兰科、含笑属（见图 9-15）。

图 9-15　白兰

【形态特征】常绿乔木，根肉质，富含水分，树干灰白色，分枝稀，嫩枝浅绿色。通常不结实，花期 4 月下旬至 9 月下旬开放不绝。单叶互生，长圆状椭圆形或椭圆状披针形，长 10~20cm，宽 4~10cm，两端均渐狭，浅绿、革质，叶面平滑有光泽，叶表背均无毛或背面脉上有疏毛且为浅绿色，侧脉显著，叶柄长 1.5~3cm，托叶痕仅达叶柄中部以下。花白色，极芳香，长 3~4cm，花瓣披针形，约为 10 枚以上，花单生于叶腋间有短梗。

【生态习性】性喜日照充足、暖热、湿润和通风的环境，不耐阴也不耐酷热。怕寒冷，最忌烟气。由于根系肉质，肥嫩，既不耐湿又不耐干，尤忌溃涝。喜富含腐殖质，排水良好，疏松肥沃，带酸性的沙质土壤，木质较脆，枝干易被风吹断。原产于印度尼西亚爪哇，我国华南地区各城市常栽植。名贵香花树种。树形美观，终年翠绿，开花清香诱人，宜作庭荫树和行道树。

【幼苗繁殖】白兰的繁殖较其他花困难，一方面由于气候等因素，白兰在我国不结果，所以无法采用播种法；另一方面，繁殖能力弱，枝条不易发生不定根，所以也无法采用扦插法，通常白兰的繁殖采用压条和嫁接法。

（1）压条繁殖　压条以高压居多，可于 6 月间选取直径 1cm 的二年生枝条，用刀作环状剥皮，环剥带宽 1~2cm，晾 2~3d，用园土和苔藓各半混合泥裹上，再用塑料薄膜包扎，注意浇水，保持裹泥湿润，约经 2 个月生根，割离母株栽植培养。

（2）嫁接繁殖　嫁接可用靠接和切接等方法。靠接一般以紫玉兰、黄兰等作砧木，于 6~7 月份梅雨季节进行。砧木与接穗均以 1cm 粗为宜，各削去皮层及木质部约 4~5cm，削面要光滑，两者靠紧后用麻绳、塑料薄膜扎紧，约经 2~3 个月，剪去木兰的上部和白兰的下部即可。

【大苗培育】大苗培育期，白兰常见的病虫害有黄化病、炭疽病、黑斑病、灰斑病，以及蚜虫、红蜘蛛、刺蛾、介壳虫等虫害。可清除病落叶，烧毁，并用相应药剂防治。黄化病可用 0.2%左右的硫酸亚铁水溶液喷洒叶面，每 5~7d 喷 1 次，还可经常施 0.5%左右的硫酸亚铁溶液，加以防治。

十六、高山榕

高山榕 *Ficus altissima* Bl.，桑科、榕属（见图 9-16）。

【形态特征】常绿乔木，高 10～20m，有少数气根。叶互生，革质，卵形或广卵形，少数为卵状披针形，长 7～27cm，宽 4～17cm，顶端钝急尖或稍钝，基部圆形或钝，全缘，基出 3～5 条脉，侧脉 5～6 对，较粗，网脉在背面较明显。花序单生或成对腋生，卵球形，长 1.5～2.5cm，宽 1.5～2cm，无总花序。花期 3～4 月份，果期 5～7 月份。

图 9-16 高山榕

【生态习性】喜光，耐贫瘠和干旱，抗风和抗大气污染，生长迅速，移栽容易成活。对水分的要求是宁湿勿干，生长旺盛期需充分浇水，并在叶面上多喷水，保持较高的空气湿度，对高山榕新叶的生长十分有利。土壤以肥沃疏松的腐叶土为宜，pH 在 6.0～7.5。盆栽土以腐叶土、园土和粗沙的混合土为好。产于我国广东、广西和云南南部，马来西亚、印度及斯里兰卡亦产。树冠广阔，树姿稳健壮观。非常适合用作园景树和庭荫树，亦可作行道树，为优良的紫胶虫寄主树。

【幼苗繁殖】可扦插、压条、嫁接、播种繁殖。

(1) 扦插繁殖 宜 5～6 月份进行。剪取顶端嫩枝，长 10～12cm，留 2～3 片叶，下部叶片剪除，剪口要平，剪口常分泌乳汁，应用清水洗去，晾干后扦插。室温以 24～26℃为好，并保持较高的空气湿度，插后 30d 可生根，45d 左右栽盆。

(2) 压条繁殖 在 5～7 月份进行。选择上年生的健壮枝条，离顶端 15cm 处进行环状剥皮，宽 1.5cm，用腐叶土和塑料薄膜包扎，在 25℃的条件下，15～20d 生根，30d 后剪离母株直接盆栽。

(3) 嫁接繁殖 在春、夏季均可进行。采用 2～3 年生的橡皮树作砧木，将长 15～20cm 的高山榕接穗用枝接法嫁接，成活率高，接后培育 1～2 年成商品。

(4) 播种繁殖 在春季进行，发芽适温为 24～27℃，播后覆土 0.5cm，保持湿润，约 20～30d 发芽。

【大苗培育】各种培养方式的苗高达到 50cm 以上即可移栽到大苗圃培养，根据需要进行造型管理，春季进行修剪，减少流胶，夏季及时松土除草。病虫害主要有煤污病、榕母管蓟马、榕透翅毒蛾、华脊鳃金龟等。

图 9-17 尖叶杜英

十七、尖叶杜英

尖叶杜英 *Elaeocarpus apiculatus* Mast.，杜英科、杜英属（见图 9-17）。

【形态特征】高达 30m，小枝粗大，有灰褐色柔毛，老枝有叶柄遗下的斑痕，分枝呈假轮生状。叶革质，倒卵状披针形，侧脉 12～14 对；叶柄长 1.5～3cm。总状花序生于枝顶叶腋，花瓣白色，倒披针形，先端 7～8 裂。花期 4～5 月份。核果近圆球形，果熟期在秋后。开花时节，犹如悬挂了层层白色的流苏，迎风摇曳，并散发着奶油味的香气，惹人喜爱。根基部有板根，枝条层层伸展，整个株形如高耸的尖塔，巍峨壮观。

【生态习性】其根系发达，萌芽力强，生长快速，喜温暖湿润环境，不耐干旱和瘠薄，常生于雨林山地中。尖叶杜英原产于我国海南、云南、广东，中南半岛、马来西亚亦产。用作行道树和庭园树。

【幼苗繁殖】播种繁殖，种子采后即播，可提高发芽率。幼苗期，可于6～7月间追施薄肥2～3次。移栽宜在秋初或晚春进行，小苗需带宿土，大苗需带土球。该树种适宜水边种植，但不耐长期积水，养护时注意水位和土壤的通透性。

【大苗培育】幼苗移植过程中应接种菌根菌利于根部吸收养分和水分，采用容器育苗措施利于后期的移栽和应用。地栽苗2年移植1次，断根缩坨，促进根系集中。

十八、枇杷

枇杷 *Eriobotrya Japonica*（Thunb.）Lindl.，别名：芦橘、金丸、芦枝，蔷薇科枇杷属。见图9-18。

【形态特征】常绿小乔木，高可达10m。小枝粗壮，黄褐色，密生锈色或灰棕色绒毛。叶片革质，披针形、倒披针形、倒卵形或椭圆长圆形，基部全缘，上面光亮，多皱，下面密生灰棕色绒毛。圆锥花序顶生，长10～19cm，具多花；总花梗和花梗密生锈色绒毛；苞片钻形，密生锈色绒毛；花直径12～20mm；萼筒浅杯状，长4～5mm，萼片三角卵形，长2～3mm，先端急尖，萼筒及萼片外面有锈色绒毛；花瓣白色，长圆形或卵形，基部具爪，有锈色绒毛。果实球形或长圆形，黄色或橘黄色，外有锈色柔毛，不久脱落。花期10～12月份，果期5～6月份。

图9-18　枇杷

【生态习性】喜光，稍耐阴，喜温暖气候，稍耐寒，喜肥水湿润、排水良好的土壤，在肥厚石灰性或微酸性土生长良好，生长缓慢，寿命较长。对二氧化硫抗性强。

【幼苗繁殖】生产上以播种繁殖为主，亦可嫁接。

（1）播种育苗　可于6月份采种后立即进行。宜选择平整，土层深厚疏松、肥沃、富含有机质的历年耕种的高产旱地，以土壤pH 6.0为最适宜，选地必须考虑水源，保证在每年的11月份至翌年的5月份园地能灌溉，交通和运输方便。不宜选用地势低平容易积水的土地。种植前要全面深耕30cm以上。有灌溉条件宜在2～3月份种植；没有灌溉条件的应在6月中旬（雨季初期）种植。

（2）嫁接育苗　一般以切接为主，可在3月中旬或4～5月份进行，砧木可用枇杷实生苗和石楠。定植于萌芽前3月下旬至4月上旬，也可在梅南期5～6月份或10月份进行。

【大苗培育】修剪整形促进花芽分化。

（1）环割、拉枝、轻折伤枝促控花芽分化　6月下旬，在主干上环割2～3道，使用50%托布津可湿性粉剂50倍液涂抹伤口预防病菌感染；6～7月份，将所有枝径1cm以上、枝长70cm以上的主侧枝拉成与主干成50°～55°角，牵引枝梢向水平方向发展，使枝丫倾斜生长，略有下垂；其他枝条采取扭枝、揉枝，让其改变枝条生长方向，以利花芽形成。

（2）肥水促控花芽分化　6～8月份，不施氮肥，适当增施磷钾肥；6～8月份拉枝后到花芽形成前，如果仍然无法控制旺枝生长，可在叶面喷施600～800倍磷酸二氢钾和硼酸的混合液 2～3 次。6～9 月份，对生长旺盛的枇杷树，要开沟排雨水，降低土壤水分，要适当截断表土的部分根群，降低枝条水分。

（3）用调节剂促控花芽分化　使用多效唑（PP$_{333}$）土施 0.5g/m^2＋叶面喷施 1g/L，在 6 月 20 日和 30 日左右各处理一次；或者在 6～8 月份每月各叶面喷施多效唑 1g/L 一次，使夏梢很快停止生长，增大细胞液浓度和 C/N 浓度，促进花芽形成。

十九、山玉兰

山玉兰 *Magnolia delavayi* Franch.，别名：优昙花，木兰科木兰属。见图 9-19。

【形态特征】常绿乔木，高达 10 余米。树皮灰色或灰褐色，小枝榄绿色。叶革质，卵形或长圆状卵形，表面有光泽，背面被有白粉。花乳白色，芳香，大形，杯状，直径可达 20cm，花梗直立。花被片 9 或更多，肥厚肉质，数轮排列。雄蕊多数，雌蕊群卵圆形。聚合蓇葖果卵状椭圆形，长 10～15cm。蓇葖木质，先端具喙。种子倒卵形，棕黑色。花期 4～6 月份，果熟期 9～10 月份。

【生态习性】阳性，稍耐阴，喜温暖湿润气候及深厚肥沃土壤，也耐干旱和石灰质土，忌水湿。生长较慢，寿命长达千年。抗污染能力强。

【幼苗繁殖】主要播种和压条繁殖。

（1）播种繁殖　一般 10 月份采种，将果实堆熟后，种子洗净晾干，播前种子用湿沙层积，藏至翌年春播。播时应作好苗床，施足基肥，开沟播种，播深 5～8cm，第二年春季换床分栽。

（2）压条繁殖　山玉兰节间易发不定根，可在生长季节选健壮枝条压入土中，也可进行高空压条，夏季即能生根，翌年春季可与母株分离，另植成新株。

图 9-19　山玉兰
1—花枝；2—果实

【大苗培育】山玉兰喜肥，若施肥不足则生长缓慢，可根据不同用途进行栽植。若公园草坪需要大型树冠，除定植前施足底肥外，生长期应追施 1～2 次肥料，促进植株迅速生长，枝繁叶茂。如作低矮花灌木用，应在 1m 左右截顶。可利用山玉兰在半阴环境生长旺盛的特性，适当修剪侧枝，培养成树高 10m 以上的大树。在栽培过程中，容易出现主干歪斜及多头现象，如作行道树利用，应及时插杆扶直，剪去多余枝干，以保持树姿完美。

二十、香樟

香樟 *Cinnamomum camphora*（L.）presl，别名：芳樟、油樟、樟木、臭樟、乌樟等，樟科，樟属。见图 9-20。

【形态特征】常绿大乔木，高可达 30m，直径可达 3m，树冠广卵形；枝、叶及木材均有樟脑气味；树皮黄褐色，有不规则的纵裂。枝条圆柱形，淡褐色，无毛。叶互生，卵状椭圆形，长 6～12cm，先端急尖，基部宽楔形至近圆形，边缘全缘，上面绿色或黄绿色，有光泽，下面黄绿色或灰绿色，晦暗，具离基三出脉，叶柄纤细，无毛。圆锥花序腋生，长 3.5～7cm，具梗，总梗长 2.5～4.5cm。花绿白或带黄色，长约 3mm，花被外面无毛或被

图 9-20 香樟

1—果枝；2—果实；3—种子；4—花
纵剖；5—雄蕊；6—退化雄蕊

微柔毛，内面密被短柔毛。果卵球形或近球形，直径 6～8mm，紫黑色。花期 4～5 月份，果期 8～11 月份。

【生态习性】喜光，稍耐阴；喜温暖湿润气候，耐寒性不强，在 -18℃ 低温下幼枝受冻害。对土壤要求不严，而以深厚、肥沃、湿润的微酸性黏质土最好，较耐水湿，但不耐干旱、瘠薄和盐碱土。主根发达，深根性，能抗风。但在地下水位高的平原生长扎根浅，易遭风害，且多早衰。萌芽力强，耐修剪。生长速度中等偏慢，幼年较快，中年后转慢。寿命长，有一定抗海潮风、耐烟尘和有毒气体能力。

【幼苗繁殖】选地应选向阳的、温暖湿润的、土层深厚的肥沃的黏壤土或微酸性至中性砂质壤土。挖翻土地，施足基肥，做成宽约 200cm 的高畦，四周开出侧沟以便排水，并将畦顶平整得疏松、平坦。

【幼苗繁殖】种子繁殖、软枝扦插和分蘖繁殖，以种子繁殖为主。

（1）种子繁殖　播种冬播、春播均可，但以春播为好。播种前需用温水浸种 12～24h 或用 0.5％ 的高锰酸钾溶液浸泡 2h 消毒杀菌后，沙藏催芽，以提高种子发芽率。采用条播，条距为 20～25cm，每米播种沟放种子 30～40 粒，每亩播种 12kg 左右，播种后用火土灰或黄心土覆盖，厚度以不见种子为度，再盖上稻草保温保湿，以促进种子发芽。20～30d 出苗时揭去。

（2）扦插和分株繁殖法　扦插用嫩枝扦插，分株繁殖利用根蘖分栽法。

【大苗培育】樟树主根发达，侧根稀少，苗木必须经过两次移栽培育才能出圃。至次年要分栽第一次，促使多生细根，定植后才容易成活。分栽宜在 2～3 月份进行。分栽时，把幼苗主根剪短，枝叶也要剪去一部分。在整好的畦上，按行距 20～25cm、株距 10～12cm 开穴，每穴栽苗 1 株，栽后淋水，促使成活。以后中耕除草和追肥 2～3 次，肥料以人畜粪尿为主。培育 1 年左右，即可定植。第二次移栽在 2～3 月份进行。移栽前，带土挖起幼苗，把挖伤和暴露的根系稍加修剪，下部的枝叶也要剪去一部分，栽后才容易成活。移栽时，行株距各按 200cm 开穴，每穴栽苗 1 株，填入细土后，把苗轻提几下，盖土踏实，最后盖土稍高于地面。大树移栽更应重剪树冠，带大土球，并用草绳保湿，才能成活。移栽时间以芽刚开始萌发时为好。栽后要遇天旱，要淋水保苗。在栽后 2～3 年内，樟苗生长较弱。

二十一、杨梅

杨梅 *Myrica rubra* Lour. Zucc.，别名：圣生梅、白蒂梅、树梅，杨梅科杨梅属小乔木或灌木。见图 9-21。

【形态特征】常绿乔木，高达 12cm，胸径达 60 余厘米；树皮灰色，老时纵向浅裂；树冠球形。小枝粗糙，皮孔明显。叶厚革质，倒披针形，长 4～12cm，全缘或先端具浅齿，表面深绿色有光泽，背面色稍淡。根具菌根。雌雄异株，花序腋生，紫红色。核果圆球形，深红、紫色、白色等。花期 4 月份，果熟期 6～7 月份。

【生态习性】中性略耐阴，不耐强烈日照；喜温暖湿润气候和排水良好的酸性土，微碱性土壤也能适应，不耐寒。深根性，萌芽力强。杨梅适宜生长在气候温和、雨量充沛的环境里。由于适应性强，对土壤的选择要求不高，pH 5 左右酸性或偏酸性的土

图 9-21　杨梅

壤均适宜；也可开垦荒山栽植。苗根生长势强，能在贫瘠多砂石的山坡上生长，并有保持水土的作用。

【幼苗繁殖】杨梅可用播种、压条或嫁接繁殖。

（1）种子繁殖　杨梅种子繁殖主要提供嫁接的砧木，为培育壮苗作准备。野生和栽培杨梅的种子均可播种育苗，鲜种子播种萌芽率最高，但生产上常采用秋播。具体步骤为：①采种。采种时先将种子表面的果肉洗净，摊放在干燥通风处晾干的种子进行沙藏。大田播种。一般 10～12 月份播种，多用撒播，播种量每亩在 200～250kg，播后覆一层 1cm 厚的细土，再用稻草或其他遮荫物覆盖，保愠保湿。②苗期管理。播种 80d 后出苗，出苗率达 50％～60％，出苗后，4 月下旬移栽，按株行距 10～25cm 带土移栽，有利成活。移栽成活后，要加强培育管理，促进幼苗的生长。前期不宜施肥，8～9 月份幼苗达 30cm 以上时，可稀施氮肥（1％的尿素），促进生长；干旱时应浇水抗旱。10 月份以后实生苗高达 50cm，粗 0.6cm，次年春季可嫁接。

（2）嫁接繁殖　杨梅嫁接成活率较低，为了提高嫁接的成活率，接穗应在 7～15 年、生长健壮、无病害的母树上采用 2 年生生长的良好枝条。一般在 2 月上中旬，树液未开始流动时进行。嫁接以切接为主，接穗长 8～9cm，具 9～10 个芽，然后嫁接。切接方法与其他果树嫁接相同。嫁接苗成活后，要注意除草和防治病虫害，以保证新梢（接穗上的芽）的健壮生长。

（3）压条繁殖　杨梅的压条繁殖与其他果树一样，一般采用低压法，将杨梅树基部的分枝向下压入土中，然后覆土，使压入土中的枝段生根形成新的植株，次年移栽。

【大苗培育】大苗的自然树形是圆头形或扁圆形。

（1）定植后在主干高 60～70cm 处短截，并选主干上生长壮实、分布均匀的 3～4 个芽为主枝，各主枝间距保持在 15～20cm，开张角度 45°～60°，努力培养成"一干三主枝"的变则主干型。

（2）树冠形成后要有效控制秋梢和晚秋梢的生长。树冠长到 2m 以上高时要压顶，使其保持在 3m 左右。过长枝要摘心和断枝，密集、细弱和过旺分枝要适当疏除。

（3）进入结果期，要求树冠上、下、内、外枝条分布均匀，通风透光。

二十二、醉香含笑

醉香含笑 *Michelia macclurei* Dandy，又称火力楠，木兰科，含笑属。见图 9-22。

图 9-22　醉香含笑

【形态特征】常绿乔木，高达 30m，胸径 1m 左右；树冠广卵形，树皮灰白色，光滑不开裂；芽、嫩枝、叶柄、托叶及花梗均被紧贴而有光泽的红褐色短绒毛。叶革质，倒卵形、椭圆状倒卵形、菱形或长圆状椭圆形，长 7～14cm，宽 5～7cm，先端短急尖或渐尖，基部楔形或宽楔形，上面初被短柔毛，后脱落无毛，下面被灰色毛，杂有褐色平伏短绒毛；侧脉每边 10～15 条，纤细，在叶面不明显，网脉细，蜂窝状；叶柄长 2.5～4cm，上面具狭纵沟，无托叶痕。花白色，芳香，花被片 9～12，花多且密，聚合果，种子卵形，红色，花期 3～4 月份，果期 9～11 月份。

【生态习性】性喜光、稍耐阴，喜土层深厚的酸性土壤。耐旱耐瘠，萌芽力强，耐寒性较强，具有一定的耐阴性和抗风能力。生长迅速，寿命达百年以上。根为主根不明显、侧根发达的浅根系，幼根分布在 30cm 深的土层中。生于海拔 500～1000m 的密林中。

【幼苗繁殖】采用种子、压条繁殖。

（1）种子繁殖

① 采收种子：采种时，应选择 20～30 年生的健壮结实多、无病虫害的母树采种。当聚合蓇葖果外表由黄褐色转变为紫红色，并有少数蓇葖果开裂，露出其内含的鲜红色种粒时，应及时采收。果实采收后不能暴晒，应将其摊放于阴凉处 3～5d，待所有的单个蓇葖果开裂后，取出鲜红色种粒。种粒堆沤 2～3d，待其肉质种皮发黑软化后，再与细沙混合搓揉，并在水中冲洗干净，去掉杂质，即可得到饱满的棕黑色种子。用 0.5% 的高锰酸钾溶液浸种 10min 左右，然后用清水及时冲洗，即可播种或用湿润沙分层贮藏至翌年 2 月份。

② 播种育苗：醉香含笑主要用种子繁殖，苗圃地宜选择造林地附近，且交通方便、阳光充足、排灌良好、土壤条件较好的地方，土壤以砂壤土或轻黏土为好。播种前苗圃地要进行翻土，清理杂草，并薄撒石灰粉或用福尔马林溶液进行全面消毒。选在冬季或翌年 2 月份，当 30% 左右的种子露白时，将已催芽消毒过的种子均匀地撒播于苗床上，播种量以 250g/m² 为宜。播种后用火土灰或黄心土作覆土，厚度 2.5cm 左右，厚薄均匀，以完全不见种子为宜，然后在上面铺上稻草，待种子萌芽后，及时揭开稻草。幼苗初期生长较缓慢，

应注意追肥、除草、防治病虫害，夏天要用黑网适当遮荫。在苗木生长季节，要及时除草，保持土壤疏松；雨水较多季节，要注意排除积水，以防苗木根腐。醉香含笑须根发达，叶片肥大，每隔15d要薄施氮肥1次。当年生苗高可达80～100cm，地径0.8～1.0cm，翌春可出圃造林。

（2）压条繁殖　选取健壮的枝条，从顶梢以下大约15～30cm处把树皮剥掉一圈，剥后的伤口宽度在1cm左右，深度以刚刚把表皮剥掉为限。剪取一块长10～20cm、宽5～8cm的薄膜，上面放些淋湿的园土，像裹伤口一样把环剥的部位包扎起来，薄膜的上下两端扎紧，中间鼓起。约4～6周后生根。生根后，把枝条边根系一起剪下，就成了一棵新的植株。

【大苗培育】

（1）栽植立地选择　选择土层较厚、质地较疏松、土壤湿润的山凹、山谷、山洼或山脚等避风向阳坡地为绿化大苗培育圃地。

（2）生态保障技术　为确保含笑苗木适生速生、健壮生长，圃地周围需用针叶、阔叶树营造景观防护林，林网宽度6～8m，栽2排高干树，以利改善小气候条件，促进苗木速生生长。

二十三、猴欢喜

猴欢喜 *Sloanea sinensis*，杜英科常绿乔木。见图9-23。

【形态特征】树冠浓绿，树高可达20m，小枝褐色；叶聚生小枝上部，全缘或中部以上有小齿，狭倒卵形或椭圆状倒卵形，长5～13cm；花单生或数朵生于小枝顶端或叶腋，绿白色，下垂；蒴果木质，外被细长刺毛，卵形，5～6瓣裂，熟时红褐色；是珍稀保护树种。

【生态习性】偏阳性树种，不耐干燥，喜温暖湿润气候，在天然林中长居于林冠中下层。在深厚、肥沃排水良好的酸或偏酸性土壤上生长良好。深根性，侧根发达，萌芽力强。适生于年平均气温13～17℃，喜温暖湿润气候，在深厚、肥沃排水良好的酸性或偏酸性土壤上生长良好。

图9-23　猴欢喜

【幼苗繁殖】用种子繁殖。猴欢喜在10月中下旬，当木质蒴果刺毛转现紫红色，并先端开始微裂时，即予采收。采种母树应选择20～30年生、树形端正、无病虫害的健康植株。采集时，用高枝剪剪取果枝或以棍棒击落。果实采回后堆沤7d，然后摊于通风处，蒴果开裂后取出种子，用干搓法除去种皮，用湿沙储藏。

【大苗培育】猴欢喜对林地的立地要求不甚严格。由于幼年喜欢阴湿，宜选择土层深厚，排水良好的中性或酸性的黄土壤、红壤的山坡、山谷作为造林地。秋冬季炼山整地，1～2月份选择阴雨天造林。为提高造林的成活率，栽植时适当剪去苗木部分叶片，并严格做到苗正、舒根、深栽、打紧，林冠下造林成活率更高，与马尾松等其他树种混交造林效果更好，并可作为培育绿化大苗兼用材林经营。幼林阶段，每年中耕除草2次。待林木出现分化后，陆续挖取一部分苗木用于园林绿化；混交林则视林木生长的具体情况，必要时，对影响其生长的邻近木，在疏伐时先期伐除。

二十四、蚊母树

蚊母树 *Distylium racemosum* Sieb. et Zucc.，别名：米心树，蚊子树、中华蚊母，金缕梅科，蚊母树属。见图9-24。

图 9-24 蚊母树

【形态特征】常绿灌木或中乔木，树冠开展，呈球形。小枝呈"之"字形曲折，嫩枝端具星状鳞毛；顶芽歪桃形，暗褐色。叶革质，椭圆形或倒卵状椭圆形，长 3～7cm，宽 1.5～3.5cm，先端钝或略尖，基部阔楔形，上面深绿色，发亮，边缘无锯齿；叶柄长 5～10mm，略有鳞垢。托叶细小，早落。总状花序长约 2cm，花序轴无毛，总苞 2～3 片，卵形，有鳞垢；苞片披针形，长 3mm，花雌雄同在一个花序上，雌花位于花序的顶端；萼筒短，萼齿大小不相等，被鳞垢；雄蕊 5～6 个，花丝长约 2mm，花药长 3.5mm，红色；子房有星状绒毛，花柱长 6～7mm。蒴果卵圆形，长 1～1.3cm，先端尖，外面有褐色星状绒毛，上半部两片裂开，每片 2 浅裂，不具宿存萼筒，果梗短，长不及 2mm。种子卵圆形，长 4～5mm，深褐色、发亮，种脐白色。花期 4～5 月份，果熟期 8～10 月份。

【生态习性】多生于亚热带常绿林中。多生于海拔 100～300m 之丘陵地带；日本亦有分布。长江流域城市园林中常有栽培。喜光、耐阴、喜温暖湿润气候、耐寒性不强。对土壤要求不严。较耐寒；耐修剪，发枝力强，特别是侧枝的延长枝，常使树冠不规整。对二氧化硫和氯气的抗、吸能力强，对氟化氢、二氧化氮的抗性强，对烟尘具有抗吸能力，能适应城市环境。

【幼苗繁殖】用播种和扦插法繁殖。

（1）播种　在 9 月份采收果实，日晒脱粒，净种后干藏，至翌年 2～3 月份播种，发芽率 70％～80％。播种地选疏松、排水良好的壤土，条播，播后覆土、盖草。幼苗长势快，长出 3～4 片叶时可间苗。

（2）扦插繁殖　梅雨季节进行嫩枝扦插。选生长健壮、无病虫害的半木质化枝条带踵作插穗，截成长 10～12cm，上端留 2～4 片叶或将叶剪去一半，以减少水分蒸发。插入土中深度为插穗长的 2/3，插后搭荫棚遮阳。3 月份可进行硬枝扦插。

【大苗培育】小苗长到合适的大小时进行造型，也可用生长多年、植株矮小、苍劲古拙的蚊母老桩制作盆景。因此在培育过程中要注意以下几点。

（1）已经成形的盆景生长期可放在室外光线明亮、空气流通处养护，平时保持盆土湿润，避免干旱，经常向叶面喷水，使叶色浓绿光亮；每月施一次腐熟的稀薄液肥。夏季高温时要避免烈日暴晒，以免造成叶片边缘枯焦。由于其长势旺盛，萌发力强，应经常摘心、打头，剪去影响树形的枝条，以使盆景紧凑美观。

（2）每年春季发芽前对植株进行一次整形，剪去过密枝、过长枝、病虫枝以及其他影响树形美观的枝条，促发新的枝叶，以提高盆景的观赏性。

蚊母树是观叶树种，花期应及时摘除花序，勿使开花、结果，以保证叶片的正常生长。每2年至3年的春季翻盆一次，盆土要求含腐殖质丰富，肥沃疏松，排水透气良好。

二十五、香港四照花

香港四照花 *Dendrobenthamia hongkongensis*，山茱萸科山茱萸属的常绿植物。见图9-25。

图 9-25　香港四照花

【形态特征】常绿乔木或灌木，高5～15m，稀达25m；树皮深灰色或黑褐色，平滑；幼枝绿色，疏被褐色贴生短柔毛，老枝浅灰色或褐色，无毛，有多数皮孔。冬芽小，圆锥形，被褐色细毛。叶对生，薄革质至厚革质，椭圆形至长椭圆形，稀倒卵状椭圆形，上面深绿色，有光泽，下面淡绿色，嫩时两面被有白色及褐色贴生短柔毛，渐老则变为无毛而仅在下面有少数散生褐色残点；头状花序球形，约由50～70朵花聚集而成，直径1cm；总苞片4，白色，宽椭圆形至倒卵状宽椭圆形，先端钝圆有突尖头，基部狭窄，两面近于无毛；总花梗纤细，密被淡褐色贴生短柔毛；花小，有香味，花萼管状，绿色，基部有褐色毛，淡黄色，先端钝尖，基部渐狭；雄蕊4，花药椭圆形，深褐色；子房下位，花柱圆柱形，长约1mm，微被白色细伏毛，柱头小，淡绿色。果序球形，直径2.5cm，被白色细毛，成熟时黄色或红色；总果梗绿色，长3.5～10cm，近于无毛。花期5～6月份；果期11～12月份。

【生态习性】产于长江流域及内蒙古东南部、河南、陕西、甘肃。性喜光，稍耐阴，喜温暖湿润气候，有一定耐寒力，常生于海拔800～1600m的林中及山谷溪流旁。

【幼苗繁殖】常用分蘖及扦插法繁殖，也用种子繁殖。

（1）播种繁殖

① 种子采收：每年9月下旬至10月上中旬果实成熟（果实成熟盛果期）可采，用采种刀或高枝剪截取果梗，采下头状果实集中堆沤，堆放发酵（切忌过度发酵），果皮沤熟后装入竹筐或竹筛，置于水中搓擦淘洗，用清水反复冲洗，漂浮出果皮等杂质，所得果核用作播种材料，通称种子。取出种子，阴干。

② 种子处理：香港四照花鲜果出籽率达 100%，千粒重 150g，种子含水量 20%～35%，忌日晒，亦不宜裸露存放，可随采随播；也可沙藏处理，春播。种子沙藏前要进行处理，因为香港四照花种子是硬粒种子，播种 2 年后才能发芽。处理时将种子浸泡后碾除油皮，再加沙碾去蜡皮，然后沙藏，常用湿沙层积贮藏；贮藏 4～6 个月后进行播种，播前要对种子温水浸泡催芽，有利于出苗整齐，发芽快。

（2）**分蘖繁殖** 分蘖生于春季未萌芽或冬季落叶之后，将大植株下的小植株分蘖开，移栽定植即可。

（3）**扦插繁殖** 扦插于香港四照花生长季节进行，3～4 月份，选取 1～2 年生枝条，剪取 5～6cm 长，插于纯沙或砂质土壤中，盖上遮荫网，放置荫蔽处，注意保持湿度，50d 左右可生根，生根后再定植即可。

【大苗培育】

（1）**抚育管理** 香港四照花苗期应加强抚育管理，及时浇水，注意松土除草。生长期追肥 2 次，促进生长。9 月中旬拆除荫棚，一年生苗高 50cm 左右，当年秋季落叶后到次年萌芽前可分床移栽。大苗带土球移植成活率高。在春旱地区，需适当浇水。为培养有干树形，在生长过程中，要逐步剪去基部枝条，对中心主枝经短截提高向上生长能力。香港四照花萌枝力较差，不宜行重剪，以保持树形圆整呈伞形即可。

（2）**促花技术** 香港四照花是乔木树种，促花方法不同于草本花卉，意义也不大。一般对乔木树种促花以改善管理条件为主，前 3 年通过肥、水、土的管理，以培育良好的树冠，为开花打下基础。3 年以后增施磷肥、增加光照，并在 2 月下旬叶芽萌动时喷施赤霉素（每千克水加入赤霉素 100mg），可以提前开花。一般实生苗要 10 年生才开始开花结实。

第二节 落叶乔木类

一、银杏

银杏 *Ginkgo biloba* Linn.，别名白果、公孙树、鸭掌树、佛指甲，银杏科、银杏属（见图 9-26）。

【形态特征】落叶大乔木。树高可达 40m，树冠广卵形。树皮灰褐色，枝有长短之分，叶片扇形，顶端常二裂，有长柄。雌雄异株，雄球花为柔荑花序，雌球花有长梗，种子核果状，外种皮肉质，有白粉，熟时淡黄或橙黄色，有臭味，故作行道树要用雄株。银杏是我国特产的现存种子植物中最古老的孑遗植物，分布广泛，沈阳以南、广州以北各地均有栽培。

【生态习性】喜阳光，忌蔽荫。喜温暖、湿润环境，能耐寒。深根性，忌水涝。在酸性、中性、碱性土壤中都能生长，适生于肥沃疏松、排水良好的沙质土壤，不耐瘠薄与干旱。萌蘖力强，病虫害少，对大气污染有一定的抗性，寿命长。

【幼苗繁殖】可用播种、扦插、分蘖、嫁接等方法。以播种、嫁接法扦插最多。

图 9-26 银杏

（1）播种繁殖

① 采种　采自有数十年树龄的健壮母树为好（外种皮黄绿色且有白霜为成熟标志）。采后堆积于阴凉处，去除外种皮，用水冲洗，挑选种皮白色，大小适中的优质种子立即播种或湿藏法贮藏（需生理后熟）。

② 播种　一般北方次年春播。需将采集的种子湿沙层积处理。温度保持在 2～5℃，至播种前需经常检查，注意湿度及通气，防止种子霉烂。种子用 0.1％的高锰酸钾浸 10min，冲洗干净，再用清水浸一昼夜或更长时间，土壤用 3％硫酸亚铁消毒，用量 4.5kg/m²，播前 1 周均匀喷在土壤中。播前 5～10d 把种子移至 20～30℃室内保湿催芽，待种子萌动（露白）即可播种。播种量为 40～50kg/亩。在整地同时每亩施腐熟有机肥 3000kg，土地要深耕、细耙。播种时期北方 3 月下旬至 4 月中旬，采用点播或低床条播，行距 15～20cm，株距 5～10cm，覆土厚度 3～4cm，约 2～4 周即可出土。

（2）嫁接繁殖　一些特殊要求可采用营养繁殖方法。如生产白果需要大量雌株，城市绿化需要大量雄株，可采用嫁接繁殖方法进行繁育。常用的嫁接法有皮下接、切接、短枝嵌接和劈接。砧木选用 3～4 年生实生苗，接穗选用优良母树的 1 年生枝条，选用枝条下部发育饱满的芽，成活率高。

（3）扦插繁殖　在春季和夏季扦插。夏季扦插采集当年生带新叶的半木质化新梢作插穗，插穗具有 2～3 个饱满芽，芽下尽可能保留枝段，以利插穗有较多的营养供给生根和抽梢。枝段下部浸泡 ABT2 号生根剂 100mg/L 溶液 2h 后取出扦插。采用遮阴塑料小拱棚扦插床，扦插后浇透底水，棚内湿度保持 95％以上，用草帘遮阴，早晚揭去，以增加光照，70～80d 生根。

（4）根蘖繁殖　萌蘖力很强，20～30 年龄阶段发生最多。将萌蘖培育生根，从母株分割成苗的方法也可繁殖银杏。当早春土壤解冻后，在树干根际，铺一层厩肥，然后连同土壤一起翻耕，并灌上水，促进萌蘖发生。待根蘖大量发生后，约在 5 月上中旬，本着"去密留稀、去小留大、去劣留优"的原则进行间苗定株。

【大苗培育】在春季和秋季移植为好，可裸根栽植，栽植前，应将根系浸水，提高树体含水量，提高移植成活率。苗木定植后及时灌定植水，适时适量浇水，对倾斜苗木要扶直。要防旱、防涝，栽前施足基肥，栽后适时追肥。将过密枝、枯死枝及病虫枝剪除即可，注意保护中央顶梢。用甲基托布津 10％碱水防治银杏干枯病。

二、国槐

国槐 *Sophora japonica* Linn.，别名槐树、中国槐、家槐，豆科、槐属（见图 9-27）。

【形态特征】落叶乔木。原产于中国中部，沈阳及长城以南均有栽植。树体高达 20m，树冠圆球形。树皮灰黑色，纵裂。小枝绿色，光滑，有明显黄褐色皮孔。奇数羽状复叶，小叶对生，7～17 枚，椭圆形或卵形，先端尖，基部圆形至广楔形，背面有白粉及柔毛，全缘。6～8 月份开花，花浅黄色，圆锥花序。荚果肉质，10 月份果熟，熟后经久不落。

【生态习性】喜光，略耐阴，性耐寒，不耐阴湿。抗干旱、瘠薄，喜肥沃深厚、排水良好的沙质壤土，耐轻盐碱土。耐灰尘，对二氧化硫、氯化氢有较强的抗性。深根性，根系发达，萌芽力强。寿命长而又耐城市环境，因而是良好的庭荫树和行道树。它又是龙爪槐的嫁接砧木。

【幼苗繁殖】一般用播种法繁殖。

（1）种子催芽处理

图 9-27 国槐

① 温水浸泡法 10 月份果熟后采种，通常采取混沙层积催芽翌年春播。一般干藏的种子播种前 7d，将选好的种子放入缸中，用 80～90℃的热水浸种，搅匀后加入冷水，使水温降到 40℃左右，浸泡 1～2d 后捞出种子，放入垫上麻袋的筐中，用湿麻袋盖好，放在温暖处催芽。此后每天用温水淘洗 1 次，3～5d 后开始发芽。待种子有 1/3 裂嘴后，即可播种。

② 掺沙堆积法 于春播前 25d，将种子倒入缸中加 80～90℃热水，加水量为种子的 2 倍，用木棍搅匀浸泡 6h 后捞出种子，加入 2 倍的湿沙混匀堆积在背风处，用湿润的麻袋盖好催芽。每 8～10d 翻搅 1 次，待种子 1/4～1/3 裂嘴时即可播种。

(2) 播种 于早春晚霜后采用大田条播法播种，行距 50cm，用种量为 10kg/亩。可产苗约 1.5 万株。

【大苗培育】

(1) 幼苗移植 落叶后土壤上冻前将 1 年生幼苗掘起、分级、假植越冬，翌年春将幼苗取出选取优良壮苗剪去 5cm 主根，按株行距 40cm×60cm 定植，加强苗木抚育和肥水管理，尽量不修剪，促使枝叶繁茂，根系丰满。

(2) 养根 移植后 1～2 年，地径达 2cm 左右时，秋季落叶后或翌春，将苗木从地表 3～5cm 处进行截干，剪口要平滑，不使其劈裂。堆肥土覆盖，为翌年生长打下基础。

(3) 养干 第 3 年早春土壤解冻后扒开肥土，选取 1 个生长旺盛的萌蘖条作为主干培养，及时抹除多余萌蘖芽，加强水肥管理，即一般在雨季前，每隔 7～10d 灌水 1 次，每隔 15～20d 追施 1 次氮肥。要加强顶芽的保护。对长势过强的侧枝进行摘心或疏除，防治病虫害，这样当年苗高可达 3～4m，翌年可再移植，加大株行距，继续培养，以达到定植规格，但大苗移植树冠要加强修剪，以利成活。

三、毛白杨

毛白杨 *Populus tomentosa* Carr.，杨柳科、杨属（见图 9-28）。

【形态特征】落叶乔木，高达 30m，胸径 2m。树冠卵圆形或卵形。树干通直，树皮灰绿色至灰白色，冠幅雄伟美观。盛夏可浓荫遮日，皮孔菱形。芽卵形略有绒毛。叶卵形、宽卵形或三角状卵形。先端渐尖或短尖类，基部心形或平截，叶缘波状缺刻或锯齿，叶背面密生白绒毛，后全脱落。叶柄扁，顶端常有 2～4 个腺体。蒴果小，三角形，4 月下旬成熟。

【生态习性】强阳性树种。喜凉爽湿润气候，在暖热多雨的气候下易受病害。对土壤要求不严，喜深厚肥沃、沙壤土，不耐过度干旱瘠薄，稍耐碱，pH 值 8～8.5 时亦能生长，大树耐湿。耐烟尘，抗污染。深根性，根系发达，萌芽力强，生长较快。其寿命是杨属中最长的树种，长达 200 年。

图 9-28 毛白杨
引自：卓丽环，陈龙清主编.
园林树木学，2003

【幼苗繁殖】

(1) 埋条法 一般冬季 11～12 月份土地封冻前采当年生

枝条，长 1～2m，粗 1～2cm，除去过嫩而生有花芽的顶部，成捆置假植沟中埋藏。第 2 年春天 3 月下旬至 4 月上旬取出枝条，平埋于深约 2～4cm 的沟中，条的方向要一致，沟距 70cm 左右，覆土厚度与条粗相等，覆土后踏实灌水。出芽期间要保持土壤湿润，防止地表板结，出芽后应及时摘芽间苗。这种方法是平埋法。另外也可用点埋法，即把枝条平放于沟内后，每隔 40cm 左右压一段土，土高 8～10cm，段间露出 2～3 个芽。这样既可保证埋条不受干害又利于枝芽萌发抽条。

5 月中旬苗高达 5～10cm，此时应结合中耕进行第一次培土。5 月下旬开始追肥，要求水带肥，苗小肥量应小。6 月中下旬再次培土，使埋条部位成为高垄，便于苗木生根且雨季便于排水。6 月份和 7 月份上旬是肥水管理的重点时期，同时注意防治蚜虫和透翅蛾危害。雨季注意排水和除草工作。7～9 月份注意去蘖，去蘖时注意避免损伤叶片。秋季落叶后，生长较好较高的单株（3m 左右）可掘出入沟假植越冬；生长较差的弱苗，可截干，入冬浇足冻水越冬。

截干苗早春 3 月份应进行浇水，萌芽后，及时剪除残桩。5 月上中旬定芽，并应及时追肥浇水，满足苗木生长需要，及时清除杂草。5 月下旬到 7 月上中旬，可定期喷药防治透翅蛾危害。经常去蘖，苗高 2m 以上后，蘖芽可以保留，作为树冠。秋季掘苗前，将分枝作重短截，便于掘苗假植。

（2）扦插法　毛白杨扦插不易生根，一般成活率都低于 50%，因此在扦插的时候注意以下环节可提高成活率：插穗应尽量选用母条基部，因为基部生根率最高，梢部最差；插穗粗细是毛白杨扦插成活的关键，母条较粗，贮存营养较多，生根的可能性较大；插穗长度 15cm 长以上，成活率只能达 30%，母条越短，成活率越低；插穗浸水或采用生根激素处理，例如插前用 0.5%～5% 蔗糖液处理插穗 24h，或浸水 3～7d（白天泡水，夜间捞起）后再插，扦插成活率能明显提高；地上部萌芽长至 5～10cm 时，需加强供水，经常保持土壤湿润。

（3）嫁接法　在母条缺少的情况下可采用此法，砧木用加杨、合作杨、小叶杨等。于 9 月中下旬芽接，嫁接部位应较低（距地面 3～5cm），或于第 2 年春季用蜡封枝接。接活后加强去蘖和水肥管理。6 月份苗高达 100cm 时在苗基部培土，培土厚度 5～10cm，促使接穗生根，至秋季苗高可达 3m 以上。

【大苗培育】对于埋根法及扦插法培育的苗木第二年春季进行移植，一般行距 1.2m，株距 1～1.2m，移植的当年春季水肥要供应及时，苗成活后，应进行追肥、去蘖除草等工作。生长季节，加强病虫防治，雨季注意排水。秋季落叶后应进行整形修剪工作，一般再培育一两年干径可长至 4～5cm，即可出圃。

四、合欢

合欢 *Albizia julibrissin* Durazz.，别名绒花树、马缨花、合昏、夜合树等，含羞草科、合欢属（见图 9-29）。

【形态特征】落叶乔木，高 6～16m。枝条开展，树冠扁圆形，树皮褐灰色，平滑。小枝褐绿色略带棱角，无毛，疏生皮孔黄灰色。叶互生，二回偶数羽状复叶，小叶 10～30 对，长方形至镰刀形，端尖微内弯，中脉明显偏于一边，叶柄具 1 个腺体。小叶昼开夜合，酷暑或暴风雨则闭合。花序头状，多数，伞房状排列，腋生或顶生；花丝淡红色。荚果线形，扁平，长 9～15cm，宽 12～25cm，幼时有毛。花期 6～8 月份，果期 9～10 月份。

【生态习性】阳性树种，但因干皮薄，阳光曝晒下易开裂。耐寒性较差，喜温暖湿润气

图 9-29 合欢

候，对土壤的要求不严。生长较快，有根瘤。浅根性，萌芽力不强，不耐修剪，不耐水湿，对各种有毒的气体（如二氧化硫、二氧化氮、氯气、氟化氢）抗性强，亦能抗臭氧和氯化氢。

【幼苗繁殖】主要用播种繁殖。

（1）采种　选用 15～25 年生长健壮的母树，9～10 月份采种。采集后的荚果，摊晒脱粒，干藏至翌年 3～4 月份播种。千粒重 40g，发芽率 60%～70%。

（2）播种　选择地势较高、土壤肥沃的沙壤土作床。在 3～4 月份采用开沟条播法播种，因合欢种皮坚硬，不易透水，为使种子发芽整齐、出苗迅速，可在播前 10d 左右用 80℃的热水浸种，待冷凉后换清水再浸 24h，第 3 天捞出保温保湿，然后置于湿润沙床的背风向阳处，经常检查并保持种沙的湿度，当种子有 30% 左右的微露胚根时便可播种。或在播前两周用 0.5% 高锰酸钾冷水溶液浸泡 2h，捞出后用清水冲洗干净置 80～90℃的热水中浸种 30s（最长不能超过 1min，否则影响发芽率），24h 后即可进行播种。利用这种方法催芽发芽率可达 80%～90%，且出苗后生长健壮不易发病。

采用开沟条播法，每亩用种量 4～5kg。

（3）播种苗管理　播种苗当年以根系培养为主，要加强水肥管理，及时清除杂草。幼苗不用修剪，以促进形成发达根系，为养根阶段打好基础。幼苗 10cm 高时，可结合浇水施 1 次人粪尿，此后每月追肥 2 次，化肥与人粪尿可间隔施用。要注意及时灌水，雨季排涝，立秋后停止施肥、浇水。

【大苗培育】合欢是合轴分枝，干性不太强，但萌芽力强。播种后第二年苗木侧枝会大量繁殖，繁殖后的枝条分枝角度大，很难找到主干枝，因此要通过先养根后养干的方法来培育根和干。培育后的大苗要设支架，以防风吹倒和折断。

合欢的病害主要有溃疡病危害，可用 50% 退菌特 800 倍液喷洒。虫害有天牛和木虱危害，用煤油 1kg 加 80% 敌敌畏乳油 50g 灭杀天牛，用 40% 乐果乳油 1500 倍液喷杀灭木虱。

五、香花槐

香花槐 *Robinia idaho*，别名五七香花树、富贵树，蝶形花科、槐属（见图 9-30）。

【形态特征】落叶乔木，原产于西班牙。株高 10～15m，树干褐至灰褐色，叶互生，7～19 片组成，羽状复叶，叶椭圆形至长卵圆形，长 3～6cm，光滑，叶片绿色美观对称。花粉红色，有浓郁芳香，可同时盛开 200～500 朵红花。

【生态习性】喜光、耐寒、耐热、耐旱、耐瘠薄、耐盐碱，生长快，开花早，多季开花。抗性强，根系发达，萌芽、根蘖性强，但属于浅根型，保持水土能力强。较大树冠易遇风而倒伏，不能孤植。对城市环境污染中的二氧化硫、氯气、氮氧化物、烟雾等有明显的抵抗耐

图 9-30　香花槐

性。叶片对空气中的粉尘及二氧化硫有吸收功能。

【幼苗繁殖】香花槐不结种子。用营养繁殖，即埋根、组培、硬枝扦插、嫩枝扦插、嫁接等形式都能繁殖。香花槐一般采用埋根和枝插法繁殖，但其中以埋根繁殖为主。

（1）埋根繁殖　选用 1～2 年生香花槐主、侧根，直径 0.5～1.5cm 为宜。春季在香花槐萌动前，将侧根 20～30cm 处剪断，剪根量不宜超过侧根的一半，要求不影响植株正常生长及开花。将剪断的根挖出，避免损伤根皮，扦插前可沙藏或埋土，以防脱水。4 月中旬将根取出，剪成 8～10cm 插根，用平埋法将插根埋入畦床内，埋深 5cm 左右，株行距 20cm×30cm。

（2）枝插法　选用一年生硬枝，于春季 4 月中旬将枝条剪成 10～12cm 插条，每 50 株 1捆，用 ABT2 号生根粉 50mg/L 浸根 2～4h，捞出沥干即可扦插。插畦地铺塑料薄膜，以提高地温和保湿。将插条 45°斜插于畦床内，株行距 20cm×20cm。扦插后，经常保持土壤湿润，当年扦插苗可长到 1～1.5m 高。每株成品苗利用根插法第 2 年可繁殖苗木 30～40 株。

（3）嫁接繁殖　刺槐为砧木，播种的刺槐幼苗适当粗径地平劈接，刺槐成品苗可采取高接法，适应在春季香花槐萌动前 2 周内，取当年生枝条，劈接或插接，要求削口平滑、接口稳合，捆扎严紧，防止透气。接口完全愈合，接枝完全成活后才能松解捆条。

【大苗培育】香花槐移栽宜在秋季落叶后或春季萌芽前进行，栽培时挖穴施足基肥，苗栽好后，填土、压实、浇透水，以后保持湿润。由于香花槐生命力强，栽植成活率高，苗木无需带土，栽培成活率可以达 98% 以上。栽后根据不同的绿化环境定干 0.8～1.5m，促进分枝。香花槐生长迅速，开花早，一般栽后第 2 年开花，栽植当年树高可达 3～4m，胸径4～5cm。可根据不同绿化景点采取自然生长或球状修剪。为使苗木生长健壮，苗木移栽后，从地面平茬，将地上干枝剪掉，从基部重新留一壮芽。经平茬后，香花槐不仅成活率高，且树形好，生长快。香花槐自然生长树冠开张，树形优美，无需修剪。在寒冷地区立秋前后1～2 年生植株摘心，促使木质化，增强耐寒力。栽植当年树高可达 2～3m，主、侧根长达2m，一般栽后第 2 年开花。

六、垂丝海棠

垂丝海棠 *Malus halliana* Koehne，别名解语花，蔷薇科、苹果属（见图 9-31）。

【形态特征】落叶小乔木，高可达 8m。枝干峭立，树冠广卵形。树皮灰褐色、光滑。幼枝褐色，有疏生短柔毛，后变为赤褐色。叶互生，椭圆形至长椭圆形，先端略为渐尖，基部楔形，边缘有平钝锯齿，表面深绿色而有光泽，背面灰绿色并有短柔毛，叶柄细长，基部

图 9-31　垂丝海棠

有两个披针形托叶。花 5～7 朵簇生，伞总状花序，未开时红色，开后渐变为粉红色，多为半重瓣，也有单瓣花，萼片 5 枚，三角状卵形。花瓣 5 片，倒卵形，雄蕊 20～25 枚，花药黄色。梨果球状，黄绿色，果实先端肥厚，内含种子 4～10 粒。常见的垂丝海棠有两种：一为重瓣垂丝海棠，花为重瓣；一为白花垂丝海棠，花近白色，小而梗短。

【生态习性】垂丝海棠性喜阳光，不耐阴，也不甚耐寒，喜温暖湿润环境，适生于阳光充足、背风之处，对土壤要求不严，微酸或微碱性土壤均可成长，但以土层深厚、疏松、肥沃、排水良好略带黏质的生长更好。此花生性强健，栽培容易，不需要特殊技术管理，唯不耐水涝，盆栽须防止水渍，以免烂根。

【幼苗繁殖】

（1）扦插繁殖　扦插以采用春插为多，方法是惊蛰时在室中进行，先在盆内装入疏松的沙质土壤，再从母株株丛基部取 12～16cm 长的侧枝，插入盆土中，插入的深度约为 1/3～1/2，然后将土稍加压实，浇 1 次透水，放置遮阴处，此后注意经常保持土壤湿润，约经 3 个月可以生根。清明后移出温室，置背风向阳处。立夏以后视生根情况，若植株长至超过 25cm 时，需进行摘心，10d 后即施第一次追肥（熟透稀粪液）；夏至过后换 1 次盆；立冬时移入室内。若盆土干燥须浇些水，但勿过多。次年清明移出温室，不久即可绽蕾开花。

夏插一般在入伏后进行。先选准母株株丛中的中等枝条（基部已开始木质化的），剪取带 2～3 个叶的枝梢，插入盆土（如上法养护），4～5 周即可生根。此时开始逐渐增加阳光，并注意保持盆土湿润。立冬时移入低温室（不可高温）。来年即可开花。

（2）分株繁殖　分株方法简易，只需在春季 3 月份将母株根际旁边萌发出的小苗轻轻分离开来，尽量注意保留分出枝干的须根，剪去干梢，另植在预先准备好的盆中，注意保持盆土湿润。冬入室、夏遮阴，适当按时浇施肥液，2 年即可开花。

（3）压条繁殖　压条在立夏至伏天之间进行，最为相宜。压条时，选取母株周围 1～2 个小株的枝条拧弯，压埋土中，深约 12～16cm，使枝梢大部分仍露出地面。待来年清明后切离母株，栽入另一新盆中。

【大苗培育】在加强肥水管理的情况下 3～4 年，即可培育成大苗出圃。

七、西府海棠

西府海棠 *Malus micromalus* Makino.，别名海红、子母海棠、小果海棠等，蔷薇科、苹果属（见图 9-32）。

【形态特征】落叶灌木或小乔木，树枝峭立；为山荆子与海棠花的杂交种。幼枝有短柔毛，老皮平滑，紫褐色或暗褐色；叶长椭圆形，先端渐尖，茎部楔形，长 5～11cm，宽 2～4cm，边缘有锯齿，叶柄细长 2～3.5cm；伞形总状花序，花重瓣，淡红色，约 4cm，生于小枝顶端，3～4 月份开花；梨果球状，径 1.5cm，红色，成熟期 8～9 月份。

【生态习性】喜光，不耐阴，喜温暖湿润气候，耐寒，耐旱，忌水涝，在排水良好的肥沃沙质土壤中生长良好。

【幼苗繁殖】海棠通常以嫁接或分株繁殖，亦可用播种、压条及根插等方法繁殖。

（1）嫁接方法　嫁接繁殖所得苗木，开花可以提早，而且能保持原有优良特性。一般以播种繁殖的实生苗为砧木，进行枝接或芽接。春季树液流动发芽进行枝接，秋季（7～9月份）可以芽接。枝接可用切接、劈接等法。接穗选取发育充实的1年生枝条，取其中段（有2个以上饱满的芽），接后用细土盖住接穗。芽接多用"T"字接法，接后10d左右，凡芽新鲜、叶柄一角即落者为接活之证明，数日后即可去除扎缚物。当苗高80～100cm时，养成骨干枝，而后只修剪过密枝、内向枝、重叠枝，保持圆整树冠。

图9-32　西府海棠

（2）分株法　于早春萌芽前或秋冬落叶后进行，挖取从根际萌生的蘖条，分切成若干单株，或将2～3条带根的萌条为一簇，进行移栽。分栽后要及时浇透，注意保墒，必要时予以遮阴，旱时浇水。不久即可从残根的断口处生出新枝，秋后落叶或初春未萌芽前掘出移栽，即成一独立新株。

（3）压条和根插　均在春季进行。小苗可攀枝着地，压入土中，大苗用高压法，压泥处均用利刀割伤，不论地压还是高压都要保持土壤湿润，待发根后割离母株分栽。根插主要在移栽挖苗时进行，将过长较粗的主根，剪成10～15cm的小段，浅埋土中，上面盖草保湿，易于成活。

【大苗培育】海棠一般多行地栽，时期以早春萌芽前或初冬落叶后为宜。在抚育过程中要注意防治金龟子、卷叶虫、蚜虫、袋蛾和红蜘蛛等害虫，以及腐烂病、赤星病等。

八、榆树

榆树 *Ulmus pumila* Linn.，别名白榆、家榆、榆钱、春榆等，榆科、榆属（见图9-33）。

图9-33　榆树
引自：卓丽环，陈龙清主编.
园林树木学，2003

【形态特征】落叶乔木，高达25m。树干直立，枝多开展，树冠近球形或卵圆形。树皮深灰色，粗糙，不规则纵裂。小枝灰色，细长，排成两列状。单叶互生，卵状椭圆形至椭圆状披针形，缘多重锯齿。花两性，早春先叶开花或花叶同放，紫褐色，聚伞花序簇生。翅果近圆形，顶端有凹缺。花期3～4月份；果熟期4～5月份。

【生态习性】阳性树种，喜光，耐旱，耐寒，耐瘠薄，不择土壤，适应性很强；根系发达，抗风力、保土力强；萌芽力强，耐修剪；生长快，寿命长。不耐水湿。具抗污染性，叶面滞尘能力强。

【幼苗繁殖】

（1）播种繁殖　主要采用条播方法，5月中旬榆钱由绿变浅黄色时适时采种，阴干后及时播种，种子放置时间长容易丧失发芽力。一般采用条播行距30cm，覆土1cm踩实，因发芽时正是高温干燥季节，最好再覆3cm土保湿，发芽时用耙子挡平。每亩用种4kg左右。苗高10cm左右间苗至株距10～20cm，第2年间苗至株行距60cm×30cm，以后根据培养苗木的大小间苗至合适的密度。幼苗生长较快，1年生苗木高度可达1m左右。

（2）无性繁殖　也可用分蘖、扦插法繁殖。扦插繁殖成活率高，达85%左右，扦插苗生长快。管理粗放。榆树可采用硬枝扦插和绿枝扦插两种方法。

硬枝扦插一般以 3～5 年生优良母树的 1 年生枝条作插条。2～3 月份采条扦插，将选好的 1 年生硬枝，剪成 15～20cm 长的插条，枝条直径 0.5～1.0cm，取其中、下部木质化的一两段。插条下切口在腋芽基部叶痕处平剪，上端在芽上 1cm 以上处平剪，切口要平滑。每个插条保留 4～5 个芽，上端芽一定要饱满。做到随剪随处理，防止失水影响成活。插条剪好后，下端 3～4cm 浸于 ABT1 号或 100mg/L GGR 溶液中 2h。处理好的枝条，取出后放在沙床上，先进行倒立埋沙催根（覆沙厚度 10cm 以下）。20～25d 后，大部分插条产生根原基，即可在大田开沟扦插。扦插后立即浇水，经常保持床面湿润。从 6 月初至 8 月底结合田间管理喷施磷酸氢二铵化肥 3 次，每次 10～15g/m²，松土锄草 4 次。

嫩枝扦插一般选择 2～10 年生优良母树当年或 2 年生枝条作插条。6～9 月份采条扦插，将所采集枝条剪成 15～20cm 的插条，浸泡于浓度为 50mg/L 的 ABT2 号生根粉或 GGR 溶液中 2h，然后扦插。可在田间做插床，架设电子叶喷雾装置、塑料小拱棚及遮阴设备。扦插基质为蛭石、细河沙及沙壤土。扦插密度以插条的叶子不重叠为宜。插后立即喷水，同时遮阴，及时灌水。插后 30d 内，保持空气相对湿度在 90%～100%，气温不超过 30℃。这样 14d 即开始生根。

【大苗培育】大苗培育期间要注意修剪侧枝，培养通直的树干。榆树容易遭害虫为害，树势的衰弱、植株的死亡与害虫有很大的关系，应加强虫害的防治。常见的害虫有金花虫、天牛、刺蛾、榆蓝叶甲、榆天社蛾、榆毒蛾等，应注意及早防治。

九、五角枫

五角枫 *Acer mono* Maxim.，别名色木槭、五角槭，槭树科、槭树属（见图 9-34）。

图 9-34　五角枫

【形态特征】落叶乔木，高可达 20m。树冠伞形或倒广卵形，干皮灰黄色，浅纵裂；小枝浅土黄色，光滑无毛。冬芽紫褐色，有短柄。叶长 6～8cm，宽 9～11cm，基部心形或浅心形，通常 5 裂，裂深达叶片中部，有时 3 裂或 7 裂；裂片卵状三角形，顶部渐尖或长尖，全缘，表面绿色，无毛，背面淡绿色，基部脉腋有簇毛。花黄绿色，成顶生伞房花序；萼片和花瓣各 5；雄蕊 8，生于花盘内侧。翅果极扁平，长 3～3.5cm，两翅开展成钝角或近水平，翅长为小坚果的 1～2 倍。花期 4～5 月份，果熟期 8～9 月份。

【生态习性】弱阳性，耐半阴，耐寒，较抗风，不耐干热和强烈日晒。对土壤要求不严，在酸性土、中性土及石灰性土中均能生长，但以湿润、肥沃、土层深厚的土中生长最好。深根性，生长速度中等，病虫害较少。对二氧化硫、氟化氢的抗性较强，吸附粉尘的能力亦较强。

【幼苗繁殖】五角枫主要是用播种法来进行繁殖。

（1）种子采集与处理　秋天当翅果由绿变黄褐色时即可采收。采后晾晒 3～5d，去杂后所得纯净翅果即为播种材料，每千克种子约 6000～8000 粒。种子干藏越冬，第 2 年春天播种。播种前需要进行种子处理，将种子用清水冲洗 3 次，每 10kg 种子浸于溶有 50g 捣碎大蒜的 30kg 水中，浸泡种子 15d，将浸泡的种子捞出置于容器内在室温 20～25℃环境下催芽，种子干燥时洒少量的净水，经常翻拌，使种子总保持湿润，待有 20% 的种子萌发，便可进行播种。

（2）播种　五角枫育苗地应选择在地势平坦、排水良好的黑沙质土上，pH7 为宜，具备灌溉条件，交通应方便。播种方式可采用垄式播种、床式播种或容器播种。

① 垄式播种 作垄前应灌好底水，垄底宽 70cm，翻耕 2 次，用木碌镇压 1 次。在已镇压好的垄面用镐开沟播种，沟宽 12cm，沟深 8cm。每延长 1m 播种（70% 发芽率）30 粒。覆土厚度为 5cm，覆土后不必镇压，用淋洒方式浇透水即可。垄式播种播后到出苗齐之间每 2d 浇 1 次水，苗木出齐以后可停止浇水。苗木见旱时可采取垄灌溉方式，灌水后 3d 要进行中耕，使土壤不板结，增加通透性。

② 床式播种 作床前 2d 灌好底水，翻耕整平打碎土块，采取平床育苗，床宽 1m，长度随意而定。在平整好的床面上均匀撒种散播，每平方米用种子 600～800 粒为宜。覆土厚度 2cm，镇压 1～2 次立即浇透水。床式播种后到苗出齐前，每天需浇 1 次水（淋洒），以保持种子层湿润，待苗木已郁闭可隔 1～2d 浇 1 次水，进入雨季，干旱时要适当浇几次水。

③ 容器播种 采用 18cm×22cm 的塑料袋作为育苗的容器。配制 1∶2 的粪土、黑沙土作为装袋的营养土。将种子播于容器内，每袋的穴面上均匀地点播 7 粒种子，距周壁 1cm，覆土厚度 2cm，浇透水即可，播种时间在 5 月份左右。此法简便易行，培育出的苗木栽植成活率高。

（3）幼苗管理 在五角枫苗木的培育过程中，除草比较关键，本着"除早、除小、除了"的原则，见草就除，除必除净。在苗木生长到 15cm 时可进行第一次追肥，每平方米用尿素至少 5g 溶于水中淋洒，追后水洗，每隔 15d 追施 1 次，全年追 3 次，后两次施肥可适当加量。另外注意病虫害的发生，主要地下危害虫类是地老虎、蝼蛄，叶部害虫是蝶蛾类幼虫；病害主要是幼苗立枯病。

【大苗培育】翌年进行苗木定植，第一年主要目标是培养树干。将苗地施足底肥，作成高垄，垄距 40cm。将假植苗起出，将病根、折断根剪除后定植，株距 50cm，栽好后及时浇定植水。对带干栽植苗采用斩梢接干法培养树干。待平茬苗萌蘖条长至 30cm 时选一较直立、健壮的枝条作主干培养，其余枝条全部剪除。加强水肥管理，及时中耕除草，对苗木的下部枝条（主干 2/3 以下）及时修剪，促使干高快速生长。进入雨季后注意排涝，秋季要适当停止施肥、浇水，避免苗木贪青，促使苗木充分木质化，以利于安全越冬。第 3 年春，如苗木过密时可进行隔行移植，植后株行距为 50cm×80cm。如前一年苗木生长量不够大，尚有一定空间时，可以不进行间植。定植后仍需加强水肥供应和田间管理，及时剪除萌蘖枝下部侧枝，直至主干达到干高要求时，将主干从干高达到要求以上 30cm 处截去，促发侧枝形成树冠，增加枝叶量，促使主干加粗。此后继续进行培养 2～4 年，即可获得优良的大规格园林用苗。

十、白桦

白桦 *Betula platyphylla* Suk.，又称桦木、臭桦，桦木科、桦木属（见图 9-35）。

【形态特征】落叶乔木，高达 25m；树皮白色，多层纸状剥离；小枝无毛，红褐色，外被白色蜡层。叶菱状三角形，长 3.5～6.5cm，缘有不规则重锯齿，叶背面有腺点，先端渐尖，基部宽楔形或截形，有时微心形或近圆形，叶柄长 1～2.5cm。果序单生，下垂，圆柱形，长 2.5～4.5cm；果苞长 3～7mm，小坚果长圆状倒卵形，长约 2mm，果翅较小，坚果宽或等宽。花期 5～6 月份，果期 8～9 月份。

【生态习性】分布于我国东北林区及华北高山地区，是东北林区主要阔叶树种之一。喜光，耐寒冷，喜酸性土壤，耐贫瘠及水湿；生长快，是著名景观树种。

【幼苗繁殖】白桦可采用播种、扦插及分株繁殖，常用播种育苗。

图 9-35 白桦
引自：卓丽环、陈龙清主编.
园林树木学，2003

（1）种子准备　白桦花期 4～5 月份，果实 8 月份成熟，成熟的果实黄褐色，果穗成熟后容易飞散，要及时采收。采集下来的果穗放在半荫处摊开晾晒，种鳞脱落后用树枝轻敲，去除杂质，经风选净种，得到纯净的小坚果。正常情况下种子千粒重 0.4～0.9g，发芽率一般在 20％左右。种子可用透气容器盛装，放在阴凉通风处干藏。也可在 10 月中下旬，将干种子与湿沙 1∶3 混拌，盛装在花盆等容器内，放室外冷窖内层积。干藏种子播种前 30d，用温水浸种一昼夜，再混沙催芽；冬季层积处理的种子，在播种前 15d 取出，筛除大粒沙子，置于 15～20℃条件下，摊放在苗盘上催芽，经常翻动，当种子有部分露白时即可播种。

（2）播种操作　采用低平床撒播或条播，整地细致，床面平整，播前用轻碌轻压一遍。条播利于管理，播幅 10cm，幅距 20cm，按每条 200 粒种子播种，覆土 0.3cm，再覆盖稻草或遮阳网。由于种子细小，整地及覆盖操作要精细。

（3）苗期管理　播种后至出苗前是育苗关键期，保持土壤湿润，定时喷水，幼苗出土 50％后逐步撤去覆盖物，不要拖曳，及时拔除杂草异苗。幼苗出齐后，大部分长出真叶时，为了预防苗期病害，要定期喷洒 0.5％～1％波尔多液，每隔 7～10d 喷洒 1 次，连续进行 3～4 次。根据出苗情况及管理水平，每平方米一般定苗在 150 株左右，3 片真叶后可以间密留稀，6 片叶后加强水肥管理，入冬前浇防冻水，用树叶覆盖根茎部。管理得当当年苗高可达 30cm，第二年春季化冻后移苗分栽，株距 30cm，保护好根系，浇足底水，发新根长新芽后正常管理；冬季抽干较严重时可平茬栽根处理，夏初除萌留一个主干培养。

【大苗培育】3 年生的苗高可达 2m 以上，树干挺直的可移栽大苗圃培育。早春起苗，株距 50cm 大垄单行移植，原地培育 2 年后的冬季，在高 3.0m 处定干截头处理，翌春起苗出圃用于园林绿化，也可再移植一次培育大径苗，移植苗的培育技术、管理措施与一般移植大苗相似，要尽量早移苗，多带根系，尽快栽植，保持水分。部分山区野生大苗较多，通过提前两年修剪定干及断根缩坨处理，在早春移栽，可快速培育绿化需要的大苗。

十一、复叶槭

复叶槭 *Acer negundo* Linn.，别名羽叶槭、糖槭，槭树科、槭树属（见图 9-36）。

【形态特征】落叶乔木，高达 20m；小枝光滑，常被白色蜡粉。羽状复叶对生，小叶 3～5，卵状椭圆形，长 5～10cm，叶缘有不整齐粗齿。花单性，双翅果，果翅夹角为锐角。

【生态习性】原产于北美地区，我国东北、华北及华东引种栽培多。喜光；喜冷凉气候，耐干旱，耐轻盐碱，耐烟尘；根萌芽性强，生长快，适宜作庭荫树及行道树。

【幼苗繁殖】复叶槭通常采用播种繁殖。

（1）种子采集　秋季，应选品质优良的健壮母株采集种子，

图 9-36 复叶槭
引自：卓丽环、陈龙清主编.
园林树木学，2003

当复叶槭翅果由绿色变为黄褐色时采种，采后晾两三天，去杂袋藏，千粒重38g。春季播种前20～30d，用40℃温水浸种。边倒入种子边搅拌，水自然冷却后换清水浸泡24h，每10h换一次清水。捞出后控干，用0.5%的高锰酸钾溶液消毒4h，捞出用清水冲净种子，然后混3倍体积的湿沙，并均匀搅拌，堆放在背风向阳处，每天喷1次温水，保持湿润（沙含水量为60%），要防止积水，以免种子腐烂。每天中午翻动1次，待50%的种子露白时即可播种。

（2）播种操作　播种地应选择地势高燥、平坦、排灌方便、土层深厚肥沃的沙壤土，翻耕耙平，精细整地。每平方米施充分腐熟的有机肥2.5～4.0kg，掺入25g磷酸氢二铵。有条件的可施3～5cm厚度的草炭土。播种多在春季进行，播种量40g/m²。将经过处理的种子均匀撒到平整的床面上，覆土厚度为1～1.5cm。播后盖草帘，保持土壤湿润。

（3）播后管理　播种后5～7d即可出苗，约60%的种子出苗后揭去草帘，保持土壤湿润。当苗高10cm左右时进行间苗、定苗，每平方米保留150～200株小苗。定苗后，7～10d进行1次叶面喷肥，用0.3%～0.5%的尿素水溶液喷洒。入秋后增施磷钾肥，防止苗木徒长，同时要及时进行浇水、中耕、除草以及病虫害的防治，入冬前浇1次封冻水。

【大苗培育】复叶槭幼苗2年生后生长加快，在小苗圃培养2年，早春化冻后，选植株健壮、主干通直、高度一致的苗移栽到大苗区培养，按大垄栽培，株距50cm×50cm，比原来根茎略深3～5cm，保持栽植直立，根系舒展，及时浇水。夏季要及时剥除下部腋芽，防治病虫害，秋季对根部进行防鼠、防病虫处理，原地培育2年后全部起苗缩根，进行分级培养，5年生苗进行定干修剪，开始用于行道树等绿化工地。

十二、梓树

梓树 *Catalpa ovata* D. Don，别名臭梧桐、河桐、黄花楸，紫葳科、梓树属（见图9-37）。

【形态特征】落叶乔木，高达15～20m。叶对生或3叶轮生，广卵形，常3～5浅裂，基部心形，背面无毛，基部脉腋有4～6紫斑。花两性，伞房花序顶生，花淡黄色，内有紫斑及黄条纹。蒴果，长22～30cm，成熟时先由尖端开裂为两瓣。蒴果内种子110粒左右，种子扁平，长约0.8cm，边缘有丝状毛丛，纯净种子千粒重3.5～4.2g。花期5～6月份，果期9～10月份。

【生态习性】原产于中国，分布广泛；喜光，稍耐阴，喜肥沃湿润而排水良好的土壤，抗污染能力强；根系浅，生长快。冠大荫浓，花果具赏，常作庭荫树及行道树。

【幼苗繁殖】梓树常采用播种繁殖。

图9-37　梓树

（1）种子准备　种子10月中下旬成熟，蒴果变褐色后即可整个果序采收，放室内阴凉处存放5～7d后自然开裂，适当用木棍敲打，拣出果皮，将纯种子晾晒1～2d，种子晒干后装袋贮藏。一般干藏种子约27万粒/kg，发芽率60%以上。播种前10～15d用40℃温水浸泡种子3～4h，用0.1%高锰酸钾消毒15min，用清水冲洗2遍后进行种子混沙催芽处理，放到室温20℃环境下保温保湿催芽，有1/3种子露白即可播种。

（2）播种操作　采用低平床撒播或条播，4月中、下旬播种，播前用甲基托布津进行土壤消毒，条播行距20～30cm，撒播播种量400～600粒/m²，覆土要薄，以盖住种子为度，约0.4cm，然后用草覆盖，保持土壤湿润。发芽率50%左右。

（3）苗期管理　每隔2～3d喷水1次，10d左右即可出苗。出土时子叶2个，水平展开，叶 2 裂，初生叶对生，以后交叉对生。出土 20d 后喷洒多菌灵以防立枯病。幼苗期 40d 左右，2 个月时幼苗长至 10～15cm，进行间苗，株距 10～15cm。日常管理要及时中耕锄草，追肥浇水，防治病虫害。第 2 年春天起苗后分级移植，株行距 20cm×20cm，加强水肥管理，夏秋季防治大青叶蝉危害根颈部。

【大苗培育】3 年生苗移入大苗圃培养，采用垄栽方式，株行距 50cm×50cm，夏季加强抹芽修枝，以培养通直的树干。梓树枝条稀疏，修剪时主要除去弱枝和竞枝，不宜重剪，以免影响树木生长发育。主干达到 2m 后不再修剪上部枝条，促可去顶促发侧枝，培养树冠。4 年生苗应分栽 1 次，断根缩坨，扩大营养面积，株距扩大到 1.0m。

十三、垂柳

垂柳 *Salix babylonica* L.，别名水柳、垂丝柳，杨柳科、柳属（见图 9-38）。

图 9-38 垂柳

【形态特征】落叶乔木，高可达 18m。树冠开展，倒广卵形。树皮灰黑色，不规则开裂。枝无顶芽，小枝细长下垂。叶狭披针形至线状披针形，长 8～16cm，先端渐长尖，缘有细锯齿，表面绿色，背面蓝灰绿色；叶柄长约 1cm；托叶阔镰形，早落。花单性，无花被，具腺体，雌雄异株。柔荑花序均生于短枝的枝顶，直出或斜展。种子具短白毛。花期 3～4 月份；果熟期 4～5 月份。

【生态习性】喜光，喜温暖湿润气候及潮湿深厚之酸性及中性土壤。较耐寒，特耐水湿，但亦能生于土层深厚之高燥地区。萌芽力强，根系发达。生长迅速，15 年生树高达 13m，胸径 24cm。寿命较短，30 年后渐趋衰老。

【幼苗繁殖】垂柳繁殖以扦插为主，亦可用种子繁殖。生产上常采用扦插育苗。

（1）插穗选取　在早春树液流动前，选择生长快、无病虫害、姿态优美的雄株作为采条母株，剪取 2～3 年生粗壮枝条，截成 15～17cm 长作为插穗。

（2）插床准备　提前在露地建宽 80cm、高 20cm、长度视具体而定的扦插床，床面平整细腻，压实备用。

（3）扦插操作　扦插前用清水浸泡插穗一昼夜，使之充分吸水；再将插穗 50 支或 100 支扎成一捆，下部切口剪成斜面，切口对齐，用 50mg/L NAA 浸泡插穗基部 2h；在插床上用铁钉做成打孔器，株行距 20cm×30cm，直插，孔深 7～8cm，把插穗均匀扦插到打孔的床面，压实插孔，及时喷水沉实孔隙。

（4）插后管理　插后充分浇水，并经常保持土壤湿润，相对湿度控制在 90% 以上，约 45d 可生根，成活率极高。生根后，经常喷水保湿，结合浇水施复合肥，8 月份后追施磷酸二氢钾，促进木质化。

（5）幼苗管理　第二年春季化冻后，在苗圃地整地作床，以平床为好，土质疏松，无病虫害，将扦插苗起出，按株距 40cm 栽植，比原来稍深，压实四周土壤，及时浇水。根据绿化需要，决定留床时间和修剪方式，一般留床 2 年后移植。

【大苗培育】垂柳自然分枝能力较强，适宜的环境条件下，年生长可达 80cm 以上，培育大苗应选留一个主干，逐步剪除下部的侧枝，移入大苗圃后 2～3 年换床 1 次，前两年株距在 40cm 左右，培养主干，苗高达 2.5m 后，株距扩大到 1.0m 进行放量生长，加快成苗，及时矫正树形。保持树形圆整，枝条分布疏密得当。垂柳的虫害主要有光肩天牛危害树干，危害严重时易遭风折枯死。此外，还有星天牛、柳毒蛾、柳叶甲等害虫，应注意及时防治。

十四、栾树

栾树 *Koelreuteria paniculata* Laxm.，别名灯笼树，无患子科、栾树属（见图9-39）。

【形态特征】落叶乔木，高可达15m。树冠近球形，树皮灰褐色，细纵裂。小枝无顶芽，皮孔明显。小叶7～15枚，对生于总叶轴上，卵形或卵状椭圆形。花小，金黄色，顶生圆锥花序宽而疏散。蒴果三角状卵形，长4～5cm，成熟时红褐色或橘红色。花期6～7月份；果9～10月份成熟。

【生态习性】喜光，半耐阴；耐寒，耐干旱、瘠薄，喜生于石灰质土壤，也能耐盐渍及短期水涝。深根性，萌蘖力强；生长速度中等，幼树生长较慢，以后渐快。有较强的抗烟尘能力。

【幼苗繁殖】生产上栾树常采用播种育苗。

（1）种子处理 栾树因种皮坚硬不易透水，如不经处理第二年春播，常不发芽或发芽率很低。故最好当年秋季播种，经过一冬后第二年春天发芽整齐。也可用湿沙层积埋藏越冬春播。

图9-39 栾树
1—花枝；2—花；
3—花瓣；4—果及种子

（2）播种操作 适时整地作床，一般采用高床或平床条播，床面疏松平整，播种前压实。播种时用适量的干沙与种子混拌，采用条播的方式，播后覆土2～3cm，上面再用稻草薄薄地覆盖一层为佳。

（3）苗期管理 秋播时入冬前灌透水1次，有利于翌年春季出苗。春播时注意喷水保湿，防止大水冲刷。苗出齐后及时间苗、定苗，并适时施用叶面肥，及时拔除杂草。8月份后，施磷钾肥1次，促进生长及抗寒能力。秋季苗木落叶后即可掘起入沟假植，翌年春季分栽。

【大苗培育】由于栾树树干往往不易长直，栽后可采用平茬养干的方法养直苗干。苗木在苗圃中一般要经2～3次移植，每次移植时适当剪短主根及粗侧根，这样可以促进多发须根，使出圃定植后容易成活。栾树适应性强，病虫害少，对干旱、水湿及风雪都有一定的抵抗能力，故栽培管理较为简单。

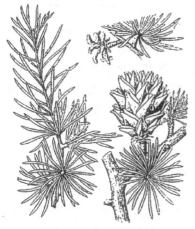

图9-40 金钱松
引自：卓丽环，陈龙清主编.
园林树木学，2003

十五、金钱松

金钱松 *Pseudolarix kaempferi* Gord.，松科、金钱松属（见图9-40）。

【形态特征】落叶乔木，高达40m，胸径1m。树冠宽圆锥形，树皮赤褐色，呈狭长鳞片状剥离。大枝不规则轮生，平展，1年生长枝黄褐或赤褐色，无毛。冬芽卵形，锐尖，芽鳞先端长尖。叶条形，在长枝上螺旋状互生，在短枝上15～30枚轮状簇生，叶长2～5.5cm，宽1.5～4mm。雄球花数个簇生于短枝顶部，雌球花单生于每枝顶部，紫红色。球果卵形或倒卵形，长6～7.5cm，径4～5cm，当年成熟，淡红褐色。种鳞木质，卵状披针形，基部两侧耳状，熟时脱落，苞鳞小，基部与种鳞相结合，不露出。种子卵形，白色，种翅连同种子几乎与种鳞等长。

花期4～5月份，果10～11月份上旬成熟。

【生态习性】我国特产树种。性喜光，幼树稍耐阴，喜温凉湿润气候和深厚肥沃、排水良好而又适当湿润的中性或酸性沙质壤土，不喜石灰质土壤。有相当的耐寒性，能耐−20℃的低温。抗风力强，不耐干旱也不耐积水。生长速度中等偏快，10～30年生期间生长最快，在适宜条件下，每年可长高1m左右，此后则渐变缓慢。枝条萌芽力强。

【幼苗繁殖】生产上常采用播种育苗。

（1）种子处理　在11月上旬，金钱松球果呈淡红褐色时进入成熟期，即可采收整果。置于散射光下阴干脱粒，1周后，风选去除果鳞、瘪粒等杂质，干储备用。播前可用40℃温水浸种24h，准备播种。

（2）播种操作　选排水良好而又适当湿润的中性或酸性沙质壤土，于春季3月下旬至4月上旬露地作床，一般采用高床撒播或条播，床面疏松平整，播种前用碌子压实。一般按种子发芽率80％计算，播种量在22～23g/m^2。播种时用适量的干沙与温水浸泡的种子混拌，采用撒播或条播方式播种，上覆菌根土。

（3）苗期管理　播种后经常检查播床表面的干湿度，土干时要喷水保湿，约15d可出苗。子叶4～6，发芽时出土。苗出齐后及时间苗、定苗，尽早拔除杂草，适当追施叶面肥。8月份后，施磷钾肥1次，促进生长及增强抗寒能力。冬季来临前浇透防冻水，在原床培育2年后可以进行分栽，扩大营养面积。

【大苗培育】金钱松幼苗留床培育2～3年，第4年开始移植，留床2～3年再移植1次，6年生苗即可进行大苗培育管理。8年后苗高生长逐年加快，10～30年生苗可达100cm/年，因此要留出足够的营养生长空间。为培育优美的树形，金钱松大苗培育要严格控制好株行距。

十六、金枝白蜡

金枝白蜡 *Fraxinus chinensis* Roxb.，木犀科、白蜡属（见图9-41）。

图9-41　金枝白蜡

【形态特征】落叶乔木，高可达15m。树冠卵圆形，树皮黄褐色，枝条为金黄色，叶初期黄绿色，后变为金黄色。金枝白蜡顶芽较大，为奇数羽状复叶，长13～20cm，对生，小叶5～9枚，呈椭圆形，长3～10cm，宽1～5cm，顶端渐尖，叶缘有波状钝锯齿，叶表面网脉隆起，小叶有短柄或无柄，叶柄基部膨大。圆锥状花序侧生或顶生于当年生枝上，大而疏松；花萼钟状，无花瓣。翅果倒披针形，长3～4cm。花期4～5月份，果期9～10月份。

【生态习性】金枝白蜡喜光，耐侧方庇荫。对温度适应能力强，能耐47.6℃的高温和−34～−40℃低温。喜湿耐涝，耐干旱瘠薄，适应性较强，在酸性及石灰性土壤中均能生长，在含盐量为0.7％的土壤中也能生长，耐轻度盐碱，根系发达，萌蘖力强。生长快，寿命长，对不良气体有抗性，是城市尤其是盐碱地园林中理想的树种。

【幼苗繁殖】金枝白蜡生产上常采用播种育苗和扦插育苗法。

（1）播种育苗　种子用普通干藏法或密封干藏法在低温条件下贮藏，前者发芽力可保持3～5年，后者发芽力保持期更长。种子千粒重28～29g，有2.8～5.2万粒/kg。种子处理常采用低温层积催芽法，即把种子与湿沙子混合在一起，置于0～5℃的温度下催芽。北方在秋、冬季播种，采用床作或垄作，每亩播种量为3～5kg，覆土厚度为3～4cm。南方在春季播种，一般采用床作。

（2）扦插育苗　选1～2年生的壮苗为插穗母条，粗度为1～2cm，截后长15～20cm，每根插穗要保证有3个芽。3月上旬扦插，扦插密度为每亩地3000～5000株，直插深度以在地面上留1个芽为准。

【大苗培育】金枝白蜡在苗期生长比较缓慢，1年生实生苗的地径在0.4cm左右，苗高约50～100cm，而扦插苗的生长量会更小。经过2～3次的移栽，当苗高达3m以上时就可在2～2.5m适当高处定干进行大苗培育。

十七、梧桐

梧桐 *Firmiana simplex*（L.）F. W. Wight，别名青桐，梧桐科、梧桐属（见图9-42）。

【形态特征】落叶乔木，高达15～20m。树干端直，树皮青绿色，平滑。侧枝每年阶状轮生，小枝粗壮，翠绿色。单叶心形3～5掌状裂，裂片三角形，全缘，表面光滑，背面有星状毛，叶长15～20cm，叶柄约与叶片等长。花萼裂片条形，长约1cm，淡黄绿色，开展或反卷，外面密被淡黄色短柔毛。花后心皮分离成5蓇葖果，远在成熟前即开裂呈舟形；种子2～4粒，棕黄色，圆球形大如豌豆，表面皱缩，着生于果皮边缘。花期6～7月份；果9～10月份成熟。

图9-42　梧桐

【生态习性】梧桐喜光，喜温暖湿润气候，耐寒性不强，在北京栽培幼枝常因干冻而枯死。喜肥沃、湿润、深厚而排水良好的钙质土壤，在酸性、中性土上均能生长。忌积水洼地或盐碱地栽种，积水易烂根，通常在平原、丘陵、山沟及山谷生长较好。深根性，直根粗壮；萌芽力较弱，一般不宜修剪。生长较快，寿命较长，能活百年以上。春季发叶晚，而秋天落叶早，有"梧桐一叶落，天下便知秋"之说。对多种有毒气体都有较强抗性。

【幼苗繁殖】通常用播种法繁殖，扦插、分根也可。生产上多用播种法育苗。

（1）种子处理　在10月上中旬，梧桐果实开裂，种子呈棕黄色时采收果实，采收后果实在太阳光下晒干脱粒，当年秋播，也可将种子置于干燥处贮存或沙藏至翌年春播。沙藏时先将梧桐种子浸泡在5%的多菌灵溶液中24～36h，然后捞出，与经过消毒过筛的湿河沙混合，混合比例为种子∶河沙＝1∶3。选择地势高燥，背风向阳，地下水位低于1.5m处沙藏。一般情况下，30～40d种子即可裂口发芽。

（2）播种操作　于春季3月下旬至4月上旬，选肥沃、湿润、深厚而排水良好的钙质土壤整地作床，一般采用高床条播，床面疏松平整压实。在高床上行间距20cm开沟，开沟时做到深浅一致，大小相等，沟线端直。播种时做到种子间距3～5cm，播种均匀，不漏播，不重播，覆土厚度3～5cm，播种量为22～23g/m²，然后用镇压机镇压或踩实。最后灌透水即可。

（3）苗期管理　播种后要注意保湿，并防止土壤板结，出苗后及时间苗、定苗，并注意防除杂草。当苗高 3～5cm 时结合灌溉施复合肥 1 次。幼苗期要注意立枯病的预防，待种子发芽出土后每隔 10d 喷洒 1 次 5％的多菌灵溶液，连喷 3 次即可有效防止立枯病的发生。7 月份施尿素 1 次，每亩用量 8～10kg。11 月中旬灌 1 次透水防寒，或将苗起出在室内假植。

【大苗培育】梧桐大苗可以实行移圃培育，一年生实生苗高可达 50cm 以上，第二年春季加大株行距进行分栽培养。梧桐栽培容易，管理简单，一般不需要特殊修剪。病虫害常有梧桐木虱、霜天蛾、刺蛾等食叶害虫，要注意及早防治。在北方，冬季对幼树要包草防寒。如条件许可，每年入冬前和早春各施肥、灌水一次。3 年生苗木即可出圃定植。

十八、臭椿

臭椿 *Ailanthus altissima* (Mill.) swingle，别名椿树、木砻树、樗树等，苦木科、臭椿属（见图 9-43）。

图 9-43　臭椿

【形态特征】臭椿有白椿和黑椿两个类型，另外还有一个雄株变种叫千头椿。树高可达 30m，胸径 1m 以上，枝条粗壮，树皮多黑褐色。一回奇数羽状复叶，互生，小叶 13～25 枚；小叶近基部 1～3 对粗齿，齿端有 1 腺点可分泌臭味。雌雄同株或异株。圆锥花序顶生，花单性或杂性，白绿色。花期 5～6 月份。翅果，扁平，长椭圆形，种子位于中央。9～10 月份果实成熟，可长期不落。

【生态习性】分布很广，以西北和华北地区分布最多，垂直分布可达 1800m。臭椿适应性强，在年均温 7～14℃，年均降水量 400～1400mm 条件下都能生长，能耐最高温 47.8℃和极端最低温-35℃。微酸性土、石灰性土、含盐量 0.2％～0.3％的盐碱土都能适应；深根性树种，主根明显，根系发达，耐干旱瘠薄和盐碱，不耐水湿；喜光，抗病虫，对烟尘和二氧化硫抗性较强。

【幼苗繁殖】臭椿以播种育苗为主，方便省事，也可以采用分根或分蘖育苗，千头椿用分根繁殖。下面就播种育苗加以介绍。

（1）采种　选 20～30 年健壮母树，9～10 月份翅果成熟时，连小枝一齐剪下，晾晒干燥后脱粒，种子去翅或不去翅均可，风选净种后，保存在干燥凉爽处，可保持 1～2 年，发芽率一般为 70％左右。

（2）种子处理　播种前用 40℃温水浸种 24h，捞出后放在温暖向阳处，盖上草帘等进行催芽，每日用水冲洗 1～2 次，有 30％种子裂口时即可播种。

（3）播种　采用大田育苗或床作育苗均可，在干旱地区苗床育苗宜用低床，整地要细致，土块细碎，施入适量底肥，灌足水。以春播为宜，北方地区不宜过早，以防晚霜危害，其发芽最适温度为 8.8～14.5℃，要根据当地气候条件掌握播种时间。采用纵行条播，行距 40cm 为宜，开沟深 2～3cm，覆土厚度 1.5cm，覆土后轻轻镇压。播种量每公顷 75kg，按每米播种行计 60～70 粒种子。

（4）管理　播后尽量不要浇水，温度适宜时，浸种催芽的种子播后 1 周左右可出苗，幼苗 1～2 对真叶时及时进行间苗，8～10cm 高时定苗，株距 20cm 左右，每公顷留苗 100000 株左右。幼苗忌水湿，注意不要有积水，每次灌水和雨后要及时松土，雨季注意排水。臭椿苗主根发达，侧根细弱，可在苗高 20cm 左右时进行截根，促进侧根生长。管理好时 1 年生苗可达 1m 以上。

【大苗培育】培育大苗时于秋季落叶前后或春季萌芽前裸根移植，以春季芽膨大时成活率最高，根据培养年限确定移植株行距。由于幼树常干形不直，所以通常需要在移植后第二年进行平茬，以培养通直主干。

臭椿干性强，常培育成有中心干的树形。当达到需要的主干高度时进行定干，然后培养成有分层或不分层的树形即可。

十九、木棉

木棉 *Bombax malabarica* DC.，别名英雄树、攀枝花，木棉科、木棉属（见图 9-44）。

【形态特征】树干直立有明显瘤刺；大枝轮生作水平方向开展；掌状复叶，每片叶有 5～7 片小叶；小叶呈椭圆形，叶端狭窄尖锐，全缘，叶柄很长；花朵大型，橙黄或橙红色，呈钟状，花瓣肉质 5 枚；果实为蒴果，成熟后会自动裂开，白色的棉絮带着黑色的种子随风飘散，种子倒卵形，光滑；棉毛可作枕头、棉被等填充材料。木棉外观多变化，春天时，一树橙红；夏天绿叶成荫；秋天枝叶萧瑟；冬天秃枝寒树，四季展现不同的风景。

图 9-44　木棉
引自：卓丽环，陈龙清主编.
园林树木学，2003

【生态习性】喜光，喜温暖，不耐寒；耐干旱也稍耐湿，忌积水；对土壤要求不严，喜微酸性或中性土壤；抗污染。深根性，抗风力强；萌芽力强；树皮厚，耐火烧；生长迅速；寿命较长。产于我国华南地区，印度、马来西亚及澳大利亚也有分布。树形高大雄伟，春天开大红花，3～4 月份开花，先开花后长叶，6～7 月份果成熟，树形具阳刚之美，是美丽观赏树种，可作行道树或庭园风景树。木棉花是广州市市花。

【幼苗繁殖】可用播种繁殖、扦插繁殖、嫁接繁殖。

（1）播种繁殖　种子于 6～7 月份成熟，熟后开裂，随风飘散，应在开裂前及时采收。宜随采随播，可采用条播法，如种子量少，可点播。播后发芽整齐，3d 全部出土，播后 1 年，苗高 50cm 时可移植，二年生苗即可出圃。

（2）扦插繁殖　用插干法育苗，可剪下直径 2cm 以上的萌芽条，剪去枝叶，然后扦插于营养土中培育，太老的枝条不易插活。

（3）嫁接繁殖　用实生苗或扦插苗作砧木，接穗选已开花的老枝，在早春叶片没有萌发前进行，用芽接或切接法，均可成苗，当年可开花。

【大苗培育】炭疽病是木棉主要的病害，危害木棉的嫩梢、嫩芽、叶、叶柄。自 4 月下旬木棉抽叶开始直至 10 月都可能发生，以 7～9 月间发病较严重。抽叶后喷 1∶1∶160 波尔多液；在发病期喷 50％多菌灵可湿性粉剂 600～800 倍液，或 75％百菌清可湿性粉剂 600～800 倍液，30％氯化铜胶悬剂 600 倍液或 40％多硫悬浮剂 600～800 倍液，每隔 10～15d 喷 1 次，共喷 2～3 次。茎腐病使整条树干会发腐变黑，用多菌灵 800 倍液进行防治。金龟子每年有两个高峰期，一次是 5～6 月份，另一次是 9～10 月份。在虫害高峰期每星期喷 1 次常规的杀虫药（如氧化乐果或敌敌畏），喷药时间要安排在下午 5 点以后进行；或用黑光灯进行诱捕。红蜘蛛也可为害，当植株受侵害时，叶片会变黄，可用螨清克 800～1000 倍喷施。

二十、凤凰木

凤凰木 *Delonix regia* (Bojer) Raf.，别名火树、红花楹，苏木科、凤凰木属（见图 9-45）。

图 9-45 凤凰木
引自：张天麟编著.
园林树木 1200 种, 2005

【形态特征】落叶乔木，树冠开展如伞状，大树有板根。二回羽状复叶，羽片 10～24 片，对生，小叶 20～40 对，对生，近矩圆形，长 5～8mm，先端钝圆，基部歪斜，表面中脉凹下，侧脉不明显，两面均有毛，托叶羽状。花大色艳，花萼为绿色，花冠鲜红色，上部之花瓣为黄色条纹。荚果木质，长达 50cm，甚硬，成熟变暗褐色。成熟的荚果自裂成两片，种子弹出自生。花朵、种子皆有毒性，不可误食。花红叶绿，满树如火，富丽堂皇，遍布树冠，犹如蝴蝶飞舞其上。由于"叶如飞凰之羽，花若丹凤之冠"，故取名凤凰木。

【生态习性】喜光，不耐寒，喜暖热气候，速生，抗污染，抗风。夏季开花，花期为 5～8 月份。原产于热带地区如非洲马达加斯加，我国广东、广西、云南及海南等省有栽培。宜作庭荫树、行道树。

【幼苗繁殖】凤凰木多用播种法繁殖。一般采用春播，3 月中下旬播种，夏播也可以。因为种子的种皮吸水困难，播种时需用 60～70℃热水烫种催芽 5～10min，待自然冷却后，继续浸泡 24h，将已膨胀的种子淘出来，晾干表面的水分，随后播种；尚未膨胀的种子，继续用热水浸泡，直至全部完成。

【大苗培育】幼苗生长 1～2 年后需移植 1 次，移植宜在早春进行。株行距在 60cm 左右，3 年生苗就可用于定植。天气干旱时应充分浇水。凤凰木对土壤要求不高，在土质较瘠薄的地方也能生长良好，因其根部具有根瘤菌，能固氮而增加土壤肥力，但积水会使根瘤菌死亡，影响植株生长。凤凰木树干随时会长出枝叶，若任其自然生长，株形会变化较大，因此，需经常进行修剪整形。病害较少，主要虫害为凤凰木夜蛾，可喷洒菊酯类农药加以防治。

二十一、毛泡桐

毛泡桐 *Paulownia tomentosa* (Thunb.) Steud.，别名紫花泡桐、茸毛泡桐，玄参科、泡桐属（见图 9-46）。

【形态特征】落叶乔木，高达 20m；树冠阔伞形，叶大，花冠漏斗状钟形，紫色或淡紫色，花期 4～5 月份，蒴果卵圆形，成熟时黄褐色，果熟期 10 月份。是优良的行道树、庭荫树或四旁绿化、山地绿化树种。

【生态习性】适应性强。强阳性树种，不耐阴，较喜凉爽气候，在气温达 38℃以上生长受阻，最低温度在 -25℃时易受冻害；耐干旱而怕积水；在土壤 pH 值 6～7.5 之间生长最好；速生，萌芽和萌蘗能力强；对二氧化硫、氯气、氟化氢抗性强。我国特产，分布很广，主要在东北、华东、华中及西南等地。

【幼苗繁殖】用留根、埋条、埋根和播种繁殖，而以埋根、播种为主。

图 9-46 毛泡桐
引自：卓丽环、陈龙清主编.
园林树木学, 2003

（1）埋根育苗　从落叶到发芽前，选1～2年生苗的根截成15～20cm的短节，上端剪口要平、下端剪口要斜。选背风向阳、地势干燥、排水条件好的地方挖沟，宽1m，深80～100cm。沟底铺3～5cm厚湿河沙，把种根每30～50枝一捆，一层种根铺一层10cm厚的湿河沙贮于沟内。翌年的3、4月份时进行埋根育苗。选择地势平坦，排灌方便，地下水位在1.5m以下的肥沃沙壤土作高15～20cm的高垄苗床。土壤要深翻细耕，施基肥。种根以株行距80cm×100cm，垂直或略倾斜地埋于苗床内，深度以种根顶端与地面相平或低于地面1cm为宜。抚育管理埋根20～35d即可出苗。

（2）播种繁殖　选8年生以上无病虫害的健壮植株采种，阴干后取种，种子细小，有薄翅，去杂后干藏。2～3月份进行播种。播前用40℃温水浸种，冷却后换清水再浸种24h。捞出后放入草袋中催芽，3～5d后部分种子发芽即可播种。苗床精细平整，消毒，多采用撒播法，播种量约7.5kg/hm²，播后覆盖稻草保湿。注意浇水要勤，一般早晨浇水。出苗后逐步撤除稻草，及时间苗，预防病害。有4对真叶即可移苗。播种1hm²，通常可分栽15～20hm²。7～8月份为幼苗速生期，可追肥2～3次。9月份后要控制肥水。一年生苗可达1m以上，当年假植越冬。

【大苗培育】大苗培育时，可采用先养根后养干的方法。将实生苗或营养苗第2年移植，培育一两年后，第3年或第4年从地面处截干，加强水肥管理，保留一个健壮芽，抹去多余的芽，当年树干可达3～4m。

二十二、大花紫薇

大花紫薇 *Lagerstroemia speciosa*（L.）Pers.，千屈菜科、紫薇属（图9-47）。

【形态特征】落叶乔木。干直立，树皮灰色，枝开展，圆伞形。小枝圆柱形。叶黄绿至深绿色，秋、冬落叶前转暗红色。叶革质，互生，长圆状椭圆形或长圆状卵形，两面无毛；侧脉每边9～17条。圆锥花序长15～25cm，有时可达40cm，花梗、花轴和花萼外面均被黄褐色毛；花紫色或紫红色，盛开时直径4～5cm；蒴果球形，直径2cm，灰褐色，成熟时开裂为6个果瓣；种子多数。花期5～7月份；果期8～10月份。

图9-47　大花紫薇

【生态习性】生长速度快，喜光、耐热、不耐寒、耐干旱、耐碱、耐风、耐修剪、抗污染。大树较难移植。原产于印度、大洋洲。分布于东亚南部及澳大利亚，我国广东、广西、福建和海南栽培较多。枝叶茂盛，开花华丽，为高级园景树、行道树、庭荫树。适用于各式庭园、校园、公园、游乐区、庙宇等，可孤植、列植、群植等。

【幼苗繁殖】种子繁殖是大量获得紫薇幼苗最经济的方法，具体方法如下。

（1）采种　在10月下旬至11月中旬采种，视果子变黄至深黄色且有少数果壳微裂开口时分次采收。因紫薇种子很小，收早了干后种子是瘪的；收晚了果壳大都开裂，饱粒掉落。收的只是半熟种子，所以把握时间、看准果色、适时收种是关键。收后晒干，连蒂带壳一起放入透气的装置中挂在通风向阳处。

（2）育苗　3月下旬至4月上旬做好基床，用河沙铺底，8～10cm厚，然后用竹板刮平。播前将种子带壳用温水浸泡1d，将水滤去后均匀地撒在床基上，4粒/cm²为宜。再覆

2cm 厚的干沙，用竹板刮平，浇透水，盖上薄膜。注意温度不能超过 40℃，晴天中午要揭膜通气降温，晚上覆盖，经常保持湿润。

（3）移栽　移栽地要施足肥料，腐熟的农家肥加少许饼肥更好，做到肥匀、土细。移苗时要轻，稍带土，不伤根系。株距 10cm，行距 15cm。栽后将土压实，用喷壶洒水。待地表面吸水后再逐株检查。初栽半个月要适当遮阴，防止曝晒。以后保持湿润，注意除草，幼苗根嫩，不要过早、过多施肥，尤其忌施尿素之类。只要精心养护多数能在初秋开花。

紫薇种子繁殖要细心，因种子小且有羽，种早了温度低，湿润时间长容易烂种；种迟了，高温期移栽不易成活；埋得过深不易长出。

扦插繁殖在发芽前硬枝插，翌春移植。

【大苗培育】紫薇的常见病害为紫薇煤污病，此病初发期有煤烟状霉层出现，呈点片状，以后逐渐扩大增厚使点片连接，直至覆盖整个叶片。严重时可裂开、翘起和剥落，影响植株进行光合作用，常造成生长不良，花型变小，花量减少。防治方法：①及时防治蚜虫和蚧虫，如受害植株少，株型小，可用人工刮除，如虫害发生量大，则需喷药防治；②防治蚧虫宜在若虫大量孵化时进行；③植株种植不宜过密，并应适当修剪，以利通风透光，恶化病菌的生长条件。

二十三、悬铃木

悬铃木 *Platanus×acerifolia*，别名二球悬铃木、英桐，悬铃木科、悬铃木属（见图 9-48）。

图 9-48　悬铃木

【形态特征】落叶乔木。高达 35m；树皮灰绿色，薄片状剥落，剥落后呈绿白色，光滑。枝条开展，树冠广阔，呈长椭圆形。柄下芽。单叶互生，叶大，掌状 5～9 裂，幼时密生星状柔毛，后脱落；托叶长 1～1.5cm。花期 4～5 月份，头状花序球形。球果下垂，通常 2 球一串，状如悬挂着的铃，宿存花柱刺状。9～10 月份果熟，坚果基部有长毛。本种是法桐（三球悬铃木）与美桐（一球悬铃木）的杂交种，1663 年首次在英国牛津大学校园内栽种，现今栽培广泛。

【生态习性】喜光，喜温暖湿润气候，较耐寒。适生于微酸性或中性、排水良好的土壤，微碱性土壤虽能生长，但易发生黄化。根系分布较浅，有台风地栽培易倾斜。枝叶茂盛，生长迅速，易成活，耐修剪，所以广泛栽植作行道绿化树种，也为速生材用树种；对二氧化硫、氯气等有毒气体有较强的抗性。为高级园景树、行道树、庭荫树。适用于各式庭园、校园、公园、游乐区等。

【幼苗繁殖】悬铃木的繁育通常采用插条和播种育苗两种形式。

（1）插条育苗　落叶后即可采插条，选择生长旺盛、芽眼饱满、无病虫害的 1 年生苗干或从母树上采集 1 年生枝条作种条。采条后随即在无风庇荫处截成插穗，长 15～20cm，上端剪口直径 1～2.5cm，每穗要留有 3 个芽，上端剪口在芽上约 0.5cm 处，剪斜口；下端剪口在芽以下 1cm 左右，剪成平口或斜口。苗圃地要求排水良好，土质疏松，土层深厚，肥沃湿润；切忌积水，否则生根不良。深耕 30～45cm，施足基肥。扦插行距 30～40cm，株距 20～30cm，直插或斜插，上端的芽应朝南，有利生长，便于管理。

（2）播种育苗　头状果序（果球）约 120 个/kg，每个果球约有小坚果 800～1000 粒，千粒重 4.9g，小坚果约 20 万粒/kg，发芽率 10%～20%。

① 种实处理　12 月间采果球摊晒后贮藏，到播种时捶碎，播种前将小坚果进行低温沙藏 20～30d，可促使发芽迅速整齐。约播种 15kg/亩。

② 整地施肥　苗床宽 1.3m 左右，床面施肥 2.5～5kg/m²。

③ 春季当日平均温度达 15～20℃即可播种，在阴雨天 3 月下旬至 5 月上旬播种最好，3～5d 即可发芽。

④ 及时搭棚遮荫，当幼苗具有 4 片叶子时即可拆除荫棚。苗高 10cm 时可开始追肥，每隔 10～15d 施 1 次。播种后，沟灌苗床，以浸润床面为宜，播种后 45d，每隔 7d 灌水 1 次，有条件的可给床面喷水。汛期注意排涝，封冻前灌冻水 1 次。当年追肥，幼苗期可叶面喷施 0.3%～0.5%的磷酸二氢钾或 0.01%的喷施宝 3～5 次，以后分 4 次进行地面追肥，每公顷追施磷酸氢二铵 70kg、尿素 30kg。随着苗木生长，第 2 年的追肥量适当减少，每公顷追施磷酸氢二铵 50kg、尿素 20kg。及时清除地面杂草。当幼苗长到 2 片真叶时即可间苗，按照所要求的株行距减去稠密苗、病虫苗、衰弱苗和生长状态不好的苗木。当培育大规格苗木时，需要进行移苗换床，一般在次年春季进行换床移苗。

【大苗培育】悬铃木苗木萌芽力很强，在苗木生长过程中，要及时除去树干及基部的萌芽；为了促进主干生长高大直立、一年生的扦插苗，在秋季土壤上冻前，用剪子在距离地面 5～10cm 处剪断，要保持伤口平滑，剪下的苗干选择生长健壮、饱满的作种条利用。移植大苗床培养生长过程中，合理抹芽，留强去弱，留直去斜，达到一定高度时保留部分侧枝；播种小苗移植后，在春季新芽超过 15cm 以上时及时除蘖，仅保留 1 枝健壮、端直的芽条作为苗干培育，当年苗高可达 4m 左右。悬铃木病虫害较少，苗期如果有食叶害虫，可根据害虫取食的特点用药剂杀除。要经常中耕松土，清除杂草，促进根系发育。对树干歪的要及时扶正，且在锄草、施肥过程中要尽量避免触动树干。

二十四、福建山樱花

福建山樱花 *Prunus campanulata*，又名绯寒樱、绯樱、山樱花，蔷薇科、李属。见图 9-49。

图 9-49　福建山樱花

【形态特征】落叶乔木。树冠卵圆形至圆形，高 5～25m。树皮暗栗褐色，光滑而有光泽，具横纹。小枝无毛。单叶互生，叶卵形至卵状椭圆形，边缘具芒齿，两面无毛。花单生枝顶或 3～6 簇生呈伞形或伞房状花序，花白色或淡粉红色。花期 4～5 月份（早花品种 2～

3 月份）。楼果球形，黑色，6～7 月份（早花品种 4～5 月份）果熟。福建省特有的珍稀的野生花木，适应能力强，开花时满树都是鲜红花朵，盛开时花多叶少或全株无叶。

【生态习性】喜光，稍耐阴。不太耐寒。要求土层深厚、肥沃、排水良好的土壤，土壤黏重的地方，可添加适量的腐叶土改良。福建山樱花性耐旱，忌盐碱。

【幼苗繁殖】福建山樱花可播种、扦插、嫁接繁殖。

（1）播种育苗　福建山樱花种果成熟时易为鸟食或爆裂，需及时采收。种子具休眠性，可用低温层积处理打破休眠。播种育苗以冬末春初最佳；也可于果实由青变绿时随采随播。育苗场圃应选择地形开阔、水源方便、土质肥沃的地方，条播、开沟点播或撒播均可，播后需覆膜保温，待小苗出土后再揭去覆盖物。播种成苗约需 1 年时间，期间遇天气炎热时还需设荫棚遮阳。

（2）扦插育苗　宜在春末夏初或冬末春初进行，且需选用健壮无病虫害的一年生半木质化枝条，并将其剪成长 10～12cm 插穗。扦插时，先用树枝在基质上打孔，再将插穗基部蘸少许 ABT 生根粉后插入，深度掌握在插穗长度的 1/2 左右，插后用手稍压实，并淋水保湿，30d 后逐渐增加光照培育壮苗。

（3）嫁接繁殖　嫁接苗通常生长较为健壮，开花也较早。嫁接繁殖适在冬末春初进行，以福建山樱花为接穗，分别以食用樱桃、毛樱桃、山樱和福建山樱花 1 年生实生苗为砧木。嫁接繁殖研究结果表明：以食用樱桃为砧木嫁接福建山樱花嫁接成活率最高（84％），其次是福建山樱花本砧，成活率为 59％，二者之间虽然差异不显著，但明显高于以山樱嫁接福建山樱花（34％）和毛樱桃（23％）嫁接福建山樱花；袋栽砧木的嫁接成活率及保存率明显高于裸根砧木；嫁接时间以冬至后 20d 左右嫁接成活率最高；而不同类型的接穗对嫁接成活率也有显著影响，接穗最好随采随用，但在 4℃条件下保温冷藏 20d 仍有较高的嫁接成活率，与即采即用的对照无显著差异。

【定植培育】移栽定植宜在早春新芽未萌动前进行，栽前要仔细整地挖穴，并施足基肥。地下水位较高的地方则需采用高栽法，即把整个栽植穴垫平后，再在上面堆土栽苗。福建山樱花根系分布浅，除要求土壤排水透气性好外，还要注意浅栽，深度宜掌握在最上层苗根距地面 5cm 左右。栽后浇足定根水，并用与树苗高度相近的竹竿支撑，以防刮风吹倒。施肥一年需 2 次，以酸性肥料为好。冬末春初萌芽前追施一次腐熟有机肥；春末落花后再施一次速效肥，如硫酸铁、硫酸亚铁或过磷酸钙等。此外，秋季还需对植株进行一次修剪，但不宜重剪，只需适时剪除枯萎枝、徒长枝、重叠枝及病虫枝，以利通风透光。修剪后要及时用药物消毒伤口，防止雨淋后病菌侵入，导致腐烂。

福建山樱花常见的病虫害主要有褐斑穿孔病，多发生于 8～9 月份，风雨多时发病较严重，树势生长不良也可加重发病；病叶最初可见紫褐色小点，不久扩展成轮纹状圆斑，直径5mm 左右，病斑边缘几乎黑色，后期在病叶两面有褐色霉状物出现，病斑中部干枯脱落；可多施磷、钾肥，改善通风条件以增强抗病能力，也可在发病期喷洒 65％代森锌 600 倍液或 50％多菌灵 1000 倍液防治。虫害主要有蚜虫、红蜘蛛和介壳虫，每年花前、花后和夏季7～8 月份各喷药一次预防。

二十五、腊肠树

腊肠树 *Cassia fistula*，别名阿勃勒、牛角树，属云实科决明属植物，是泰国的国花。见图 9-50。

【形态特征】落叶小乔木或中等乔木，高可达 15m；枝细长；树皮幼时光滑，灰色，老

图 9-50 腊肠树

时粗糙，暗褐色。叶长 30～40cm，有小叶 3～4 对，叶轴和叶柄上无翅亦无腺体；小叶对生，薄革质，阔卵形、卵形或长圆形，长 8～13cm，宽 3.5～7cm，顶端短渐尖而钝，基部楔形，边全缘，幼嫩时两面被微柔毛，老时无毛；叶脉纤细，两面均明显；叶柄短。总状花序长达 30cm 或更长，疏散，下垂；花与叶同时开放，直径约 4cm；花梗柔弱，长 3～5cm，下无苞片；萼片 2～2.5cm，具明显的脉；雄蕊 10 枚，其中 3 枚具长而弯曲的花丝，高出于花瓣；4 枚短而直，具阔大的花药；其余 3 枚很小，不育，花药纵裂。荚果圆柱形，长 30～60cm，直径 2～2.5cm，黑褐色，不开裂，有 3 条槽纹；种子 40～100 颗，为横隔膜所分开。花期 6～8 月份；果期 10 月份。

【生态习性】喜光、耐遮荫、耐寒、适应城市环境，抗风性强，喜排水良好的土壤。栽培土质以表土深厚、富含有机质之壤土最佳。幼苗定植前挖穴宜大，并预肥。成长期间每季施肥 1 次，并注意浇水，成株后则甚粗放。性喜高温，生育适温约 23～32℃。能耐最低温度为－2～3℃。在干燥瘠薄壤土上也能生长，病虫害少，为热带优良观赏树。

【幼苗繁殖】繁殖可用播种、扦插方法，春、秋季为适期。

种子成熟时，采回捣烂果皮取出种子，播前用开水浸 3～5min，取出后播种，10d 左右喷药 1 次（如六六六粉等）以防虫吃叶，以后每 10 天喷 1 次，直到移植。在苗期及时除草，这是保苗率高低的关键。苗高 20cm 行第一次间苗，30～40cm 行二次间苗。每年松土 2～3 次。春至秋季每两个月施肥 1 次。花期过后应修剪整枝 1 次。

种子小，种子繁殖直播成活率低。可与其他树木一样在苗圃育苗，宜选 8～10 年的母树采种，种子发芽率 70%～90%。春季播种育苗，10d 左右可出苗，苗期需及时除草和浇水。第二年春天发芽前定植成活高，定植依地形、目的选择不同的行株距。定植后如遇春旱，需适当浇灌，以促使成活。

【大苗培育】腊肠树苗木在春天发芽前定植成活率比较高，选择春季育苗的，至第二年春季时，苗木已长高到 50cm 左右，应及时移栽至田间定植。定植地选择土质肥沃、不积水、排灌方便的砂质土地，株行距根据地形和栽培目的而定，一般选择 2m×2m，穴规格为 50cm×40cm×30cm，每穴施腐熟农家肥 3～5kg 或复合肥 0.25kg 与表土混合作基肥。定植最好选在阴雨天，苗栽植好，覆土后轻轻往上提，使根系舒展，踏实，填土应略高于地面，以防积水，晴天定植时应浇足定根水。

定植后每年春秋两季各松土除草 1 次，同时各施追肥 1 次。肥料选择复合肥，施肥量为 250～350kg/hm²。在雨天来临之前，将肥料均匀撒在田间；如果选择在晴天施肥，撒肥后要及时进行田间灌溉。幼树生长速度较快，树型不甚整齐，因此当幼树长高至 1m 左右，要及时立支撑架。注意修枝整形，以提高观赏效果，修剪时间选择在花期过后，春季不宜修剪。一般培育 3 年的实生苗即可用于园林绿化。

二十六、红豆树

红豆树 Ormosia hosiei Hemsl. et Wils.，又称又名：何氏红豆、鄂西红豆、江阴红豆，豆科，红豆属。渐危种，国家Ⅱ级重点保护野生植物。见图 9-51。

图 9-51　红豆树

【形态特征】常绿或落叶乔木，高达 20～30m，胸径可达 1m；树皮灰绿色，平滑。小枝绿色，幼时有黄褐色细毛，后变光滑；冬芽有褐黄色细毛。奇数羽状复叶，长 15～20cm；小叶 7～9 枚，薄革质，卵形或卵状椭圆形，稀近圆形，上面深绿色，下面淡绿色，小叶柄及叶轴疏被毛或无毛。圆锥花序顶生或腋生，萼钟状，密被褐色短柔毛；花冠白色或淡红色，旗瓣倒卵形，花药黄色；荚果近圆形，扁平，先端有短喙，果瓣近革质，种子近圆形或椭圆形，种皮红色，种脐长约 9～10mm，位于长轴一侧。花期 4～5 月份，果期 10～11月份。

【生态习性】生于河旁、山坡、山谷林内，海拔 200～900m，稀达 1350m。红豆树幼年喜湿耐阴，中龄以后喜光。较耐寒，在本属中是分布于纬度最北的一个种。它对土壤肥力要求中等，但对水分要求较高；在土壤肥润、水分条件较好的山洼、山麓、水口等处生长快，干形也较好；在干燥山坡与丘陵顶部则生长不良。主根明显，根系发达，寿命较长，具萌芽力，能天然下种更新。

【幼苗繁殖】用种子繁殖。采种要选择 25～30 年生以上的健壮母树，当荚果将开裂时采收，稍阴干后，驱除种子袋藏或混沙贮藏。种皮坚硬不透水，播种前用热水处理或浓硫酸处理，挫伤种皮，可提早发芽和提高发芽率。1 年生苗高 40cm，春季萌芽前即可出圃造林。造林地以选择土层深厚、肥沃、水分条件较好的山坡下部、山洼及河边冲积地为宜。造林当年，应防止鼠害。

【大苗培育】苗木生长季节，要及时除草，除草要坚持"除小除了"原则。保持土壤疏松湿润，雨水多季节要注意排水。施以稀薄的腐熟粪尿或复合肥水溶液，每次施肥后及时淋水冲洗预防烧伤。6～8 月份可施肥 5～7 次，促进苗木快速生长，10 月份可追施 2～3 次。梅雨季节要清沟排水。苗木生长期要及时清除容器内、床面和步道上的杂草，在基质湿润时人工将草连根拔除，除草后要及时淋水。

二十七、灯台树

灯台树 *Cornus controversa* Hemsl.，别名：瑞木、女儿木、六角树，山茱萸科梾木属。见图 9-52。

【形态特征】落叶乔木，高 6～15m，稀达 20m。树皮光滑，暗灰色或带黄灰色。枝开展，圆柱形，当年生枝紫红绿色，二年生枝淡绿色。叶互生，纸质，阔卵形至披针状椭圆形，全缘；上面黄绿色，无毛；下面灰绿色，密被淡白色平贴短柔毛；中脉在上面微凹陷，下面凸出；侧脉 6～7 对。伞房状聚伞花序，顶生花小，白色，花瓣 4，长圆披针形。核果球形，成熟时紫红色至蓝黑色。花期 5～6 月份，果期 7～8月份。

【生态习性】喜温暖气候及半阴环境，适应性强，耐寒、耐热、生长快。宜在肥沃、湿润及疏松、排水良好的土壤上生长。

【幼苗繁殖】播种繁殖。种子带翅，极容易飞散，当果皮由绿色转为绿褐色时，及时采收调制。种子休眠期长，必须进行沙藏处理。选择土壤肥沃、通气良好、pH 值 6.0～7.0 的砂壤土地段播种，细致整地和

图 9-52　灯台树

消毒处理后灌足底水，生产上多作床散播，播种量 225kg/hm²。经冬季冷冻处理的种子用于春播，播种前检查种子是否露白，否则应进行催芽。春播苗床应灌足底水，覆土厚度 0.8～1.0cm，稍加碾压，使种子与土壤密接。播种后床面撒一层稻草，以减少水分蒸发和提高地温，经常保持床面湿润。秋播时着浇水条件差或出于经济考虑，可采用"深埋浅出"的播种法，播种时覆土厚度增到 4.5～6.0cm，翌年种子萌动时，将覆土刮到 1cm 厚为止，以便幼苗顺利出土。在土地不紧张的情况下可随采随播。秋播和随采随播的种子在 5 月上旬出齐苗。

【大苗培育】在苗木大量生长期间，中耕、除草、追肥三者要结合进行，同时保证土壤水分和空气湿度，促进苗木苗壮生长。幼苗木质化期间，应追施钾肥，促进苗木木质化；切忌氨肥过多，致使苗木贪长，顶端不能木质化越冬。一年生苗应长至 60～90cm 高，翌年春季即可进行移栽并按需培育大苗用于园林绿化。3 年以上可达 100cm 以上，呈现出优美的树形和多彩的冠姿，即可出圃栽植。

二十八、复羽叶栾树

复羽叶栾树 *Koelreuteria bipinnata* Franch.，别名：灯笼树、摇钱树，无患子科栾树属。见图 9-53。

【形态特征】落叶乔木，高 20m 以上，树冠伞形。二回羽状复叶，每羽片具小叶 5～15，卵状披针形或椭圆状卵形，长 4～8cm，先端渐尖，基部圆形，缘有锯齿。花黄色，杂性，花瓣基部有红色斑，圆锥形花序顶生，长 20～30cm。蒴果卵形，肿囊状 3 棱，顶端钝头而有短尖，长约 4cm，红色。花期 7～9 月份，果期 10～11 月份。

【生态习性】喜光，喜温暖湿润气候，深根性，适应性强，耐干旱，抗风，抗大气污染，

速生。

图 9-53 复羽叶栾树
1—花枝；2—雄花；3—雌花；4—雄蕊；
5—花盘及雌蕊；6—果

【幼苗繁殖】播种繁殖为主。种皮坚硬，最好秋播或沙藏层积。春季 3 月份播种，在选择好的地块上施基肥，每亩撒呋喃丹颗粒剂或锌硫磷颗粒剂 3～4kg 用于杀虫。耕耙后作平床，床宽 1m，长度视管理方便而定，一般不超过 20m。每畦播 4 行。开沟深 3cm，种子中混的沙不必筛出，将种子和沙均匀撒在沟里，覆土 2cm，轻踩一遍作为镇压，随即用小水浇一次，覆稻草，约 20d 苗出齐，撤去稻草。苗高 10cm 时间苗，以株距 10～15cm 间苗后结合浇水施追肥。第一次追肥量应少，每亩 200～300g 氮素化肥，以后隔 15d 施一次肥，肥量可稍大。要经常松土、除草、浇水，保持床面湿润。秋末落叶后大部分苗木可高达 2m，地径粗在 2cm 左右。将苗子掘起分级，第二年春移植。移植前将根稍剪短一些，移植结束后从根茎处截去苗干，即从地表处平茬，随即浇透水。发芽后要经常抹芽，只留最强状的一芽培养成主干。生长期经常松土、锄草、浇水、追肥，至秋季就可养成通直的树干。当树干高度达到分枝点高度时，留主枝，3～4年可出圃。

【大苗培育】栾树属深根性树种，宜多次移植以形成良好的有效根系。播种苗于当年秋季落叶后即可掘起入沟假植；翌春分栽。由于栾树树干不易长直，第一次移植时要平茬截干，并加强肥水管理。春季从基部萌蘖出枝条，选留通直、健壮者培养成主干，则主干生长快速、通直。第一次截干达不到要求的，第二年春季可再行截干处理。以后每隔 3 年左右移植一次，移植时要适当剪短主根和粗侧根，以促发新根。栾树幼树生长缓慢，前两次移植宜适当密植，利于培养通直的主干，节省土地。此后应适当稀疏，培养完好的树冠。栾树树冠近圆球形，树形端正，一般采用自然式树形。因用途不同，其整形要求也有所差异。行道树用苗要求主干通直，第一分枝高度为 2.5～3.5m，树冠完整丰满，枝条分布均匀、开展。庭荫树要求树冠庞大、密集，第一分枝高度比行道树低。在培养过程中，应围绕上述要求采取相应的修剪措施，一般可在冬季或移植时进行。

二十九、枫香

枫香 *Liquidamba formosana* Hance，金缕梅科枫香属。见图 9-54。

【形态特征】落叶乔木，树液芳香。叶互生，掌状 3～5 (7) 裂，缘有齿；托叶线形，早落。花单性同株，五花瓣；雄花无花被，头状花序常数个排成总状，花间有小鳞片混生；雌花常有数枚刺状萼片，头状花序单生，子房半下位，2 室，每室具数胚珠。果序球形，由木质蒴果集成，每果有宿存花柱，针刺状，成熟时顶端开裂，果内有 1～2 粒具翅发育种子，其余为无翅的不发育种子。花期 3～4 月份；果 10 月份成熟。

【生态习性】性喜光，幼树稍耐阴，喜温暖湿润气候及深厚肥沃土壤，也能耐干旱瘠薄，但不耐水湿。萌蘖性强，深根性，主根粗长，抗风力强，对二氧化硫、氯气等有较强抗性。

【幼苗繁殖】播种繁殖为主。

枫香可冬播，也可春播。冬播较春播发芽早而整齐。皖南近年来播种时间都选在春季 3

月 10～20 日（因枫香种子籽粒小，播种前可不进行处理）。可采用条播或撒播。

① 条播：行距为 20～25cm，沟底宽为 6～10cm，播种时将种子均匀撒在沟内。

② 撒播：将种子均匀撒在苗床上。播种后覆土，可用筛子筛一些细土覆盖在种子上，以微见种子为度，并在其上覆一层稻草。也可不覆土，直接在播种后的苗床上覆盖稻草或茅草，用棍子将草压好，以防风吹。苗木出土前要做好保护工作，以防鸟兽为害。

【大苗培育】选择土层深厚、土壤肥沃的圃地，精细整地，施足基肥，南北向作苗床。床宽 1.6m，高 30cm，定植株行距为 1m×1m，即每亩 667 株。容器苗移植一年四季均可进行，但以休眠期最好。移植时应先用锋利的平板锹平地面切断深入土中的根，尽量使容器不破裂。移植完毕，及时浇定根水，并做好清沟、培土工作。日常管理主要有松土、锄草、水肥及病虫害防治等。害虫

图 9-54　枫香
1—果枝；2—花柱及假雄蕊；
3—子房纵剖；4—果

主要为大袋蛾、刺蛾等，成虫期用灯光诱杀效果好，幼虫期可用 90％晶体敌百虫或 1％螨虫清 2000 倍液防治。经过 5 年左右的培育，苗木高可达 3m，胸径可达 2.5～3.0cm，此时可出圃用于绿化。

三十、鹅掌楸

鹅掌楸 *Liriodendron chinense* Hemsl. Sarg.，别名马褂木，木兰科鹅掌楸属。见图 9-55。

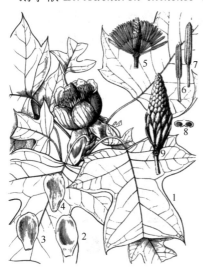

图 9-55　鹅掌楸
1—花枝；2—外轮花被片；
3—中轮花被片；4—内轮花被片；
5—花去花被片及部分
雄蕊示雄蕊群及雌蕊群；6—雄蕊腹面；
7—雄蕊背面；8—雌蕊横切面；
9—聚合果

【形态特征】落叶乔木，高达 40m，胸径 1m 以上，树冠圆锥形。1 年生枝灰色或灰褐色。叶马褂形，叶形奇特，长 4～12(18)cm，近基部每边具 1 侧裂片，先端具 2 浅裂，下面苍白色，叶柄长 4～8(16)cm。花杯状；花被片 9，外轮 3 片，绿色，萼片状，向外弯垂；内两轮 6 片，直立；花瓣状、倒卵形，长 3～4cm，绿色，具黄色纵条纹；花药长 10～16mm，花丝长 5～6mm，花期时雌蕊群超出花被之上，心皮黄绿色，花大而秀丽。聚合果长 7～9cm，具翅的小坚果长约 6mm，顶端钝或钝尖，具种子 1～2 颗。花期 5～6 月份，果期 9～10 月份。

【生态习性】喜光及温和湿润气候，有一定的耐寒性，喜深厚肥沃、适湿而排水良好的酸性或微酸性土壤（pH4.5～6.5），在干旱土地上生长不良，也忌低湿水涝。生长速度快，对二氧化硫气体有中等抗性。

【幼苗繁殖】生产上主要采用播种和扦插方式繁殖。

（1）播种繁殖　人工授粉可提高种子发芽率。种子干藏，3月上旬播种于高床上，播后覆盖细土并覆以稻草。一般经20～30d出苗，之后揭草，注意及时中耕除草，适度遮荫，适时灌水施肥。1年生苗高可达40cm。最好采后即播。

（2）扦插繁殖　可采用硬枝扦插和嫩枝扦插。

① 硬枝扦插：选择1年生健壮0.5cm粗以上的穗条，剪成长15～20cm插条，下口斜剪，每段应具有2～3个芽，插入土中2/3，扦插前用50mg/LⅡ号ABT生根粉加500mg/L多菌灵浸扦插枝条基部30min左右。插条应随采随插，插好后要有遮荫设施，勤喷水，成活率可达75％左右。

② 嫩枝扦插：剪取当年生半木质化嫩枝，可保留1～2个叶片或半叶，6～9月份采用全光喷雾法扦插，扦插基质采用珍珠岩或比较适中的干净河沙，要保持叶面湿润，成活率一般在50％～60％。扦插后50d，对插条进行根外施肥，以提高成活率和促进插条生长。

【大苗培育】鹅掌楸栽植一般3月上中旬进行栽植。庭园绿化和行道树栽培应选择土壤深厚、肥沃、湿润的地段。栽植地在秋末冬初进行全面清理，定点挖穴，穴径60～80cm，深50～60cm，翌年3月上中旬施肥回土后栽植，用苗一般为2年生，起苗后注意防止苗木水分散失，保护根系，尽量随起苗随栽植。本树不耐修剪，故移栽后应加强养护。一般不行修剪，如需轻度修剪时应在晚夏，暖地可在初冬。

鹅掌楸病虫害很多，主要病虫有炭疽病、白绢病。

炭疽病危害主要发生在叶片上，病斑多在主侧脉两侧，初为褐色小斑，圆形或不规则形，中央黑褐色，其外部色较浅，边缘为深褐色，病斑周围常有褐绿色晕圈，后期病斑上出现黑色小粒点。梅雨潮湿的气候条件下发病严重。发病期喷施50％炭疽福美可湿性粉剂1000～1500倍液，每10～18d1次，连续2～3次。

白绢病病症状为：先是受害苗木的根部皮层腐烂，而后地上部分萎蔫死亡。发病期为6～9月份，7～8月份为发病旺季，高温高湿、土壤沙性、酸性土及连作易引起发病。在发病期，用5％石灰水或1％硫酸铜浇苗根，也可用每亩50kg石灰撒于圃地上。

三十一、滇朴

滇朴 *Celtis yunnanensis* Cheng et Hong，别名昆明朴，榆科朴属。见图9-56。

(a)　　　　　　　　　　(b)

1—果枝；2—果核（放大）

图9-56　滇朴

【形态特征】落叶乔木，高达20m，树冠扁球形，小枝无毛。叶常为卵形、卵状椭圆形或带菱形，长4～11cm，宽3～6cm，基部通常偏斜，一侧近圆形，一侧楔形，先端微急渐长尖或近尾尖，边缘具明显或不明显的锯齿，无毛或仅下面基部脉腋有毛，叶柄长6～

16mm。果通常单生，近球形，直径约 8mm，熟时蓝黑色，果梗长 15～22mm，核具 4 肋，表面有浅网孔状凹陷。花期 3～4 月份，果期 10 月份。

【生态习性】阳性树种。喜光，稍耐阴，喜温暖气候。深根性，耐水湿，但有一定抗旱性，喜肥沃、湿润而深厚的中性土壤，在石灰岩的缝隙中亦能生长良好。深根性，抗风力强，生长较慢，有一定的抗烟尘污染及有毒气体能力。

【幼苗繁殖】播种繁殖为主。在果熟期采集种子后层积沙藏。翌春 3 月份进行条播，选土质疏松肥沃的壤土做苗床，覆土后盖草，约 10～15d 后发芽出土，适当间苗。白天湿度要保持 80% 左右。待幼苗出土后，选择阴天或傍晚揭草。应及时浇水，以保持土壤湿润，浇水必须在早、晚进行；温度必须控制在 15～18℃，温度过高时，必须通风降温（将小拱棚两端的薄膜揭开）。病虫害防治措施主要针对白粉病及蛴螬类地下害虫。防治方法一般采用 70% 多菌灵 1000 倍液每隔 10d 喷药 1 次。防治地下害虫采用毒饵诱杀。松土除草应选择土壤湿润时进行。施肥应根据幼苗长势追施肥料，此时施肥以壮苗为原则，应选择速效肥，施肥量较小，且移植前 10d 不能施肥。一般采用 0.2% 的磷酸二氢钾，叶面喷施，追肥时间应在晴天下午 4 点以后或阴天进行，喷施以叶片背面为主。

【大苗培育】

(1) 整形修剪 朴树树形除自然式扁圆形外，还可采用疏散分层形。当主干长至 1.5～33.5m 时定干，于冬季或翌春在剪口下选留 3～5 个生长健壮、分枝均匀的主枝，留 40cm 左右短截，剪除其余分枝。夏季选留 2～3 个方向合理、分布均匀的芽培养侧枝。第二年早春疏枝短截，对每个主枝上的 2～3 个侧枝短截至 60cm，其余疏除。第三年，继续培养主侧枝，对主枝延长枝及时回缩修剪。

(2) 栽培管理 秋季落叶后至春季萌芽前进行移植，小中苗不必带土球，用泥浆蘸根即可；大树移栽需带土球 20～30cm，栽植深度以土球与地表齐平为标准。栽后浇足定根水，使土壤和根系紧密结合。当年不修枝，以恢复树势。

(3) 病虫害管理 朴树常见的病虫害有木虱、红蜘蛛等。木虱用氧化乐果 1000～1500 倍液喷杀，红蜘蛛用 1000 倍乐果乳油液喷杀，用呋喃丹拌入土中采取逐渐渗入树体的办法可防治各种病虫害。朴树的常见病害有白粉病、煤污病。白粉病用 2000 倍的粉锈宁乳液喷杀，煤污病用 500 倍的多菌灵喷杀。

第三节　常绿灌木类

一、罗汉松

罗汉松 *Podocarpus macrophyllus* (Thunb.) D. Don，别名罗汉杉、土杉，罗汉松科、罗汉松属（见图 9-57）。

【形态特征】罗汉松属常绿灌木或小乔木，树冠广卵形，树皮薄鳞片状脱落，枝开展或斜展，较密。叶螺旋状互生，条状披针形，表面浓绿色，有光泽，背面淡绿色，有时被白粉。两面中脉显著，雌雄异株。叶形变化较大，有小叶罗汉松、短叶罗汉松、狭叶罗汉松等变种。雄球花穗状，单生或 2～3 簇生叶腋，有短梗。种子单生叶腋，广卵形或球形，8～9 月份成熟，深绿色有白粉，着生于肉质的种托上，种托紫红色，初为深红色，后变为紫色，有白粉。

【生态习性】喜温暖湿润和半阴环境，耐寒性略差，怕水涝和强光直射，在全日照的条

图 9-57　罗汉松

件下也能正常生长。要求肥沃、排水良好的沙壤土。在华北地区只能作盆栽，耐修剪，寿命长，对二氧化硫、硫化氢、二氧化氮等有害气体有较强的抗性。产于江苏、浙江、福建、安徽、江西、湖南、四川、云南、贵州、广西、广东等省区，日本亦有分布。花期4～5月份，果期8～9月份。成熟罗汉松树形优美，枝叶苍翠，是广泛用于庭园绿化的优良树种，宜作孤植、对植或树丛配置，可修整成塔形或球形，也可整形后作景点布置。

【幼苗繁殖】

（1）播种繁殖　种子成熟于8～9月份，待其由绿转褐时即可采摘，准备播种。选择半遮阴、排水通畅、土壤肥沃的地块。作畦宽60cm，高30～35cm，将苗床深翻，使土壤疏松。平整地后撒0.5%呋喃丹及50%的多菌灵可湿性粉剂进行土壤消毒，消灭地下病虫害。采后先将种子浸水4～5d，待其充分吸水膨胀后，按行距20cm、株距10cm播种。播种深度以盖住种子为好，播后盖草保湿，每天喷水1次。幼苗8～10d即可出土，出土后除去盖草立即遮阴，切勿曝晒。待幼苗长到5～8cm时，每周施薄肥1次，土施1%复合肥，叶面喷施0.5%的磷酸二氢钾以壮苗。冬季来临前做拱棚覆膜保温防冻。

（2）扦插繁殖　分春、夏、秋3季进行，插穗须带节。春插在3月上旬进行，选取一年生健壮枝梢上未老熟变硬的嫩枝部分作插穗。夏插在6月，将嫩枝掰下来，为保证成活，插穗最好随插随剪（时间在上午进行）。插时摘去下端针片（均插穗长度一半），把地刨松、耙平、打畦、灌水，随时用铁耙耙成泥浆，把枝条插入土中，插5～6cm深。插后浇1次水，然后每天喷水1次。秋插在7～8月份，以半木质化的嫩枝作插穗。无论春、夏、秋扦插，苗床都要搭棚遮荫，9月份以后才可去掉遮荫物，过冬时覆盖3～4cm厚的马粪或草帘防寒。

二、女贞

女贞，木犀科、女贞属，用于园林绿化的种类有多种。

【主要种类】大叶女贞 *Ligustrun lucidum* Ait.，常绿大灌木或小乔木，主要分布于长江流域以南地区，北京以南地区均可栽培（见图9-58）。

小叶女贞 *Ligustrun lucidum quiloui* carr.，落叶或半常绿灌木，原产于中国中东部和西南地区。

金叶女贞 *Ligustrun* 'vicaryi'（金边卵叶女贞），半常绿灌木，杂交种，叶色金黄色，适于沈阳以南地区栽培。

金森女贞 *Ligustrnu japonicum* 'howaudii'，常绿灌木或小乔木，叶色黄色或金黄色，日本引进，可种植于北京以南平原地区。

红叶女贞 *L. quihoui* Carr. f. atropurea，为一园艺栽培种，新梢及嫩叶紫红色，北京以南均可栽培。

【生态习性】以上多属常绿树种，北方栽培注意防寒，阳性或中性树种，幼苗期耐阴，对土壤条件要求不严，抗

图 9-58　大叶女贞

烟尘和有害气体能力较强。

【幼苗繁殖】可采用播种、扦插、压条育苗，大叶女贞和小叶女贞以播种繁殖为主，其他以扦插繁殖为主。做造型时还可用嫁接法。

（1）播种育苗

① 采种　选择 15 年生以上健壮母树，于 11～12 月份，当果实由青变为蓝黑色时及时采收，采回的果实用清水浸泡数天后搓去果皮，淘洗干净，阴干。采下的种子可立即播种，如不立即播种的可装袋干藏或混湿沙贮藏。

② 种子处理　采后立即播种的种子无需处理，南方冬季播种和北方春季播种的种子经低温层积后于播前取出放温暖处继续催芽至有 30%种子露白；未经层积的种子温水浸种后高温层积或常湿催芽至 30%种子露白时播种。

③ 播种　选疏松肥沃之地，整地做床，施足基肥，条播、撒播均可，多用条播，行距 25cm，覆土厚度 1.5cm。播种量 4～7kg/亩。由于出苗较慢，播后需盖草或地膜等保湿。

④ 管理　大部分苗出土后撤除覆盖物，及时松土除草，苗高 5cm 时间苗，每亩留苗 7000～10000 株；苗高 7～8cm 时追施氮肥。当年苗高可达 50cm 左右。

（2）扦插育苗　女贞扦插育苗按所用枝条年龄分为硬枝扦插和嫩枝扦插；按育苗方式分为露地育苗和设施育苗。

① 采集插穗和处理　硬枝插穗先用一年生木质化的枝条，嫩枝插穗选用当年生未木质化枝条。剪留长度 10cm 左右，带 2～3 个芽，剪去下部 1/2 叶片，其余叶片也可每叶再剪掉一部分，以减少蒸腾。为了提高成活率，扦插前充分复水，并可用 ABT 生根粉等进行处理。

② 扦插　采用床作为宜，采用设施育苗最好，至少也应搭设荫棚，用全光弥雾效果好。扦插深度为插穗长度的 1/2，如土质较硬或枝条较软时打孔扦插，插后摁实，随插随浇水。株行距 5cm×5cm。

③ 管理　主要是注意保湿，保持设施内温度不超过 28℃。一般第 2 年春季经 10～15d 炼苗后移入露地培育，根据整形要求进行整形修剪。

为了培育高干型彩叶女贞，常用大叶女贞作砧木进行高接，劈接、腹接、插皮接、带木质部芽接均可，其中插皮接应用较为普遍，砧木粗度要求在 3cm 以上。

【大苗培育】女贞多为灌木，适合作绿篱或组成图案，一般培育成灌丛型。也有的可以培育成主干型作行道树。培育灌丛型时通过平茬促发分枝，再进行短截而成型；培育主干型时先要培育一个主干，然后进行定干，定干后再根据情况培育成分层型或疏散型即可。

三、金丝桃

金丝桃 *Hypericum monogynum* L.，又叫土连翘，为藤黄科金丝桃属。见图 9-59。

【形态特征】半常绿灌木，为半灌木：地上每生长季末枯萎，地下为多年生。小枝纤细且多分枝，叶纸质、无柄、对生、长椭圆形；花期 6～7 月份，常见 3～7 朵集合成聚伞花序着生在枝顶，花色金黄，其呈束状纤细的雄蕊花丝也灿若金丝。

【生态习性】生于草坡或岩石坡、疏林下、草地及悬岩上，海拔 1500～2700m。金丝桃为温带树种，喜湿润半阴之地。如将其配植于玉兰、桃花、海棠、丁香等春花树下，可延长景观；若种植于假山旁边，则柔条葳蕤，亚枝旁出，花开烂漫，别饶奇趣。金丝桃也常作花径两侧的丛植，花时一片金黄，鲜明夺目，妍丽异常。因金丝桃不甚耐寒，北方地区应将植株种植于向阳处，并于秋末寒流到来之前在其根部拥土，以保护植株的安全越冬。金丝桃也

图 9-59　金丝桃花、果、叶

可作为盆景材料。

【幼苗繁殖】金丝桃的繁殖常用分株、扦插和播种法繁殖。

（1）分株　在冬春季进行，较易成活，扦插用硬枝，宜在早春孵萌发探前进行，但可在 6～7 月份取带踵的嫩枝扦插。

（2）播种　在 3～4 月份进行，因其种子细小，播后宜稍加覆土，并盖草保湿，一般 20d 即可萌发，分栽 1 次，第二年就能开花。

【大苗培育】金丝挑无论地栽或盆栽，管理都并不很费事。盆栽时用一般园土加一把豆饼或复合肥作基肥。春季萌发前对植株进行一次整剪，促其多萌发新梢和促使壮株更新。在花后，剪去残花及果，这样有利生长和观赏。生长季土壤要以湿润为主，但盆中不可积水，要做到不干不浇。春秋两季要让其多接受阳光；盛夏宜放置在半阴处，并要喷水降温增湿，不然就会出现叶尖焦枯现象。如每月能施 2 次粪肥或饼肥等液肥，则可生长得花多叶茂，即使在无花时节，观叶也十分具有美趣。涂抹促花王 3 号，能使植物营养生长转化成生殖营养，抑制主梢疯长，促进花芽分化，多开花。还能促其多萌发新梢和促使壮株更新。在花蕾期喷施花朵壮蒂灵，可促使花蕾强壮，花瓣肥大，花色艳丽，花香浓郁，花期延长。

第四节　落叶灌木类

一、月季

月季 *Rosa chinensis* Jacq.，别名长春花、月月红、斗雪红、瘦客等，蔷薇科、蔷薇属植物（见图 9-60）。

【形态特征】落叶或半常绿直立灌木。茎具钩刺或无刺，小枝绿色，小叶 3～9，多为 5，广卵至卵状椭圆形，长 2.5～6cm，先端渐尖，具尖齿，叶缘有锯齿，光滑。托叶附生在叶柄上。花朵常簇生，稀单生，花色甚多，色泽各异，径 4～5cm，多为重瓣，也有单瓣者。萼片羽状裂，花期长。果卵球形或梨形。花期 4～11 月份，果期 10 月份。

【生态习性】月季适应性强，耐寒耐旱，对土壤要求不严，但以富含有机质、排水良好的微带酸性沙壤土最好。喜光，但过多强光直射又对花蕾发育不利，花瓣易焦枯。喜温暖，一般气温在 20～25℃最为适宜，夏季高温对开花不利。喜日照充足，空气流通，排水良好而避风的环境，盛夏需适当遮阴。多数品种最适温度：白昼 15～26℃，夜间 10～15℃。较耐寒，冬季气温低于 5℃即进入休眠。如夏季高温持续 30℃以上，则多数品种开花减少，品质降低，进入半休眠状态。一般品种可耐−15℃低温。空气相对湿度宜 75％～80％，但稍干、稍湿也可。有连续开花的特性。

图 9-60　月季

【幼苗繁殖】主要采用嫁接和扦插繁殖法，亦可分株、压条繁殖。

（1）扦插繁殖　月季一年四季均可扦插，但以 6～9 月份或 10 月下旬至 11 月中旬的硬枝扦插为宜，扦插要注意水的管理和温度的控制，否则不易生根，冬季扦插一般在温室或大棚内进行，如露地扦插要注意增加保湿措施。扦插时选取 1～2 年生的健壮枝条，剪成 15～20cm 长的插穗，插穗上可带 1～2 片小叶，插入事先准备好的苗床，扦插深度为插穗长度的 2/3，扦插的密度应以插穗之间的叶子不重叠为宜。扦插后，扦插圃应用帘子遮盖，或放在阴凉处，避免阳光直射，30d 后即可生根。

（2）嫁接繁殖　对于少数难以生根的名种，则用嫁接繁殖，其砧木以野蔷薇、粉团蔷薇、白玉棠等为宜。芽接、切接、根接均可，但以枝接或芽接成活率高，嫁接成活后当年或第 2 年便能开花。

（3）播种繁殖　月季很多品种可以结果产籽，播种繁殖的实生苗在株高、叶色和叶形、花色等性状上常发生变异，不能保证原来母株的优良特性，只有用于有性杂交育种。

【大苗培育】根据月季分枝习性不同，月季大苗培育时的整形修剪各不相同，对直立型品种采用多干瓶状形和树状形，对扩张型品种宜修剪成多主干形。

月季需在开花前重施基肥后追施速效性氮肥以壮苗催花，月季对水要求严格，不能过湿或过干，过干则枯，过湿则伤根落叶。露地栽种月季，应选背风向阳排水良好的处所，除重施基肥外，生长季节还应加施追肥。

最常见的病害有白粉病、黑斑病等。月季白粉病初发时可喷 50％苯来特可湿性粉剂 1000 倍液、15％的三唑酮（粉锈宁）可湿性粉剂 1000 倍液，每隔 7～10d 喷 1 次，喷药时先叶后枝干，连喷 3～4 次，可有效地控制病害发生。月季黑斑病发病初期喷洒 1∶1∶200 波尔多液，发病期喷洒 75％达可宁 600 倍液、70％甲基托布津 800～1000 倍液防治。

主要害虫有蚜虫、朱砂叶螨等。蚜虫可及时用 10％的吡虫啉可湿性粉剂 2000 倍液喷杀；朱砂叶螨一旦发现，及时用 25％的倍乐霸可湿性粉剂 2000 倍液喷杀。

二、黄刺梅

黄刺梅 *Rosa xanthina*，蔷薇科、蔷薇属（见图 9-61）。

【形态特征】落叶丛生灌木。产于我国东北、华北及西北各省区。枝直立，小枝紫褐色，有硬直皮刺，羽状复叶，小叶卵形。花单生，重瓣或单瓣，黄色，花期 4～6 月份，果近球形，褐红色，7～9 月份成熟。

【生态习性】性强健。喜光，耐寒、耐旱、耐贫瘠土壤且少病虫害。萌蘖性强，适生于湿润肥沃排水良好的土壤。它是形、色、香俱佳的花灌木之一。

【幼苗繁殖】以分株、扦插、压条方法繁殖。

（1）分株育苗　一种是挖掘灌丛四周根部萌蘖的小苗；另一种是将母株挖下，然后分株栽植。可在春季发芽前或秋季落叶后进行。在栽植时疏剪去一部分枝条和过长的根系，随即

图 9-61　黄刺梅

栽植并灌水。秋季分株后也可假植，翌春再行栽植。为达到及早出圃的标准，每穴可栽 2～4 株，缩短抚育年限。

（2）扦插育苗　于 5 月底至 6 月上旬，剪取当年生半木质化枝条（木质化程度达到 50%～60%），剪去上部幼嫩部分，摘去下部叶片，留上部少量叶片（若是全光喷雾苗床，可多留叶片），插穗长 10cm 左右，以过筛的大粒河沙作基质（可用 0.5%高锰酸钾溶液消毒）。扦插前，插穗可用生根粉处理。株行距 5cm×5cm，扦插深度以插穗不倒为准，约 1～2cm，浇透第一次水，用塑料薄膜遮盖。温度过高时，可遮阴。温度不超过 18～32℃，相对湿度保持在 80%以上。也可在生长旺季即 7 月中旬，进行软枝扦插。用塑料薄膜覆盖，并设荫棚，每天中午床内喷水降温，扦插后 3～4 周即可生根，然后逐渐撤出覆盖物。冬季防寒或假植，翌春进行移植。

（3）压条育苗　于 7 月份将黄刺梅嫩梢压入土中，第 2 年即能生根，然后于秋季断离母株，掘起假植，以备翌春栽植。此法简便易行，操作容易，但需时间较长，繁殖系数较低。

【大苗培育】黄刺梅的移植苗喜光、喜湿、喜肥、怕涝。因此在栽培过程中，密度不宜过大，以稀植为宜，以免影响光照。干旱季节宜经常灌溉，保持土壤湿润，一般每半月灌溉一次，全年追肥 2～3 次，栽植时以厩肥作基肥，生长期适量追施化肥。为保持土壤疏松透气，灌溉后或雨后及时进行中耕、除草，雨季注意排水防涝。黄刺梅属于无主干的丛生灌木，可采取多干疏枝整形培养，由基部选留 3～5 个主枝，各主枝上剪除部分枝梢，形成骨架枝条。即移植后当年冬季或翌春，可将枝条保留 15～20cm 长，上部剪除，以促进多生侧枝和萌生根蘖，使树形丰满。下年冬季或翌春，可对枝条再次修剪，剪去新梢的 1/3～1/2。如培育管理得当，第 4 年可出圃绿化栽植。

三、玫瑰

玫瑰 *Rosa rugosa*，蔷薇科、蔷薇属（见图 9-62）。

【形态特征】丛生落叶灌木，株高可达 2m，枝干多刺。羽状复叶，小叶 5～9 枚，椭圆形至椭圆倒卵形，表面多皱，下面有刺毛，托叶大部与叶柄合生。花期 4～5 月份，花单生或数朵聚生，紫红色，单瓣，芳香。果扁球形，红色。原产于我国北部辽宁、山东等地，现各地广为栽植，是著名的观花灌木和食用香料植物。

【生态习性】生长健壮，适应性强，喜光、耐寒、耐旱、不耐积水，对土壤要求不严。最适宜栽培在排水良好、肥沃、疏松的中性或微酸性沙质壤土上。浅根性，根颈部及水平根易生萌蘖。生长速度快。玫瑰色艳花香，最宜作花篱、花境、花坛及坡地栽植。

图 9-62　玫瑰

【幼苗繁殖】以分株、扦插繁殖为主，还可以用嫁接和埋条法繁殖。

（1）分株育苗　分株繁殖为主。首先，对母株加强肥水管理，适时进行松土除草，追施有机肥，如腐熟的豆饼等可以增加萌蘖的数量。分株在春季发芽前和秋季落叶后进行，将掘出的母株按每株 3～5 个枝干分开，剪掉枯枝，修剪根系。为了确保新的植株成活，有时可将大部分枝条剪掉，以减少蒸发量，栽植后灌水，成活率甚高。可在落叶至萌芽前在株丛周围挖取萌蘖栽植。栽植时注意不要窝根，栽后踩实，灌溉。可每隔3～5年分株1次。

(2) 压条繁育　在母株基部堆积湿润的土壤，促使丛生枝基部生根，成活后与母株分离。

(3) 扦插繁殖　硬枝、嫩枝均可。6月中旬开花后用半木质化枝条扦插。插条剪成5～10cm，上带1～2片复叶，剪去一些下部叶片，剪后立即用清水浸泡，随泡随扦插。扦插前可用100～150ppm萘乙酸浸蘸1～2h，利于促发新根。扦插于苗床净沙中，插床为温床，插前要浇透底水，保持温度25～30℃，湿度80%以上，防止阳光直射，注意遮阴，大约3～4周生根。

【大苗培育】扦插苗根系发育完整之后，一般在8月份之前可以移植，8月份之后则应留床，应在塑料拱棚上覆盖草帘防寒越冬，翌年移植。株行距50～60cm，移植于中性、微酸性沙壤土。移植前，结合整地作垄施腐熟的基肥，每亩施厩肥5000kg，夏季生长期间注意排涝。落叶后需在植株周围挖沟施基肥，早春发芽时再施1次肥料，以促进枝条的生长和开花的繁盛。每年6～7月份进行追肥1～2次。幼苗移栽后可将枝条保留5～10cm高，余者剪除，促进多生侧枝和根蘖。下年冬季或翌年春季，可对枝条再次修剪，剪去新枝的1/3～1/2。及时灌溉和中耕除草，若抚育得当，第4年可出圃绿化栽植。

四、迎春花

迎春花 *Jasminum nudiflorum* Lindl.，别名迎春、金腰带，木犀科、茉莉属（见图9-63）。

【形态特征】落叶灌木。株高0.3～5m，枝细长，拱曲下垂成拱形，幼枝绿色，四棱形。三出复叶对生，小叶卵状椭圆形，幼枝基部有单叶。花单生于去年生枝的叶腋，先叶开放，有清香，萼片绿色，花冠黄色，外染红晕，高脚碟状。花期2～4月份。浆果紫黑色（通常不结果）。

【生态习性】迎春花多生长于海拔800～2000m的山坡灌丛或溪谷岸边。性喜光，稍耐阴，喜温暖湿润，耐寒，耐旱，忌涝，对土壤要求不严，但喜肥沃、排水良好的土壤。浅根性，根部萌蘖力很强，枝端着地部分极易生根，耐修剪。

图 9-63　迎春花

【幼苗繁殖】迎春花多以扦插繁殖为主，硬枝或嫩枝扦插均可，也可用压条、分株法繁殖。春、夏、秋三季均可进行扦插，剪取半木质化的枝条插入沙质土壤的苗床中，保持湿润，约20d生根，30d即可移栽。压条时将较长的枝条浅埋于沙土中，不必刻伤，40～50d后生根，翌年春季与母株分离移栽。分株在春季萌芽前或春末夏初进行，通常将根部土壤扒开，每丛2～3枝用利刀切分，尽量多带根系，立即栽植。

【大苗培育】迎春绿化苗很少采用高大的植株，通常以5年生以上的苗即为大苗，采用独干直立的树形为主。由于迎春枝条直立性不强，通常用竹竿扶持幼树，使其直立生长，并注意摘去基部的芽，待长到所需高度时，摘心促分枝，形成下垂之拱形树冠。每年开花后修剪整形，保持树老枝新，开花繁茂。为防止新枝过长，5～7月份可保留基部几对芽摘心2～3次，以形成更多的开花枝条。在生长过程中，注意土壤不能积水和过分干旱，开花前后适当施肥2～3次。定植在原苗床培养2年再移植到大苗圃，经3年的培养，保留中心领导干，四周15个左右的分枝。枝条分布均匀、粗度一致、无病虫害的大苗绿化效果好。

五、木槿

木槿 *Hibiscus syriacus* Linn.，别名篱障花、荆条、锦葵科、木槿属（见图9-64）。

图9-64　木槿

【形态特征】落叶直立灌木或小乔木。高2～3m。茎直立，嫩枝有绒毛，后渐脱落，小枝灰褐色。叶三角形至菱状卵形，长3～6cm，先端有时3浅裂，基部楔形，边缘有钝齿。花单生叶腋，钟状，直径5～8cm，单瓣或重瓣，有白、粉红、淡紫等色，朝开暮谢。蒴果卵圆形，深红色，密生星状绒毛，有短缘，种子成熟时黑褐色。花期6～9月份，果10～11月份成熟。

【生态习性】性喜光，稍耐阴。喜温暖湿润气候，也颇耐寒。适应性强，耐干旱及瘠薄土壤，但喜深厚、富于腐殖质的酸性土壤，不耐积水。对二氧化硫、氯气等抗性强。萌蘖力强，耐修剪。

【幼苗繁殖】生产上常采用扦插繁殖育苗。

（1）插穗选取　在树液流动前，一般在3月中下旬，结合修剪整枝，选取一年生和二年生健壮无损伤、节间短、芽眼明显的枝条作插穗，截成12～15cm长的小段，每段3个芽以上，剪除未木质化枝梢备用。

（2）插床准备　提前在温室或大棚内建插床，宽1.0m，基质用细沙或珍珠岩、蛭石等无土材料为好，先过筛、清洗、消毒处理，基质厚度在15cm左右，用清水浇透、沉实，刮平床面，准备扦插。

（3）扦插操作　扦插前将插穗50支或100支扎成一捆，先用0.1%的高锰酸钾液浸泡插穗5min，消毒后用清水冲洗干净，再插入100mg/L萘乙酸溶液12h，捞出备插。

在插床上用铁钉做成打孔器，株行距10cm×10cm，孔深8～10cm，把插穗均匀扦插到打孔的床面，压实插孔，及时喷水沉实孔隙。

（4）插后管理　室温保持在25～28℃，相对湿度控制在90%以上，适度见光，经常检查病虫害发生情况及生根情况，约25d可生根。生根后，注意喷水保湿，当插条长有5～8条5cm左右长的幼根时及时移栽。

（5）幼苗管理　移栽至苗床的幼苗需加强管理，开始时注意喷水保湿，确保移栽成活率。夏季必须遮阴，预防高温，秋季落叶后起苗假植进行冬季防寒。生长期及时拔除杂草，加强肥水管理，注意防治蚜虫和袋蛾危害。8月份后，施磷钾肥1次，促进生长及抗寒能力。

【大苗培育】木槿在苗床生长2年后，需进行移圃培育大苗。按照株行距80cm×100cm进行带土球栽植，保留3～5个主枝，在春季芽萌动前至夏季开花期间，灌水1～2次，以促进旺盛生长。木槿耐修剪，秋季落叶后或春季萌动前，应剪除干枯枝、弱枝和病虫枝，以利于枝条的更新。经过3～4年的培育，保证主枝3～5个，侧枝12～15个，株高2.5m左右即可出圃，进行大苗绿化。

六、红瑞木

红瑞木 *Cornus alba*，别名红梗木、凉子木，山茱萸科、梾木属（见图 9-65）。

【形态特征】落叶灌木。树体高达 3m。干直立丛生，暗红色，嫩枝橙黄色，入冬后转血红色，无毛，髓白色而大。单叶对生，卵形或椭圆形，先端尖，基部圆形或广楔形，全缘，叶表面暗绿色，背面粉绿色。5～6 月份开花，花小，黄白色，成紧密的顶生聚伞花序。果实卵圆形，蓝白色或带白色，8～9 月份果熟。分布于我国东北和内蒙古、陕西、甘肃、青海等省区；朝鲜、俄罗斯也有分布。

图 9-65　红瑞木

【生态习性】喜光，耐半阴，极耐寒，耐干旱，又耐潮湿，喜湿润、肥沃的土壤，能适应南方湿热的环境。根系发达，适应性强。红瑞木茎干入冬后成鲜红色，是春观花、夏观果、秋观叶、冬观枝的优良树种，宜丛植于庭园草坪，建筑物前或常绿树前。

【幼苗繁殖】可用播种、扦插、压条、分株等方法繁殖，以播种繁育为主。

（1）播种繁殖　9 月下旬，采集种子，用清水浸泡，搓去果皮，用清水掏净，放在背风处阴干。翌年春，播种前 2 个月（3 月初），进行催芽处理。方法为：用 50℃温水浸种（边倒水边搅拌降温）一昼夜，然后用凉水浸种 4～5d，每天换水一次，再用 0.5％高锰酸钾消毒 4h，捞出控干。用湿沙均匀拌种，埋藏于室外背阴背风处进行层积处理。播种前 2 周每天翻动两次，待有 1/3 发芽，即可播种。采用高床条播。时间在 4 月下旬至 5 月初，播后 15d 开始出苗，20d 左右全部出齐。小苗长出 4 片小叶，苗高 5～7cm，即可移栽换床。

（2）扦插繁殖　扦插可在秋末剪取 1 年至 2 年生的健壮枝条进行沙藏，沙藏越冬后早春扦插较好，第 2 年春天 3 月份插于土壤中；也可在春季植株将要萌动时，将头年生的枝条剪成 15～20cm 长，用二号生根粉 100mg/L 浸 30min，地插或盆插，1 个月后生根发芽。也可采用全光喷雾嫩枝扦插繁殖。扦插成活后，当年要移栽换床，以利于苗木快速生长。

（3）压条　可在 5 月份将枝条环割后埋入土中，生根后在翌春与母株割离分栽。

（4）分株繁殖　多在春季进行，将丛生的植株掘出，分成数丛，分别栽种即可。

【大苗培育】移植在秋季落叶后至春季芽萌动前进行，在幼苗时重剪，使其多发分蘖枝，移植后应行重剪，栽后初期应勤浇水，以促使枝条茂密，提高枝干颜色的观赏效果。以后每年应适当修剪以保持良好树形及枝条繁茂。

七、棣棠

棣棠 *Kerria japonica*，别名地棠、黄榆叶梅、黄度梅、山吹、麻叶棣棠、黄花榆叶梅，蔷薇科、棣棠花属（见图 9-66）。

【形态特征】落叶丛生小灌木，高 1～2m。单叶互生，叶卵形至卵状椭圆形，先端渐尖，基部截形或近圆形，边缘有锐尖重锯齿，叶背疏生短柔毛；小枝绿色，无毛，叶柄长 0.5～1.5cm，无毛，枝条终年绿色。花金黄色，花期 4～5 月份。瘦果褐黑色、扁球形。

【生态习性】喜温暖和湿润的气候，耐阴，较耐湿，耐寒性较差，对土壤要求不严，耐旱力较差。根蘖萌发力强，常作花径、花篱。

图 9-66　棣棠

【幼苗繁殖】以分株、扦插繁殖为主，播种繁殖次之。

（1）分株　可在晚秋和早春发芽前进行，将母株整株挖出从根际部劈成数株后定植即可，或者由母株周围掘取萌条分栽，很易成活。

（2）扦插　早春 2～3 月份可选 1 年生硬枝剪成长 17cm 左右，插在整好的苗床上，插入土中 2/3，插后及时灌透水，扦插密度以 4cm×5cm 为宜，上露 1cm 左右，保证外露出 1 个饱满芽，保持苗床湿润，4 月下旬搭棚遮阴，9 月中下旬停止庇荫；半熟枝扦插以 6 月为宜，用当年生粗壮枝作插穗，长 10cm 左右，留 2 片叶生，插后及时遮阴、浇水，约 20d 发根，发根后即可圃地分栽。

（3）播种　在 8 月下旬采种，翌年 2～3 月份条播，播后盖细焦泥灰 0.5cm，出苗后搭荫棚。

【大苗培育】春秋两季均可进行移植，但多在春季带宿土进行，移植易成活。定植后加强肥水管理，当年可开花。花后宜将残花及枯枝剪除。为促使第 2 年发枝多、长势旺，可在冬季对全株仅留 7cm 左右，以上全部剪除，并在根际周围施基肥。

八、榆叶梅

榆叶梅 *Prunus triloba* Lindl，蔷薇科、李属（见图 9-67）。

【形态特征】落叶灌木或小乔木，高 3～5m；枝条褐色，粗糙，小枝细，无毛或幼时稍有柔毛。叶椭圆形至倒卵形，长 3～5cm，先端尖或有时 3 浅裂，基部宽楔形，缘有不等的粗重锯齿。花粉红色，常 1～2 朵生于叶腋，花期 4 月份。核果红色，近球形，有毛。果期 7 月份。

【生态习性】性喜光，耐寒，耐旱，对轻碱土也能适应，不耐水涝。

图 9-67　榆叶梅

【幼苗繁殖】

（1）嫁接繁殖　重瓣榆叶梅主要采用嫁接方法繁殖，嫁接多用 1～2 年生的山杏、山桃、榆叶梅的实生苗作砧木。春季芽萌动前可进行切接，接穗要在植株萌芽前截取，冬季也可截取接穗，贮藏在沙土中，留待春季使用；芽接在 7～8 月份进行；靠接可在 6 月份以前，1～2 个月后愈合便可与母株分离。

（2）播种繁殖　种子成熟后秋播，或沙藏后春播。但对重瓣榆叶梅来说，结实率不高，又由于实生苗遗传分离严重，后代产生单瓣、半重瓣、重瓣兼有，栽培时可按不同目的从中选择。

（3）分株繁殖　分株方法可在秋季和春季土壤解冻后植株萌发前进行。分株后的植株，应剪去 1/3～1/2 枝条，以减少水分蒸发，这样有利于植株成活。

（4）压条繁殖　压条要在春季 2～3 月份进行。可选择两年生枝条，在埋入土中的部分，对枝条作部分刻伤或作环状剥皮处理，以利萌芽根须。一般 1 个月即可生根。

【大苗培育】一般用逐年培育法进行主干和冠形的培养，也可用高接换头法、多头嫁接法进行大苗培育。

九、紫丁香

紫丁香 *Syringa oblata* Lindl，别名百结、情客等，木犀科、丁香属（见图9-68）。

【形态特征】落叶灌木或小乔木，高可达4m；枝条粗壮无毛。叶广卵形，通常宽度大于长度，宽5～10cm，端锐尖，基心形或截形，全缘。顶生或侧生圆锥花序，花序长8～20cm或更长；花小芳香，白色、紫色、紫红色或蓝色。蒴果长圆形，顶端尖，平滑。

图9-68　紫丁香

【生态习性】喜光，稍耐阴，阴地能生长，但花量少或无花；耐寒性较强；耐干旱，忌低湿；喜湿润、肥沃、排水良好的土壤。

【幼苗繁殖】

(1) 播种繁殖　播种可于春、秋两季在室内盆播或露地畦播。北方以春播为佳，于3月下旬进行冷室盆播，温度维持在10～22℃，14～25天即可出苗，出苗率40%～90%，若露地春播，可于3月下旬至4月初进行。播种前需将种子在0～7℃的条件下沙藏1～2个月，播后半个月即出苗。未经低温沙藏的种子需1个月或更长的时间才能出苗。可开沟条播，沟深3cm左右。无论室内盆播还是露地条播，当出苗后长出4～5对叶片时，即要进行分盆移栽或间苗。露地可间苗或移栽1～2次。

(2) 扦插繁殖　扦插可于花后1个月，选当年生半木质化健壮枝条作插穗，插穗长15cm左右，用50～100mg/L的吲哚丁酸水溶液处理15～18h，插后用塑料薄膜覆盖，1个月后即可生根，生根率达80%～90%。扦插也可在秋、冬季取木质化枝条作插穗，一般于露地埋藏，翌春扦插。

(3) 嫁接繁殖　嫁接可用芽接或枝接，砧木多用欧洲丁香或小叶女贞。华北地区芽接一般在6月下旬至7月中旬进行。接穗选择当年生健壮枝上的饱满休眠芽，以不带木质部的盾状芽接法，接到离地面5～10cm高的砧木干上。也可秋、冬季采条，经露地沙藏于翌春枝接，接穗当年可长至50～80cm，第2年萌动前需将枝干离地面30～40cm处短截，促其萌发侧枝。

【大苗培育】紫丁香宜栽于土壤疏松而排水良好的向阳处。一般在春季萌芽前裸根栽植。2～3年生苗栽植穴径应在70～80cm，深50～60cm。每穴施100g充分腐熟的有机肥料及100～150g骨粉，与土壤充分混合作基肥。栽植后浇透水，以后每10d浇1次水，每次浇水后要松土保墒。栽植3～4年生大苗，应对地上枝干进行强修剪，一般从离地面30cm处截干，第2年就可以开出繁茂的花来。一般在春季萌动前进行修剪，主要剪除细弱枝、过密枝，并合理保留好更新枝。花后要剪除残留花穗。一般不施肥或仅施少量肥，切忌施肥过多，否则会引起徒长，从而影响花芽形成，反而使开花减少。但在花后应施些磷、钾肥及氮肥。灌溉可依地区不同而有别，华北地区，4～6月份是丁香生长旺盛并开花的季节，每月要浇2～3次透水，7月份以后进入雨季，则要注意排水防涝。到11月中旬入冬前要灌足水。危害丁香的病害有细菌或真菌性病害，如凋萎病、叶枯病、萎蔫病等，另外还有病毒引起的病害。一般病害多发生在夏季高温高湿时期。害虫有毛虫、刺蛾、潜叶蛾及大胡蜂、介壳虫等，应注意防治。

十、连翘

连翘 *Forsythia suspensa*，别名一串金、旱连子、黄奇丹、连壳、黄花条、黄链条花、青翘、落翘、黄绫带、黄寿丹、黄金条等，木犀科、连翘属（见图 9-69）。

【形态特征】落叶灌木，高 1～3m，基部丛生，枝条拱形下垂，棕色、棕褐色或淡黄褐色；小枝土褐色，稍四棱形，疏生皮孔，节间中空，节部具实心髓。花金黄色，着生于叶腋。花梗长 5～6cm。叶为单叶对生或羽状三出复叶，顶端小叶大，其余两小叶较小；叶片对生，卵形或椭圆状卵形，长 3～10cm，宽 2～5cm，先端渐尖或急尖，基部圆形至宽楔形，叶缘除基部外具锐锯齿或粗锯齿，上面深绿色，下面淡黄绿色，两面无毛；果卵圆形，表面有瘤点，2 室，开裂，种子多数具膜质翅。

图 9-69　连翘

【生态习性】喜光，有一定程度的耐阴性；耐寒；耐干旱瘠薄，怕涝；不择土壤；抗病虫害能力强。

【幼苗繁殖】

(1) 播种繁殖　将种子精选后，干藏于室内，第 2 年 3 月上旬将种子用温水浸种 2～4h，捞出，掺沙两倍置于背风向阳处，每天翻倒，10 几天后种子发芽，即可播种。连翘一般采用床播，底水要足，覆土不可过厚，每 10m² 用种 50g，可产苗 300～400 株。连翘怕水涝，因此在雨季中要注意排水工作，一般到秋季苗可高达 40～50cm，落叶后掘下假植。

(2) 扦插繁殖　秋季落叶后或春季发芽前，均可扦插，但以春季为好。选 1～2 年生的健壮嫩枝，剪成 20～30cm 长的插穗，上端剪口要离第一个节 0.8cm，插条每段必须带 2～3 个节位。然后将其下端近节处削成平面。为提高扦插成活率，可将插穗分扎成 30～50 根 1 捆，用 500mg/L ABT 生根粉或 500～1000mg/L 吲哚丁酸溶液，将插穗基部（1～2cm 处）浸泡 10s，取出晾干待插。南方多于早春露地扦插，北方多在夏季扦插。插条前，将苗床耙细整平，作高畦，宽 1.5m，按株行距 20cm×10cm 斜插入畦中，插入土内深 18～20cm，将枝条最上一节露出地面，然后埋土压实，天旱时经常浇水，保持土壤湿润，但不能太湿，否则插穗入土部分会发黑腐烂。正常管理，扦插成苗率可高达 90%。加强田间管理，秋后苗高可达 50cm 以上，于次年春季即可挖穴定植。

(3) 压条繁殖　春季选成年树下垂的枝条，将其弯曲压入土中，并在枝条入土处刻伤，保持土壤湿润，待枝条在土中生出须根后，切断与母树的联系，让其独立长成新株。冬季要作好防冻准备，如在其上面覆盖杂草或塑料膜等，确保安全越冬。

(4) 分株繁殖　在"霜降"后或春季发芽前，将 3 年以上的树旁发生的幼条，带土刨出移栽或将整棵树刨出进行分株移栽。一般一株能分栽 3～5 株。采用此法关键是要让每棵分出的小株上都带一点须根，这样成活率高，见效快。

【大苗培育】连翘生长速度快，一般用逐年培育法进行冠行和主枝的培养。早春土壤化冻后进行栽植，宜早不宜迟。将幼苗按 50cm×50cm 的株行距栽植。栽后自地上 5cm 处平茬，浇定植水。当萌蘖条长至 20cm 以上时，选留 3～5 个角度适宜、生长健壮的枝条，进行主枝培养，疏除其余萌蘖。每个主枝留 3～4 个侧枝培育树冠。加强肥水供应及田间管理，2～3 年后即可获得园林大苗。连翘不耐水湿，小苗忌积水，大雨过后要及时排水防涝。

十一、锦带花

锦带花 *Weigela florida*，别名五色海棠、山脂麻、海仙花等，忍冬科、锦带花属（见图 9-70）。

【形态特征】灌木，高 3m。枝条开展，小枝细弱，幼时具 2 列柔毛。叶椭圆形或卵状椭圆形，长 5～10cm，端锐尖，基部圆形至楔形，缘有锯齿，表面脉上有毛，背面尤密。花冠漏斗状钟形，玫瑰红色，裂片 5。蒴果柱形；种子无翅。花期 4～6 月份。

图 9-70　锦带花

【生态习性】喜光，耐阴，耐寒；对土壤要求不严，能耐瘠薄土壤，但以深厚、湿润而腐殖质丰富的土壤生长最好，怕水涝。萌芽力强，生长迅速。

【幼苗繁殖】

（1）播种繁殖　由于种粒细小发芽快，因此播种时期不要太早，以免遭受霜害。一般可在 4 月上旬进行，播种前首先要选择土质肥沃的沙质壤土作播种区，切忌涝洼黏重的土壤。由于种粒细小，整地作床要精细，为了撒种均匀可将种子和细沙混合，撒播于床内，覆土要薄。为了增加地温及保证床面湿润，播后应在床面覆盖塑料薄膜，播后 10d 左右，种子即可发芽出土，苗出齐后即可去掉塑料薄膜，在床上搭设遮日苇帘，防止烈日曝晒。同时其他管理都要精细，灌水不宜漫灌，可用细雾喷灌。等幼苗长到 4～5cm 时即可开始间苗，为了加速苗木生长，间苗后可适量追施一些肥料。由于苗木尚幼小，施肥量要少但次数可多。在管理得当的情况下，当年苗高可达 20～30cm，至秋季苗木落叶后掘下假植，待第 2 年春进行移植。

（2）扦插繁殖　扦插繁殖多在夏季，采用软材扦插方法，其时期以 7 月份为宜。其方法可同于一般软材扦插方法，为了加速生根与提高成活率，扦插时可速蘸 500ppm 吲哚丁酸水剂。插床温度应保持 27～29℃。

【大苗培育】锦带花栽培容易，生长迅速，病虫害少，花开于 1～2 年生枝条上，故在早春修剪时只需剪去枯枝及老弱枝条，每隔 2～3 年修剪 1 次，促发新枝。早春开花前施 1 次腐熟堆肥，则可年年开花茂盛。第 1 年移植时为了使其提早出圃，在条件可能时，可一穴植入 2～3 株，以后培育 1～2 年，即可长成较理想的冠丛出圃。

十二、牡丹

牡丹 *Paeonia suffruticosa* Andr.，别名国色天香、木芍药等，芍药科、芍药属（见图 9-71）。

【形态特征】落叶灌木或亚灌木，株高 0.5～2m；根系肉质粗壮，长度 0.5～0.8m，中心木质，根皮和根肉的色泽因品种而异。枝干直立较脆，圆形，从根茎处丛生数枝成灌木状生长，当年生枝光滑，初期为绿色，后期黄褐色，常开裂而剥落。叶互生，常为二回三出复叶，顶生小叶常为 2～3 裂，叶上表面深绿色或黄绿色，下表面为灰绿色，光滑或有毛；总叶柄表面有凹槽。花单生于当年生枝顶，两性，花大色艳，花径 10～30cm；花色丰富，雌雄蕊常瓣化，单瓣品种结实较多。蓇葖果五角形，每果角结籽 7～13 粒，种子近圆形，成熟时黄色，老时黑褐色，种子直径 0.6～0.9cm，千粒重约 400g。

图 9-71　牡丹

【生态习性】性喜温暖，不耐夏季高温高湿，最适黄河中下游气候。原产于我国西部及北部，在秦岭、伏牛山、嵩山等地有野生，现全国各地有栽培。栽培品种 1000 多个，根据起源及地域适应性分为中原牡丹、西北牡丹、西南牡丹和江南牡丹四个品种群。在长期的引种驯化、自然和人工杂交及栽培选育过程中，不同品种群的牡丹由于对不同地区的气候、土壤条件的适应，逐渐在生态习性上形成了一定的差异。中原牡丹属温暖干燥生态型，西北牡丹属冷凉干燥生态型，江南牡丹属高温多湿生态型，西南牡丹属高山多湿生态型。

【幼苗繁殖】牡丹繁殖可采用播种、分株、嫁接、压条、扦插等多种方式，其中以分株、嫁接和播种法为常用。

（1）播种育苗　播种方法繁殖系数大，用于实生选种及大量繁殖嫁接用砧木，以及药用栽培中常用。5 年生以上的牡丹结籽充实饱满，利于播种育苗。采种时间在夏秋季，当蓇葖果呈蟹黄色时即可进行采收，具体时间各地不同。采收下来后，把果实堆放在阴凉通风处，让种子在果壳内继续完成后熟过程，每隔 2d 翻动 1 次，10d 后，种子由黄绿色变为褐色到黑色，绝大多数果皮开裂，此后切勿曝晒，原地堆放，使种皮自然变硬，种子脱出，将种子收集起来备用。在 8 月中下旬，用 50℃温水浸种 48h，再把种子与湿沙混拌沙藏催芽，约 10～15d，在胚根伸出前播种。播种苗床应深翻细整，施足底肥，作成 10cm 高床，宽 50～70cm，将催芽种子按株距 5cm 方格点播，也可撒播，覆土 2cm 左右。为提高地温，可盖地膜，也能防旱保墒。当年种子可发出幼根，第 2 年春季天气转暖后种子幼芽开始萌动，发现有幼芽出土时揭去地膜，加强肥水管理，浇水或雨后及时松土除草，夏季要防止积水。在 9 月间可进行幼苗移栽，株行距 50cm×50cm，保持根系舒展。

（2）分株繁殖　分株繁殖在秋季 9～10 月份间进行，选生长健壮的母株，剪去地上枯枝败叶，留当年生枝基部 1～2 芽，其余修剪掉，过弱枝条同时修剪掉。把全株挖起，抖落根部附土，按每株上有 2～3 萌蘖枝分切。对根部腐朽老根进行修剪，伤口较大者应阴干后再栽，也可涂硫黄粉杀菌防腐。

（3）嫁接育苗　嫁接繁殖是保持牡丹优良品种的主要方法，也是提高牡丹抗性、加快育苗速度、提高牡丹观赏价值的措施。砧木多采用芍药根，或以二、三年生的牡丹根作砧木。砧木粗度在 1.5～2.0cm，长 15～20cm，充实饱满，无病虫危害的根条优选。接穗应选健壮植株上一年生粗壮的萌蘖枝，其髓心充实，接后易成活。接穗长 6～10cm，带有健壮的顶芽和 1 个以上侧芽，接穗应随采随接，远途运输应保湿保鲜处理。提前 3d 掘取砧木，放阴凉处存放，待软化后再嫁接，先在接穗基部腋芽两侧，削长约 3cm 的楔形斜面，再将砧木上口削平，选一平整光滑的纵侧面，从中心用力下切，切口略长于接穗削面，以含下接穗削面为宜。砧木、接穗的切面要平整、清洁，将接穗自上而下插入切口中，使砧木与接穗的形成层对齐，接穗留白 0.3cm，捏紧接口，用麻绳从上向下缠绕扎紧，用泥浆或液体石蜡把接口涂严，即可假植在湿沙中，催发愈合瘤，约 20d，取出观察接口愈合后，可以栽植。没有接活的砧木可以重新嫁接接穗补接。

【大苗培育】牡丹绿化苗较少采用高大的植株，通常 7 年生以上的苗即为大苗，以采用嫁接法繁殖的苗为主。也可以凤丹等生长较快的牡丹品种为砧木，高接优良品种，快速培育大苗。采用根接的苗，嫁接后定植在原苗床培养 2 年再移植到大苗圃，经 3 年的培养，留

3～5分枝，枝条分布均匀、粗度一致、无病虫害的大苗绿化效果好。牡丹大苗每年要进行整形修剪，在春秋两季进行除萌蘖，剪残花败叶，疏除过密弱枝，使养分集中供给开花枝芽。控制开花量或及时摘除花蕾，春季施入复合肥料，花后、秋季追施磷钾肥，促进花芽分化和枝条成熟。

十三、紫荆

紫荆 *Cercis chinensis* Bunge.，俗称"满条红"，豆科、紫荆属（见图9-72）。

【形态特征】落叶灌木或小乔木。树干直立丛生，高3～10m，但在栽培条件下常常发育为灌木状。花先于叶开放，紫红色蝶形花冠，花期3～4月份。果熟期9～10月份，荚果条形，成熟后紫褐色。紫荆是著名的早春的园林观赏花木。

【生态习性】喜光，较耐寒，对土壤要求不严，不耐积水，在肥沃的微酸性沙壤土上长势最盛。耐修剪，萌蘖性强。紫荆原产于我国，现除东北寒冷地区外，其他地区均有分布。

【幼苗繁殖】可用播种、分株、压条、扦插的方法，但生产上以播种为主。对于加拿大红叶紫荆等优良品种，还可用嫁接的方法繁殖。

图9-72　紫荆

（1）播种　荚果成熟后采集果荚，去掉荚皮后干藏种子。翌年春季的3月下旬至4月上旬播种。播前40～50d，用60℃的温水浸种，水凉后换清水浸种1～2d，然后沙藏催芽，待种子30％裂口露白时，即可播种。选质地疏松肥沃的沙壤土。采用条播法，行距30cm，播幅5～8cm，播后覆土1.0～1.5cm。保持土壤湿润，约1个月后种子发芽，2个月后，苗高3～5cm时进行一次间苗，7～10cm时第二次间苗，最后的株距为10～15cm。紫荆幼苗需防寒，1年生播种苗可假植越冬，翌年春季进行移植；2年生苗可用风障防寒。

（2）嫁接　可用长势强健的普通紫荆、巨紫荆作砧木，但由于巨紫荆的耐寒性不强，故北方地区不宜使用。以加拿大红叶紫荆等优良品种的芽或枝作接穗，接穗要求品种纯正、长势旺盛，选择无病虫害的植株向阳面外围的充实枝条，接穗采集后剪除叶片，及时嫁接。可用枝接的方法，在4～5月份和8～9月份进行，也可以用芽接的方法在7月份进行。如果天气干旱，嫁接前1～2天应灌1次透水，以提高嫁接成活率。在紫荆嫁接后3周左右应检查接穗是否成活，若不成活应及时进行补接。嫁接成活的植株要及时抹芽去萌蘖。

【大苗培育】播种或嫁接成活的幼苗，要及时除去根际处的蘖芽。第1年冬季把干高3m以下的侧枝全部疏除，挑选3～5个侧枝作为主枝并保留1.5m截断，以培养强而有力的骨干枝，以后夏季不修剪，冬季对病虫枝疏掉即可。

十四、贴梗海棠

贴梗海棠 *Chaenomeles speciosa*（Sweet）Nakai.，别名铁脚海棠、贴梗木瓜、皱皮木瓜，蔷薇科、木瓜属（见图9-73）。

【形态特征】落叶丛生灌木，高达2m。枝条有刺，托叶肾形或半圆形。花稍先于叶开放或花、叶同放。花柄极短，生于老枝上，花色有红、粉红、白、复色等多种颜色，花期

图 9-73 贴梗海棠

3～5月份；果熟期9～10月份。梨果球形或卵形，成熟后黄色或黄绿色，有芳香。是一种早春优良的观花兼观果的灌木，有"花中神仙"之美称。适于庭院墙隅、草坪边缘、路边绿化带、树丛周围、池畔溪旁丛植，也可在常绿灌木前植成花篱、花丛。此外，还是绿篱或花坛的镶边材料，也可盆栽观赏或制作盆景。

【生态习性】喜光，耐半阴。耐寒，对土壤要求不严，喜生于深厚肥沃的沙质壤土；不耐积水，积水会引起烂根；耐修剪。产于我国华南南部、西北中部和华中地区，现各地均有栽培。

【幼苗繁殖及大苗培育】可用播种、分株、扦插、压条等方法，对于一些优良品种还可用嫁接的方法繁殖。

(1) 播种 多用于坐果率较高的木瓜海棠等品种。晚秋果实成熟后，剥开种皮，除去果肉，取出种子，进行沙藏，翌年3月份播种。播种前可用60℃温水浸种，水冷后换清水继续浸种24h，然后混湿沙催芽。选土壤肥沃、排水良好的沙壤土作苗床，也可用腐熟的锯末2份、黄沙土3份混合配制。采用平床条播法，行距为20～25cm，播后覆土2cm，覆盖塑料膜，以保持土壤湿润，出齐苗后去掉塑料膜，苗高3～5cm时间苗、定苗，株间距7～10cm。苗高10cm时施以腐熟的稀薄液肥，苗高30cm时打头、定干，以促进多发新枝，2～3年后可开花。

(2) 分株 一般在晚秋或早春进行，方法是早春将丛生的母株从土中掘起进行分割，每株带有2～3个枝干。还可挖取老株旁边的分蘖枝分栽，也容易成活。晚秋分株的植株应进行假植，以促使伤口的愈合，到翌年春季定植。

(3) 扦插 分为硬枝扦插和嫩枝扦插两种。为了促进生根，先用ABT生根粉对插穗进行处理，可采用速蘸法，将插穗浸于ABT生根粉含量为50～200mg/L溶液中30s后，再进行扦插。此外，还可进行根插。扦插基质以排水良好的沙土或蛭石为宜。

① 硬枝扦插 于9月中下旬剪取当年生的健壮充实的木质化枝条作插穗，也可在3月下旬剪取健壮充实的一年生枝条作插穗。插穗粗度在0.5～1cm之间，每段长15cm左右，插入土中一半，插后浇1次透水，并覆膜保温，以后保持膜内土壤湿润。当温度过高时可以揭开塑料膜进行通风，插后约40d生根。

② 嫩枝扦插 在5～8月份进行，在生长健壮、无病虫害的幼龄植株上剪取粗壮、生长旺盛的当年生半木质化枝条，为了避免水分蒸发，可在清晨剪取插穗，插穗长度为10～15cm，剪去下部的叶片，保留上部的叶片，下切口要靠近腋芽，扦插深度以插穗长度的1/2～1/3为宜。插后浇1次透水，使基质与插穗结合紧密。以后可用喷雾的方法增加空气湿度、降低温度。扦插的前期应搭遮阳网，以免强烈的直射阳光灼伤叶片或造成叶片萎蔫。生根后则应适当增加光照，以促使叶片通过光合作用，制造养分，使幼苗生长健壮。

③ 根插 结合分株截取健壮的粗根，平放在土壤中，覆土浇水，出苗后加强管理。

(4) 压条 常用于匍匐生长的爬地海棠，春秋均可进行。方法是将生长健壮的枝条环割后压入土中，50～60天生根，秋季或翌年春季与母株分离，另行栽种。

(5) 嫁接 以普通品种贴梗海棠、木瓜海棠的实生苗、扦插苗作砧木，也可用苹果的实生苗作砧木，以优良品种的贴梗海棠的枝条作接穗，在春季进行切接、劈接，其嫁接方法可按一般的木本植物的嫁接方法进行。

十五、紫薇

紫薇 *Lagerstroemia indica* Linn.，别名痒痒树、百日红，千屈菜科、紫薇属（见图 9-74）。

图 9-74　紫薇

【形态特征】落叶灌木或小乔木，高可达 7m，枝干屈曲光滑，树皮秋冬块状脱落。小枝略呈四棱形。叶对生或近于对生，椭圆形，全缘，先端尖，基部阔圆，叶表平滑无毛，叶背沿中肋有毛。圆锥花序顶生，长 4～20cm；花径 2.5～3cm；花萼 6 浅裂，裂片卵形，外面平滑；花瓣 6，红色或粉红色，边缘有不规则缺刻，基部有长爪；雄蕊 36～42，外侧 6 枚花丝较长；子房 6 室。鲜红、粉红或白色。花期 7～9 月份。蒴果广椭圆形，11～12 月份成熟。

【生态习性】紫薇对环境条件的适应性较强。耐干旱和寒冷。对土壤要求不严，但种植在肥沃、深厚、疏松呈微酸性、酸性的土壤中生长健壮，花期长；怕涝，忌种在地下水位高的低湿地方；喜光，生长和开花都需充足的阳光，亦略耐阴；在温暖湿润的气候条件下生长旺盛。分布于亚洲南部及澳大利亚北部，我国华东、华中、华南及西南均有分布。具有植株矮小，生长力强，管理简单粗放，耐强修剪的特性。其在夏秋少花季节盛开，花色艳丽，花期极长，满树花团颤动，娇艳多彩，给人热烈的美感，是城市园林绿化建设中的良好材料。紫薇还具有较强的抗污染的能力，能抗二氧化硫、氟化氢、氯气等有毒气体，故又是工矿区、住宅区美化环境的理想花木。

【幼苗繁殖】繁殖方法很多，可播种、扦插、压条、嫁接、分株等。

（1）播种繁殖　在 10～11 月份适时采收健康母株上的蒴果，晒干去皮后，筛净干藏。第 2 年春季 2～3 月份播种，可露地条播或撒播。出苗后，要经常喷水并保持土壤湿润。每月追施 1 次尿素，用量为每亩 2kg。及时锄草保墒。10 月下旬上冻前进行培土防寒越冬。

（2）扦插繁殖　春季萌芽前选取 1 年生粗壮枝条，剪成 15cm 长，苗床以疏松、排水良好的沙质壤土为好，接穗插入土中 2/3，然后用塑料膜微拱棚保温，遮阴。20d 后即可生根。

（3）分株繁殖　在春季萌动前将植株根部萌蘖分割后栽植即可。

【大苗培育】播种的第 3 年可定植于大田中继续培养，定植株行距为 0.50m×0.50m，来年春季即可出圃。扦插的第 2 年春季定植于大田中继续培养，第 3 年即可出圃。在整个生长季节应经常保持土壤湿润，春季干旱时 15d 左右浇 1 次水，秋天开花期浇水量不宜过大，可 20d 左右浇 1 次水。入冬前浇足防冻水。因紫薇花芽是当年形成的，要使紫薇年年开花，应保持土壤足够的肥力，以利于花芽分化，早春每株可施 2～4kg 有机肥，5～6 月份追施少量无机肥。紫薇病虫害有烟煤病、白粉病、紫薇绒蚧、紫薇长斑蚜等，应加以科学防治。

十六、蜡梅

蜡梅 *Chimonanthus praecox*（Linn.）Link，别名黄梅花、腊梅、干枝梅，蜡梅科、蜡梅属（见图 9-75）。

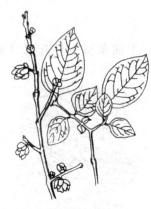

图 9-75 蜡梅

【形态特征】落叶丛生灌木。幼枝略方形，老枝近圆柱形，皮孔突出。叶半各质，单叶对生，椭圆状卵形至卵状披针形，叶表有硬毛，粗糙，叶背光滑，全缘。花单生叶腋，芳香，花被外轮蜡黄色，中轮有紫色条纹，内轮黄色。果托坛状，小瘦果种子状。花期 11 月份至翌年 2 月份，叶前开放，果熟期 8 月份。

【生态习性】蜡梅性喜阳光，亦耐半阴。怕风，较耐寒，在不低于－15℃时能安全越冬，花期遇－10℃低温，花朵受冻害。耐干旱，忌水湿，花农有"旱不死的蜡梅"的经验，但仍以湿润的土壤为好。喜生于土层深厚、肥沃、疏松、排水良好的微酸性沙质壤土上，在盐碱土及黏重土中生长不良。树体生长势强，分枝旺盛，根颈部易生萌蘖。耐修剪，易整形，但若修剪不当，常发出较多的徒长枝。7 月开始花芽分化，短枝易形成花芽，长枝上部花芽多，徒长枝上花芽少，单花花期长达 15～20d。植株寿命长达百年，500～600 年生的古树颇为常见。

【幼苗繁殖】常用播种、分株、嫁接方法，也可用压条、扦插等方法繁殖。

（1）播种繁殖　蜡梅种子含水量大，失水后生活力降低，因此 7～8 月份采种后应立即播种，当年发芽成苗。也可采种后沙藏或干藏，第 2 年春季播种，干藏者先用 45℃ 温水浸种 1d，晒干后再播种。狗牙蜡梅因易结实，为主要种源，多作砧木，或作育种选择的材料。

（2）分株繁殖　多在春季叶芽萌发前或秋季落叶后进行，在距地面约 20cm 处剪除上部枝条，以方便操作，节约养分。

（3）嫁接繁殖　以狗牙蜡梅为砧木，采用切接、劈接、芽接、腹接、靠接等方法。切接、劈接多在春季叶芽麦粒大小时（约 7～10d）进行，过早或过晚成活率都低。为了延长嫁接时期，将母树上准备作接穗的枝条上的芽抹掉，约 1 周左右又可发出新芽，等新芽长至黄米粒大小时即可再采作接穗用于嫁接。切接、劈接时，一般在距地面 10cm 处嫁接，为了加速整形及造型需要，也常在 1m 左右处嫁接。接后用泥封接口然后埋土，现多用塑料袋套住嫁接部位，半个月以后再破袋、去袋。也可用改良切接法，即在切砧木或削接穗时，仅切去很薄的一层皮（约为砧木直径的 1/10），然后将砧穗的形成层对齐，绑扎套袋即可。此法成活率极高。

蜡梅的芽接、腹接和靠接多在生长季节（6 月中旬至 7 月中旬）进行。腹接后要套以塑料袋，经 20～25d 愈合，发新枝后及时解绑剪砧。除普通靠接外，也可用一种盖头皮靠接法，接口愈合较好。方法是先在砧木适当部位把枝梢剪去，将断面对称两侧由下而上削成带皮层的斜切面，长 4～5cm，深达木质部，然后把接穗一侧削成稍带木质部的切面，比砧木切面稍长，最后将接穗夹盖在砧木上，与砧两侧切面的形成层对齐，用塑料条绑扎紧，成活后剪去接口下部的接穗即可。

【大苗培育】蜡梅绿化苗较少采用高大的植株，通常以 5～6 年生以上的苗即为大苗，采用嫁接法繁殖的苗为主。通常以狗牙蜡梅等生长较快的品种为砧木，高接优良品种，快速培育大苗。嫁接后定植在原苗床培养 2 年再移植到大苗圃，经 3 年的培养，留 4～6 分枝，枝条分布均匀、粗度一致、无病虫害的大苗绿化效果好。蜡梅发枝力强，素有"蜡梅不缺枝"的谚语。一般宜在花谢后发叶之前适时修剪，剪除枯枝、过密枝、交叉枝、病虫枝，并将一年生的枝条留基部 2～3 对芽，剪除上部枝条促使萌发分枝。

第五节　绿篱类育苗技术

一、黄杨

黄杨 *Buxus sinica*，别名瓜子黄杨，黄杨科、黄杨属，有多个同属种及变种（见图 9-76）。

【形态特征】常绿灌木或小乔木，高达 7m；枝叶较疏散，小枝及冬芽外鳞均有短柔毛。叶倒卵形，长 1.3～3.5cm，先端圆钝或微凹，仅表面侧脉明显，背面中脉基部及叶柄有毛。花簇生叶腋或枝端。黄杨科、黄杨属的常见种还有：雀舌黄杨 *Buxus bodinieri* Levl，叶狭长；华南黄杨 *Buxus harlandii* hance，枝比雀舌黄杨细；小叶黄杨 *Buxus microphylla*，小枝无毛，高约 1m；朝鲜黄杨 *Buxus microphylla* var. *koreana*，小枝方形，紧密；锦熟黄杨 *Buxus sempervirens*，叶椭圆形，先端钝，有多个变种。

【生态习性】原产于我国中东部地区，较耐阴，畏强光，有一定耐寒性，北京可露地越冬；浅根性，寿命长，抗烟尘。

【幼苗繁殖】可用播种、扦插及分株繁殖。7～8 月份果实成熟后采种，采下果实阴干，脱出种子，去除杂质干藏。

图 9-76　黄杨

南方可冬播，北方宜春播，春播种子必须层积催芽。条播行距 15cm，播幅 5cm，播种沟深 2cm，覆土 1cm，播种量 12～15kg/亩。播后盖草或地膜保持土壤湿润，幼苗出土后揭除，同时搭遮荫棚遮荫，注意除草施肥。9 月后减少浇水，促进木质化。管理好时当年苗高可达 10cm 左右，北方冬季培土防寒。小苗可留床 2 年，也可当年起苗分栽，带土移植。扦插在夏季进行，选半木质化枝条，长 6～8cm，剪去下部叶片，沙插即可，插床需要遮阴保湿，生根后移栽管理。

【大苗培育】耐修剪，用于绿篱及造型栽培。一般采用 3 株栽一穴，自然成球或夏季人工修剪造型栽培。绿篱材料在 2 年生后继续密集栽培，促进向高生长，4 年生苗用于绿篱栽培。

图 9-77　大叶黄杨

二、大叶黄杨

大叶黄杨 *Euonymus japonicus*，卫矛科、卫矛属，别名正木、冬青、冬青卫矛等（见图 9-77）。

【形态特征】灌木，高达 3m，小枝四棱形，绿色。叶革质有光泽，倒卵形或椭圆形，长 3～5cm，宽 2～3cm，先端尖或钝，基部广楔形，叶缘有浅细钝齿。花白绿色，蒴果近球形，淡粉红色，熟时 4 瓣裂，假种皮橘红色。栽培变种有：金边大叶黄杨，叶边缘黄色；金心大叶黄杨，叶面有黄色斑点，有的枝端也为黄色；斑叶大叶黄杨，叶形大，亮绿色，叶面有黄色斑块；银边大叶黄杨，叶边缘白色。

【生态习性】大叶黄杨为温带及亚热带树种，产于我国中部及北部各省，栽培普遍，日本亦有分布。北京地区可露地越冬。喜光，亦较耐阴。喜温暖湿润气候，亦较耐寒。要求肥沃疏松的土壤，极耐修剪。对二氧化硫抗性较强。

【幼苗繁殖】主要采用扦插繁殖，也可用播种、嫁接及压条法繁殖。大叶黄杨极易扦插成活，采用床作，春秋两季用硬枝扦插，夏季用嫩枝扦插，插穗长 10cm 左右，留上部两片叶，扦插深度 5～7cm，株行距 5cm×10cm。扦插后及时遮阳，保持床面湿润，1 个月左右可生根，成活后或翌年春按行距 30～60cm 带土移植。

【大苗培育】大叶黄杨可培育成不同形状，一是任其生长，形成自然树形；二是修剪成圆球形，反复多次修剪，促发分枝，通过去密留稀、引枝补空等，做成所需形状；三是通过数次重剪，使基部萌发大量分枝，形成灌丛形，用作绿篱等。如果培养高干树形，则用嫁接法繁殖，砧木用桃叶卫矛（丝棉木），在春季劈接、插皮接、腹接等嫁接方法进行嫁接，以后修剪成所需树形即可。

三、茶条槭

茶条槭 *Acer ginnala*，槭树科、槭树属（见图 9-78）。

图 9-78　茶条槭

【形态特征】落叶灌木或小乔木，树高可达 6～9m，树形小巧优雅，常成灌木状。叶卵状椭圆形，长 6～10cm，常 3 裂，叶片秋季变为鲜艳的红色。常作行道树、庭荫树、绿篱树种。分布于我国东北、黄河流域及长江下游一带，朝鲜、日本也有分布。

【生态习性】喜光，较耐阴，耐寒，深根性，既能耐水湿，也能耐干燥和碱性土壤。萌蘖性强，抗风雪，耐烟尘及污染气体。

【幼苗繁殖】主要采用播种繁殖。

（1）育苗地选择　育苗地应选择地势平坦、土层深厚、土质疏松、排水良好的沙壤土。

（2）整地施肥　秋季深翻 25～30cm，春季浅耙 15cm，做到细致平坦。结合深翻施入腐熟的基肥，为防地下害虫，随粪便施 50％辛硫磷乳油制成的毒土。

（3）种子催芽　沙藏层积法，即 40℃的温水浸泡 48h，换水两次，捞出控干，混沙下窖，进行层积堆藏。快速催芽法，即将干种用 1％过氧化钠溶液浸泡 2h，然后再用清水浸泡 3d，每天换 3 次水，3d 后混沙入窖贮藏。种子有 20％～30％的种子胚根顶破种皮时便可播种。

（4）播种　床作或垄作条播或撒播，条播播幅宽 4～6cm，间距 6～8cm，覆土厚 1.0～1.5cm，不宜过厚，以免影响种子发芽出土。

（5）苗期管理　播完立即浇透水，隔 1 日施除草醚灭草，每平方米用药 1g，拌细土撒施。施药后 10h 内不许浇水，否则药效不佳。床面要保持湿润，以保证种子发芽出土。用灭菌剂处理以防止猝倒病。保持苗床湿润不积水，要适时松土除草。苗期除草是茶条槭育苗中的重要环节，做到除早除小，同时也要间苗，留苗密度以 150～200 株/m² 为宜。在此期间可适时喷施叶面肥为促进苗木生长，但 8 月中旬之后要停止施氮肥，以防徒长，但可施磷钾肥或其他促进苗木木质化的肥料，从而提高抗寒能力。一年生苗高可达 60～70cm，地径 2cm 左右，可当年或翌春出圃作绿篱栽植。

【大苗培育】移栽于秋季落叶后或春季萌芽前进行，中小苗需带宿土，大苗需带土坨。若培育成行道树，移植后，需培育通直的树干，可在翌年春进行平茬（从地面处剪去苗干），使其重新长出枝条。注意加强水肥管理，去蘗、除草、病虫害防治等抚育管理。1～2 年再移植或隔行隔株间取移植 1 次，即可培育成大苗。

四、珍珠绣线菊

珍珠绣线菊 *Spiraea thunbergii*，别名珍珠花、雪柳、喷雪花，蔷薇科、绣线菊属（见图 9-79）。

【形态特征】落叶灌木，高达 1.5m，小枝幼时有柔毛，叶线状披针形，长 2～4cm，两面光滑无毛；花序伞形，无总梗，具 3～5 朵花，白色，径约 8mm；花梗细长。花期 4 月下旬。原产于我国华北、东北等地。

【生态习性】喜光也较耐阴，耐寒，耐旱、耐瘠薄，但怕积水，喜温暖湿润气候，喜肥沃湿润土壤，对土壤要求不严，适应性较强。萌蘗性强，耐修剪。开花时间长，花白如雪，秋叶红艳，是集观花、观叶、观株形于一身的优良的花灌木。

图 9-79　珍珠绣线菊

【幼苗繁殖】播种、扦插、分株均易成活生长良好。

（1）播种育苗　种子繁殖其种子 6 月份采收，采收后进行晾晒、揉搓、脱粒、筛选，得到纯净的种子。保存时放在通风干燥处，待第 2 年春季即可播种。细致整地，施基肥，做好苗床。采取条播或撒播。条播行距 15cm，播幅宽 5～6cm，均匀播种后，覆土 0.5～1cm，覆土要薄，以不露种子为度，及时用磁子镇压一遍，使种子与土壤密切接触，以利种子萌发。上面覆盖湿润的薄稻草。10～15d 即生根、发芽出土。苗期加强管理，实生苗易患立枯病，播前土壤和种子均应消毒，出苗后及时打药防治。及时除草、间苗。苗高 3～5cm 时追施氮肥，半个月追 1 次硫酸铵，连续追施 2 次，每次每亩施 0.5kg，用水稀释成 0.5%～1% 的液肥，追施后用清水冲洗苗木茎叶，有利于充分发挥肥效。第 2 年移栽。

（2）扦插育苗　作扦插床，南北向，上有遮阴网。床宽 1.0m，长 5.0m，床底铺 15～20cm 马粪，用于保湿，上铺河沙 20～30cm，扦插前浇透底水，喷洒 0.5% 高锰酸钾进行消毒后备用。软枝、硬枝扦插皆可。扦插时间在 6 月中下旬进行，开花以后剪取当年生半木质化枝条，长 10～15cm，随采随插于沙床中，插穗只保留顶部少许叶子，其余叶子剪掉，以减少蒸发。插穗在 1000mg/L 吲哚丁酸中速蘸，即插入沙床中，扦插深度为 1/3，株距 3～5cm，行距 6～10cm，直插，插后压紧，浇透水，扣上塑料棚。棚内温度控制在 25～30℃，相对湿度在 85% 以上，插后第 1 周每天浇水 1 次，1 周后减少浇水量，半月生根率 95% 以上。生根后，逐渐撤去塑料膜，进行浇水、除草、病虫害防治，第 2 年春季即可移植培育。

（3）分株育苗　分株繁殖宜晚秋或早春进行。以 3～4 年生植株作为分株母株，早春开始多施肥，以促进分蘗，夏季结合除草进行培土，第 2 年春季进行分株。

【大苗培育】可采取多干疏枝整形培养，由基部选留 3～5 个主枝，各主枝上剪除部分枝梢，形成骨架枝条，经调整形成树冠，第 2 年即可出圃。株形矮小的树种可在移植时 2～3 株成丛栽植，以利于迅速形成丰满的灌丛。

第六节　藤本及地被类

一、紫藤

紫藤 *Wisteria sinensis* Sweet，别名藤花、朱藤、绞藤、葛花等，蝶形花科、紫藤属（见图 9-80）。

图 9-80　紫藤

【形态特征】落叶木质大藤本，藤长可达 18～30m。嫩枝暗黄绿色密被柔毛，冬芽扁卵形，密被柔毛。奇数羽状复叶，小叶 7～13，通常 11，卵状长圆形至卵状披针形，小叶柄被疏毛，侧生总状花序，蝶形花冠，花蓝紫色或深紫色。花瓣基部有爪，近爪处有 2 个胼胝体，雄蕊 10 枚，2 体（9＋1）。荚果密被棕色长柔毛，长达 10～20cm。种子扁圆形，紫黑色。花期 4～5 月份，果期 8～9 月份。

【生态习性】喜光，略耐阴，适宜能力强，耐寒，有一定的耐干旱和耐水湿、耐瘠薄能力，对土壤的酸碱度适宜能力强。主根发达，侧根较少，移植最好带土球，并对地上部进行适当疏剪。萌芽、萌蘖力强，耐修剪。

【幼苗繁殖】紫藤繁殖容易，可用播种、扦插、压条、分株、嫁接等方法，主要用播种、扦插，但因实生苗培养所需时间长，所以应用最多的是扦插繁殖。

（1）扦插繁殖　包括插条和插根。

插条繁殖一般采用硬枝插条。南方在 3 月份，北方以土壤解冻后为宜。取一二年生、径粗 1～2cm 的壮枝，插穗剪成 10～15cm 段，上口平，下口斜，直插、斜插入事先准备好的苗床，扦插深度为插穗长度的 2/3。插后浇透水，加强养护，保持苗床湿润。1 个月生根，成活率很高，当年株高可达 20～50cm，2 年后可出圃。

插根是利用紫藤根上容易产生不定芽。3 月中下旬挖取 0.5～2.0cm 粗的根系，剪成 10～12cm 长的插穗，插入苗床，扦插深度保持插穗的上切口与地面相平。

（2）播种繁殖　秋天种子采下即播种，或在开花时进行人工授粉，促使结荚，成熟后连荚采下干藏（沙藏更好），翌春播种。播种地宜选用酸性至中性的肥沃土壤，施基肥，并施 5‰辛硫磷颗粒，消灭地下害虫。灌足底水。

播前用 40～50℃的温水浸种，待水温降至 30℃左右时，捞出种子并在冷水中淘洗片刻，然后保湿堆放一昼夜后便可播种。或在播种前 1 个月左右，种子用 70～80℃的热水浸种，湿沙贮藏催芽，当种子有 1/3 破皮露芽时即可播种。常采用大垄穴播，播种深度 3～4cm，每穴播入 2～3 粒种子。千粒重 500～600g，发芽率 90%以上。每亩播种量 20～25kg。

（3）嫁接繁殖　紫藤优良品种可用嫁接繁殖。多在春季芽萌动前进行，用枝接，根接皆可，砧木用普通紫藤品种。

（4）分株繁殖　紫藤根系周围萌蘖苗多，春季可挖起萌蘖分栽。

【大苗培育】紫藤主根少，侧根也少，大苗不耐移植。因此，在苗圃育苗时最少进行小苗移栽 1～2 次，促其多生侧根，提高大苗移栽成活率。

紫藤的病虫害较少，其害虫有蚜虫和叶蛾等，防治方法是以敌百虫、乳化乐果等药液进行喷杀。

二、常春藤

常春藤 *Hedera nepalensis* K. Koch var. *sinensis*（Tobl.）Rehd.，别名中华常春藤、土鼓藤等，五加科、常春藤属（见图 9-81）。

图 9-81 常春藤

【形态特征】常绿攀缘藤本。茎枝有气生根，幼枝有鳞片状柔毛。叶互生，2 裂，革质，具长柄；营养枝上的叶三角状卵形或近戟形，先端渐尖，基部楔形，全缘或 3 浅裂；花枝上的叶椭圆状卵形或椭圆状披针形，先端长尖，基部楔形，全缘。伞形花序单生或 2～7 个顶生；花小，淡黄白色或淡绿白色；果圆球形，浆果状，黄色或红色。花期 5～8 月份。果熟期翌年 3～5 月份。

【生态习性】强阴性树种，耐寒性差。对土壤和水分要求不严，但以中性或微酸性土壤为宜。抗烟尘，萌芽力强。

【幼苗繁殖】用种子、扦插和压条繁殖。

（1）种子繁殖　常春藤花期 5～8 月份，果熟期翌年 3 月份。果熟时采收，堆放后熟，浸水搓揉，使果肉与种子分开，洗净种子阴干，即可播种。也可湿沙贮藏，翌年春播。

（2）扦插繁殖　春、夏、秋三季均可进行，最适期是 4～5 月份和 9～10 月份。剪取 1～2 年生的木质化枝条，截成 10～15cm 长为插穗，其上要有一至数个节，上端留叶片，按株行距 15cm×25cm 扦插，扦插深度为 3～5cm；也可用 100μg/g 萘乙酸处理后再扦插。插后浇透水，搭荫棚遮阳 30d 生根，40d 撤除荫棚，追肥 1～2 次和松土除草，翌春移植。中华常春藤具营养枝和生殖枝，用生殖枝扦插长成的苗木，往往会失去攀缘性。此外，常春藤具有气生根，其持久性差，故不得将其作为扦插的根系而利用，同时在截取插穗时，下切口仍以在节下为好。

（3）压条繁殖　在梅雨季节，将枝条埋入土中，埋入部分需刻伤，也易成活。

【大苗培育】定植后需短截或摘心，以促发分枝。培育大苗，应具有三大主蔓，可通过重截或贴地回缩形成。

病害主要有藻叶斑病、炭疽病、细菌叶腐病、叶斑病、根腐病、疫病等。虫害以卷叶虫螟、介壳虫和红蜘蛛的危害较为严重。

三、金银花

图 9-82 金银花

金银花 *Lonicera japonica* Thunb.，别名忍冬、鸳鸯藤等，忍冬科、忍冬属（见图 9-82）。

【形态特征】半常绿缠绕藤木。长可达 9m。茎皮条状剥落、枝细长中空；单叶对生、卵形或椭圆形，全缘；花成对生于叶腋，花冠二唇形，管部和瓣部近相等，花柱和雄蕊长于花冠，有清香，花初开时为白色，后变为金黄色，故得名金银花。浆果成对，球形，成熟时蓝黑色，有光泽。花期 6～8 月份，果期 8～10 月份。

【生态习性】金银花喜温暖稍湿润和阳光充足环境，略耐阴；耐寒性强，耐旱涝。对土壤要求不严，喜深厚、湿润、肥沃的沙壤土；根系发达，萌蘖性强。

【幼苗繁殖】用播种、扦插、压条和分株方法，以播种和扦插繁殖为主。

（1）播种繁殖 金银花花期6～8月份，果期8～10月份。当金银花浆果变黑色时，及时采集成熟的果实，置清水中揉搓，漂去果肉及杂质，捞出沉入底层的饱满种子，阴干后去杂，将所得纯净种子在0～5℃下层积至翌年3～4月份播种。亦可随采随播。播前用25～35℃温水浸种一昼夜，取出后与湿沙混拌，置于室内催芽，待1/3以上种子破口露白时播种。或每天用30℃温水浸种10min，捞出后装入布袋放在暖和的环境里催芽，经15～20d，部分种子裂开，便可条播于苗床。每亩用种1～1.5kg。

播种前，选肥沃的沙质壤土，深翻30～33cm，整成65～70cm左右宽的平畦，畦的长短不限。整好畦后，放水浇透，待表土稍松干时，平整畦面，按行距21～22cm畦划3条浅沟，将种子均匀撒在沟里（每亩用种1kg左右），覆细土1～3cm。播种后，畦面盖上一层杂草，每隔2天喷1次水，保持畦面湿润，10多天后即可出苗。秋后或第2年春天移栽。

（2）扦插繁殖 分直接扦插和扦插育苗两种方法。

扦插在春、夏、秋季均可进行。春季宜在新芽萌发前、秋季于9月初至10月中旬。选取1～2年生健壮、充实的枝条，截成长30cm左右的插条，每根至少具3个节位。然后，摘去下部叶片，留上部2～4片叶，将下端近节处削成平滑的斜面，每50根扎成1小捆，用250～500mg/L吲哚丁酸溶液快速浸蘸下端斜面5～10s，稍晾干后立即进行扦插。

① 直接扦插 在整好的栽植地上，按行株距150cm×150cm或170cm×170cm挖穴，穴径和深度各40cm，挖松底土，每穴施入腐熟厩肥或堆肥5kg。然后，将插条均匀散开，每穴插入3～5根，入土深度为插条的1/2～2/3，再填细土用脚踩紧，浇1次透水，保持土壤湿润。1个月左右即可生根发芽。

② 扦插育苗 在整平耙细的插床上，按行距15～20cm划线，每隔3～5cm用小木棒或竹筷在畦面上打引孔。然后，将插条1/2～2/3斜插入孔内，压实按紧，随即浇透水，遮阳。2～3周即可生根。

（3）压条繁殖 于秋、冬季植株休眠期或早春萌发前进行。选择1～2年生已经开花、生长健壮、产量高的金银花作母株。将近地面的1年生枝条弯曲埋入土中，在枝条入土部分将其刻伤，压盖4～5cm细肥土，再用枝杈固定压紧，使枝梢露出地面。若枝条较长，可连续弯曲压入土中。压后勤浇水施肥，第2年春季即可将已发根的压条苗截离母体，另行栽植。

【大苗培育】一般需重截或贴地回缩，培养出三大健壮主蔓。

栽植金银花宜在3月上、中旬进行。定植时，穴内应施腐熟的厩肥作基肥，以后可不再施肥。若需使开花繁密用于采收，花前要追施1～2次肥，并注意中耕、锄草，视干旱情况及时浇水。为了使金银花生长茂盛、株形匀称，需要进行整形修剪，对生长健壮的枝条要适当剪去枝梢，以利次年基部腋芽的萌发和生长。同时，在金银花生长期间，注意做好各病虫害的防治。金银花的病害主要为褐斑病，可用65%代森锌600倍液或用1:1.5:300的波尔多液防治。虫害主要为蚜虫。蚜虫开始发生时，喷洒40%氧化乐果1500～2000倍液喷杀。

四、扶芳藤

扶芳藤 *Euonymus fortune* (Turcz.) Hand-Mazz.，别名爬行卫矛、爬藤黄杨，卫矛科卫矛属（见图9-83）。

【形态特征】常绿或落叶藤木，长可达 10m。茎枝常有许多细根，小枝绿色，叶薄革质，主要为椭圆形，稀长圆状倒卵形，长 2～8cm，宽 1～4cm，先端短尖或渐尖，基部阔楔形，边缘有钝锯齿；花绿白色，两性，聚伞花序腋生。蒴果近球形，橙黄色；种子假种皮橙红色。花期 5～6 月份，果期 10～11 月份。

图 9-83　扶芳藤

【生态习性】抗寒，喜阴湿环境，又耐干旱，抗污染，耐阴性强，耐盐碱，对土壤适应性强。在沙质土、黏性土、微酸和中度盐碱地上均能正常生长。

【幼苗繁殖】扶芳藤繁殖容易，播种、无性繁殖均可。采用半木质化枝条扦插，成活率一般在 95％以上。扶芳藤须根系发达，抗旱，栽植易成活，带土或不带土均能移栽，且保土能力强。一年四季除冬季土壤封冻外，其他季节均可移栽，移栽成活率高。

【大苗培育】扶芳藤大苗需培育出 3 条健壮主蔓即可达到目的。扶芳藤病虫害少，偶尔在春季有蚜虫侵染，未发现其他病虫害。

五、叶子花

叶子花 *Bougainvillea spectabilis* Wind，别名勒杜鹃、三角梅、九重葛，紫茉莉科、叶子花属（见图 9-84）。

图 9-84　叶子花

【形态特征】常绿攀缘灌木，茎有弯刺，并密生绒毛。枝具刺、拱形下垂。单叶互生，卵形或卵状披针形，全缘。花顶生，常 3 朵簇生于叶状苞片内，苞片卵圆形，有红、淡紫、橙黄等色，俗称之为花，为主要观赏部位。叶子花的苞片大而美丽、鲜艳似花，当嫣红姹紫的苞片展现时，给人以奔放、热烈的感受。现已成为国际上著名的开花盆栽植物。花期可从 11 月份起至第 2 年 6 月份。

【生态习性】叶子花观赏价值很高，性喜温暖，湿润气候，不耐寒，喜光照充足，对土壤要求不严，以富含腐殖质的肥沃、疏松和排水良好的土壤为佳，生长强健，耐碱、耐干旱、忌积水，耐修剪。盆栽用腐叶土、培养土和粗沙的混合土壤。原产于巴西，中国各地均有栽培。我国南方用作围墙的攀缘花卉栽培，亦宜庭园种植或盆栽观赏。每逢新春佳节，绿叶衬托着鲜红色苞片，仿佛孔雀开屏，格外璀璨夺目。在巴西，妇女常将叶子花插在头上作装饰，别具一格。

【幼苗繁殖】可采用扦插、高压和嫁接法繁殖。叶子花常用扦插繁殖，育苗容易。5、6 月份，剪取成熟的木质化枝条，长 20cm，插入沙中，保持湿润，1 个月左右可生根，培养 2 年可开花。高压繁殖约 1 个月生根。移栽以春季最佳。生长期要摘心，促使花芽分化和萌发侧枝。

【大苗培育】叶子花常见的害虫主要有叶甲和蚜虫，常见病害主要有枯梢病。平时要加强松土除草，及时清除枯枝、病叶，注意通气，以减少病源的传播。加强病情检查，发现病情及时处理。

六、火棘

火棘 *Pyracantha fortuneana*（Maxim.）Li.，别名救军粮、红果树、火把果等，蔷薇科、火棘属（见图 9-85）。

图 9-85　火棘

【形态特征】常绿或半常绿灌木或小乔木，高 1～2m，枝有棘刺。单叶互生，叶倒卵形或倒卵状长圆形，先端钝圆或微凹，边缘有钝锯齿，绿色具光泽。复伞房花序密生在小枝上，花白色，花期 4～5 月份。梨果扁球形，深红色。果期 10～11 月份。

【生态习性】喜光，稍耐阴。耐寒性差，耐旱。对土壤要求不严，喜深厚、湿润、肥沃的沙壤土，适应性强。萌芽力强，耐修剪。

【幼苗繁殖】火棘的繁殖方法主要是播种，秋季随采随播，也可夏末扦插繁殖。

（1）播种繁殖　播种于果熟后即采即播。每年 11 月上中旬，从优良母株上采摘果皮深红色、肉质松软的成熟果实，压碎除去果皮和果肉，然后将种子用水充分清洗干净，晒干备用。春季撒播在预先准备好的沙床或土床上，并在上面覆土，保持土壤湿润，种子约在 30d 左右即可发芽。火棘出苗整齐，当苗长出真叶后即可间苗，及时松土，施肥。当苗高为 30cm 时取出定植。除苗床播种外，沟播、穴播均可。用 0.2‰ 的赤霉素处理能够提高火棘种子的发芽率。

（2）扦插繁殖　每年春季选择长 10～15cm 的 1～2 年生健壮枝，上部保留 2～3 对叶，插于预先准备好的土床或沙床中，斜插或直插均可，插穗长 8～10cm，遮阴并保持土壤湿度（喷水保持土壤湿润），一般 25d 左右便可生根。夏插一般在 6 月中旬至 7 月上旬，选取一年生半木质化，带叶嫩枝剪成 12～15cm 的插条扦插，并用 ABT 生根粉处理，注意加强水分管理，一般成活率可达 90% 以上，翌年春季可移栽。

【大苗培育】火棘萌芽力强，耐强修剪。因此，每年要对徒长枝、细弱枝和过密枝进行修剪，以利通风透光和促进新梢生长。在开花期间为使营养集中，当花枝过多或花枝上的花序和每一花序中的小花过于密集时，要注意疏除。结果后，对果枝上过密的果实也要适当疏除，这样，既可保证果大、质好，又可避免因当年结果过多，营养消耗过大而出现"大小年"。果枝在每年结果后都要进行修剪，特别要注意短截长枝只留 3～4 个节，促其形成结果母枝，提高第 2 年果实的产量和质量。另外，果实成熟后就要及时采摘，以免继续消耗植株营养，不利翌年开花结果，影响产量。总之，培育大苗时，只需对长枝短截，疏除过密枝条。

火棘病虫害较少，春季常有蚜虫发生，可用 3000 倍的敌杀死喷洒防治；主要病害是根腐病和锈病，可用 1% 的多菌灵药液喷雾防治，每半月 1 次，效果很好。锈病可用敌锈钠原粉 200～250 倍液喷雾防治。

七、水栒子

水栒子 *Cotoneaster multiflora* Bunge，别名多花栒子，蔷薇科、栒子属（见图 9-86）。

图 9-86 水栒子

【形态特征】落叶灌木，高 2～4m，小枝红褐色细长，幼时有毛，后变光滑。叶卵形或宽卵形，长 2～5cm，先端常圆钝，基部广楔形或近圆形。花白色，径 1～1.2cm，花瓣开展，近圆形，6～21 朵成疏散的聚伞花序。小梨果近球形或倒卵形，径约 8mm，鲜红色，内有 2 小核。花期 5～6 月份；果期 8～9 月份。

【生态习性】性强健，耐寒，喜光，稍耐阴，对土壤要求不严，极耐干旱和贫瘠；喜排水良好的土壤，水湿、涝洼常造成死亡。耐修剪。

【幼苗繁殖】主要采用播种方法繁殖，扦插也可，但生根率较低。

（1）播种繁殖　在 9 月份采种，其种子具蜡质层，且有隔年发芽特性，去除果肉，洗净，用 5‰高锰酸钾溶液浸泡 1min，捞出种子用清水洗净，阴干。而后混 3 倍湿沙于 4℃下沙藏 3～4 个月，春播。若要提早发芽，须用 98%浓硫酸酸蚀并层积沙藏后春播，处理时切忌腐蚀种仁。播前可用清水浸种催芽，待有一半以上的种子发芽时即可播种。

（2）扦插繁殖　水栒子属扦插难生根种类，硬枝扦插生根率很低。绿枝扦插，常于 6～7 月份采当年生半木质化成熟而有弹性枝条作插穗，用 1000mg/L 吲哚丁酸速蘸或 50mg/L 吲哚丁酸浸泡 3h 后扦插，生根率约为 40%。

【大苗培育】水栒子适应性强，管理较容易，在栽培中应移植在光照较好的地段，且应保持土壤湿润。早春萌芽前可施 1 次腐熟的有机肥料，以利于枝条发育、开花繁盛。花后再施 1～2 次液肥，并结合灌水、中耕除草，以利于果实生长，防止果实脱落，提高观赏效果。休眠期进行适当修剪，使株形圆整，达到更新复壮的目的。

水栒子常见的病害有叶斑病、煤污病等。如有病害发生，可用 75%百菌清可湿性粉剂1000 倍液喷施进行防治。常见虫害有红蜘蛛、介壳虫，如有发生可喷施 45%氧化乐果 800倍液进行防治。

八、光叶子花

光叶子花 *Bougainvillea glabra* Choisy，别名：光三角花、宝巾花、簕杜鹃、小叶九重葛、三角花、紫三角、紫亚兰、三角梅，紫茉莉科，叶子花属。见图 9-87。

【形态特征】常绿攀援灌木。茎粗壮，枝下垂，无毛或疏生柔毛；刺腋生，长 5～15cm。叶片纸质，卵形或卵状披针形，长 5～13cm，宽 3～6cm，顶端急尖或渐尖，基部圆形或宽楔形，上面无毛，下面被微柔毛。花顶生枝端的 3 个苞片内，花梗与苞片中脉贴生，每个苞片上生一朵花；苞片叶状，紫色或洋红色，长圆形或椭圆形，纸质；花被管长约 2cm，淡绿色，疏生柔毛，有棱，顶端 5 浅裂，花盘基部合生呈环状，上部撕裂状。花期冬春间，北方温室栽培 3～7 月份开花。

图 9-87 光叶子花

【生态习性】喜光，喜温暖气候，不耐寒；不择土壤，干湿都可以，但适当干些可以加深花色。

【幼苗繁殖】扦插繁殖，成活率极高，5～10月份均可进行。选取生长饱满健壮枝条，剪取15cm左右，去掉下部叶片，保留2～3片叶，插入干净沙土中，深4～5cm。保持盆土湿润，置于荫棚下，25℃时，20d即可生根。为促进插穗生根，可用20μg/L吲哚丁酸处理插穗。生根一个月后移栽上盆，每盆以栽1～3株为宜，注意遮荫，缓苗后给予充足的光照，进入正常管理，一般第二年即可开花。

【大苗培育】叶子花在南方可露地栽培，在北方一般盆栽。培养土以排水良好的砂质壤土为宜。摆放于阳光充足、通风良好地段。叶子花一般在4月下旬移出室外，然后换盆，换盆后需浇透水。叶子花喜大肥大水，生长期应10～15d施一次液肥，应尽量控制氮肥使用量，多施以磷、钾肥，以防枝条徒长。夏季高温时，应勤浇水，每天早晚各浇水1次，浇水时注意多向叶子上喷些水。霜降前后移入温室，摆放于阳光充足、通风良好处，温度宜控制在10～12℃，过高或过低均易造成叶子黄化脱落，若室温在15℃以上，冬季仍开花不断。冬季见表土干时再补充水分，一般3～4d浇1次即可，同时也往叶子上淋少量水，以保持植株周围的湿度。叶子花根系较发达，应1～2年换盆一次。

叶子花发芽率高，要使其保持优美树型，需要经常修枝整形，一般每年可进行2次修剪。一次是结合换盆，从基部剪除过密枝、纤弱枝、病虫枝以及徒长枝。保留的枝条，也要剪除顶梢。另一次是在花后新梢生长前再适当进行疏枝，剪去枯枝、过密枝及内膛枝。水平枝只要剪除其顶端一部分，以保持株形匀称。在新枝生长过程中，还要及时剪除其顶梢，促发更多的新枝，才能多形成花芽，保证年年开花旺盛。经过多次修剪，就能够形成分枝多、开花密、形态优美的圆头形树冠，生长5～6年，还需短截（每枝只留基部2～3个芽）或进行更新一次。

第七节　其他类苗木育苗技术

一、毛竹

毛竹 *Phyllostachys heterocyla* （Carr.）Mitford. cv. Pubescens,，禾本科、刚竹属（见图 9-88）。

【形态特征】乔木状竹类，秆高达18m，径可达20cm，秆圆筒，幼秆密被细柔毛及厚白粉，箨环有毛，秆环不明显，节在下部极密，至上部渐稀。秆箨厚革质，具发达的箨耳和繸毛，箨鞘背面黄褐色或紫褐色，具黑褐色斑点及密生棕色刺毛。箨舌宽短，强烈隆起，边缘具长纤毛。箨叶绿色，三角形至披针形。小枝具2～8叶。叶耳不明显，有脱落性鞘口繸毛。叶舌隆起，叶片披针形。花枝穗状，小穗仅1朵小花。颖果长椭圆形。笋期4月份，花期5～8月份。

【生态习性】毛竹适生于温暖湿润、土壤深厚、疏松肥沃、排水良好、背风向阳的山间谷地。出笋有明显大、小年。竹林外貌有"两黄一绿"现象，即笋期叶色翠绿，其余时间呈黄绿色。

【幼苗繁殖】生产上主要采用分株育苗和埋鞭育苗。

（1）分株育苗　利用实生苗丛生分缠的特性，可以进行连续分株育苗。即在春季解冻后，将1年生竹苗成丛挖起。根据竹丛大小和好坏，从竹苗基部切开，分成2～3株1丛。要保护分蘖芽和根系，多带宿土，剪去竹苗枝叶1/2～2/3。按株行距30～40cm，栽植在圃地，成活率可达90%以上。分株苗1年后每丛可分蘖10株左右，平均高1m左右，抽鞭1～8根。第2年又可用此法分株移栽，连续4～5年，竹苗仍然保持良好的分蘖性能，每年可成倍扩大育苗面积。

（2）埋鞭育苗　毛竹的竹鞭鞭芽都能抽鞭发笋，可以用来繁殖育苗。当竹苗起出土后，可将圃地上的残留竹鞭挖起，并截成10～15cm长的鞭段。在苗床横向开沟，宽10cm、深10～15cm，沟距25～30cm。将鞭段连接平放于沟内，芽向两侧，覆土约5cm，压紧、盖草、浇水，四周开好排水沟，防止积水烂鞭。出苗后，剪去细弱植株，保留1～2株壮苗。加强水肥管理，当年每丛可分蘖3～5株，抽鞭1～7根，鞭芽肥壮饱满，留床1年，就有大量分蘖苗出土。

图 9-88　毛竹
1—花枝；2—秆箨上部背面观；3—秆箨上部腹面观

【大苗培育】毛竹一般在3～5月份出笋成竹，6～7月份新竹生长旺盛，8～10月份行鞭排芽，11月份至翌年2月份竹子生长较缓慢。所以，以早春2月份为移植的适宜季节。将1年生幼苗成丛挖起，去掉部分根部泥块，然后将成丛幼苗单株或双株分离，并剪去1/3的枝叶，根部涂上泥浆，按30～35cm株距移植于苗床上，培育1年后每株（或2株）又可分生出10株左右幼苗。第2年将分蘖幼苗分株育苗，保留母竹继续生长，经过2～3年的分蘖繁殖，分蘖苗高达1m以上，可以用来建园造林。

二、紫竹

紫竹 *Phyllostachys nigra*（Lodd. exLindl.）Munro，别名黑竹、乌竹，禾本科、刚竹属（见图9-89）。

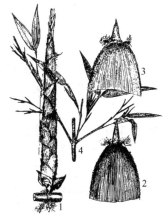

图 9-89　紫竹
1—竹鞭与笋；2—秆箨背面；
3—秆箨腹面；4—叶枝

【形态特征】秆高4～10m，径达2～4cm，幼秆绿色，密被细柔毛，1年生以后的秆逐渐先出现紫斑，最后全部变为紫褐色，秆环与箨环均隆起。箨鞘背面红褐色或带绿色，无斑点或具不明显的深褐色斑点。箨耳长圆形至镰形，紫黑色。箨舌拱形至尖拱形，紫色，边缘生有长纤毛。箨叶三角形至三角状披针形，绿色。小枝具2～3叶，叶耳不明显，叶舌稍伸出，叶片披针形，质地较薄，长4～10cm，宽约1.2cm。花枝呈短穗状。笋期4～5月份。

【生态习性】紫竹主产于亚热带地区，耐寒性较强。适生于土壤深度在50cm以上，肥沃、湿润、排水和透气性能良好的沙质土或沙质壤土。pH4.5～7为宜。地下水位在1m上下为宜，过高，不利于竹鞭生长。过于黏重瘠薄的红土、黄土以及盐碱土等，对竹子生长不利。长江流域以南最好选择海拔 1000m 以下背风朝北的山谷、山麓地带。长江流域以北最好选择海拔 600m 以下，春夏降水量大的背风朝南的山谷、山麓地带。

【幼苗繁殖】移植母株或埋鞭根繁殖。选择 2~3 年生，秆形较小，生长健壮的竹作母株较适宜。移植时，应留边根 1m 左右，带宿土，除去秆梢，留分枝 5~6 盘，以便成活。鞭根以选择长 1.5m 左右，笋芽饱满，2~3 年生者，于早春 2 月栽植。栽植后的母株应覆土盖草，浇足定根水，并用支架固定，以防风摇。

【大苗培育】紫竹一般在 4~5 月出笋成竹，以早春 3 月上中旬为移植的适宜季节。将 1 年生幼苗成丛挖起，去掉部分根部泥块，然后将成丛幼苗双株分离，并剪去 1/3 的枝叶，根部涂上泥浆，按 30~40cm 株行距移植于苗床上，翌年将分蘖幼苗挖出移走另行栽植。苗圃内表土应保持疏松，密度不宜过大，过大时酌情疏除较老和较弱者。酌情施肥压青，疏松土壤，加强管理。这样保留母竹连续生长 3~4 年，苗高达 1.5~2m 以上，就可用来建园造林。

三、凤尾兰

凤尾兰 *Yucca gloriosa* Linn.，别名菠萝花、剑麻，龙舌兰科、丝兰属（见图 9-90）。

图 9-90　凤尾兰

【形态特征】常绿灌木，茎通常不分枝或分枝很少。叶质硬，叶片剑形而尖。圆锥花序狭长，抽生于叶丛间，高 1m 余。花乳白色，杯状，下垂。花被片顶端带紫红色，宽卵形，长 4~5cm。蒴果椭圆状卵形。

【生态习性】性强健，耐干旱，喜光照充足、排水良好的沙质土壤，瘠薄多石砾的堆土废地亦能适应，对酸碱度的适应范围较广，除盐碱地外均能生长。茎易产生不定根，更新能力强。

【幼苗繁殖】播种、分株、扦插方式繁殖。

（1）分株繁殖　在春季 2~3 月份根蘖芽露出地面时可进行分栽。分栽时每个芽上最好能带一些肉根。先挖穴施肥，再将分开的蘖芽埋入其中，覆土不要太深，稍盖没茎部即可。也可截取茎端簇生叶的部分，带 9~12cm 长的一段茎，把叶子摘掉一部分，留 7 片叶左右，埋入 12~15cm 深的坑中，埋后浇水，10d 左右即可发芽。

（2）扦插繁殖　在春季或初夏，挖取茎干，剥去叶片，剪成 10cm 长，茎干粗可纵切成 2~4 块，开沟平放，纵切面朝下，覆土 5cm，保持湿度，插后 20~30d 发芽。分株，每年春秋挖取带叶茎干直接栽植。

（3）播种繁殖　种子繁殖需经人工授粉才可实现。人工授粉以 5 月份为好，授粉后约 70d 种子成熟，当年 9 月下旬播种，经 1 个月出苗，出苗率约 40% 以上。亦可将种子干藏至春季播种。

【大苗培育】大苗养护管理简便，只需随时剪除枯枝残叶，花后及时剪去花梗，刮风下雨后扶正植株。植株生长过高或长势减弱时可重新栽植更新。

凤尾兰病害主要是炭疽病，其传播速度非常快，发病时用 50% 炭疽福美 300 倍液或 75% 百菌清可湿性粉剂 1000 倍液喷施，每周喷施 1 次，连续喷 3~4 次，可有效控制住病情。虫害有介壳虫、粉虱和夜蛾危害，可用 40% 氧化乐果乳油 1000 倍液喷杀。

四、乔化月季

乔化月季（树状月季），蔷薇科、蔷薇属（见图 9-91）。

图 9-91　乔化月季

【形态特征】主干高 40～200cm，树冠丰满，树姿独特，花色丰富，色彩艳丽，花型优美，花味清香，是北方唯一四季开花的高档木本花卉，也是近年来国内外十分流行的高档花卉。"乔化月季"较耐低温，花期又容易控制，所以在圣诞节、元旦和春节期间也能应时开放。"乔化月季"不仅适宜在公园绿地、街头绿地、别墅小区、住宅小区等绿地孤植、混植或丛植，而且也是非常时髦的一种高档租摆花卉。

【乔化月季类型】

（1）立枝类　枝条直立向上，树冠呈伞状，依其株高和花型又可分为：①大花型，主干高 100～120cm，冠幅 60～100cm，花径 10～15cm，花形优美、清香，可四季重复开花；②丰花型，主干高 110～130cm，冠幅 50～80cm，花径 6～8cm，花朵丰盛艳丽，可四季连续开花；③微花型，主干高 40～60cm，冠幅 30～50cm，花径 1～5cm，花朵丰盛，小巧玲珑，可重复开花。

（2）垂枝类　枝条弯曲下垂，依其干高和冠形可分为：①龙爪型，主干高 80～110cm，枝长 30～100cm，冠幅 30～50cm，花径 3～6cm，花朵丰盛密布，可重复开花；②瀑布型，主干高 120～200cm，垂枝长达 60～150cm，冠幅 60～100cm，花径 6～10cm，花形优美，花朵丰盛，可重复开花。

【幼苗繁殖】乔化月季是通过独干蔷薇的高干嫁接培育而来的。乔化月季是一组特种的现代月季，就是把普通的现代月季，嫁接在一定高度的独干蔷薇上，再经过精心培育，即把原来那种低矮灌丛状月季，变成了一株既有主干、又有树冠的月季树。选用干性较强的蔷薇作砧木，根据类型需要选择接穗，但接穗与砧木的亲和力要强（如果错选常会出现树冠发育不良或接口劈裂等现象）。同时根据种植或摆放环境，选择适宜的嫁接高度、相应的树冠、协调的花色。嫁接时枝接或芽接均可。

【大苗培育】

① 立支柱，乔化月季幼年期树冠发育很快，树干生长较慢，树干常承受不了树冠的压力，必须用支立柱来辅助主干，防止弯曲和摇摆。

② 适时合理修剪，保持特有的树形。

③ 及时抹去砧木的萌芽，以防消耗养分水分和树形紊乱。

④ 加强养护管理，特别注意加强肥水管理和病虫害防治工作。

复习思考题

1. 试述当地常见园林树种的形态要点。
2. 你最喜欢哪些落叶乔木类树种？为什么？
3. 落叶灌木类树种在园林中有什么作用？
4. 观赏竹类育苗有何特点？
5. 试用你所学习的育苗技术，阐述5种园林苗木培育技术。
6. 华山松幼苗如何管理？
7. 臭椿如何育苗？
8. 圆柏种子采集应注意哪些问题？如何催芽？
9. 简述毛白杨的平埋法与点埋法。
10. 怎样提高榆树硬枝扦插生根率？
11. 紫丁香大苗培育过程中应该注意哪些问题？
12. 如何提高连翘的扦插成活率？
13. 简述锦带花的播种繁殖。

第十章　技能实训

实训一　圃地选择及区划

一、实训目标

通过实地调查、走访及测量，了解园林苗圃圃地选择基本条件，掌握苗圃地区划的基本方法。

二、材料与用具

圃地原始材料，"新建苗圃的原则及意向"说明书，某圃地规划设计案例材料，水平仪，测绳，罗盘，其他测量仪器，绘图工具，记录本，数码相机，摄像机，土壤样品采集器材等。

三、方法与步骤

1. 教师讲解圃地选择及区划的要求，发放现有材料，学生分组学习讨论。
2. 分发工具用品，设计调查项目、表格、实施方案。
3. 实地测量预选圃地基础数据，调查周边环境，走访经营条件，了解以往历史。
4. 对土壤、水源、植被、病虫害等情况进行取样测量。
5. 对测量结果进行汇总，绘制平面图，讨论区划方案。
6. 绘制区划平面图，编制说明书。

四、作业报告

1. 认真整理原始材料，存档备案。
2. 分组绘制区划平面图，每个人独立编写说明书。

实训二　建圃施工方案制定

一、实训目标

了解建圃过程及施工内容，学会制定建圃施工实施方案。

二、材料与用具

圃地区划图，圃地区划说明书，圃地调查原始数据，测量工具，绘图纸，记录本，摄像机，计算器等。

三、方法与步骤

1. 教师讲解施工方案制定的内容和方法，本次实验课的要求和安排。

2. 分发圃地区划图、区划说明书、测量工具用品等，学生分组研究建圃施工方案。

3. 根据材料，现场实测或整理原始数据。

4. 制定建圃施工方案基本框架，落实每个人的编写内容。

5. 分组整合方案，讨论定稿。

四、作业报告

以组为单位上交施工方案，标明参加人的具体任务。

实训三　常用园林树木种子的识别与解剖观察

一、实训目标

认识常见园林树木的种子，并结合解剖了解其内部结构。

二、材料与用具

1. 材料：当地常见园林树木的种子30种。

2. 用具：解剖刀、放大镜、培养皿、尺子、相机等。

三、方法与步骤

先观察种子的外部结构，认真观察其形状、大小、色泽，并画图；然后剥开种皮，并剖开，看其内部结构，观察其有无胚乳；观察子叶的大小、颜色、形状；观察胚根、胚芽和胚轴，并作记录。有条件的可拍照。

四、作业报告

1. 画种子的外部形态图。

2. 记录种子的形状、大小、色泽等，列表比较其形态特征。

实训四　种子的纯净度分析

一、实训目标

学会净度分析的方法，并进一步了解种子净度对种子质量的影响，了解该种批的利用价值。

二、材料与用具

1. 材料：本地区主要园林树种的种子2～3种。

2. 用具：1/1000天平、种子检验板、直尺、毛刷、胶匙、镊子、放大镜、中小培养器皿、盛种容器、钟鼎式分样器等。

三、方法与步骤

1. 提取测定样品

　　用四分法或分样器法从送检样品中分取 2 份全样品或 2 份半样品，并称重。四分法是将种子倒在种子检验板上混拌均匀摆成方形，用分样板沿对角线把种子分成四个三角形，将对顶的两个三角形的种子再次混合，按前法继续分取，直至取得略多于测定样品所需数量为止。分样器法适用于小粒及流动性大的种子。分样前，将种子通过分样器，使种子分成质量大约相等的两份，质量相差不超过两份种子平均质量的 5%。分样时，使种子通过分样器 3 次，以充分混合均匀，然后开始分取样品，直到分取的种子达到所需质量为止。

　　测定样品分取完成后，进行包装，附上两份标签，注明树种、品种名称。一份标签装入样品袋中，一份挂在样品包装袋上。测定样品的质量按附录一的规定分取。称量的精度按表10-1 的规定。

表 10-1　净度测定称量精度

测定样品/g	称重至小数位数	测定样品/g	称重至小数位数
1.0000 以下	4	100.0～999.9	1
1.000～9.999	3	1000 及 1000 以上	0
10.00～99.99	2		

　　2. 区分测定样品的各成分

　　将测定样品倒在玻璃板上，仔细观察，把纯净种子、其他植物种子和夹杂物分开。两份测定样品的同类成分不得混杂。分类标准具体如下。

　　(1) 纯净种子　完整的、没有受伤害的、发育正常的种子；发育不完全的种子和不能识别出的空粒；虽已破口或发芽，但仍具有发芽能力的种子。

　　带种翅的种子中，凡加工时种翅容易脱落的，其纯净种子是指除去种翅的种子；凡加工时种翅不易脱落的，则不必除去，其纯净种子包括留在种子上的种翅。壳斗科的纯净种子是否包括壳斗，取决于各个种的具体情况：壳斗容易脱落的不包括壳斗；难于脱落的包括壳斗。

　　(2) 其他植物种子　分类学上与纯净种子不同的其他植物种子。

　　(3) 夹杂物　能明显识别的空粒、腐坏粒、已萌芽因而显然丧失发芽能力的种子；严重损伤（超过原大小的一半）的种子和无种皮的裸粒种子；叶片、鳞片、苞片、果皮、种翅、壳斗、种子碎片、土块、石块、沙子；昆虫的卵块、成虫、幼虫和蛹；其他杂质。

　　3. 称量

　　用天平分别称纯净种子、其他植物种子和夹杂物的质量，填入净度分析记录表。

　　4. 检验样品误差

　　纯净种子、其他植物种子和夹杂物之和与样品重之间的差值应不大于 5%，否则应重做。

　　5. 计算测定结果

　　分别计算两个重复种子的净度，计算公式如下：

$$净度(\%)=\frac{纯净种子质量}{纯净种子质量+其他植物种子质量+夹杂物质量}\times100\%$$

送检样品先行清理的，净度用下式计算：

$$净度(\%)=送检样品净度\times测定样品净度$$

$$送检样品净度(\%)=\frac{送检样品除去大杂质后的质量}{送检样品质量}\times100\%$$

　　6. 确定种批净度

　　检查 2 份样品净度之间的差异是否超过容许差距（见附录二）。若在容许差距范围内，检验的平均净度即为种批净度。若超过容许差距，则进行补充检验分析。

四、作业报告

1. 将种子净度分析结果填入净度分析记录表。
2. 写出种子净度分析应注意的问题。

净度分析记录表

编号_____

树种_____样品号_____样品情况_____

测试地点_____

环境条件：温度_____℃，湿度_____%

测试仪器：名称_____编号_____

方法	试样质量/g	纯净种子质量/g	其他植物种子/g	夹杂物的质量/g	总质量/g	净度/%	备注
实际差距				容许差距			

本次测定：有效 □   测定人_____

无效 □   校核人_____

测定日期_____年_____月_____日

实训五　种子千粒重测定

一、实训目标

学会质量测定的方法，了解种子质量对种子品质的影响。

二、材料与用具

1. 材料：本地区主要园林树种的种子2～3种。
2. 用具：1/1000天平、种子检验板、直尺、毛刷、胶匙、镊子、放大镜、盛种容器等。

三、方法与步骤

1. 百粒法

（1）提取测定样品　将净度测定后的纯净种子铺在光滑的桌上，充分混合后用四分法分为4份，每份中随机抽取25粒组成100粒，共取8个100粒，即8个重复。

（2）称重　分别称8个重复的质量（精度要求与净度测定相同），填入质量测定记录表。

（3）计算测定结果　计算8组的平均质量、标准差、变异系数。公式为：

$$\bar{x} = \frac{\sum_{i=1}^{n} x_i}{n}$$

$$S = \sqrt{\frac{\sum_{i=1}^{n} x_i^2 - n\bar{x}^2}{n-1}}$$

$$C = \frac{S}{\bar{x}} \times 100\%$$

（4）确定种子质量 若变异系数不超过 4（种粒大小悬殊的不超过 6），则 8 个组的平均质量乘以 10 即为种子的质量。若变异系数超过 4（种粒大小悬殊的超过 6），则重做。若仍超过，可计算 16 个组的平均质量及标准差，凡与平均质量之差超过 2 倍标准差的略去不计，未超过的各组的平均质量乘以 10 为种子质量。

2. 千粒法

适用于种粒大小、轻重极不均匀的种子。

3. 全量法

适用于珍贵树种。

四、作业报告

1. 将种子质量测定结果填入质量测定记录表。

2. 写出种子质量测定应注意的问题。

质量测定记录表

编号_____

树种_____样品号_____样品情况_____测试地点_____

环境条件：温度_____℃，湿度_____%　测试仪器：名称_____编号_____

测定方法_____

重复号	1	2	3	4	5	6	7	8	9	10	11	12	13	14	15	16
x/g																
标准差(S)																
平均数(x)																
变异系数/%																
千粒重/g																

第　组数据超过了容许误差，本次测定根据第　组计算。

本次测定：有效　　□　测定人_____

　　　　　无效　　□　校核人_____

　　　　　测定结束日期　_____年_____月_____日

实训六　种子的含水量测定

一、实训目标

学会种子含水量的测定方法，了解种子含水量对种子质量的影响。

二、材料与用具

1. 材料：本地区主要园林树种的种子 2～3 种。

2. 用具：干燥箱、温度计、干燥器、称量瓶（坩埚、铝盒）、取样匙、坩埚钳、1/1000分析天平、分样器等。

三、方法与步骤

1. 称样品盒重（V）

分别称 2 个预先烘干过的样品盒的质量，精度要求达 3 位小数。将数据填入含水量测定记录表。

2. 提取测定样品

用四分法或分样器法从含水量送检样品中分取测定样品，放入样品盒。样品取 2 个重复，大粒种子 20g 左右，中粒种子 10g 左右，小粒及特小粒种子 3～5g。

3. 称样品湿重（W）

分别称 2 个装有样品的样品盒的质量，精度要求达 3 位小数。

4. 烘干并记录样品干重（U）

105℃恒重法，将装有样品的容器置于烘箱中，先在 80℃烘 2～3h，再在 103℃±2℃下烘 4～5h，取出在干燥器冷却后称量并记载。然后再烘 2h 左右，同样冷却后再称量并记载。这样反复烘干称重，直至前后两次的质量之差不超过 0.01g 为止，认为达到恒重，即样品干重（U），精度要求达 3 位小数。

5. 计算测定结果

计算 2 个重复的含水量，计算到 1 位小数。计算公式如下：

$$含水量(\%) = \frac{W-U}{W-V} \times 100\%$$

若 2 个重复的含水量差距不超过 0.5%，则平均含水量为种批的含水量。如超过需重做。

四、作业报告

1. 记录种子含水量的测定过程。
2. 提出种子含水量测定应注意的问题。
3. 填写种子含水量测定记录表。

含水量测定记录表

编号＿＿＿＿＿＿

树种＿＿＿＿＿＿＿＿＿ 样品号＿＿＿＿＿＿＿＿＿ 样品情况＿＿＿＿＿＿＿＿＿

测试地点＿＿＿＿＿＿＿＿＿＿＿＿＿＿＿＿＿＿＿＿＿＿＿＿＿＿＿＿＿＿＿＿＿＿

环境条件：温度＿＿＿＿＿＿＿＿＿＿℃，湿度＿＿＿＿＿＿＿＿＿＿＿＿＿＿＿＿％

测试仪器：名称＿＿＿＿＿＿＿＿＿＿＿＿＿＿编号＿＿＿＿＿＿＿＿＿＿＿＿＿＿＿

测定方法：＿＿＿＿＿＿＿＿＿＿＿＿＿＿＿＿＿＿＿＿＿＿＿＿＿＿＿＿＿＿＿＿＿

容 器			
容器重/g			
容器及样品原重/g			
烘至恒重/g			
测定样品原重/g			
水分重/g			

续表

含水量/%			
平均	%		
实际差距	%	容许差距	%

本次测定：有效 □   测定人_____

          无效 □   校核人_____

                              测定日期_____年_____月_____日

实训七　种子生活力测定

一、实训目标

了解测定种子生活力的基本原理，学会测定方法，理解种子生活力对种子质量的重要影响。

二、材料与用具

1. 材料：本地区主要园林树种的种子3～5种，福尔马林、2,3,5-三苯基氯化四唑（TTC）、酒精、标签、蒸馏水等。

2. 用具：恒温箱、培养皿、烧杯、解剖刀、镊子、量筒、胶匙、温度计、直尺。

三、方法与步骤

种子生活力是指种子能够萌发的潜在能力或种胚具有的生命力。

根据测定原理，种子生活力测定方法可分为生物化学法、组织化学法、软X射线法和荧光分析法四类。具体的方法有四唑染色法（TTC法）、溴麝香草酚蓝法、中性红法、二硝基苯法、红墨水染色法、软X射线法等。正式列入国际种子检验规程和我国农作物种子检验规程的生活力测定方法是生物化学（四唑）染色法。

（一）萌发实验法

所需时间长，且不能测出休眠状态下种子的生活力。

（二）TTC法

1. 原理

这是目前国内外普遍采用的一种方法。其原理是：有生活力的种子能够进行呼吸代谢，在呼吸代谢途径中由脱氧酶催化所脱下来的氢可以将无色的2,3,5-三苯基氯化四唑还原为红色、不溶性的三苯基甲膦，而且种子的生活力越强，代谢活动越旺盛，被染成红色的程度越深。死亡的种子由于没有呼吸作用，因而不会将TTC还原成红色。种胚生活力衰退或部分丧失生活力，则染色较浅或局部被染色。因此，可以根据种胚染色的部位以及染色的深浅程度来判定种子的生活力。

2. 药剂配制

0.5％TTC液，取0.5gTTC放入烧杯中，先加入少许乙醇溶解后，再用蒸馏水稀释定容至100mL。最好随配随用，不宜久藏。应遮光贮藏，若已变为红色，则不可继续使用。

3. 实验步骤

（1）提取测定样品　将净度测定后的纯净种子铺在光滑的桌上，充分混合后用四分法分为 4 份，每份中随机抽取 25 粒组成 100 粒，共取 4 个 100 粒，即 4 个重复。或用数粒器提取 4 个 100 粒。

（2）种子预处理　为了软化种皮，便于剥取种仁，要对种仁进行预处理。首先，进行浸种处理。较易剥掉种皮的种子，可用始温 30～45℃ 的水浸种 24～48h，每日换水，如杉木、马尾松、湿地松、火炬松、黄山松、黄连木、杜仲等。硬粒种子，如肯氏相思、楹树、南洋楹、银合欢等，可用始温 80～85℃ 水浸种，搅拌并在自然冷却中浸种 24～72h，每日换水。种皮致密坚硬的种子，如孔雀豆、台湾相思、黑荆树等，可用 98% 的浓硫酸浸种 20～180min，充分冲洗，再用水浸种 24～48h，每日换水。其次，将水浸后的种子置于温暖、湿润的环境下催芽 24～48h，提高种子活力。豆科植物吸水后发芽速度较快，浸水后可不再催芽。

（3）染色前的种子准备　一般的种子可全部剥皮，取出种仁。发现的空粒、腐坏粒和病虫害粒做记录。剥出的种仁先放入盛有清水的器皿中，待一个重复全部剥完后再一起放入四唑溶液中，使溶液淹没种仁，上浮者要压沉。

也可切除部分种子。可横切，也可以纵切，或切取大约 1cm^2 包括胚根、胚轴和部分子叶（或胚乳）的方块，取种仁时既要露出种胚，又不能切伤种胚。

（4）染色鉴定　将剥取的种仁或"胚方"放入染色液中。四唑染色要置于黑暗环境。浸种过程控制 30～35℃ 温度，浸种时间因树种而异，2～48h 不等。达到染色时间后，仔细观察染色情况，根据种胚和胚乳染色的多少和部位鉴别种子是否有生活力。

判断有生活力的种子应具备：胚发育良好、完整、整个胚染成鲜红色；子叶有小部分坏死，其部位不是胚中轴和子叶连接处；胚根尖虽有小部分坏死，但其他部位完好。

判断无生活力的种子应具备：胚全部或大部分不染色；胚根不染色部分不限于根尖；子叶不染色或丧失机能的组织超过 1/2；胚染成很淡的紫红色或淡灰红色；子叶与胚中轴的连接处或在胚根上有坏死的部分；胚根受伤以及发育不良的未成熟的种子。

（5）计算测定结果　根据记录的资料，分别计算 4 个重复有生活力种子的百分率。

（三）红墨水（酸性大红 G）染色法

1. 原理

有生活力的种子其胚细胞的原生质具有半透性，有选择吸收外界物质的能力，某些染料如红墨水中的酸性大红 G 不能进入细胞内，胚部不染色。而丧失活力的种子其胚部细胞原生质膜丧失了选择吸收的能力，染料进入细胞内使胚部染色，所以可根据种子胚部是否染色来判断种子的生活力。

2. 药剂配制

取市售红墨水稀释 20 倍（1 份红墨水加 19 份自来水）作为染色剂。

3. 实验步骤

仪器、实验过程与记录方法同 TTC 法。

四、作业报告

1. 填写种子生活力测定记录表。
2. 写出四唑染色法测定种子生活力的原理。
3. 写出测定种子生活力应注意的问题。

生活力测定记录表

编号_____

树种_____样品号_____样品情况_____

染色剂_____浓度_____

测定地点_____

环境条件：温度_____℃，湿度_____%

测定仪器：名称_____编号_____

重复	测定种子粒数	种子解剖情况				进行染色粒数	染色结果				平均生活力/%	备注
		腐烂粒	涩粒	病虫粒	空粒		有生活力种子		无生活力种子			
							粒数	生活力/%	粒数	生活力/%		
1												
2												
3												
4												
平均												

测定方法_____

实际差距_____容许差距_____

本次测定：有效 □　　无效 □

测定人_____校核人_____测定日期_____年_____月_____日

实训八　种子的播前处理

一、实训目标

了解种子休眠的原因，掌握播种前种子处理的主要方法。

二、材料与用具

1. 材料：不同休眠类型种子2～3种，适量高锰酸钾、福尔马林、退菌特、酒精、蒸馏水等。

2. 用具：土壤筛、量筒、1/500天平、烧杯、培养器、玻璃棒、镊子等。

三、方法与步骤

（一）精选种子

"良种出壮苗"，所谓种子精选就是对种子不仅除去杂物而且从中选出具有良好播种品质的种子。具体方法如下。

1. 筛选

用不同孔目的筛子将种子过筛，淘汰小粒种子，再将土壤及杂物去掉。

2. 风筛

用簸箕将种子中杂物等簸出。筛选和风筛结合选种效果较好。

3. 密度选

在量筒中注入一定量的蒸馏水，并放入已称过质量的种子，看量筒中蒸馏水上升的高度求出种子的容积，并按下列公式计算密度：

$$种子密度 = \frac{种子质量(g)}{种子容积(mL)}$$

知道了各种种子的密度后，便可在播种前用清水、盐水或酒精选。下沉种子即可播种。

4. 粒选

大粒种子可采用逐粒挑选的方法挑出颗粒饱满、无病菌感染无虫孔的优质种子。

(二) 种子消毒

花木常带有一些真菌或细菌病害，为了预防病菌传播，在播前需要进行消毒。种子消毒有药剂处理和温汤浸种两种方法。凡细菌潜伏于种皮下，普通药剂无法杀灭，均用温汤浸种。

1. 温水浸种

将种子浸在一定温度的水中，不断搅动并加热保持一定的温度，到一定时间后需放入一定冷水中降温。

2. 药剂处理

(1) 福尔马林处理　播种前1~2d将种子浸在0.5%福尔马林溶液中15~30h，取出后温水浸种，处理时间见表10-2。

表 10-2　温水浸种处理时间

防治病害	处理时间/min	生理温度/℃	冷水浸时间/min
猝倒病、黑腐病、根腐病	25	50	3~5
凋萎病	30	50	

密封2h后将种子摊开，阴干后即可播种。

(2) 高锰酸钾处理　用0.5%高锰酸钾浸种2h，密闭0.5h，取出洗净阴干待播。

(3) 硫酸铜处理　以0.3%~1%硫酸铜溶液浸种4~6h，取出阴干即播。

(4) 敌克松处理　将敌克松粉剂与10~15倍细土配成药土拌种，对防治猝倒病有较好效果。

(5) 退菌特处理　用80%退菌特800倍液浸种15min，取出后阴干播种。

(三) 种子催芽

通过人为措施，为种子发芽创造适宜条件，打破种子休眠状态，促进种子发芽。可使幼苗适时出土，出苗整齐，提高发芽率，并可增加苗木抗性。

1. 水浸催芽

用水浸泡种子，适用于短期休眠的种子，浸种水量一般是种子容积的3倍，常用热水，种子浸入后要不断搅拌直至水温不烫手为止。每天换1~2次水，保证水中有足够氧气，有利于种子发芽。当种子吸水膨胀后捞出，或层积或在潮湿的环境中催芽。

2. 层积催芽

将种子与湿润物混合或分层放置，以解除种子休眠。

(1) 低温层积催芽　将种子混以种子3倍的湿沙（湿沙手握成团而不滴水为宜）置于室内堆放或埋藏于坑中，少量的亦可放于木箱、花盆中埋于地下。坑中竖草把，以利通气。保持在

0～10℃低温条件下 1～4 个月或更长时间。当 40%～50% 种子开始裂嘴时即可取出播种。

（2）常温层积催芽　将浸水吸胀的种子 20～30℃ 条件下进行层积催芽。其混沙量同低温层积法。此法适用于被迫休眠的种子。

（3）变温层积催芽　用高温和低温交替进行层积催芽。将种子水浸后混沙高温处理一段时间转入低温处理。一般高温时间短、低温时间长，每天翻动 2～3 次，温度不够可喷水。

四、作业报告

写出 1～3 种树木种子净种、消毒及催芽方法，说明在种子层积催芽过程中应注意的问题。

实训九　种子发芽率测定

一、实训目标

熟练掌握种子发芽率的测定方法，正确识别优劣种子。

二、材料与用具

1. 材料：当地常见园林树木待测种子数百粒。
2. 用具：纱布（或吸水性强的滤纸）、培养皿（小碟或其他容器）、镊子。

三、方法与步骤

1. 从纯净的种子中每样品取出 100 粒待测。
2. 用经过消毒的培养皿、小碟作发芽容器，容器内铺已消毒的干净河沙（用于大粒种子）或 3～4 层滤纸、纱布（用于小粒种子）。河沙水分达到手捏成团，松手即散，滤纸、纱布加到吸足水即可。
3. 把培养皿放在温暖处，皿内要经常保持湿润。如果水分不足，可以沿着培养皿的边缘滴入清水。
4. 供试的种子选用清洁水浸泡至吸足水，再按组分别把种子摆在发芽床上，粒与粒不接触为宜。发芽容器上要标明试验日期、品种名称、样品号码，并要求摆在温度适宜的地方，及时补充水分。
5. 定期观察种子的发芽情况并记录。

四、作业报告

1. 在测定发芽率的时间内，计算各组正常发芽种子数，然后测出发芽率。
2. 分析各组种子的发芽率高低的原因（种子发芽的鉴定标准见表 10-3）。

表 10-3　种子发芽的鉴定标准

种子形状	幼根长度	幼芽长度
长形种子	与种子等长	为种子长度的一半
圆形种子	与种子直径等长	与种子直径等长

注：下面的情况不算发芽：①幼根、幼芽畸形；②有幼根而无幼芽，或有幼芽而无幼根。

实训十　整地作床（起畦）

一、实训目标

掌握园林苗圃整地及常见的床（畦）制作方法。

二、材料与工具

锄头、皮尺、耙、铁铲、苗圃地。

三、方法与步骤

1. 用锄头、铁铲等先将苗圃地土壤挖松、翻起，整地深度根据花木种类及土壤情况而定。一二年生花木整地深度一般控制在 20~30cm，多年生花木 30~40cm，木本植物控制在 40~50cm。整地时应使土块细碎，将石块、瓦片、树头、残根、断茎和杂草根清理干净，并稍加整平（耙平）。对大型的苗圃地可采用机械进行整地。

2. 在苗圃地上设置（规划）好插床、播床和苗床，插床、播床和苗床底宽 1~1.2m，间隔（沟宽）0.5m，长 10m，或者根据需要设置。

3. 作床（起畦），一般畦高 20cm，如果是水田或洼地作苗圃，畦高应为 30~40cm，畦面的土壤应充分细碎、平整，并把畦面修成中间稍高，两边稍低的"龟背"状，畦边修成宽、高各 10cm 的土埂，并把畦壁四周用锄底压紧，以减少畦面水土流失。如果苗圃地较为干旱，则畦面应低于土埂面 20cm。

四、作业报告

完成基本操作后写出实验报告，要总结整理苗圃地（耕、耙、清除杂物）的内容和过程。作床操作要求：土壤细碎、畦面平整、畦外美观、实用。

实训十一　播种操作

一、实训目标

熟练掌握播种繁殖的方法，掌握露地直播和容器播种技术，能够对当地常见的园林树种进行播种育苗。

二、材料与用具

1. 材料：常见园林植物种子若干，腐殖土、泥炭土、蛭石、河沙和园土等基质。

2. 用具：铁锹、耙子、细筛、喷壶等工具，覆盖薄膜、播种容器（营养钵、育苗袋、穴盘）等物品。

三、方法与步骤

1. 大田直播

先将耕作好的大田打成宽 1~1.5m 的平畦，再将种子掺一定量的细沙土直接播种到畦内，为了播种均匀，可将种子均分 2～3 份，分批播种。主要适用于山杏、国槐、合欢、枫杨、侧柏等园林树木。

2. 苗床播种

将种子集中播到苗床中，待苗长到一定大小后及时移植栽培。分为高床播种和平床播种两种形式。高床的床面高 15～20cm，宽 80～100cm，步道宽 40～50cm；低床的床面宽 100～120cm，埂宽 30～40cm，埂高 15～20cm。苗床播种主要适用于一些小粒种子和一些珍贵树种，如白皮松、雪松、金钱松、杨树、柳树、连翘等。

3. 穴盘播种

将种子播种在营养钵、育苗袋、穴盘等容器中的方法。播种基质可用腐殖土、泥炭土、蛭石、河沙和园土等配制。多用于一些大粒种子和大规模盆花生产。

四、作业报告

1. 撰写一份完整的实习报告，写出播种实习的体会。
2. 记录播种时间和播种方法，定期观察记录出苗率、幼苗分布情况、生长的健壮程度。

实训十二 播种小苗识别

一、实训目标

能够准确识别当地常见园林树木的幼苗 30 种以上，能正确表述这些幼苗的形态特征，以及在苗期的形态变化。

二、材料与用具

1. 材料：当地常见园林树木的幼苗 30 种以上。
2. 用具：放大镜、钢卷尺、直尺、卡尺、铅笔、笔记本、数码照相机等。

三、方法与步骤

1. 学生 4～5 人一组，进行分组活动，根据幼苗的生长发育阶段间隔适宜天数观察幼苗的形态特征，作好描述并记录，且用数码照相机对幼苗拍照。定期测量幼苗的胸径、株高、冠幅等形态指标，作好详细记录。

2. 在观察、测量和拍照的基础上，比较分析各种幼苗的特征，熟悉苗期的生长变化，准确掌握幼苗的名称、形态识别要点以及形态变化的规律。

四、作业报告

将所识别的园林树木幼苗的种名、拉丁学名、科属、幼苗形态特征、幼苗生长变化的规律列表记录。

实训十三 园林花木扦插育苗

一、实训目标

通过实际操作，亲身体验花木扦插育苗技术操作原理及方法步骤；掌握扦插技术实用操作方法，加深认识，提高理论水平和动手能力。

二、材料与用具

1. 材料：花木枝条、杀菌剂、杀虫剂。

2. 用具：地膜、剪枝剪、芽接刀、塑料条、鞋刀、喷壶、天平、量筒、标签、技能考核单等。

三、方法与步骤

1. 组织学生准备工具用品，讲解主要操作内容和操作方法，落实具体任务和人员，发放药剂用品、材料和工具。

2. 配制扦插用的基质，根据树种特性，选用细沙、炉灰渣、锯木屑、蛭石、园土等作基质。每个人自定一个配方，装填基质，消毒，备用。

3. 作扦插准备。选取一种花木枝条做插穗，每组至少有3种花木材料作插穗，如柳树、杨树、铺地柏、锦带花、大叶黄杨等。要求材料清洁、无病虫危害、性状稳定、优点多。

4. 扦插操作：插穗长度控制在 $6\sim12\text{cm}$，粗度因材料而定，一般是 $0.4\sim1.2\text{cm}$，$0.6\sim0.8\text{cm}$ 较多；把插穗的根部浸泡在生根剂中 $5\sim20\text{min}$；也可以速蘸一下，但应配制成高浓度或粉剂类；把插条插入基质中，深度为插段的 $1/2\sim2/3$。

5. 插后管理：插后再喷 1 次水，以后注意每天喷水若干次以保湿，直至生根。

四、作业报告

把扦插过程、注意事项、扦插体会总结成实验报告。

实训十四　嫁接操作

一、实训目标

通过亲自嫁接操作，掌握嫁接技术原理和基本操作方法，加深认识，提高理论水平和动手能力。

二、材料与用具

1. 材料：盆花、杀菌剂、杀虫剂。

2. 用具：苗盘、花盆、地膜、铁丝、托盘、剪枝剪、芽接刀、塑料条、鞋刀、喷壶、天平、量筒、标签等。

三、方法与步骤

1. 组织学生准备工具用品，讲解主要操作内容和操作方法，落实具体任务和人员，发放药剂、用品、材料和工具。

2. 嫁接材料准备，提前备齐工具、用品、塑料条、标签等。主要是枝条和芽的准备，刀具的检查。每人提前取回花卉或树木枝条，粗度为 $0.6\sim2.0\text{cm}$，长度为 $50\sim100\text{cm}$。

3. 课前作好理论探讨，能明确形成层、韧皮部、木质部的准确部位，芽的种类、方向和大小取舍，明确嫁接操作步骤和后期管理内容。单独练习，互相检查评价。

4. 教师示范操作步骤，枝接练习切接、劈接，芽接练习嵌芽接、T形芽接为主，其他练习根据各组情况自定。

5. 每个学生嫁接练习不低于4种类型，每种做2个。

6. 嫁接操作完成后，及时清理环境，上交工具用品和操作的作品。

7. 嫁接后的管理及成活率的检查。

四、作业报告

把操作的内容记录下来，绘图说明正确的操作方法，连同嫁接的体会，整理成实验报告。

实训十五 苗圃生产器具的使用

一、实训目标

掌握园林苗圃常规的生产器具类型及正确的使用、保养方法。

二、材料与用具

锹、铲、锄、镐；耙、镰、叉；锯、剪、斧；筛；绿篱机、采种机、油锯；水管、手动喷雾器、电动喷雾器、喷雾机等。

三、方法与步骤

1. 园林苗圃常见手工工具的选择与保养

（1）选择　一般应选择坚固、耐用、功能比较全面的通用型工具；同时要根据作业内容选择专用型工具，如绿篱剪、高枝剪等。

（2）保养

① 注意防锈　在使用中应特别注意防锈处理。

② 保持清洁　每日工作后应将使用过的工具作一整理，清除泥土、杂物，擦干，放在通风地方，保持干燥，避免生锈。

③ 妥善保管　作业结束后，长期闲置时，应注意妥善保管，清洗干净，擦干，金属表面涂抹防锈油，放在适当位置。最好放在为不同工具而设计的存物架上，避免多层挤压，放在通风干燥的地方。

④ 保护刃口　对工具中带有刃口的部分，应特别注意保护，存放时应全部浸油，最好用蜡纸包好，避免倾斜重叠，防止受压弯曲变形。对刃口部分的刃磨应有专用工具，保证刃磨角度，延长使用寿命。

2. 园林苗圃动力机械的使用与管理

（1）机器的交接与试运转　在用机器的归属变更，或操作人员的调换，或大修后的机器，均应办理交接手续，双方共同检查设备的技术状态，随机工具、备件及技术档案（含使用说明书、设备使用记录、维修保养记录等）。通过试运转，也可发现大修中出现的不正常情况和问题，在试运转时加以排除和解决。

（2）技术保养　定期对各系统和各部件进行清洗、检查、调整、紧固、润滑等，以及必要时更换已磨合、损坏或变形的零部件。

(3) 保养制度及保养规程　根据发动机类型进行班保养或定期保养。班保养是每班工作开始或结束时进行，主要内容包括：检查、外部清洗；紧固外部螺栓，润滑、加油和加水。定期保养是在机器工作一段时间后进行，一般国产发动机分为一、二、三、四、五号五级保养制。

四、作业报告

要熟悉各种园林苗圃器具的用途、使用方法及保养。制定各类园林苗圃器具的安全操作规程及保养措施。

实训十六　容器育苗

一、实训目标

通过容器育苗参观和实际操作，了解育苗容器类型和育苗用具，掌握当地容器育苗的基本程序和实际操作方法。

二、材料与用具

1. 材料：营养土材料（就地取材）、当地常见树种种子。
2. 用具：镢（镐）、锨（锹）、耙、刮板、筛子等各若干，桶、盆、喷壶、水管等各若干，育苗容器各若干，皮尺、卷尺等。

三、方法与步骤

1. 组织学生参观当地容器育苗生产和容器，必要时聘请生产单位技术人员进行讲解，以初步掌握容器育苗过程。
2. 将学生分成实训小组，以组为单位分发实习用具。
3. 配制营养土。
4. 装入容器和摆放。
5. 播种。
6. 平时管理。要求学生利用课余时间进行管理，直到培育成苗。

四、作业报告

1. 每人写一份实习报告，写出参观和实训的内容和操作过程中的注意事项。
2. 由教师根据平时表现和育苗成果现场打出分数。

实训十七　起苗与包装

一、实训目标

进一步掌握起苗和包装理论知识，并在理论指导下按规范流程实际进行起苗和包装操作。掌握裸根起苗、带土球起苗基本操作；掌握裸根苗、带土球苗包装的基本操作。

二、材料与用具

1. 材料：苗圃中的小乔木苗、灌木苗、胸径 10cm 以上的大苗。
2. 用具：铁锹、果树锯（手锯）、草绳、蒲包、塑料膜、盆等。

三、方法与步骤

1. 选苗

根据实习要求，在便于起苗、包装、运输的区域选定苗木，在所选苗木上用挂牌、拴绳等方法，对苗木作明显标记。

2. 起苗前准备

为便于挖掘，起苗前 1～3d 在苗木根部周围适量浇水，使泥土松软，以保证在起苗时减少对裸根根系的伤害。

3. 起苗方法

（1）裸根乔木、灌木起苗　裸根乔木苗根系范围依掘苗现场的株行距及树木高度、干粗而定，灌木根系范围按其高度的 1/3 左右确定。起苗时，沿苗木栽植行一侧，挖一沟槽，在沟槽壁下侧挖出斜槽，先用手锯切断主根，再切断侧根，尽量保留须根，取出苗木。

（2）带土球苗木起苗　先用草绳将树冠捆缚，注意收拢侧枝，但不能捆绑过紧。在距主干距离 7～10 倍地径的位置划定土球圈径，将地表土取出，然后沿圈壁外围垂直下挖，沟宽 50～60cm，挖到规定深度时，向内斜挖，挖成锅底形，在最底部用手锯切断主根，用铁锹仔细地将土球底部削成圆弧形，整个土球切削成"苹果"形时，可进行包装。

4. 包装方法

（1）裸根苗包装　选背风庇荫处，把塑料膜平铺于地上，将裸根苗根系蘸泥浆（用黏度较大的土壤加水调成糊状），平放在塑料膜上，然后把苗木卷成捆，注意封口要扎紧。包装以后附上标签，注明树种、苗龄、数量、等级和苗圃名称。

（2）带土球苗包装　先把草绳用水浸湿，土球修好后，立即用蒲包将土球包裹，在距土球上部 1/3 处用草绳打腰箍，即用草绳一圈一圈地横扎，每圈草绳应紧密相连，不留空隙，至最后一圈时，将绳头压在该圈下边，收紧后切除多余部分。接着打花箍，将草绳一头拴在树干上，在树干基部绕 30cm 一段，然后绕过土球底部，顺序按井字包、五角包或橘子包的打包方式将草绳拉紧捆牢。可用砖头在土球的棱角处轻轻击打，使草绳捆紧。捆完后斩断主根，将土球推斜，用蒲包将土球底部包住，再用草绳将底部花箍穿起来，捆结实。要求包装要严，草绳要打紧，不能松脱，土球底部要封严，不能漏土。

四、作业报告

1. 结合操作，叙述裸根起苗和包装的技术要点，与带土球起苗和包装的操作方法有何异同。

2. 依据学生现场操作过程及态度，考核起苗技能与包装技能。以裸根苗木包装技能逐人考核操作过程。

实训十八　编制苗木引种计划

一、实训目标

通过制订苗木引种计划，加深对理论知识的理解，熟悉引种工作各项环节，提高组织、领导开展引种工作的实践能力，达到独立设计引种方案、科学有效地组织引种试验的目的。

二、材料与用具

1. 选题：根据当地的气候条件，确定将引种的树种、品种。
2. 资料来源：①图书馆、资料室有关文献资料；②实地调查。

三、方法与步骤

不同园艺植物种类或品种，对自然条件都有一定要求，如果得不到满足，生长发育将会受到影响。引种时，要考虑生长地的气候条件，尽可能从纬度、海拔高度、土质条件相似的地区引种。同时还要考虑到植物种类的适应性大小以及引入地的栽培管理条件和人的主观能动性等因素。植物适应性的大小，不仅与目前分布区的生态条件有关，而且与系统发育中历史上的生态条件有关。

收集、分析引种材料原产地的具体资料，进一步审定选题的正确性与引种的可行性。最后根据查阅的相关资料，制订出引种计划。

四、作业报告

本实验为模拟练习，可到图书馆和资料室查阅有关资料，有条件时可结合资源调查进行实地调查并收集第一手资料。选择一定的引种实验报告作为模仿素材，按照课堂讲授的引种理论及模式，收集资料，分类整理，阐述在引入地引入的必要性。

针对树种的生物学特性、原产地（自然分布区）与引进地地理、生态因子的对比分析，提出引种的论点，论证引种的可行性。

根据引入地的经济发展及栽培管理水平，拟定出相应的引种（驯化）栽培技术或使可能性成为现实的关键措施。

在充分肯定引种题目的正确性的基础上，明确阐述引种计划所包含的五个方面。

1. 引种的必要性。阐述引种植物本身的食用价值或观赏价值、生态作用等，预测未来社会发展需要的迫切程度和经济、社会、环境效益。

2. 引种的可能性

① 阐述引种植物的生物学特性、系统发育历史和本身可能潜在的适应性。

② 阐述引进地与引种植物自然分布区、栽培区、引种成功地区的地理、气候、土壤条件及植被组成等。还应该注意到引进地多年一次的灾害性天气。

③ 在对比分析的基础上，找出引种的限制性因子，论证引种成功的可能性。

3. 确定适宜的采种地、采种方式、引种材料、引种数量、引种时间。

4. 制定出相应的引种栽培措施。

5. 对引种计划中暂时还没有采集到的资料加以说明，并对引种以后可能出现的问题加以讨论。

实训十九　苗圃除草剂施用

一、实训目标

掌握苗圃除草剂类型及常用除草剂的特性和使用方法。

二、材料与用具

1. 材料：惠尔、草甘膦、拿扑净、百草枯。
2. 用具：喷雾器、塑料桶等。

三、方法与步骤

根据除草剂的性质、苗木生长进程、抗药性变化、杂草发生种类和演替规律，以针叶树云杉为例制定用药方案和实施要点。

1. 第一次用药

采用土壤处理。播种后 1～3d 内，每公顷实用 23.5％的惠尔乳油 1200～1500mL＋900L 水，对土壤进行喷雾，喷药时间一般选择在 16：00 后用药，要求喷洒均匀，药剂现配现用。

2. 第二次用药

采用茎叶处理。出苗后 6～8 周，每公顷采用惠尔 450mL（23.5％）＋拿扑净 450mL（12.5％）/亩＋225L 水，配成药液，对茎叶喷洒。

通常用药 2 次即可，如杂草较多还可第 3 次用药，剂量同第二次，相隔时间 1 个月。第三次用药时气温通常较高（超过 25℃），可以减少药量 1/3。

注意事项：

① 所有用药苗床均要留少量不施药的对照，以便检查施用效果。

② 对立枯病与地下害虫严重的圃地（危害达 20％）最好不用化学除草剂。

③ 使用药剂一定要现配现用，配好的药液必须 1～2d 内用完，以防止药剂水解失效。

④ 配药一定要使用清洁的河水或井水，禁止使用浑水配药，以免降低药效。

四、作业报告

化学除草剂使用效益分析（主要阐述苗圃地概况、用药时间、用药量、杂草情况、工量比较、成本比较、用药效果）。

实训二十　苗圃土壤消毒处理

一、实训目标

了解土壤消毒方法，掌握土壤消毒处理中的化学药剂及处理方法。

二、材料与用具

1. 材料：化学药剂等。
2. 用具：天平、喷雾器、塑料桶。

三、方法与步骤

在播种或扦插前进行土壤消毒，目的是消灭残留在土壤中的猝倒病等病原体和地下害虫，确保苗木的安全生长。常见的消毒方法有喷淋或浇灌法、毒土法、熏蒸法、太阳能消毒法等化学或物理方法。园林苗圃中简单有效的土壤处理方法主要是采用化学药剂处理，常用且效果较好的方法有以下几种：

1. 五氯硝基苯消毒法

每平方米苗圃地用 75％五氯硝基苯 4g、代森锌 5g，两药混合后，再与 12kg 细土拌匀。播种时下垫上盖。此法对防治由土壤传播的炭疽病、立枯病、猝倒病、菌核病等有特效。

2. 福尔马林消毒法

福尔马林 50mL/m² 加水 6～12L，在播种前 10～20d 均匀地喷洒在地表，然后用草袋或塑料薄膜覆盖，在播种前 7d 掀开草袋或塑料薄膜，待药味全部消失后播种。此种方法对防治立枯病、褐斑病、角斑病、炭疽病等有良好的效果。另外，对于堆肥还有相当的增效作用。

3. 波尔多液消毒法

每平方米苗圃地用等量式（硫酸铜∶石灰∶水的比例为 1∶1∶100）波尔多液 2.5kg，加赛力散 10g 喷洒土壤，待土壤稍干即可播种扦插。对防治黑斑病、斑点病、灰霉病、锈病、褐斑病、炭疽病等效果较明显。

4. 多菌灵消毒法

多菌灵能防治多种真菌病害，对子囊菌和半知菌引起的病害效果很明显。土壤消毒用 50％可湿性粉剂，每平方米施用 1.5g，可防治根腐病、茎腐病、叶枯病、灰斑病等，也可按 1∶20 的比例配制成毒土撒在苗床上，能有效地防治苗期病害。

5. 硫酸亚铁消毒法

用 3％溶液处理土壤，每平方米用药液 0.5kg，可防治针叶花木的苗枯病，桃、梅缩叶病。同时，还能兼治缺铁花卉的黄化病。

6. 代森铵消毒法

代森铵为有机硫杀菌剂，杀菌力强，能渗入植物体内，经植物体内分解后还有一定肥效。用 50％水溶代森铵 350 倍液，每平方米苗圃土壤浇灌 3kg 稀释液，既可防治花卉的黑斑病、霜霉病、白粉病、立枯病，还能有效地防治球根类种球的多种病害。

7. 辛硫磷消毒法

辛硫磷能有效杀灭金龟子幼虫、蝼蛄等地下害虫。常用 50％的辛硫磷颗粒剂。每平方米用量 3.0～3.7g。

四、作业报告

结合园林苗圃生产选择一种或几种合适的消毒方法。

综合实训一　园林树木种实调制

一、实训目标

掌握园林苗圃中常用树种的种实调制方法。

二、材料与用具

1. 材料：用于播种繁殖的树木种实。
2. 用具：盛装用具，包括缸、桶；小木锹、草帘、木棒、筛子、簸箕等。

三、方法与步骤

1. 干果类的调制

（1）蒴果类　丁香、紫薇、木槿等含水量低的种子，可在阳光下晒干，用簸箕簸除杂物。

（2）坚果类　栎类、板栗等种实在阳光下曝晒易失去发芽能力，采后应立即粒选或水选，置于通风处阴干。堆铺厚度不超过 20～25cm，并要经常翻动，种实湿度达到要求即可收集贮藏。

（3）翅果类　槭树、白蜡、臭椿、杜仲、枫杨等种子经干燥后除去杂物即可。但杜仲、榆树种子含水量高，且不宜曝晒，可用阴干法干燥。

（4）荚果类　刺槐、皂荚、紫荆、合欢、相思树等果实采集后可摊开曝晒 3～5d。对少数不开裂的果实可用棍棒敲打或用石磙压碎果皮脱粒，最后清除杂物得纯净种子。

（5）蓇葖果类　牡丹、玉兰、绣线菊、珍珠梅、风箱果等种子，阴干后便可层积贮藏或播种。

2. 肉质果类的调制

（1）小叶女贞、黄波罗、圆柏、山杏、山桃等种子的调制，可先将果实放入盛水的桶中浸沤，待果肉软化捣碎或搓烂果皮，加水冲洗，用木棒搅动，捞出浮在上面的渣滓，重复冲洗取出纯净种子。

（2）银杏、山核桃等果皮较厚，可堆积起来盖草浇水保持一定温度，待果皮软化腐烂后，可搓去果肉取种。

（3）苦楝等肉质果采后可放在预先挖好的坑或缸中，用石灰水浸沤 1 周左右，待果肉浸软后取出用木棒捣烂或用脚揉搓，可脱掉果肉取种并阴干。

3. 球果类脱粒

可采用自然干燥法。即采摘的球果摊放在席上晾晒，经常翻动，待鳞片开裂轻轻捶打球果，种子即可脱出，然后过筛取种。红松、油松、侧柏、杉木、金钱松等球果脱粒可用此法。

四、作业报告

根据实际操作感受，总结不同果实类型种子脱粒原理，并说明操作时应注意哪些问题，以及应采取何种有效措施来保证种子质量。

综合实训二　苗木的整形与修剪

一、实训目标

熟悉整形修剪的基本原理；了解整形修剪的基本环节；熟悉苗木整形修剪的方法，掌握不同园林树木的整形修剪技能；掌握特殊树种整形修剪应注意的事项。

二、材料与用具

1. 材料：需要整形修剪的园林苗木。
2. 用具：修枝剪、手锯、梯子等。

三、方法与步骤

1. 整形修剪程序与顺序

（1）程序　一知、二看、三截、四拿、五处理。即知道操作规程、技术规范及一些特殊的要求；看清树体结构；因地、因时、因树进行剪截；随时拿下修剪后挂在树上的断落枝；处理修剪后的大伤口，如修整、涂漆及清理。

（2）顺序　按由基到梢、由内到外的顺序来剪，即先看好树冠的整体应剪成何种形体，然后由主枝的基部由内向外地逐渐向上修剪，这样不但便于照顾全局，按照要求整形，而且便于清理上部修剪后搭在下面的枝条。

2. 整形修剪的方法

（1）短截　剪去一年生枝条的一部分，称为短截。

① 轻短截　约剪去枝梢的 1/4～1/3，即轻打梢。主要用于花、果类苗木强壮枝修剪。

② 中短截　在枝条饱满芽处剪截，一般剪去枝条长度的 1/2 左右。常用于弱树复壮和主枝延长枝的培养。但连续中短截能延缓花芽的形成。

③ 重短截　在枝条饱满芽以下剪截，约剪去枝条 2/3 以上。几乎剪去枝条的 80％ 左右。主要用于弱树、弱枝的更新复壮修剪，并有缓和生长势的作用。育苗中，多用此法培育主干枝。

④ 极重短截　只留枝条基部 2～3 个芽剪截。可降低枝的位置，削弱旺枝、徒长枝、直立枝的生长，以缓和枝势，促进花芽的形成。

（2）回缩（缩剪）　对二年生或二年生以上的枝条进行剪截。一般修剪量大，刺激较重，有更新复壮的作用。多用于枝组或骨干枝更新以及控制树冠辅养枝等。

（3）疏枝　从枝条或枝组的基部将其全部剪去，即为疏枝（或疏剪）。

（4）长放　营养枝不剪称长放、甩放。长放使树体保留大量的枝叶，利于营养物质的积累，能促进花芽的形成，使旺盛枝或幼树提早开花结果。

（5）伤枝　损伤枝条的皮部、韧皮部、木质部，以达到削弱枝条的生长势、缓和树势的方法。伤枝多在生长季进行，对局部影响较大，而对整个树木的生长影响较小。

① 环剥　用刀在枝干或枝条基部的适当部位环状剥去一定宽度的树皮，可在一段时间内阻止枝梢糖类向下运输，有利于环状剥皮上方枝条营养物质的积累和花芽分化。

② 刻伤　用刀在芽（或枝）的上（或下）方横切（或纵切）而深及木质部的方法。常在休眠期施用。

③ 折裂　屈折枝条使之形成各种艺术造型。常在早春芽萌动时进行。先用刀斜向切入，深达枝条直径的 1/3～2/3 处，小心地将枝条弯折，并利用木质部折裂处的斜面支撑定位。在伤口处进行包裹，以防伤口水分流失过多。

④ 扭梢和折梢（枝）　多用于生长期内生长过旺的枝条，特别是着生在枝背上的徒长枝。

⑤ 屈枝　屈枝是在生长期对枝梢实行屈曲、缚扎或扶立、支撑等技术手段，以变更枝条生长方向和角度，调整顶端优势为目的的整形措施。

（6）摘心　摘去新梢顶端的生长点。利于花芽分化和结果，促使侧芽萌发，从而增加了分枝，促使树冠早日形成。

（7）抹芽　把多余的芽从基部抹除。此措施可改变留存芽的养分供应状况，增加其生长势。在苗木整形修剪中，在树体内部，枝干上萌生很多芽，枝条和芽的分布要相距一定的距离和具有一定空间位置，将位置不合适、多余的芽抹除。

（8）摘叶　带叶柄将叶片剪除。摘叶可改善树冠内的通风透光条件，有防止病虫害发生的作用，还可以进行催花。

（9）去蘖（除萌）　对易生根蘖的树种及嫁接繁殖的树木，在生长期间应随时去除萌蘖，以免扰乱树形，并可减少树体养分的无效消耗。

（10）摘蕾、摘果　即为疏花疏果措施，可调节花、果的数量，提高存留花果的质量。

3. 各类苗木的整形修剪

对落叶乔木、落叶灌木、落叶垂枝类苗木、常绿乔木、常绿灌木、攀缘植物等进行整形修剪。

四、作业报告

1. 写出各类苗木整形修剪的技术要点。

2. 对树木进行修剪时应注意哪些事项？举出修剪实例加以说明。

综合实训三　苗木调查统计

一、实训目标

掌握苗木调查方法，查明苗木的产量和质量，作好苗木的供应计划与生产计划。

二、材料与用具

1. 材料：苗圃中的播种苗、扦插苗、嫁接苗或移植苗。

2. 用具：皮尺、钢卷尺、游标卡尺、计算器、调查记录表、统计表等。

三、方法与步骤

先划分调查区，在调查区中设置样地，调查样地内苗木数量、质量，进行精度计算。

1. 划分调查区

把树种、苗木种类、苗龄及作业方式都相同的划为一个调查区，测量每个调查区的作业面积和净面积，同时按一定的顺序，将床（畦、垄）编号。

2. 设置样地

（1）样地面积的确定　样地面积主要根据苗木密度来确定，一般以 20～50 株苗木所占的面积为样地面积。为了使样本值接近总体值，样本数必须具有一定数量，才能使调查结果达到一定精度。调查样地的数量可按式（10-1）进行粗估计算，然后用随机或系统抽样法将粗估样地落实在调查区内。

（2）样地块数的确定　粗估样地块数 n 按下式计算：

$$n = t \times \frac{C}{E} \tag{10-1}$$

式中　t——可靠性指标粗估时可靠性定为 95%，查 t 分布表得 $t = 1.96$；

C——变动系数；

E——允许误差百分比（精度为 95% 时，$E = 5\%$）。

式中，t、E 是已知数；C 是未知数，但可借用过去的数据。如没有经验数据，也可根据各样地内株数极差来确定。根据正态分布的概率，一般以 5 倍标准差来估计极差。则粗估标准差 S 和变动系数 C 可按下两式求得：

$$S = \frac{x_{max} - x_{min}}{5} \tag{10-2}$$

$$C = \frac{S}{\overline{x}} \times 100\% \tag{10-3}$$

式中　S——粗估标准差；

　　x_{max}——单位面积内最大密度（以株数表示）；

　　x_{min}——单位面积内最小密度（以株数表示）；

　　$\overline{x}$——单位面积内平均密度（以株数表示）。

3. 调查样地内苗木数量、质量和精度计算

将每块样地内的苗木逐株数清。用系统抽样法，抽取一定数量（一般不少于 100 株）样苗，测量苗高、地径（胸径）、枝下高、冠幅等，计入表 10-4。然后按下列公式计算精度：

$$平均值\,\overline{x} = \sum_{i=1}^{n} x_i$$

$$标准差\,S = \sqrt{\frac{\sum\limits_{i=1}^{n} x_i^2 - n\,\overline{x}^2}{n-1}}$$

$$标准误\,S_x = \frac{S}{\sqrt{n}}$$

$$误差率\,E = \frac{tS_{\overline{x}}}{x} \times 100\%$$

$$精度\,P = 1 - E$$

如果没有达到精度要求，则需补设样地。其方法是用已调查的材料按式（10-3）计算出变动系数，代入粗估样地块数公式（10-1），求出应设样地块数。再在调查区内机械布置增补的样地，同时进行调查。

4. 计算苗木产量、质量

根据育苗面积和样地面积，按比例推算各级苗木的总产和单产。

四、作业报告

指导教师要随时观察学生的测定操作是否标准，指导学生进行计算，检验计算结果是否符合测定要求。实验分小组进行，每小组与其他小组的测定结果一起统计计算。

完成表格填写和计算，推算出各级苗木产量和质量（表 10-4、表 10-5）。

表 10-4　苗木调查统计表

作业区号	树种	苗龄	面积	质量						株数	备注
				苗高/cm	主干高/cm	胸径(地径)/cm	冠幅/cm	主根长/cm	侧根数		

调查人：　　　　　　　　　　　　　　　　　　　　调查日期：　　年　月　　日

表 10-5　样地调查产量数据

样地号	各样地株数 x_i	各样地株数 x_i^2	样地号	各样地株数 x_i	各样地株数 x_i^2
			合计		

附　　录

附录一　种子品质检验种批和样品质量标准表（GB 2772—1999）

序号	树　　种	种批的最大质量/kg	样品最低质量/g 送检样品	样品最低质量/g 净度分析测定样品
1	冷杉 *Abies fabri*（Mast.）Craib	1000	100	50
2	岷江冷杉 *A. faxoniana* Rehd. Et Wils.	1000	50	30
3	日本冷杉 *A. firma* Sied. et Zucc.	1000	200	100
4	杉松（沙松）*A. holophylla* Maxim.	1000	250	150
5	雪松 *Cedrus deodara*（Roxb.）Loud	1000	600	300
6	日本扁柏 *Chamaecyparis obtusa*（Sied. Et Zuce.）Endl.	250	12	6
7	日本花柏 *C. pisifera* Endl.	250	10	3
8	柳杉 *Cryptomeria fortunei* Hooibrenk	1000	20	10
9	日本柳杉 *C. japonica*（L. f.）D. Don	1000	20	10
10	杉木 *Cunninghamia lanceolata*（Lamb.）Hook.	1000	50	30
11	干香柏（冲天柏）*Cupressus duclouxiana* Hickel	1000	35	15
12	柏木 *C. funebris* Endl.	1000	35	15
13	福建柏 *Fokienia hodginsii*（*Dunn.*）Henry et Thomas	1000	60	25
14	银杏 *Ginkgo biloba* L.	10000	＞500 粒	＞500 粒
15	落叶松（兴安落叶松）*Larix gmeini*（Rupr.）Rupr	1000	25	10
16	日本落叶松 *L. kaempferi*（Lamb.）Carr.	1000	25	10
17	四川红杉 *L. mastersiana* Rehd. et Wils.	1000	25	10
18	黄花落叶松（长白落叶松）*L. Olgensis* Henry	1000	25	10
19	红杉 *L. poatninii* Batal.	1000	25	10
20	华北落叶松 *L. principis-rupprechtii* Mayr.	1000	25	10
21	西伯利亚落叶松 *L. sbirica* Ledeb.	1000	25	10
22	水杉 *Metasequoia glyptostroboides* Hu et Cheng	250	15	5
23	云杉 *Picea asperata* Mast.	1000	25	7
24	鱼鳞云杉 *P. jzoensis var. Microsperma* L. Cheng et L. K. Fu	1000	25	7
25	红皮云杉 *P. Koraiensis* Nakai	1000	25	9
26	白杆 *P. Meyeri* Rehd. et Wils.	1000	35	15
27	天山云杉 *P. Schrenkiana var. tianshanica* Cheng et Fu	1000	25	9
28	青杆 *P. wilsonii* Mast.	1000	35	15
29	华山松 *Pinus armandi* Franch.	3500	1000	700
30	白皮松 *P. Bungeana* Zucc. ex Eandl.	3500	850	500
31	加勒比松 *P. Caribaea* Moreet.	1000	100	50
32	赤松 *P. densiflora* Sieb. et Zucc.	1000	60	30
33	萌芽松 *P. echinata* Mill.	1000	4	5
34	湿地松 *P. elliottii* Engelm.	1000	160	80
35	思茅松 *P. kesiya var. langbianensis*（A. Chev.）Gaus-sen	1000	85	35
36	红松 *P. koraiensis* Sieb. et Zucc.	5000	2000	1000
37	南亚松 *P. latteri* Mason	1000	120	60

续表

序号	树　种	种批的最大质量/kg	样品最低质量/g	
			送检样品	净度分析测定样品
38	马尾松 *P. massoniana* Lamb.	1000	85	35
39	卵果松 *P. oocarpa* Schiede	1000	70	35
40	长叶松 *P. palustris* Mill.	1000	500	250
41	日本五针松 *P. parviflora* Sieb. et Zucc.	1000	500	250
42	展叶松 *P. patula* Schlecht. et Cham.	1000	40	20
43	辐射松 *P. radiata* D. don	1000	160	80
44	刚松 *P. rigida* Mill.	1000	50	30
45	晚松 *P. rigida var. serotina*（Michx.）Loud. ex Hoopes	1000	85	35
46	樟子松 *P. sylvestris var. mongolica* Litvn.	1000	40	20
47	油松 *P. tabulaeformis* Carr.	1000	100	50
48	火炬松 *P. taeda* L.	1000	140	70
49	黄山松 *P. taiwanensis* Hayata	1000	100	50
50	黑松 *P. thunbergii* Parl.	1000	85	35
51	云南松 *P. yunnanensis* Franch.	1000	85	35
52	侧柏 *Platycladus orientalis*（L.）Franco	1000	120	60
53	竹柏 *Podocarpus nagi*（Thunb.）Zoll. Et Mor. ex Zoll	5000	1200	1000
54	大叶竹柏 *P. olifera* Tsiang et Chun	500	＞500 粒	＞500 粒
55	金钱松 *Pseudolarix kaempferi*（Lindl.）Gord.	1000	200	100
56	圆柏 *Sabina chinensis*（L.）Ant.	1000	180	90
57	铅笔柏 *S. Virginiana*（L.）Ant.	1000	70	35
58	池杉 *Taxodium ascendens* Brongn.	1000	500	250
59	落羽杉 *T. distichum*（L.）Rich.	1000	500	250
60	金合欢属 *Acacia spp.*	1000	70	35
61	台湾相思（相思树）*A. confusa* Merr.	1000	200	80
62	黑荆树 *A. mearnsii* De Wild	1000	70	35
63	鸡爪槭 *Acer palmatum* Thunb.	10000	100	50
64	元宝枫 *A. truncatum* Bunge	3500	850	400
65	七叶树 *Aesculus chinensis* Bunge	10000	＞500 粒	＞500 粒
66	臭椿 *Ailanthus altissima*（Mill.）Swingle	1000	160	80
67	合欢 *Albizzia julibrissin* Durazz	1000	200	100
68	三年桐 *Aleurites fordii* Hemsl.	10000	＞500 粒	＞500 粒
69	千年桐 *A. montana*（Lour.）Wils.	10000	＞500 粒	＞500 粒
70	桤木 *Alnus cremastogyne* Burkill	250	25	4
71	尼泊尔桤木 *A. nepalensis* D. Don	250	12	6
72	紫穗槐 *Amorpha fruticosa* L.	1000	85	50
73	腰果 *Anacardium occidentale* L.	10000	＞300 粒	＞300 粒
74	团花 *Anthocephalus chinensis*（Lam.）A. Rich. ex Walp.	250	6	1
75	木波罗 *Artocarpus heterophyllus* Lam.	10000	＞300 粒	＞300 粒
76	羊蹄甲 *Bauhinia purpurea* L.	3500	1000	700
77	垂枝桦 *Betula pendula* Roth	250	10	1
78	白桦 *B. platyphylla* Suk.	250	10	1
79	油茶 *Camellia oleifera* Abel.	5000	＞500 粒	＞500 粒
80	茶 *C. sinensis* O. Ktze	5000	＞500 粒	＞500 粒
81	喜树 *Camptotheca acuminata* Decne.	1000	200	100
82	柠条锦鸡儿 *Caragana korshinskii* Kom.	1000	200	100
83	小叶锦鸡儿 *C. micropylla* Lam.	1000	200	100
84	薄壳山核桃 *Carya illinoensis*（Wangenh.）K. Koch	10000	＞300 粒	＞300 粒
85	铁刀木 *Cassia siamea* Lam.	1000	200	80
86	锥栗 *Castanea henryi*（Skan）Rehd. et Wils.	10000	＞500 粒	＞500 粒

续表

序号	树　　种	种批的最大质量/kg	样品最低质量/g	
			送检样品	净度分析测定样品
87	板栗 *C. mollissima* Blume	10000	>300 粒	>500 粒
88	红椎 *Castanopsis hystrix* Miq.	5000	1200	900
89	青钩锥(格式栲)*C. kawakamii* Hayata	10000	>500 粒	>500 粒
90	木麻黄 *Casuarina equisetifolia* Forst.	250	15	2
91	梓属 *Catalpa* L.	1000	120	60
92	麻楝 *Chukrasia tabularis* A. Juss.	1000	85	35
93	樟树 *Cinnamomum camphora*（L.）Presl	3500	600	300
94	肉桂 *C. cassia* Presl	3500	1000	600
95	银木 *C. septentrionale* Hand. -Mazz	3500	600	300
96	南岭黄檀 *Dalbergia balansae* Prain	1000	250	150
97	降香黄檀 *D. odorifera* T. Chen	1000	1000	500
98	凤凰木 *Delonix regia*（Bojea）Raf.	3500	1200	900
99	君迁子 *Diospyros lotus* L.	1000	400	250
100	坡柳(车桑子)*Dodonaea viscosa*（L.）Jacq.	250	5	2
101	沙枣 *Elaeagnus angustifolia* L.	1000	800	400
102	赤果油树 *E. mollis* Diels	5000	1200	900
103	泡火绳 *Eriolaena malvacea*（Levl.）Hand. -Mzt.	1000	70	35
104	格木 *Erythrophleum fordii* Oliv.	5000	>500 粒	>500 粒
105	赤桉 *Eucalyptus camaldulensis* Dehnh.	250	15	—
106	柠檬桉 *E. Citriodora* Hook. f.	1000	40	15
107	隆缘桉 *E. exserta* F. v. Muell.	250	6	—
108	蓝桉 *E. globulus* Labill.	250	60	—
109	葡萄桉 *E. botryoides* Smith	250	6	—
110	直干蓝桉 *E. maideni* F. v. M.	250	40	15
111	王桉 *E. regnans* F. Muell	250	30	10
112	大叶桉 *E. robusta* Smith	250	15	—
113	蜡皮桉 *E. rubida* Decne et Maiden	250	15	—
114	谷桉 *E. smithii* R. T. Baker	250	30	10
115	细叶桉 *E. tereticornis* Smith	250	15	—
116	多枝桉 *E. viminalis* Labill	250	30	10
117	杜仲 *Eucommia ulmoides* Oliv.	1000	400	250
118	梧桐 *Firmiana simplex*（L.）F. W. Wight	3500	850	500
119	白蜡 *Fraxinus chinensis* Roxb.	1000	200	100
120	水曲柳 *F. mandshurica* Rupr.	1000	400	200
121	皂荚 *Gleditsia sinensis* Lam.	3500	1200	800
122	云南石梓 *Gmelina arborea* Roxb.	3500	1200	900
123	海南石梓 *G.. hainanensis* Oliv.	3500	1200	900
124	银桦 *Grevillea robusta* A. Cunn.	1000	85	35
125	梭梭 *Haloxylon ammodendron*（Mey.）Bunge	1000	35	15
126	白梭梭 *H. persicum* Bunge ex Boiss. et Buhse	1000	35	15
127	蒙古岩黄芪(羊柴)*Hedysarum mongolicum* Turcz.	1000	160	80
128	花棒(细枝岩黄芪)*H. scoparium* Fisch. et Mey.	1000	200	100
129	沙棘 *Hippophae rhamnoides* L.	1000	85	35
130	红花天料木(母生)*Homaliun hainanense* Gagnep.	250	15	1
131	坡垒 *Hopea hainanensis* Merr. et Chun	5000	1200	900
132	核桃 *Juglans rigia* L.	10000	>300 粒	>300 粒
133	非洲桃花心木 *Khaya senegalensis*（Desr.）A. Juss.	3500	850	500
134	栾树 *Koelreuteria paniculata* Laxm.	1000	800	400
135	紫薇 *Lagerstroemia indica* L.	250	15	5

续表

序号	树　　　种	种批的最大质量/kg	样品最低质量/g	
			送检样品	净度分析测定样品
136	胡枝子 *Lespedeza bicolor* Turcz.	1000	60	25
137	枫香 *Liquidambar formosana* Hance	1000	35	15
138	鹅掌楸 *Liriodednron chinense*(Hemsl.)Sarg.	1000	180	90
139	北美鹅掌楸 *L. tulipifera* L.	1000	180	90
140	金银花(忍冬)*Lonicera japonica* Thunb.	1000	35	15
141	枸杞 *Lycium chinense* Mill.	250	15	15
142	绿楠(海南木莲)*Manglietia hainanensis* Dandy	1000	200	100
143	楝树 *Melia azedarach* L.	5000	>500 粒	>500 粒
144	川楝 *M. toosendan* Sieb. et Zucc.	5000	>500 粒	>500 粒
145	醉香含笑(火力楠)*Michelia macclurei* Dandy	3500	600	300
146	桑属 *Morus*	250	20	5
147	壳菜果(米老排)*Mytilaria laosensis* Lec.	3500	850	500
148	兰考泡桐 *Paulownia elongata* S. Y. Hu	250	6	1
149	白花泡桐 *P. fortunei*(Seem.)Hemsl.	250	6	1
150	毛泡桐 *P. tomentosa*(Thunb.)Steud.	250	6	1
151	黄波罗(黄檗)*Phellodendron amurense* Rupr.	1000	85	50
152	毛竹 *Phyllostachys pubescens* Mazel ex H. de Lehaie	1000	85	50
153	黄连木 *Pistacia chinensis* Bunge	1000	350	200
154	悬铃木属 *Platanus*	250	25	6
155	杨属 *Populus*	250	5	2
156	山杏 *Prunus armeniaca var. ansu* Maxim.	5000	>500 粒	>500 粒
157	山桃 *P. davidiana*(Carr.)Franch.	10000	>500 粒	>500 粒
158	枫杨 *Pterocarya stenoptera* C. DC.	1000	400	200
159	葛藤 *Pueraria lobata*(Willd)Ohwi.	1000	85	35
160	栎属 *Quercus*	10000	>500 粒	>500 粒
161	火炬树 *Rhus typhina* L.	1000	50	30
162	刺槐 *Robinia pseudoacacia* L.	1000	100	50
163	旱柳 *Salix matsudana* Koidz.	250	5	2
164	乌桕 *Sapium sebiferum*(L.)Roxb.	3500	850	400
165	檫木 *Sassafras tsumu*(Hemsl.)Hemsl	1000	400	200
166	木荷 *Schima superba* Gardn. et Champ.	1000	35	15
167	箭竹 *Sinarundinaria nitida*(Mitf.)Nakai	1000	35	15
168	槐树 *Sophora japonica* L.	3500	100	50
169	大叶桃花心木 *Swietenia macrophylla* King	3500	1000	900
170	丁香属 *Syringa*	1000	30	15
171	乌墨(海南蒲桃)*Syzygium cumini*(L.)Skeels	5000	1200	900
172	柚木 *Tectona grandis* L. f.	5000	2000	1000
173	鸡尖(海南榄仁树)*Terminalia hainanensis* Exell.	3500	850	350
174	椴属 *Tilia*	1000	500	250
175	香椿 *Toona sinensis*(A. Juss.)Roem.	100	80	40
176	漆树 *Toxicodendron verniciflum*(Stokes)F. A. Barkley	1000	250	150
177	棕榈 *Trachycarpus fortunei*(Hook. f.)H. Wendl.	3500	1000	800
178	榔榆 *Ulmus parvifolia* Jacq.	1000	20	8
179	白榆 *U. Pumila* L.	1000	30	15
180	青梅 *Vatica astrotricha* Hance	3500	1000	800
181	文冠果 *Xanthoceras sorbifolia* Bunge	3500	>500 粒	>500 粒
182	大叶榉 *Zelkova schneideriana* Hand.-Mzt.	1000	500	75

附录二 送检样品净度分析容许差距（GB 2772—1999）

附表 2-1 同实验室同送检样品净度分析容许差距（5%显著水平的两尾测定）

2次分析结果平均		不同测定之间的容许差距			
		半 样 品		全 样 品	
50%~100%	<50%	非黏滞性种子	黏滞性种子	非黏滞性种子	黏滞性种子
99.95~100.00	0.00~0.04	0.20	0.23	0.1	0.2
99.90~99.94	0.05~0.09	0.33	0.34	0.2	0.2
99.85~99.89	0.10~0.14	0.40	0.42	0.3	0.3
99.80~99.84	0.15~0.19	0.47	0.49	0.3	0.4
99.75~99.79	0.20~0.24	0.51	0.55	0.4	0.4
99.70~99.74	0.25~0.29	0.55	0.59	0.4	0.4
99.65~99.69	0.30~0.34	0.61	0.65	0.4	0.5
99.60~99.64	0.35~0.39	0.65	0.69	0.5	0.5
99.55~99.59	0.40~0.44	0.68	0.74	0.5	0.5
99.50~99.54	0.45~0.49	0.72	0.76	0.5	0.5
99.40~99.49	0.50~0.59	0.76	0.82	0.5	0.6
99.30~99.39	0.60~0.69	0.83	0.89	0.6	0.6
99.20~99.29	0.70~0.79	0.89	0.95	0.6	0.7
99.10~99.19	0.80~0.89	0.95	1.00	0.7	0.7
99.00~99.09	0.90~0.99	1.00	1.06	0.7	0.8
98.75~98.99	1.00~1.24	1.07	1.15	0.8	0.8
98.50~98.74	1.25~1.49	1.19	1.26	0.8	0.9
98.25~98.49	1.50~1.74	1.29	1.37	0.9	1.0
98.00~98.24	1.75~1.99	1.37	1.47	1.0	1.0
97.75~97.99	2.00~2.24	1.44	1.54	1.0	1.1
97.50~97.74	2.25~2.49	1.53	1.63	1.1	1.2
97.25~97.49	2.50~2.74	1.60	1.70	1.1	1.2
97.00~97.24	2.75~2.99	1.67	1.78	1.2	1.3
96.50~96.99	3.00~3.49	1.77	1.88	1.3	1.3
96.00~96.49	3.50~3.99	1.88	1.99	1.3	1.4
95.50~95.99	4.00~4.49	1.99	2.12	1.4	1.5
95.00~95.49	4.50~4.99	2.09	2.22	1.5	1.6
94.00~94.99	5.00~5.99	2.25	2.38	1.6	1.7
93.00~93.99	6.00~6.99	2.43	2.56	1.7	1.8
92.00~92.99	7.00~7.99	2.59	2.73	1.8	1.9
91.00~91.99	8.00~8.99	2.74	2.90	1.9	2.1
90.00~90.99	9.00~9.99	2.88	3.04	2.0	2.2
88.00~89.99	10.00~11.99	3.08	3.25	2.2	2.3
86.00~87.99	12.00~13.99	3.31	3.49	2.3	2.5
84.00~85.99	14.00~15.99	3.52	3.71	2.5	2.6
82.00~83.99	16.00~17.99	3.69	3.90	2.6	2.8
80.00~81.99	18.00~19.99	3.86	4.07	2.7	2.9
78.00~79.99	20.00~21.99	4.00	4.23	2.8	3.0
76.00~77.99	22.00~23.99	4.14	4.37	2.9	3.1
74.00~75.99	24.00~25.99	4.26	4.50	3.0	3.2
72.00~73.99	26.00~27.99	4.37	4.61	3.1	3.3
70.00~71.99	28.00~29.99	4.47	4.71	3.2	3.3
65.00~69.99	30.00~34.99	4.61	4.86	3.3	3.4
60.00~64.99	35.00~39.99	4.77	5.02	3.4	3.6
50.00~59.99	40.00~49.99	4.89	5.16	3.5	3.7

说明：本表适用于同一实验室，对同一送检样品的净度分析结果重复间的比较，适用于任何成分。

附表 2-2　相同或不同实验室不同送检样品净度分析容许差距
（用于 2 份全样品，1%显著水平的一尾测定）

2 次结果平均		容许差距	
50%～100%	<50%	非黏滞性种子	黏滞性种子
99.95～100.00	0.00～0.04	0.2	0.2
99.90～99.99	0.05～0.09	0.3	0.3
99.85～99.89	0.10～0.14	0.3	0.4
99.80～99.84	0.15～0.19	0.4	0.5
99.75～99.79	0.20～0.24	0.4	0.5
99.70～99.74	0.25～0.29	0.5	0.6
99.65～99.69	0.30～0.34	0.5	0.6
99.60～99.64	0.35～0.39	0.6	0.7
99.55～99.59	0.40～0.44	0.6	0.7
99.50～99.54	0.45～0.49	0.6	0.7
99.40～99.49	0.50～0.59	0.7	0.8
99.30～99.39	0.60～0.69	0.7	0.9
99.20～99.29	0.70～0.79	0.8	0.9
99.10～99.19	0.80～0.89	0.8	1.0
99.00～99.09	0.90～0.99	0.9	1.0
98.75～98.99	1.00～1.24	0.9	1.1
98.50～98.74	1.25～1.49	1.0	1.2
98.25～98.49	1.50～1.74	1.1	1.3
98.00～98.24	1.75～1.99	1.2	1.4
97.75～97.99	2.00～2.24	1.3	1.5
97.50～97.74	2.25～2.49	1.3	1.6
97.25～97.49	2.50～2.74	1.4	1.6
97.00～97.24	2.75～2.99	1.5	1.7
96.50～96.99	3.00～3.49	1.5	1.8
96.00～96.49	3.50～3.99	1.6	1.9
95.50～95.99	4.00～4.49	1.7	2.0
95.00～95.49	4.50～4.99	1.8	2.2
94.00～94.99	5.00～5.99	2.0	2.3
93.00～93.99	6.00～6.99	2.1	2.5
92.00～92.99	7.00～7.99	2.2	2.6
91.00～91.99	8.00～8.99	2.4	2.8
90.00～90.99	9.00～9.99	2.5	2.9
88.00～89.99	10.00～11.99	2.7	3.1
86.00～87.99	12.00～13.99	2.9	3.4
84.00～85.99	14.00～15.99	3.0	3.6
82.00～83.99	16.00～17.99	3.2	3.7
80.00～81.99	18.00～19.99	3.3	3.9
78.00～79.99	20.00～21.99	3.5	4.1
76.00～77.99	22.00～23.99	3.6	4.2
74.00～75.99	24.00～25.99	3.7	4.3
72.00～73.99	26.00～27.99	3.8	4.4
70.00～71.99	28.00～29.99	3.8	4.5
65.00～69.99	30.00～34.99	4.0	4.7
60.00～64.99	35.00～39.99	4.1	4.8
50.00～59.99	40.00～49.99	4.2	5.0

　　说明：本表适用于来自同一批的 2 个不同送检样品的净度分析，2 次分析可以是在相同或不同实验室进行，且当第二次分析结果低于第一次分析结果时使用，适用于任何成分。

附表 2-3 相同或不同实验室不同送检样品净度分析容许差距

（用于 2 份全样品，1%显著水平的两尾测定）

2 次结果平均		容许差距	
50%～100%	<50%	非黏滞性种子	黏滞性种子
99.95～100.00	0.00～0.04	0.18	0.21
99.90～99.99	0.05～0.09	0.28	0.32
99.85～99.89	0.10～0.14	0.34	0.40
99.80～99.84	0.15～0.19	0.40	0.47
99.75～99.79	0.20～0.24	0.44	0.53
99.70～99.74	0.25～0.29	0.49	0.57
99.65～99.69	0.30～0.34	0.53	0.62
99.60～99.64	0.35～0.39	0.57	0.66
99.55～99.59	0.40～0.44	0.60	0.70
99.50～99.54	0.45～0.49	0.63	0.73
99.40～99.49	0.50～0.59	0.68	0.79
99.30～99.39	0.60～0.69	0.73	0.85
99.20～99.29	0.70～0.79	0.78	0.91
99.10～99.19	0.80～0.89	0.83	0.96
99.00～99.09	0.90～0.99	0.87	1.01
98.75～98.99	1.00～1.24	0.94	1.10
98.50～98.74	1.25～1.49	1.04	1.21
98.25～98.49	1.50～1.74	1.12	1.31
98.00～98.24	1.75～1.99	1.20	1.40
97.75～97.99	2.00～2.24	1.26	1.47
97.50～97.74	2.25～2.49	1.33	1.55
97.25～97.49	2.50～2.74	1.39	1.63
97.00～97.24	2.75～2.99	1.46	1.70
96.50～96.99	3.00～3.49	1.54	1.80
96.00～96.49	3.50～3.99	1.64	1.92
95.50～95.99	4.00～4.49	1.74	2.04
95.00～95.49	4.50～4.99	1.83	2.15
94.00～94.99	5.00～5.99	1.95	2.29
93.00～93.99	6.00～6.99	2.10	2.46
92.00～92.99	7.00～7.99	2.23	2.62
91.00～91.99	8.00～8.99	2.36	2.76
90.00～90.99	9.00～9.99	2.48	2.92
88.00～89.99	10.00～11.99	2.65	3.11
86.00～87.99	12.00～13.99	2.85	3.35
84.00～85.99	14.00～15.99	3.02	3.55
82.00～83.99	16.00～17.99	3.18	3.74
80.00～81.99	18.00～19.99	3.32	3.90
78.00～79.99	20.00～21.99	3.45	4.05
76.00～77.99	22.00～23.99	3.56	4.19

续表

2 次结果平均		容许差距	
50%～100%	<50%	非黏滞性种子	黏滞性种子
74.00～75.99	24.00～25.99	3.67	4.31
72.00～73.99	26.00～27.99	3.76	4.42
70.00～71.99	28.00～29.99	3.84	4.51
65.00～69.99	30.00～34.99	3.97	4.66
60.00～64.99	35.00～39.99	4.10	4.82
50.00～59.99	40.00～49.99	4.21	4.95

说明：本表适用于来自同一种批的 2 个不同送检样品的净度分析，2 次分析可以在相同或不同实验室进行，适用于净度分析中任何成分的比较。

参 考 文 献

[1] 郭学望，包满珠．园林树木栽植养护学［M］．北京：中国林业出版社，2004.

[2] 郝建华，陈耀华．园林苗圃育苗技术［M］．北京：化学工业出版社，2003.

[3] 丁彦芬，田如男．园林苗圃学［M］．南京：东南大学出版社，2001.

[4] 俞禄生．园林苗圃［M］．北京：中国农业出版社，2002.

[5] 房伟民，陈发棣．园林绿化观赏苗木繁殖与栽培［M］．北京：金盾出版社，2003.

[6] 苏金乐．园林苗圃学［M］．北京：中国农业出版社，2003.

[7] 卓丽环，陈龙清．园林树木学［M］．北京：中国农业出版社，2003.

[8] 陈发棣，房伟民．城市园林绿化花木生产与管理［M］．北京：中国林业出版社，2001.

[9] 蒋永明，翁智林．绿化苗木培育手册［M］．上海：上海科学技术出版社，2005.

[10] 沈联明，陈相强．园林绿化苗木生产与标准［M］．杭州：浙江科学技术出版社，2005.

[11] 张涛．园林树木栽培与修剪［M］．北京：中国农业出版社，2003.

[12] 杨玉贵，王洪军．园林苗圃［M］．北京：北京大学出版社，2007.

[13] 苏付保．园林苗木生产技术［M］．北京：中国林业出版社，2004.

[14] 柳振亮，石爱平，刘建斌．园林苗圃学［M］．北京：气象出版社，2004.

[15] 张东林，束永志，陈薇．园林苗圃育苗手册［M］．北京：中国农业出版社，2003.

[16] 刘泽勇，孙朝晖，曾春凤．水枸子的繁殖与栽培技术［J］．河北林业科技，2005，(4)：97.

[17] 卢学义．园林树种育苗技术［M］．辽宁：辽宁科学技术出版社，2001.

[18] 周兴元．园林植物栽培［M］．北京：高等教育出版社，2006.

[19] 张秀英．园林树木栽培养护学［M］．北京：高等教育出版社，2005.

[20] 毛龙生．观赏树木栽培大全［M］．北京：中国农业出版社，2005.

[21] 俞玖．园林苗圃学［M］．北京：中国林业出版社，2005.

[22] 宋清洲．园林大苗培育教材［M］．北京：金盾出版社，2005.

[23] 张钢，肖建忠．林木育苗实用技术［M］．北京：中国农业出版社，2007.

[24] 郝建华，郝晨曦．园林树木栽培技术［M］．北京：化学工业出版社，2005.

[25] 郑宴义．园林植物繁殖栽培实用新技术［M］．北京：中国农业出版社，2006.

[26] 陈有民．园林树木学［M］．北京：中国林业出版社，2003.

[27] 赵世伟．园林工程景观设计［M］．中国农业科技出版社，2000.

[28] 楼炉焕．观赏树木学［M］．中国农业出版社，2000.

[29] 包满珠．花卉学［M］．中国农业出版社，2003.

[30] 王秀娟，张兴．园林植物栽培技术［M］．化学工业出版社，2007.

[31] 张彦萍．设施园艺［M］．北京：中国农业出版社，2002.

[32] 白埃堤，李锦文．立体绿化美化种苗培育实用技术［M］．太原：山西科学技术出版社，2002.

[33] 庄雪影．园林树木学［M］．广州：华南理工大学出版社，2006.

[34] 方栋龙．苗木生产技术［M］．北京：高等教育出版社，2005.

[35] 唐行．大王椰子催芽方法试验［J］．林业科技通讯，1999，(2)：33-44.

[36] 曾宋君．无忧树的繁殖与栽培管理［J］．广东园林，2001，(2)：40-41.

[37] 刘晓东．园林苗圃［M］．北京：高等教育出版社，2006.

[38] 魏岩．园林植物栽培与养护［M］．北京：中国科学技术出版社，2003.

[39] 吴泽民．园林树木栽培学［M］．北京：中国农业出版社，2007.

[40] 张中社，江世宏．园林植物病虫害防治［M］．北京：高等教育出版社，2005.

[41] 柏玉平．花卉栽培技术［M］．北京：化学工业出版社，2009.

[42] 肖焱波．作物营养诊断与合理施肥．北京：中国农业出版社，2010.